"十三五"国家重点出版物出版规划项目

名校名家基础学科系列

国外优秀数学教材系列

伯克利实数学分析

〔美〕查理斯 C. 皮尤（Charles C. Pugh） 著

蒋立宁 曹 鹏 杨 伟 译

机 械 工 业 出 版 社

本书是大学实分析教材. 作者曾经使用本书在加州大学伯克利分校长期讲授实分析课程, 获得了学生和数学界的广泛好评. 本书还先后被哈佛大学等多所高校作为实分析课程教材或参考书.

本书的主要内容有实数、拓扑初探、实变量函数、函数空间、多元微积分和勒贝格理论.

本书适合作为数学与应用数学、信息与计算科学和统计学等数学类专业的高年级本科生、硕士生或博士生的教材, 也适合作为相关领域科研人员的参考用书.

图书在版编目（CIP）数据

伯克利实数学分析/（美）查理斯·C. 皮尤（Charles C. Pugh）著；蒋立宁, 曹鹏, 杨伟译. —北京：机械工业出版社, 2017.5
书名原文：Real Mathematical Analysis
"十三五" 国家重点出版物出版规划项目　名校名家基础学科系列
ISBN 978-7-111-56198-9

Ⅰ. ①伯… Ⅱ. ①查… ②蒋… ③曹… ④杨… Ⅲ. ①实分析-高等学校-教材　Ⅳ. ①O174.1

中国版本图书馆 CIP 数据核字（2017）第 039395 号

机械工业出版社（北京市百万庄大街 22 号　邮政编码 100037）
策划编辑：韩效杰　责任编辑：韩效杰　李 乐 郑 玫
责任校对：张晓蓉　肖 琳　封面设计：路恩中
责任印制：孙 炜
保定市中画美凯印刷有限公司印刷
2018 年 5 月第 1 版第 1 次印刷
190mm×215mm · 23 印张 · 585 千字
标准书号：ISBN 978-7-111-56198-9
定价：79.00元

凡购本书, 如有缺页、倒页、脱页, 由本社发行部调换
电话服务　　　　　　　　　　　网络服务
服务咨询热线：010-88379833　机 工 官 网：www.cmpbook.com
读者购书热线：010-88379649　机 工 官 博：weibo.com/cmp1952
　　　　　　　　　　　　　　　教育服务网：www.cmpedu.com
封面无防伪标均为盗版　　　　金 书 网：www.golden-book.com

译 者 序

细品此书，如嚼橄榄，入口甘甜，回味悠长.

皮尤的这本《伯克利实数学分析》，覆盖了实分析中的基本而又重要的内容：

第 1 章是实数理论，主要包括分割理论、基数理论和微积分的一些回顾. 这一章中的关于数学的结论是需要证明的而非论述的观点，值得每一位学习数学的人去读；这一章不是简单的对数学分析中的知识进行回顾，而是以更高的观点看待原有的问题.

第 2 章是拓扑学初探，主要包括度量空间的定义、紧性、连通性、覆盖等概念的引入，以及对康托尔集的细致刻画. 由于本书主要是实分析的内容，所以本章中研究的拓扑主要是度量拓扑. 在这一章，作者主要讨论了度量空间在何时是"一样的"，从而引出了各种拓扑概念和性质，如序列紧性、连通性、覆盖紧性等. 最终通过对康托尔集的讨论，使得学生对紧度量空间有了全新的认识. 在本章最后，作者又从度量空间的角度给出了有理数的完备性构造，使得学生更好地理解何为"完备性".

第 3 章主要是单变量函数的讨论，作者细致地讨论了可导性、可积性以及级数理论. 与经典数学分析不同的是，本章注重讨论反例的构造和函数类之间的关系，是数学分析相关理论的升华.

第 4 章讨论了函数空间，注重函数组成的线性空间，而非函数本身的各种性质. 内容包括连续函数的一致连续性问题、幂级数、连续函数类的紧性与等度连续性、连续函数的逼近、压缩映射及其在常微分方程理论中的应用、解析函数理论、无处可导的连续函数构造，以及无界函数组成的空间等. 这些问题较为庞杂，但作者紧紧抓住如何"完备化"函数空间这个问题，并考虑了在完备化的过程中，哪些性质可以继承，哪些不能，不能的时候，反例如何构造等. 这一章中包括了一些著名的定理，如阿尔采拉-阿斯可利定理、贝尔纲定理、广义海涅-博雷尔定理等，这些定理在今后的学习中尤为重要.

第 5 章讨论了多元微积分学，包括线性代数基本理论、导数、高阶导数、光滑类、隐函数和逆函数定理、秩定理、拉格朗日乘子法的理论证明、多重积分、微分形式、广义斯托克斯公式、布劳威尔不动点定理，以及一些相关的附录. 部分内容以前数学分析的经典教材有所涉及，但作者在这里给出了这些理论的"前世来生"，特别是斯托克斯公式的讲授和布劳威尔定理的证明，深入浅出，使学生学习这些抽象的理论并无艰深之感.

第 6 章是勒贝格理论，这是实分析的经典章节，包括外测度、可测性、正则性、勒贝格积分、勒贝格积分的极限表达、意大利测度理论、维塔利覆盖和稠密点、勒贝格微积分基本定理、勒贝格最终定理，以及一些相关的附录．这部分内容本身是很抽象的，但作者依然试图用形象的语言加以描述和解释，便于理解．这一章同样包含了很多著名的定理，如鲁津定理、勒贝格控制收敛定理、勒贝格最终定理等，在今后的学习中便有体会．

除内容翔实外，本书还具有以下三个特点，译者在翻译过程中，尽量保留了原有的特点．

1. 很好地衔接了数学分析和实分析的内容．

众所周知，实分析以数学分析为基础，但本书以微积分或数学分析中的问题为引子，继而给出抽象的实分析中的对应理论，这种处理手法似乎并不多见．例如，以无处可导的连续函数究竟有多少引出贝尔纲定理，以积分的符号记法引出微分形式理论等．译者在翻译此书时，尽量选择与现行微积分或数学分析教材中相同的名词进行翻译，使学生体会到本书的这一特点．

2. 语言轻松幽默，可读性强．

本书的语言是另一大特点，全书多次运用了形象的语言描述和解释复杂的数学理论．但中西方文化有一定差异，译者在翻译过程中，力求保留原有作者的意图，对部分语句进行了意译，使本书尽量符合中国人的语言习惯，使读者不会"不明所以"．

3. 习题丰富，富有启发性．

本书中有大量的习题，除了可以巩固正文的数学知识外，还有一些重要的概念和定理包含在习题中，如毛球定理等．译者建议读者重视习题，特别是一些标记"＊＊＊"的题目，它们已经具备了学术研究的韵味，很有启发意义．

由于时间仓促，以及译者本身水平所限，翻译过程中难免有疏漏，甚至错误，欢迎广大读者批评指正．

译　者

感谢同学们对我的鼓励

——特别地，感谢 A.W.，D.H. 和 M.B.

前　言

　　在高中阶段，平面几何是你喜欢的课程吗？你乐于证明相关的定理吗？你还在沉醉于积分学中吗？假如是的话，实分析对你来说将是小菜一碟．与微积分和初等代数不同，实分析既不涉及公式的演绎，也不涉及在自然科学其他领域的应用．事实上，这仅仅是纯粹的数学，我因此希望这门课程能够吸引你，崭露头角的数学家！

查理斯 C. 皮尤

美国加利福尼亚大学伯克利分校

目 录

1　序言

在讨论实数系统之前,首先简短地介绍通用的数学语言.

语言

总的来说,数学是建立在集合论的基础上的.你首先要做的是熟悉数学词汇和数学表达方式.集合是一簇元素.元素是集合的成员,我们称集合中的元素属于这个集合.例如,$\mathbb{N}$ 表示**自然数** $1,2,3,\cdots$ 的集合. $\mathbb{N}$ 的成员是所有大于或者等于 1 的整数. 10 是 $\mathbb{N}$ 的成员吗? 当然是,10 属于 $\mathbb{N}$. 0 是 $\mathbb{N}$ 的成员吗? 不! 我们使用记号

$$x \in A \text{ 和 } y \notin B$$

分别表示元素 x 是集合 A 的成员,以及元素 y 不是集合 B 的成员.因此,$6819 \in \mathbb{N}$,而 $0 \notin \mathbb{N}$.

我们通常用大写字母表示集合,用小写字母表示集合中的元素.一些常见的集合都有固定的记法.例如,$\mathbb{Z}$ 表示**整数**集合,这里字母"$\mathbb{Z}$"是德语单词 zahlen 的缩写.(整数集包含所有正整数、0 和所有负整数.) 是否有 $\sqrt{2} \in \mathbb{Z}$? 结论当然不成立.那么 -15 是否为整数? 显然有 $-15 \in \mathbb{Z}$.

用 $\mathbb{Q}$ 表示**有理数**集合.这里字母"$\mathbb{Q}$"表示"商".(一个有理数可以表示为两个整数的商,其中分母不为 0.)$\sqrt{2}$ 是有理数吗? 圆周率 π 是有理数吗? 结论都不成立! 1.414 是有理数吗? 结论当然成立.

记号"$\{x \in A\}$"表示"由 A 中满足某种条件的元素 x 组成的集合".空集表示不包含任何元素的集合,用 $\varnothing$ 表示空集. 0 是空集的元

素吗？显然不是,$0 \notin \varnothing$.

单点集是仅有一个元素的集合.设 x 为这个集合的元素,则这个集合记为 $\{x\}$.类似地,仅由 x 和 y 两个元素组成的集合,记为 $\{x,y\}$.

设 A 和 B 是集合.如果 A 中的每一个元素也都属于 B,则 A 是 B 的子集合,称为 A 包含于 B,记作[⊖]

$$A \subset B.$$

集合 $\mathbb{N}$ 是 $\mathbb{Z}$ 的子集吗？是的. $\mathbb{N}$ 是 $\mathbb{Q}$ 的子集吗？是的.如果 A 是 B 的子集, B 是 C 的子集,那么 A 是 C 的子集吗？是的.空集是 $\mathbb{N}$ 的子集吗？是的, $\varnothing \subset \mathbb{N}$. 1 是 $\mathbb{N}$ 的子集吗？不是！但是单点集 $\{1\}$ 是 $\mathbb{N}$ 的子集.给定两个集合,如果任意一个集合中的每一个元素都属于另一个集合,我们称这两个集合相等.这时,它们互为对方的子集.这里给出证明两个集合相等的方法:首先证明第一个集合中的每一个元素都属于第二个集合,然后证明第二个集合中的每一个元素都属于第一个集合.

集合 A 和 B 的**并集**记作 $A \cup B$,其元素或者属于集合 A,或者属于集合 B.集合 A 和 B 的**交集**记作 $A \cap B$,其元素同时属于集合 A 和集合 B.如果 $A \cap B$ 是空集,则称集合 A 和 B **不相交**.集合 A 和 B 的**对称差集**记作 $A\Delta B$,其元素或者属于集合 A 但不属于集合 B,或者属于集合 B 但不属于集合 A.集合 A 和 B 的**差集**记作 $A\backslash B$,是由属于集合 A 但不属于集合 B 的元素组成.参看图 1.

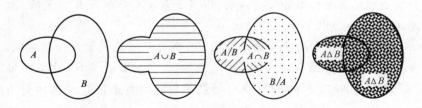

图 1 交集、并集和差集的文氏图

我们用**类**表示一簇集合,类的成员都是集合.例如,我们考虑由偶数组成集合的全体构成的类 E.集合 $\{2,15\}$ 并不是 E 的成员.单

⊖ 有些数学家用记号 $A \subset B$ 表示 A 是 B 的子集,且二者不相等.我们不采用这种定义方式,允许 $A \subset A$.

点集合 {6} 属于 E. 空集是否属于 E 呢？由于空集包含于任意一个由偶数组成的集合，故可认为空集中的每一个元素都是偶数，因此空集属于 E.

在什么条件下，一个类是另一个类的子类呢？或者说，在什么条件下，前者的每一个成员也都是后者的成员呢？例如，能被 10 整除的正整数集合构成的类 $\mathcal{T}$ 是由偶数集合构成的类 E 的子类，我们记为 $\mathcal{T} \subset E$. 此时，$\mathcal{T}$ 中的集合必然是 E 中的成员. 再考虑另外一个例子，设 $\mathfrak{S}$ 是由 $\mathbb{N}$ 中的单点集构成的类，$\mathfrak{D}$ 表示由 $\mathbb{N}$ 中的 2 个元素集合构成的类. 则 {10} $\in \mathfrak{S}$，而 {2,6} $\in \mathfrak{D}$. $\mathfrak{S}$ 是 $\mathfrak{D}$ 的子类吗？$\mathfrak{S}$ 的成员都是单点集，因此不是 $\mathfrak{D}$ 的成员. 请注意二者的区别并思考原因.

这里有一个类比. 每个公民都是他或者她所在国家的公民——我是美国公民，托尼·布莱尔（Tony Blair 前英国首相）是英国公民. 每个国家都是联合国的成员. 那么任意一个国家的公民都是联合国的成员吗？当然不是！联合国是由不同的国家组成的.

依照同样的风格可以在集合 S 上给出**等价关系**的概念. 若定义在 S 上的二元关系 "~" 满足如下三个条件，则称为等价关系：对于任意的 s, s', $s'' \in S$，

（a）$s \sim s$.

（b）若 $s \sim s'$，则 $s' \sim s$.

（c）若 $s \sim s' \sim s''$，则 $s \sim s''$.

通过等价关系，可以将集合 S 分解为互不相交集合的并，这些由相互等价的元素构成的子集叫作**等价类**[注]：包含 s 的等价类是由 S 中和 s 等价的所有元素构成的，记为 $[s]$. 这里称 s 是等价类 $[s]$ 的一个**代表元**. 参见图 2. 重新考虑公民和国家这个例子. 如果两个人是同一个国家的公民，我们称他们是等价的. 等价关系的世界是平等的世界：作为美国公民，我和总统一样，都可以作为这个等价类的代表元.

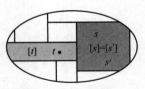

图 2　等价类及其表示

事实

在什么条件下数学陈述为真呢？数学家一般是这样回答的："只有在大家认可的数学框架内给出证明."一个图形或许会帮助你相信

 尽管我们使用"类"表示一簇集合，"等价类"这一经典术语，而不是"等价集合"，仍然被广泛使用.

一个数学陈述为真. 通过与你熟悉的事情进行类比也可以帮助你理解一个命题. 一个学术权威也可能会迫使你鹦鹉学舌般承认数学陈述的正确性. 然而, 要想证明一个数学陈述的正确性, 唯一的途径是给出严格的证明. 最近在伯克利分校就发生过一场争执: 通过本地一个私立高中的数学老师得知, 他的一个学生认为数学证明基本上没有什么价值, 特别是和 "令人信服的论据" 相比, 数学证明更没有什么价值. 除此之外, 数学陈述通常是被看作显而易见的事实, 因此不再需要任何形式的证明. 针对上述观点, 鲍勃·奥斯曼 (Bob Osserman) 给出如下陈述.

令人信服的论据不能代表证明. 数学家既希望有令人信服的论据, 同时希望有严格的证明. 相比较而言, 数学家更愿意承认严格的数学证明. 很少有数学家愿意使用令人信服的论据替代严格的数学证明.

近年来有一种趋势, 试图把数学证明从 "神坛" 上拉下来. 批评者指出, 随着时代变迁, 严格的标准也相应变化. 新的灰色地带随时会出现. 机器证明是严格的数学证明吗? 一个被许多期刊转载的长达几千页, 以至于很多人终其一生也无法掌握的证明也叫作数学证明吗? 当然, 可敬的欧几里得的论据也破绽百出, 其部分论据已经被希尔伯特弥补, 部分可能依然存在问题.

显然我们需要审慎思考数学及其证明中最基本的概念. 另一方面我们要记住, 与被广泛认可的数学证明和令人信服的论据之间的差异相比, 构成严格数学证明的精妙之处更像是狡辩. 比较欧几里得和古代另一个杰出的学者——亚里士多德. 亚里士多德的大部分的推理都是无可挑剔的, 他因此在过去的一千多年来都被认为最严谨的人. 在很多情形下他的逻辑推理恰到好处, 但是在某些方面是完全错误的, 例如, 他认为重物体比轻物体下落的速度要快. 然而据我所知, 在这两千多年的历史里, 我们并没有发现欧几里得的著作《几何原本》中有哪一条定理是错误的. 这是一个令人惊讶的纪录, 这恰恰说明严格证明比论据更加可靠.

下面是严格数学证明的基本要素. 参看练习 0.

1. 在证明过程中出现的每一个对象都应该赋予名字. (例如, 证明的起点可以是 "考虑集合 X 以及 X 中的元素 x, y" 等.)

2. 画出能够体现出研究对象相互关系的图形, 从中提炼出其逻辑关系. 逻辑量词务必优于需要量化的对象.

3. 逐步进行证明. 证明的每一步都要依赖假设条件和已经证明的定理, 或者已经证明的步骤.

4. 谨慎检查: 所有的情况和细节都应该考虑到, 还应该避免循环论证.

5. 在结束证明之前, 应充分考虑反例和可能会导致错误证明的隐含条件.

逻辑学

逻辑量词 "∀" 和 "∃" 是数学中使用最频繁的逻辑学符号, 分别读作 "对于任意的" 和 "存在". 千万不要把 "∀" 读作 "对于所有的", 事实上后者内涵更丰富. 另一个常用记号是 "⇒", 读作 "推出".

正确的数学语法规则简明扼要: 逻辑量词一般出现在句子的开头, 用于修饰出现在其后的对象, 而断言出现在句子末尾. 下面给出一个例子.

（1）对于任意的整数 n, 存在大于 n 的素数 p.

使用逻辑学的语言, 上述语句可以表述为:

$$\forall n \in \mathbb{Z}, \ \exists p \in P \ 使得 \ p>n,$$

其中 P 表示素数集合. (**素数**是指除了自身和 1 之外, 不能被其他自然数整除的大于 1 的自然数.) 上述语句还可以表述为:

（2）任意的整数都小于某一个素数.

或者

（3）任意给定一个整数, 一定存在一个更大的素数.

这些句子在语法上没有任何歧义, 但是当我们直接翻译成数学语法描述时, 容易出现灾难性的错误: 下面的语句在数学上是典型的胡言乱语:

（错误 2）　　$\forall n \in \mathbb{Z}, \ n<p, \ \exists p \in P.$

（错误 3）　　$\exists p \in P, \ p>n, \ \forall n \in \mathbb{Z}.$

心得　逻辑量词先于断言. 在叙述一个定理时, 务必遵守同样原则: 先给出假设, 然后给出结论. 参看练习 0.

逻辑量词出现的次序非常关键. 下面两个句子中的量词次序相反, 请注意加以比较.

（4）（$\forall n \in \mathbb{N}$）　　（$\forall m \in \mathbb{N}$）（$\exists p \in P$）　使得　（$nm<p$）.

（5）（$\forall n \in \mathbb{N}$）　　（$\exists p \in P$）　使得　（$\forall m \in \mathbb{N}$）　　（$nm<p$）.

（4）是正确的论述，而（5）是错误的论述. 逻辑量词修饰它后面的部分，而不是它前面的部分. 这也是语句不能终结于逻辑量词的原因.

心得　逻辑量词次序至关重要.

需要指出的是，同一个词在语文和数学上经常会表达不同的含义. 例如"或"，在数学中"a 或 b"表示的是"a 和 b 中的某一个或者既 a 又 b"，但是在语文中，它只表示"a 和 b 中的一个"，而不能表示"既 a 又 b". 再看"不自由毋宁死"（Give me liberty or giveme death）这句话. 我们知道，帕特克里·亨利（Patrick Henry）不会同时选择自由和死亡. 再例如，在数学上"17 是素数，或者 23 是素数"是正确的，尽管 17 和 23 都是素数. 类似地，考虑关系式"$a \Rightarrow b$"，即便 b 成立与否和 a 没有任何的关联，在数学上依然表示"若 a 成立，则 b 成立". 而在语文中，"$a \Rightarrow b$"和"$b \Rightarrow a$"通常混为一谈.

心得　在数学中，"或"具有包容性，它表示"和与或". 在数学中，"$a \Rightarrow b$"和"$b \Rightarrow a$"表达不同含义.

我们经常要对一个数学语句给出否定. 在通常情形下，"~"这个记号除表示等价类外，还表示逻辑否定. 数学家称这种现象为**滥用记号**. 面对这一现实，本书使用"$\neg$"表示逻辑否定. 例如，设 m, $n \in \mathbb{N}$，则 $\neg(m < n)$ 表示"m 小于 n"这一论断不成立. 换而言之，

$$\neg(m < n) \ \equiv \ m \geqslant n.$$

其中，符号"$\equiv$"表示两个陈述是等价的. 类似地，$\neg(x \in A)$ 表示"x 属于 A"这一论断不成立. 换而言之，

$$\neg(x \in A) \ \equiv \ x \notin A.$$

双重否定等于肯定. 更有趣的是对"和"和"或"的否定. 我们使用符号"&"表示"和"，用符号"$\vee$"表示"或". 则有

（6）　　　　　　$\neg(a \ \& \ b) \ \equiv \ \neg a \vee \neg b.$

（7）　　　　　　$\neg(a \vee b) \ \equiv \ \neg a \ \& \ \neg b.$

若"a 和 b 皆成立"这一论断不成立，则"a 和 b 至少有一个不成立"，从而证明（6）. 类似地可以证明（7）. 针对符号"$\Rightarrow$"的逻辑否定也有类似的描述.

（8）　　　$a \Rightarrow b \ \equiv \ \neg a \Leftarrow \neg b \ \equiv \ \neg a \vee b.$

（9）　　　$\neg(a \Rightarrow b) \ \equiv \ a \ \& \ \neg b.$

如何给出语句

$$\neg(\forall n \in \mathbb{N}, \ \exists p \in P \ \text{使得} \ n < p)$$

的逻辑否定呢？规则是将"$\forall$"和"$\exists$"互换位置，保持顺序不变.

因此，上述语句的逻辑否定就是

$$\exists\, n \in \mathbb{N}, \quad \forall p \in P, \; n \geqslant p.$$

我们读作："存在自然数 n，对于任意的素数 p，都有 $n \geqslant p$."这句话尽管数学语法正确，但显然是不成立的. 为把数学翻译成可读的文字，常把逗号理解为"且"或者"使得".

所有的数学命题都采用 $a \Rightarrow b$ 的形式，其中 a 表示条件，b 表示结论. 如果要证明"$a \Rightarrow b$"，通常有如下几种方法. 或者你很幸运，一眼能够看出 a 的确能够推导 b，或者你很迷惑，a 能够推导 b 吗？两条道路摆在你面前. 你也可以按照（8）的思路，证明"$a \Rightarrow b$"的等价形式"$\neg\, a \Leftarrow \neg\, b$"，这或许会使证明变得简单. 或者你先假设 a 不能推出 b. 如果你能够推导出"a 不能推出 b"这一论断中和某一众所周知的事实产生矛盾（例如，推导出存在以 x，y 为直角边的平面直角三角形，但是 $x^2 + y^2 \neq h^2$，其中 h 表示斜边长.），则通过**反证法**可以成功地得到所需的结论. 事实上，（9）告诉我们，若由 a 成立推导不出 b 成立，则意味着 a 成立的同时 b 不成立.

欧几里得就是采用这种方法证明 $\mathbb{N}$ 包含无穷多个素数. 首先假设 $\mathbb{N}$ 是自然数集合，P 是素数集合，结论为 P 是无限集合. 证明的起点是"假如结论不成立". 这意味着，假设素数集 P 是一个有限集合，最终看由此会得到什么结论. 当然，这么做并不意味着我们认同 P 是一个有限集，它也不是定理的前提，这样做的目的是为了从"P 是有限集合"中推导出矛盾的结果. 事实上，假如 P 是有限集合[⊖]，则可以假设 P 包含 m 个元素 $p_1, \cdots, p_m$. 乘积 $N = 2 \cdot 3 \cdot 5 \cdot \cdots \cdot p_m$ 能够被每个 p_i 整除（即余数为 0），因此 $N+1$ 不能被任何素数整除（$N+1$ 整除 p_i 时的余数恒等于 1），这与"每一个大于等于 2 的整数可以分解为素数的乘积"这一已知事实产生矛盾（后一事实与 P 是有限集合还是无限集合无关）. 从"P 是有限集合"这一假设出发，能够推导出和已知事实的矛盾，因此假设是错误的，从而 P 是无限集合.

⊖ 在英语中，虚拟语气意味着怀疑，但是我们在这里仍然使用虚拟语气给出欧几里得的证明，即使用"假设 P 是有限集"替代"设 P 是有限集"，使用"每个素数将整除 N"替代"每个素数可以整除 N"，等等. 首先，在使用反证法时运用虚拟语气，可以清晰地展示出逻辑上的反常，然而虚拟语气很快就过时了. 为了前后文的连贯，我们尽可能地使用一般现在时.

逻辑学家或许发现我们在这里频繁地使用"排除中间原则"来指明，一个数学上有意义的命题要么正确，要么错误. 我们必须排除"既对也错"和"既不对也不错"这两种情形.

隐喻和类比

在高中阶段，隐喻是一种语言修饰手法，即抓住两种不同性质的事物的相像点或者类似点，用一件事物替代另一事物. 这种例子随处可见，例如"The ship plows the sea"，意为"船在乘风破浪". 一个较委婉的例子是"his lawyer dropped the ball"，译为"他的律师犯了错误". 隐喻的力量和有趣之处不仅在于它抓住了事物的相似之处，还在于其隐含的意义. 就像一个丢球的运动员一样，律师不但会犯错误，而且由于他们的过失，他们无法通过下一个合理动作继续跟进. 这句话还暗指律师的工作就是一场游戏.

通常可以通过隐喻把抽象事物和具体事物联系起来，如"生命是一段旅程."由于生命有开始和结束，它沿着某一个方向前进，可能会短暂停留甚至出现曲折，要经历风风雨雨等，因此说生命像一段旅程. 隐喻的微妙之处在于一个简单的句子，如"生命是一段旅程"，蕴含了深刻的哲理，等待有深刻内涵的你去用心体会.

隐喻的思维方式在数学中异常普遍，主要表现在数学家通过隐喻来定义新的概念. 戴德金（Dedekind）在构造实数系统的时候，将 $A \mid B$ 表示为"二类型、保序的等价类"，然而，"分割"却是更准确的隐喻."分割"真实反映了人们对直线的物理直觉. 参看图 3. 乔治·拉科夫（George Lakoff）在他的著作《数学的起源》中，全面揭示了隐喻在数学中的作用.

类比是隐喻的外在形式，它仅表示两个事物是相似的. 类比虽然简单，但有助于我们理解抽象事物. 当你从家到学校时，刚开始你是离家更近一些，接着你是离学校更近一些，而在某一点恰好是这段路途的中点. 在学习数学之前你就了解这个道理. 因此在度量空间（第 2 章）中，用一条曲线连接两点，你可以想象一个点沿着曲线运动，某一点到曲线两个端点距离相等. 类比推理也被称为"直觉推理".

心得　尝试猜测在现实世界中你熟知的事物背后的数学含义.

两点建议

我有一个同事经常给他的学生提供建设性意见. 当你面对一个普通问题但不知道如何解决的时候，可以先给出一些额外的假设，然后试着去解决它. 假如你考虑的是 n 维空间的问题, 则可以先考虑二维空间. 如果这个问题涉及连续函数, 则可以先考虑可微函数. 这种将抽象问题转化为相对具体问题的技巧恰好和隐喻的思想方法相反, 但这至少能够帮助我们找到解决问题的一个例子, 然后再从这个例子着手.

心得 如果你不知道如何完整地去解决某个问题, 建议首先考虑其特例.

下面是第二条建议. 买一个笔记本, 记录下每天你所掌握的数学知识. 尝试通过图形诠释每一个定义、概念和定理.

2 分割

我们首先站在神学的角度讨论实数系统 $\mathbb{R}$. 主流的数学课堂教学倾向于认为 $\mathbb{R}$ 是 "上帝的礼物" —— 通过公理化体系描述. 大约通过十条左右的性质, 即通过列举出完备的有序域所满足的公理, 然后导出其他性质. 整个分析学结构体系竟然建立在实数系统基础上, 这似乎是不可思议的事情. 如果满足上述公理的实数系统并不存在, 那么将会发生什么呢? 我们的研究对象将是空集! 事实上, 你不需要基于某种信仰而承认实数系统的存在性——我们将严格证明实数系统的存在性.

我们首先要承认小学阶段关于四则运算的基本事实.

自然数集合 $\mathbb{N}$ 由 1, 2, 3, 4, … 构成.

整数集合 $\mathbb{Z}$ 由 0, 1, -1, 2, -2, … 构成.

有理数集合 $\mathbb{Q}$ 由所有的 p/q 构成, 其中 p, q 是整数且 $q \neq 0$.

例如, 我们将毫不犹豫地承认一些基本事实和运算法则, 如 $2+2=4$, $a+b=b+a$, 其中 a, b 是有理数. 在课外练习中, 我们可以随意使用有关整数或有理数的四则运算法则[⊖]. 显然有 $\mathbb{N} \subset \mathbb{Z} \subset \mathbb{Q}$. 由于整数包含负数, 因此 $\mathbb{Z}$ 扩充了 $\mathbb{N}$. 而有理数包含倒数, 因此 $\mathbb{Q}$ 扩充了 $\mathbb{Z}$. 由此可以在 $\mathbb{Z}$ 上定义减法, 在 $\mathbb{Q}$ 上定义除法. 由于 $\mathbb{Q}$ 不含有

⊖ 你或许会发现上文提到的素数分解定理非常微妙. 任意大于或等于 2 的整数都可以分解为素数的乘积. 例如, 120 可以分解为 $2 \times 2 \times 2 \times 3 \times 5$, 假如不考虑因子的次序, 则分解式是唯一的. 容易看出, 若素数 p 能够整除整数 k, 而 k 等于 m 和 n 的乘积, 则 p 或者整除 m, 或者整除 n. 事实上, 由分解的唯一性, k 的素数分解式恰好等于 m 和 n 的素数分解式的乘积。

无理数，如 $\sqrt{2}$，也不含有超越数，如 π，我们需要进一步扩张 $\mathbb{Q}$．我们旨在通过对 $\mathbb{Q}$ 进行完备化得到 $\mathbb{R}$，即

$$\mathbb{N} \subset \mathbb{Z} \subset \mathbb{Q} \subset \mathbb{R}.$$

通过下面例子可以看出 $\mathbb{Q}$ 是不完备的．

定理 1 $\mathbb{Q}$ 中不含有平方等于 2 的数，即 $\sqrt{2} \notin \mathbb{Q}$．

证明 对于任意的 $r = p/q$，为了证明 $r^2 \neq 2$，只需要证明 $p^2 \neq 2q^2$．不妨设 p 和 q 没有公因子，则它们不可能都是偶数，即 p 和 q 至少有一个是奇数．

情形 1：若 p 是奇数，则 p^2 是奇数，而 $2q^2$ 是偶数，二者不相等．

情形 2：若 p 是偶数，q 是奇数，则 p^2 是 4 的整数倍，但 $2q^2$ 不是 4 的整数倍．

因此，$p^2 \neq 2q^2$． □

有理数集合 $\mathbb{Q}$ 由于存在着像 $\sqrt{2}$ 这样的"缝隙"，因此不完备．事实上这些缝隙的宽度为 0，因此叫作针孔更贴切一些．不完备性是 $\mathbb{Q}$ 的致命缺陷，为此我们将填补这些缝隙从而使 $\mathbb{Q}$ 完备．通过**戴德金分割**，即把一个实数想象为直线在某一个位置处的分割，我们能够巧妙地将 $\mathbb{Q}$ 完备化．见图 3．

定义 设 A，$B \subset \mathbb{Q}$．若 A，B 满足：

（a）$A \cup B = \mathbb{Q}$，$A \neq \varnothing$，$B \neq \varnothing$，$A \cap B = \varnothing$；

（b）若 $a \in A$，$b \in B$，则 $a < b$；

（c）A 不包含最大的元素，

则称有序对 A，B 是 $\mathbb{Q}$ 的一个分割．

在上述定义中，A 是分割的左侧，B 是分割的右侧．我们将这个分割记为 $x = A \mid B$．排除字面意思，我们将回答"什么是实数"．

定义 称 $\mathbb{Q}$ 的一个分割为一个**实数**．

由实数 $x = A \mid B$ 所构成的类[⊖]称为 $\mathbb{R}$．我们将证明 $\mathbb{R}$ 可以自然地构成一个包含 $\mathbb{Q}$ 的完备有序数域．在证明这个结论之前，先给出分割的两个例子．

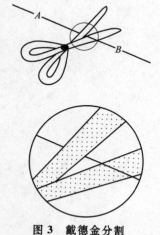

图 3 戴德金分割

⊖ 在这里使用"类"而不是"集合"，是为了强调目前 $\mathbb{R}$ 的成员仅是有序集合对 $A \mid B$，并不是 A 或者 B 中的数字，由于 B 是 A 在 $\mathbb{Q}$ 中的余集，也可以将 $A \mid B$ 简记为 A．为了便于记忆，我们使用记号 $A \mid B$．这看起来像是分割．

(i) $A \mid B = \{r \in \mathbb{Q} : r < 1\} \mid \{r \in \mathbb{Q} : r \geqslant 1\}$.

(ii) $A \mid B = \{r \in \mathbb{Q} : r \leqslant 0$ 或者 $r^2 < 2\} \mid \{r \in \mathbb{Q} : r > 0$ 且 $r^2 \geqslant 2\}$.

形如（i）的分割 $A \mid B$ 称为**有理分割**，即对于某个固定的有理数 c，A 由小于 c 的所有有理数组成，B 是 A 在 $\mathbb{Q}$ 中的余集. 有理分割中的 B 集合存在最小值 c. 反之，若 $A \mid B$ 是 $\mathbb{Q}$ 的分割，且 B 存在最小值 c，则 $A \mid B$ 是 c 点处的有理分割. 将 c 点处的有理分割记为 c^*. 把 c 和 c^* 视为同一元素，则 $\mathbb{Q} \subset \mathbb{R}$. 类似地，把整数 n 看作 $n/1$，则 $\mathbb{Z} \subset \mathbb{Q}$. 同样的道理，我们可以从另外一个角度看待 $\mathbb{Q}$ 中的有理数 c，即把 c 看作 c 点处的分割. 在此意义下，有

$$\mathbb{N} \subset \mathbb{Z} \subset \mathbb{Q} \subset \mathbb{R}.$$

下面首先需要关注的是在分割上定义序关系 $x \leqslant y$.

定义 若 $A \subset C$，则称分割 $x = A \mid B$ **小于或者等于分割** $y = C \mid D$.

若 x 小于或者等于 y，记为 $x \leqslant y$. 若 $x \leqslant y$ 但是 $x \neq y$，则记为 $x < y$. 若 $x = A \mid B$ 小于 $y = C \mid D$，则 $A \subset C$ 且 $A \neq C$，此时存在 $c_0 \in C \backslash A$. 由于分割中的 A 集合不含有最大值，因此存在 $c_1 \in C$ 使得 $c_0 < c_1$. 满足条件 $c_0 \leqslant c \leqslant c_1$ 的所有有理数 c 都在 $C \backslash A$ 中. 因此，$x < y$ 不仅意味着 $C \backslash A$ 是非空集合，还意味着 $C \backslash A$ 包含无限多个元素.

区别 $\mathbb{R}$ 和 $\mathbb{Q}$ 的关键之处在于，关于实数的每一个基本性质最终都归结为上界和最小上界，等价地说，归结为下界和最大下界.

设 $S \subset \mathbb{R}$，$M \in \mathbb{R}$. 若对于每一个 $s \in S$，都有

$$s \leqslant M,$$

则称 M 是集合 S 的**上界**，或者说集合 S 是以 M 为上界的**上方有界**集合. 若集合 S 的一个上界小于所有其他的上界，则称这个上界为 S 的**最小上界**. 下面将最小上界记为 l.u.b.(S). 例如：

3 是负整数集合的一个上界；

–1 是负整数集合的最小上界；

集合 $\{x \in \mathbb{Q} : \exists n \in \mathbb{N}, x = 1 - 1/n\}$ 的最小下界是 1；

–100 是空集的一个上界.

集合 S 的最小上界不一定在 S 中，因此我们使用术语"S 的最小上界"，而不是说"S 中的最小上界".

定理 2 由戴德金分割构造的集合 $\mathbb{R}$ 是**完备**的[⊖]，即满足**最小上**

⊖ $\mathbb{R}$ 的完备性有多种含义，参见定理 5.

界性质：设 $S\subset\mathbb{R}$ 是非空集合. 若 S 是上方有界集合，则 S 在 $\mathbb{R}$ 中有最小上界.

证明 不难! 设 $\mathbb{C}\subset\mathbb{R}$ 是分割构成有上方有界的非空集簇，$X\mid Y$ 是其上界. 定义

$$C=\{a\in\mathbb{Q}：存在分割 A\mid B\in\mathbb{C},\ a\in A\},\ D=\mathbb{Q}\setminus C.$$

则容易验证 $z=C\mid D$ 是一个分割. 由于 $\mathbb{C}$ 中每个元素的 A 集合都包含于 C，$C\mid D$ 是 $\mathbb{C}$ 的上界. 设 $z'=C'\mid D'$ 为 $\mathbb{C}$ 的任意一个上界. 由假设条件，$\forall A\mid B\in\mathbb{C}$，$A\mid B\leqslant C'\mid D'$，因此 $\mathbb{C}$ 中每个成员的 A 集合都包含在 C' 中，故有 $C\subset C'$，从而 $z\leqslant z'$. 这说明 z 是 $\mathbb{C}$ 的最小上界. □

这个证明虽然简单，但充分体现了分割思想的巧妙之处. 通过纯粹的逻辑思维，我们通过 $\mathbb{Q}$ 构造了 $\mathbb{R}$. 为了完善其理论体系，我们将在分割上定义四则运算. 给定分割 $x=A\mid B$，$y=C\mid D$. 如何定义加法? 如何定义减法? 等等. 一般地，要考虑构成分割的两部分的相应元素运算，特别要关注负数那一部分. x 和 y 的和定义为 $x+y=E\mid F$，其中

$$E=\{r\in\mathbb{Q}：\exists a\in A,\exists c\in C,r=a+c\},$$
$$F=\mathbb{Q}\setminus E.$$

容易看出 $E\mid F$ 是 $\mathbb{Q}$ 的一个分割，它和 x，y 出现的次序无关. 也就是说，分割的加法运算定义合理，并且满足交换律. 零分割就是 0^*，而且对于任意的 $x\in\mathbb{R}$，$0^*+x=x$. $x=A\mid B$ 在加法下的逆元是 $-x=C\mid D$，其中

$$C=\{r\in\mathbb{Q}：对于 b\in B,且 b 不是 B 的最小元,r=-b\},$$
$$D=\mathbb{Q}\setminus C.$$

则 $(-x)+x=0^*$. 相应地，将分割的减法定义为：$x-y=x+(-y)$. 分割的加法运算满足**结合律**：

$$(x+y)+z=x+(y+z).$$

这可以由 $\mathbb{Q}$ 的相应性质得到.

定义分割的乘法运算有点棘手. 设 $x=A\mid B$ 是分割. 若 $0^*<x$，我们称 x 是正的；若 $x<0^*$，我们称 x 是负的. 由于 0 或者在 A 中，或者在 B 中，分割 x 或者是正，或者是负，或者等于 0. 设 $x=A\mid B$ 和 $y=C\mid D$ 是非负的分割，它们的乘积 $x\cdot y=E\mid F$ 定义为

$$E=\{r\in\mathbb{Q}：r<0,或者 \exists a\in A,\exists c\in C 使得 a>0,c>0 且 r=ac\},$$

而 F 是 E 在 $\mathbb{Q}$ 中的余集. 如果 $x>0$，$y<0$，则定义二者乘积为 $-(x\cdot(-y))$. 注意到 x 和 $-y$ 都是正分割，上述定义合理且乘积为负分割.

类似地，如果 x 是负分割，y 是正分割，则它们的乘积定义为 $-((-x) \cdot y)$. 如果 x 和 y 都是负的，则定义它们的乘积为 $(-x) \cdot (-y)$.

验证乘法运算法则非常烦琐. 退一步讲，把细节逐条写出来似乎也没有什么成就感.（如果想探讨分割的运算法则，建议读者阅读朗道（Landau）的经典书籍：《分析学基础》.）为了了解一下验证的过程，我们下面考虑乘法交换律 $x \cdot y = y \cdot x$，其中，$x = A \mid B$，$y = C \mid D$. 如果 x，y 都是正的，则

$$\{ac : a \in A, c \in C, a > 0, c > 0\} = \{ca : c \in C, a \in A, c > 0, a > 0\}$$

意味着 $xy = yx$，当 x 是正的，y 是负的时，则有

$$xy = -(x \cdot (-y)) = -((-y) \cdot x) = yx.$$

其中，第二个等号成立的原因在于正分割满足交换律. 其余两种情形可以类似验证. 为了验证结合律，需要考虑 8 种情形，而验证分配律也需要考虑 8 种情形. 上述验算都很简单，这里就不再逐条验证了. 事实上，要点在于分割的四则运算法则和 $\mathbb{Q}$ 的四则运算法则一致：可以自然地赋予分割加法运算. 加法运算满足交换律、结合律，0^* 是加法运算下的单位元，每一个元素都存在负元；可以自然地赋予分割乘法运算. 乘法运算满足交换律、结合律，并且对加法满足分配律. 1^* 是乘法运算下的单位元、非零元可逆.

根据定义，域是包含集合和两种运算的一个系统，即加法运算和乘法运算，并且满足上述代数性质——交换律、结合律等. 除了上述运算性质，分割的运算法则和 $\mathbb{Q}$ 的运算法则是相容的，即若 $c, r \in \mathbb{Q}$，则 $c^* + r^* = (c+r)^*$，$c^* \cdot r^* = (cr)^*$. 上述性质实为子域定义，因此 $\mathbb{Q}$ 是 $\mathbb{R}$ 的**子域**. 分割的序关系还满足如下性质：

传递性：若 $x < y < z$，则 $x < z$.

三中择一律：$x < y$，$y < x$，$x = y$ 三者中有且仅有一种情形成立.

平移不变性：若 $x < y$，则 $x + z < y + z$.

正因为 $\mathbb{R}$ 具有这三条性质，我们称 $\mathbb{R}$ 为**有序域**. 正分割的乘积还是正分割，分割的序关系和 $\mathbb{Q}$ 的序关系也保持一致，即若 $c, r \in \mathbb{Q}$，则 $c^* < r^*$ 当且仅当 $c < r$. 我们因此称 $\mathbb{Q}$ 是 $\mathbb{R}$ 的有序子域. 综上所述，有如下定理.

定理 3 $\mathbb{Q}$ 的所有分割构成的集合 $\mathbb{R}$ 是完备的有序域，$\mathbb{Q}$ 是 $\mathbb{R}$ 的有序子域.

设 $x \in \mathbb{R}$. x 的大小或者绝对值定义为

$$|x| = \begin{cases} x & \text{若 } x \geq 0, \\ -x & \text{若 } x < 0. \end{cases}$$

因此 $x \leq |x|$. 下面给出关于绝对值的一个经常使用的基本性质.

三角不等式 4　任给 $x,\ y \in \mathbb{R}$, $|x+y| \leq |x| + |y|$.

证明　由于序关系满足传递性和平移不变性, 在不等式 $x \leq |x|$ 和 $-x \leq |x|$ 中, 两端分别同时加上 y 和 $-y$, 则

$$x+y \leq |x| + y \leq |x| + |y|,$$
$$-x-y \leq |x| - y \leq |x| + |y|.$$

由于 $x+y \leq |x|+|y|$, 以及 $-(x+y) \leq |x|+|y|$, 因此有 $|x+y| \leq |x|+|y|$.

我们能否重复前面的过程, 对 $\mathbb{R}$ 进行分割呢? 或者说, $\mathbb{R}$ 中是否存在 "通过剪刀分割" 才能发现的缝隙? 一个自然的想法是将 $\mathbb{R}$ 的分割定义为 $A|B$, 其中 A, B 是 $\mathbb{R}$ 中不相交的、非空的子集, 且 $A \cup B = \mathbb{R}$, 以及对任意的 $a \in A$, $b \in B$, 有 $a < b$. 进而, A 没有最大元素. 由于 B 中每一个元素都是 A 的上界, 因此 A 存在最小上界 y, 并且 y 满足不等式 $a \leq y \leq b$ ($\forall a \in A$, $\forall b \in B$). 根据三中择一律,

$$A \mid B = \{x \in \mathbb{R} : x < y\} \mid \{x \in \mathbb{R} : x \geq y\}$$

换句话说, $\mathbb{R}$ 不存在缝隙. $\mathbb{R}$ 的分割仅仅出现在实数点处.

实数 $\mathbb{R}$ 的唯一性与 $\mathbb{R}$ 的存在性密不可分. 对于以 $\mathbb{Q}$ 为有序子域的完备有序域 $\mathbb{F}$, $\mathbb{F}$ 和 $\mathbb{R}$ 之间存在保持有序域结构的对应关系. 为了证明这个结论, 设 $\varphi \in \mathbb{F}$, 相应的分割为 $A \mid B$, 其中

$$A = \{r \in \mathbb{Q} : r < \varphi \in \mathbb{F}\}.$$

通过这个对应关系可以知道 $\mathbb{F}$ 与 $\mathbb{R}$ 同构.

最终结论　实数系统 $\mathbb{R}$ 存在且具有完备有序域的性质. 这些性质并不是作为公理直接给出, 而是戴德金在构造 $\mathbb{R}$ 时通过逻辑推导得到. 戴德金通过缜密的逻辑推理, 证明 $\mathbb{Q}$ 的所有分割构成完备的有序域 $\mathbb{R}$, 这足以使他名垂青史! 然而, 如同微积分学教程一样, 其他的人都将实数看作 x 轴上的点, 你也可以这样看待实数. 事实上, 将实数看作分割的唯一好处是, 我们可以毫不犹豫地承认最小上界的存在性.

注意　由于 $\mathbb{Q} \mid \varnothing$ 和 $\varnothing \mid \mathbb{Q}$ 不是分割, 实数不包含 $\pm\infty$. 尽管有些数学家将 $\mathbb{R}$ 和 $\pm\infty$ 构成的集合称为 "广义实数系统", 我更愿意暂且把 $\pm\infty$ 放到一边, 单独考虑 $\mathbb{R}$ 自身. 然而为方便起见, 我们使用记号 "$x \to \infty$" 表示实变量 x 越来越大且没有上界.

设 $S \subset \mathbb{R}$ 是非空集合. 若 S 有上界, 则称它的最小上界为**上确界**, 否则称 $+\infty$ 为其上确界; 若 S 有下界, 则称它的最大下界为**下确界**, 否则称 $-\infty$ 为其下确界. (练习 17 将要求你给出最大下界的定义.) 由定义, 空集的上确界是 $-\infty$. 这是因为, 任意给定一个实数, 不论它多么小, 都是空集的上界, 而最小上界应该尽可能地在数轴的左侧. 因此空集的上确界是 $-\infty$. 类似地, 空集的下确界为 $+\infty$. 我们分别使用 $\sup S$ 和 $\inf S$ 表示集合 S 的上确界和下确界.

柯西列

借助于收敛列的概念, 我们可以换一种观点来理解实数集合 $\mathbb{R}$ 的完备性. 设 $a_1, a_2, a_3, a_4, \cdots = (a_n)$, $n \in \mathbb{N}$ 是实数列. 若对于每一个 $\varepsilon > 0$, 存在 $N \in \mathbb{N}$, 当 $n \geqslant N$ 时, 都有

$$|a_n - b| < \varepsilon,$$

则称当 $n \to \infty$ 时序列 a_n **收敛到极限** $b \in \mathbb{R}$.

这里用到了统计学的语言. 把 $n = 1, 2, \cdots$ 看作时间列, 如果最终它所有的项都近乎等于 b, 则称序列 a_n 收敛到 b. 使用数学符号表示,

$$\forall \varepsilon > 0, \exists N \in \mathbb{N}, 使得 n \geqslant N \Rightarrow |a_n - b| < \varepsilon.$$

若极限 b 存在, 则不难证明它是唯一的, 记作

$$\lim_{n \to \infty} a_n = b, 或者 a_n \to b.$$

假设 $\lim_{n \to \infty} a_n = b$. 由于所有的 a_n 最终都靠近 b, 它们自然也要相互靠近. 因此每一个收敛序列都遵循**柯西条件**:

$$\forall \varepsilon > 0, \exists N \in \mathbb{N}, 使得 n, m \geqslant N \Rightarrow |a_n - a_m| < \varepsilon.$$

这个结论的逆命题反映了 $\mathbb{R}$ 的一个基本性质.

定理 5 $\mathbb{R}$ 关于柯西序列是完备的. 即若 (a_n) 是一个满足柯西条件的实数序列, 则它在 $\mathbb{R}$ 中收敛.

证明 设 A 是由序列 (a_n) 中的元素构成的实数集合, 即

$$A = \{x \in \mathbb{R} : \exists n \in \mathbb{N}, a_n = x\}.$$

首先证明 A 是 $\mathbb{R}$ 中的有界集合. 在柯西条件中取 $\varepsilon = 1$, 则存在一个整数 N_1, 使得对所有 $n, m \geqslant N_1$, $|a_n - a_m| < 1$. 则对任意的 $n \geqslant N_1$,

(10) $$|a_n - a_{N_1}| < 1.$$

显然, 集合 $\{a_1, a_2, \cdots, a_{N_1 - 1}, a_{N_1}, a_{N_1} + 1\}$ 是有界集合 (任何有限集

都是有界的），不妨设上述元素都属于区间 $[-M,M]$. 根据（10），$[-M,M]$ 包含 A，因此 A 是有界集合.

其次，考虑集合

$$S=\{s\in[-M,M]:存在无限多个 n\in\mathbb{N} 使得 a_n\geqslant s\}.$$

也就是说，有无限多个 a_n 大于或者等于 s. 显然，$-M\in S$，并且 M 是 S 的上界. 根据 $\mathbb{R}$ 的最小上界的性质，存在 $b\in\mathbb{R}$，$b=\mathrm{l.u.b.}(S)$. 我们下面证明序列 (a_n) 收敛到 b.

给定 $\varepsilon>0$，我们将证明存在 N，使得对所有 $n\geqslant N$，$|a_n-b|<\varepsilon$. 由柯西条件，存在 N_2，使得

$$（11）\qquad m,n\geqslant N_2\Rightarrow|a_m-a_n|<\frac{\varepsilon}{2}.$$

由于 S 的元素都是小于或者等于 b，所以元素 $b+\dfrac{\varepsilon}{2}$ 不可能属于 S. 因此最多有有限多个 a_n 超过 $b+\varepsilon/2$. 也就是说，存在某个 $N_3\geqslant N_2$，

$$n\geqslant N_3\Rightarrow a_n\leqslant b+\frac{\varepsilon}{2}.$$

由于 b 是 S 的最小上界，则 $b-\varepsilon/2$ 不可能是 S 的上界，因此存在 $s\in S$，$s>b-\varepsilon/2$，由此可以推出存在无限多个 n 使得 $a_n\geqslant s>b-\varepsilon/2$. 特别地，存在 $N\geqslant N_3$，使得 $a_N>b+\varepsilon/2$. 由于 $N\geqslant N_3$，则有 $a_N\leqslant b+\varepsilon/2$，所以

$$a_N\in(b-\varepsilon/2,b+\varepsilon/2]$$

由于 $N\geqslant N_2$，由（11）可推出

$$|a_n-b|\leqslant|a_n-a_N|+|a_N-b|<\varepsilon,$$

因此 a_n 是收敛列.

可以重新阐述定理 5 如下.

定理 6（柯西序列收敛准则）　$\mathbb{R}$ 中的序列 (a_n) 收敛，当且仅当

$$\forall\varepsilon>0,\exists N\in\mathbb{N},使得 n,m\geqslant N\Rightarrow|a_n-a_m|<\varepsilon.$$

$\mathbb{R}$ 的进一步刻画

$\mathbb{R}\backslash\mathbb{Q}$ 中的元素称为**无理数**. 设 x 是无理数，r 是有理数，则 $y=x+r$ 是无理数. 这是因为，如果 y 是有理数，则由于有理数的差还是有理数，$y-r=x$ 也是有理数. 类似地，如果 $r\neq0$，则 rx 是无理数. 进而，无理数的倒数还是无理数. 由此可以看出，有理数和无理数是完全混杂在一起的.

在 $\mathbb{R}$ 中给定 a, b 且 $a<b$. 称 (a,b) 和 $[a,b]$ 为区间，其中
$$(a,b)=\{x\in\mathbb{R}:a<x<b\},$$
$$[a,b]=\{x\in\mathbb{R}:a\leqslant x\leqslant b\}.$$

定理 7　给定区间 (a,b)，无论这个区间有多小，都包含无理数和有理数.

证明　由于区间 $(0,1)$ 包含数 $\dfrac{1}{2}$ 和 $\dfrac{1}{\sqrt{2}}$，此时结论显然成立. 对于一般的区间 (a,b)，将 a, b 写成分割的形式：$a=A|A'$，$b=B|B'$. 由于 $a<b$，集合 $B\backslash A$ 包含两个不同的有理数，设为 r, s. 因此 $a\leqslant r<s\leqslant b$. 映射
$$T:t\rightarrow r+(s-r)t$$
将区间 $(0,1)$ 映射为区间 (r,s). 由于 r, s 和 $s-r$ 是有理数，映射 T 把有理数映射为有理数，把无理数映射为无理数. 因此区间 (r,s) 同时包含有理数和无理数，而区间 (a,b) 包含 (r,s)，故结论成立.

定理 7 告诉我们，两个有理数之间存在一个无理数，两个无理数之间也存在一个有理数. 这一难以置信的事实是值得我们深思的. 建议读者花费一些时间思考二者之间的关系，特别是思考如下事实：

（a）区间 $(0,1)$ 中没有最小的有理数.

（b）区间 $(0,1)$ 中没有最小的无理数.

（c）区间 $(0,1)$ 中，无理数比有理数要多得多.（在第 4 节的基数理论意义下.）

通过定理 7 的证明中构造的映射可以看出，实数轴就像橡胶一样，可以进行伸缩，但不会折断.

$\mathbb{R}$ 有一条似乎模糊但又显而易见的性质，即**阿基米德性质**：对任意 $x\in\mathbb{R}$，存在整数 n, $n>x$. 换句话说，一定存在任意大的整数. 对于有理数集合 $\mathbb{Q}$，由于 $p/q\leqslant|p|$，阿基米德性质自然成立. 事实上，$\mathbb{R}$ 也具有阿基米德性质. 设 $x=A|B$，只需选取有理数 $r\in B$ 和一个整数 $n>r$，则 $n>x$. 因此，阿基米德性质可以等价地表述为，存在任意小的整数的倒数.

有趣的是有序域并不一定具有阿基米德性质. 例如，考虑具有实系数的有理函数域 $\mathbb{R}(x)$，其中每个函数都形如
$$R(x)=\frac{p(x)}{q(x)},$$

这里 p 和 q 是实系数多项式，且 q 是非零多项式.（允许 $q(x)$ 在有限个点处为 0.）按照通常方式定义加法和乘法运算，则 $\mathbb{R}(x)$ 构成一个域. 下面在 $\mathbb{R}(x)$ 上给出序关系. 如果对所有足够大的 x，$R(x)>0$，则称 R 在 $\mathbb{R}(x)$ 上是正的. 如果 $R-S$ 是正的，则称 $S<R$. 由于非零有理函数仅在有限多个 $x\in\mathbb{R}$ 点处取值为 0，我们有三中择一律：即 $R=S$，$R<S$，$S<R$ 三者有且仅有一个成立.（为严格起见，我们还应当证明当 x 充分大时，有理函数不会改变符号.）其他的序性质容易验证，因此 $\mathbb{R}(x)$ 是有序域.

$\mathbb{R}(x)$ 具有阿基米德性质吗？也就是说，给定 $R\in\mathbb{R}(x)$，是否存在一个自然数 $n\in\mathbb{R}(x)$，使得 $R<n$？（这里数字 n 表示有理函数，它的分子是零次常数多项式 $p(x)=n$，它的分母是常数多项式 $q(x)=1$.）答案是"不存在". 这是因为，选取 $R(x)=x/1$，即分子是 x，分母是 1. 显然可以得到 $n<x$，而不是 $x<n$，所以 $\mathbb{R}(x)$ 不具有阿基米德性质.

同样的方法也适应于正的有理函数 $R=p(x)/q(x)$，这里 p 的次数高于 q 的次数. 在 $\mathbb{R}(x)$ 中，R 不可能小于任意一个自然数（你或许会自问：究竟哪些有理函数比 n 小呢？）

ε-原则

本节最后给出一个表面上微不足道的原则，但该原则在推导 $\mathbb{R}$ 中的不等式和等式时具有不可估量的价值.

定理 8（ε-原则） 设 a，b 是实数. 如果对任意 $\varepsilon>0$，$a\leq b+\varepsilon$，则 $a\leq b$. 设 x，y 是实数. 若对任意 $\varepsilon>0$，$|x-y|\leq\varepsilon$，则 $x=y$.

证明 由三中择一律可以推出 $a\leq b$ 或 $a>b$. 如果 $a>b$，则可以选取 ε 使得 $0<\varepsilon<a-b$，从而得到如下矛盾：

$$\varepsilon<a-b\leq\varepsilon.$$

因此，$a\leq b$. 类似地，如果 $x\neq y$，则选取 ε，$0<\varepsilon<|x-y|$，则可以得出矛盾的不等式 $\varepsilon<|x-y|\leq\varepsilon$. 因此 $x=y$. 可以参见习题 11.

□

3 欧几里得空间

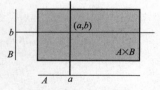

图 4 笛卡儿积 $A\times B$

给定集合 A 和 B，由所有的有序对 (a,b) 构成的集合称为 A 和 B 的**笛卡儿积**，记作 $A\times B$，其中 $a\in A$，$b\in B$.（笛卡儿首先在几何中给出了 (x,y) 坐标系的思想，因此这个名词来源笛卡儿.）参见图 4.

R 和自身的 m 次笛卡儿积记作 $\mathbb{R}^m$. $\mathbb{R}^m$ 中的元素是有序的 m 维实数组 $(x_1,\cdots,x_m)$ 构成的向量. 在专业术语中, 实数被称作标量, $\mathbb{R}$ 称作标量域. 这时, 向量的加法、减法和数乘定义如下.

$$(x_1,\cdots,x_m)+(y_1,\cdots,y_m)=(x_1+y_1,\cdots,x_m+y_m),$$
$$(x_1,\cdots,x_m)-(y_1,\cdots,y_m)=(x_1-y_1,\cdots,x_m-y_m),$$
$$c(x_1,\cdots,x_m)=(cx_1,\cdots,cx_m),$$

则这些运算遵循线性代数中的运算法则: 交换律、结合律等. 在 $\mathbb{R}^m$ 上还可以定义**数量积**(也被称为标量积或者内积): 设 $\boldsymbol{x}=(x_1,\cdots,x_m)$, $\boldsymbol{y}=(y_1,\cdots,y_m)$, 则 $\boldsymbol{x}$, $\boldsymbol{y}$ 的数量积为

$$\langle\boldsymbol{x},\boldsymbol{y}\rangle=x_1y_1+\cdots+x_my_m.$$

请注意, 两个向量的数量积是一个标量, 而不是向量. 数量积运算具有双线性、对称性和正定性. 即对任意 $\boldsymbol{x}$, $\boldsymbol{y}$, $\boldsymbol{z}\in\mathbb{R}^m$ 和任意 $c\in\mathbb{R}$,

$$\langle\boldsymbol{x},\boldsymbol{y}+c\boldsymbol{z}\rangle=\langle\boldsymbol{x},\boldsymbol{y}\rangle+c\langle\boldsymbol{x},\boldsymbol{z}\rangle,$$

$$\langle\boldsymbol{x},\boldsymbol{y}\rangle=\langle\boldsymbol{y},\boldsymbol{x}\rangle,$$

$$\langle\boldsymbol{x},\boldsymbol{x}\rangle\geqslant0 \text{ 以及 } \langle\boldsymbol{x},\boldsymbol{x}\rangle=0 \text{ 当且仅当 } \boldsymbol{x} \text{ 是零向量.}$$

定义向量 $\boldsymbol{x}\in\mathbb{R}^m$ 的**长度或者大小**为

$$|\boldsymbol{x}|=\sqrt{\langle\boldsymbol{x},\boldsymbol{x}\rangle}=\sqrt{x_1^2+\cdots+x_m^2}.$$

习题 15 告诉我们取根号是合理的. 可以不通过具体的坐标系而给出数量积的性质.

柯西-施瓦兹 (Cauchy-Schwarz) 不等式 9 对所有 $\boldsymbol{x},\boldsymbol{y}\in\mathbb{R}^m$, $\langle\boldsymbol{x},\boldsymbol{y}\rangle\leqslant|\boldsymbol{x}||\boldsymbol{y}|$.

证明 非常巧妙! 对任意向量 $\boldsymbol{x}$, $\boldsymbol{y}$, 考虑新的向量 $\boldsymbol{w}=\boldsymbol{x}+t\boldsymbol{y}$, 这里 $t\in\mathbb{R}$ 是参数. 则

$$f(t)=\langle\boldsymbol{w},\boldsymbol{w}\rangle=\langle\boldsymbol{x}+t\boldsymbol{y},\boldsymbol{x}+t\boldsymbol{y}\rangle$$

是以 t 为自变量的实值函数. 由于任何向量和自身的数量积都是非负的, $f(t)\geqslant0$. 又由于数量积具有双线性性质,

$$f(t)=\langle\boldsymbol{x},\boldsymbol{x}\rangle+2t\langle\boldsymbol{x},\boldsymbol{y}\rangle+t^2\langle\boldsymbol{y},\boldsymbol{y}\rangle=c+bt+at^2$$

是 t 的非负二次函数, 因此, 判别式 $b^2-4ac\leqslant0$. 事实上, 如果 $b^2-4ac>0$, 则 $f(t)$ 有两个实数根, 而且在这两个实根之间时 $f(t)<0$. 参见图 5.

但是 $b^2-4ac\leqslant0$ 意味着

$$4\langle\boldsymbol{x},\boldsymbol{y}\rangle^2-4\langle\boldsymbol{x},\boldsymbol{x}\rangle\langle\boldsymbol{y},\boldsymbol{y}\rangle\leqslant0.$$

因此, $\langle\boldsymbol{x},\boldsymbol{y}\rangle\leqslant\sqrt{\langle\boldsymbol{x},\boldsymbol{x}\rangle}\sqrt{\langle\boldsymbol{y},\boldsymbol{y}\rangle}=|\boldsymbol{x}||\boldsymbol{y}|$.

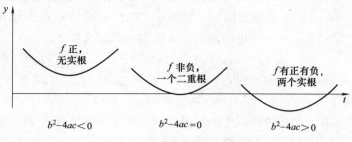

图 5　二次多项式的图形

可以通过柯西-施瓦兹不等式推出向量的**三角不等式**. 对所有 x, y $\in \mathbb{R}^m$,

$$|x+y| \leqslant |x|+|y|.$$

这是因为, 对于 $|x+y|^2 = \langle x+y, x+y \rangle = \langle x, x \rangle + 2\langle x, y \rangle + \langle y, y \rangle$, 由柯西-施瓦兹不等式知 $2\langle x, y \rangle \leqslant 2|x||y|$. 因此,

$$|x+y|^2 \leqslant |x|^2 + 2|x||y| + |y|^2 = (|x|+|y|)^2.$$

不等式两端同时取平方根则可以得到结论.

向量 x, $y \in \mathbb{R}^m$ 的欧几里得**距离**是指它们差的长度

$$|x-y| = \sqrt{\langle x-y, x-y \rangle} = \sqrt{(x_1-y_1)^2 + \cdots + (x_m-y_m)^2}.$$

则从向量的三角不等式立刻可以推导出距离满足**三角不等式**. 即对所有 x, y, $z \in \mathbb{R}^m$,

$$|x-z| \leqslant |x-y| + |y-z|.$$

为证明这个结论, 只需要把 $x-z$ 看作 $(x-y) + (y-z)$, 然后使用向量的三角不等式. 参见图 6.

欧几里得空间中的几何直观有助于判断实分析中的陈述是否正确, 而几何直观的获取依赖于平时的经验和反思. 下面给出一些专业词汇.

点 $(x_1, x_2, \cdots, x_m)$ 的**第 j 个坐标分量**是指出现在第 j 个位置的数 x_j. **第 j 个坐标轴**是指除第 i 个分量外其余分量均为零的 $\mathbb{R}^m$ 中点的集合. $\mathbb{R}^m$ 的**原点**是零向量 $(0, \cdots, 0)$. $\mathbb{R}^m$ 的**第一象限**是指具有非负坐标分量的点的集合. 当 $m = 2$ 时, 第一象限是第一个四分之一方格. **整数格**是指 $\mathbb{R}^m$ 中的有序的 m 个整数组构成的集合 $\mathbb{Z}^m$. 整数格也被称为整数网格. 参见图 7.

框是指 $\mathbb{R}^m$ 中的区间的笛卡儿积:

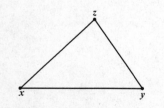

图 6　三角不等式名字的来源

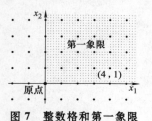

图 7　整数格和第一象限

$$[a_1,b_1] \times \cdots \times [a_m,b_m]$$

（框也被称为矩形多面体）. $\mathbb{R}^m$中的单位块指框$[0,1]^m=[0,1]\times\cdots\times$ $[0,1]$. 参见图8.

在$\mathbb{R}^m$中，**单位球和单位球面**分别指集合

$$B^m = \{x \in \mathbb{R}^m : |x| \le 1\},$$
$$S^{m-1} = \{x \in \mathbb{R}^m : |x| = 1\}.$$

这里单位球面使用$m-1$作为指数，是因为尽管它是m维空间的子集合，但是作为一个对象，它自身可以看作是$m-1$维的. 在三维空间中，球的表面S^2是二维流形. 参见图9.

设$E \subset \mathbb{R}^m$. 如果对任意点x，$y \in E$，x和y之间的直线段也包含在E中，则称E为凸集. 单位球是凸集. 为了证明这一点，可以在B^m上任取两个点，画一条线段. 很显然这条线段包含在B^m中. 参见图10.

为了给出严格的数学证明，首先需要使用公式描述连接x，y的线段. 连接不同的点x，y的线段，其元素都可以表示为$sx+ty$形式，其中$0 \le s$，$t \le 1$，$s+t=1$. 这种形式的线性组合称为**凸组合**. 将以x，y为端点的线段记为$[x,y]$.（这种记号和区间$[a,b]$的记号一致. 参见习题25.）现在设x，$y \in B^m$，$sx+ty=z$是x和y的一个凸组合. 由柯西-施瓦兹不等式以及$2st \ge 0$，可以得到

$$\langle z,z \rangle = s^2 \langle x,x \rangle + 2st \langle x,y \rangle + t^2 \langle y,y \rangle$$
$$\le s^2 |x|^2 + 2st |x||y| + t^2 |y|^2$$
$$\le s^2 + 2st + t^2$$
$$= (s+t)^2 = 1.$$

两边同时取平方根则有$|z| \le 1$，因此球是凸集.

内积空间

设V是向量空间. 如果V上的运算$\langle , \rangle$和欧几里得空间中的点乘运算所满足的运算法则相同，即满足双线性、对称性和正定性，则称这个运算为**内积**. 具有内积的向量空间称为**内积空间**. 对于实内积空间，即便是无法给出坐标分量的无限维空间，柯西-施瓦兹不等式依然成立. 事实上，证明过程仅依赖于内积的性质，而与欧几里得空间点乘的具体表达形式无关.

$\mathbb{R}^m$有维数m，是因为e_1，$\cdots$，e_m是$\mathbb{R}^m$的一组基. 其他的向量空

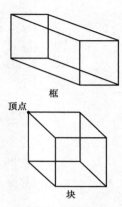

框

顶点

块

图 8 框和块

B^2=圆盘

S^1=圆

S^2=二维球面

图 9 具有边界的单位圆以及单位球面

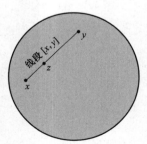

线段$[x,y]$

图 10 球是凸集

间情形就复杂了. 例如, 用 $C([a,b],\mathbb{R})$ 表示区间 $[a,b]$ 上的实值连续函数构成的集合. (连续函数的定义可以参见第 6 节, 或者查阅你学过的微积分教材书.) $C([a,b],\mathbb{R})$ 可以自然地构成一个向量空间: 连续函数的和是连续的, 连续函数的标量积是连续的. 然而, 这个空间不存在有限基, 它是无限维向量空间. 在这个空间上可以自然定义内积:

$$\langle f,\ g \rangle = \int_a^b f(x)g(x)\,\mathrm{d}x.$$

和其他内积空间情形类似, 将柯西-施瓦兹不等式应用到这个内积空间上, 我们可以得到关于连续函数的积分不等式

$$\int_a^b f(x)g(x)\,\mathrm{d}x \leqslant \sqrt{\int_a^b f^2(x)\,\mathrm{d}x}\,\sqrt{\int_a^b g^2(x)\,\mathrm{d}x}\,.$$

如果不借助于柯西-施瓦兹不等式, 证明这个不等式将是一个挑战, 不是吗?

向量空间 V 上的**范数**是指满足向量长度三条性质的函数 $\|\ \|$: $V \to \mathbb{R}$, 也就是说, 设 v, $w \in V$ 和 $\lambda \in \mathbb{R}$, 则

$\|v\| \geqslant 0$, $\|v\| = 0$ 当且仅当 $v = \mathbf{0}$,

$\|\lambda v\| = |\lambda|\ \|v\|$,

$\|v+w\| \leqslant \|v\| + \|w\|$.

给定内积 $\langle,\rangle$, 可以定义范数: $\|v\| = \sqrt{\langle v,v \rangle}$, 但并不是所有范数都是由内积定义的. 内积空间的单位球面 $\{v \in V : \langle v,v \rangle = 1\}$ 都是光滑的 (没有角), 然而对于定义在 $v = (v_1,v_2) \in \mathbb{R}^2$ 的范数

$$\|v\|_{\max} = \max\{|v_1|, |v_2|\},$$

其单位球面是正方形 $\{(v_1,v_2) \in \mathbb{R}^2 : |v_1| \leqslant 1, |v_2| \leqslant 1\}$ 的边界. 由于在这种范数下单位球面含有顶角, 所以它不能由内积产生. 参见习题 43、习题 44, 以及后面定义的曼哈顿度量.

除了 $\mathbb{R}$ 外, 最简单的欧几里得空间是平面 $\mathbb{R}^2$. 可以借助 xy 坐标定义乘法:

$$(x,y) \cdot (x',y') = (xx' - yy', xy' + x'y).$$

点 $(1,0)$ 对应乘法单位元 1, 而点 $(0,1)$ 与 $\mathrm{i} = \sqrt{-1}$ 对应, 由此可以把 $\mathbb{R}^2$ 平面转化为复数域 $\mathbb{C}$. 复分析的研究对象是复变量函数, 即研究函数 $f(z)$, 其中 z 和 $f(z)$ 都属于 $\mathbb{C}$. 复分析像是漂亮的双胞胎, 而实分析似乎总是茕茕孑立: 在复数域中漂亮的公式和优美的定理层出不穷, 然而实分析中充满了病态的例子. 尽管如此, 复分析要比

其他的相关学科更依赖实分析理论.

4 基数

设 A，B 是集合. 如果对任意元素 $a \in A$，按照某种法则或者原则，B 中存在一个元素 b 与 a 对应，则称 $f\colon A \to B$ 为**函数**，并将 b 记作 $f(a)$. 实际上我们并不需要通过公式来定义函数. 函数就像一个装置，向这个装置里输入 A 中的元素，然后从这个装置里输出 B 的元素. 参见图 11.

图 11 函数如同设备

我们也称 f 是一个映射或变换. 集合 A 是函数的**定义域**，集合 B 是函数的**目标域**. f 的值域或像是目标域的子集合，

$$\{b \in B\colon 存在 a \in A 使得 f(a) = b\}.$$

参见图 12.

我们使用 f 而不是 $f(x)$ 表示函数. 函数就像是一个设备，向里面输入 x，然后输出 $f(x)$. 函数是设备，而不是输出的 $f(x)$.

也可以动态地考虑函数. 在零时刻，集合 A 的所有元素都静静地待在一起. 然后将函数作用到它们上. 在一时刻，A 的所有元素都被变换到 B 中. 对任意元素 $a \in A$，总可以得到某个元素 $f(a) \in B$.

设 $f\colon A \to B$ 是映射. 如果对于不相等的两个元素 a，$a' \in A$，$f(a)$，$f(a')$ 是 B 中两个不同的元素，也就是说，

$$a \neq a' \Rightarrow f(a) \neq f(a'),$$

则称 f 是**单射**（或者一一的）. 如果对任意 $b \in B$，存在 $a \in A$，使得 $f(a) = b$，则称映射 f 是**满射**（或者到上的），也就是说，满射的值域是 B.

如果一个映射既是单射又是满射，则称这个映射是**双射**. 设 $f\colon A \to B$ 是一个双射，则它的逆映射 $f^{-1}\colon B \to A$ 也是一个双射，这里

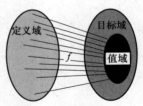

图 12 函数的定义域、目标域和值域

$f^{-1}(b)$ 等于唯一满足 $f(a)=b$ 的元素 $a\in A$.

任何集合到它自身的**恒等映射**是双射, 即对于任意的 $a\in A$, 它将 a 映射到自身, 即 $\mathrm{id}(a)=a$.

给定映射 $f:A\to B$ 和 $g:B\to C$, 则将 $a\in A$ 映射到 $g(f(a))\in C$ 的映射称为**复合映射**, 记作 $g\circ f:A\to C$. 如果 f 和 g 是单射, 则 $g\circ f$ 也是单射. 当 f 和 g 是满射时, $g\circ f$ 也是满射.

特别地, 双射的复合映射还是双射. 如果存在从 A 到 B 的双射, 则称 A 和 B 有相等的**基数**⊖, 记作 $A\sim B$. "$\sim$" 是一个等价关系, 也就是说, 满足

(a) $A\sim A$.

(b) $A\sim B\Rightarrow B\sim A$.

(c) $A\sim B\sim C\Rightarrow A\sim C$.

由于恒等映射是双射, 性质(a)成立. 由 A 到 B 双射的逆映射是 B 到 A 的双射, 性质(b)成立. 而性质(c)成立是由于双射 f 和 g 的复合 $g\circ f$ 还是双射.

我们称一个集合 S 是

有限的, 如果它是空集或者存在 $n\in\mathbb{N}$, $S\sim\{1,\cdots,n\}$.

无限的, 如果它不是有限的集合.

可列的, 如果 $S\sim\mathbb{N}$.

可数的, 如果它是有限的或者可列的.

不可数的, 如果它不是可数集合.

如果 A 和 B 有相等的基数, 我们记为 $\mathrm{card}\,A=\mathrm{card}\,B$ 或者 $\#A=\#B$.

如果 S 是可列集合, 则存在双射 $f:\mathbb{N}\to S$, 由此可以把 S 中的元素一一列举出来: $s_1=f(1)$, $s_2=f(2)$, $s_3=f(3)$, 等等. 反之, 如果能够把集合 S 表示为一个没有重复项的无限集, $S=\{s_1,s_2,s_3,\cdots\}$, 则通过构造映射 $f(k)=s_k$ 可以知道 S 是可列集合. 简而言之, 可列意味着元素能够一一排列.

⊖ "基数" 表示集合中的元素个数, 包含 0, 1, 2, …. 最小的无限的基数是**阿列夫** 0, 记作 $\mathfrak{N}_0$. 自然数集合的基数是 $\mathfrak{N}_0$. 连续统假设是数学史上的一个传奇, 即实数集合的基数是第二个无限基数 $\mathfrak{N}_1$. 等价地, 若 $\mathbb{N}\subset S\subset\mathbb{R}$, 则由连续统假设, 若者 $\mathbb{N}\sim S$, 或者 $S\sim\mathbb{R}$, 不会有其他情形出现. 相关理论可以参考保罗科恩 (Paul Cohen) 的《集合论与连续统假设》.

下面介绍基数理论中一个重要的结论，即尽管 $\mathbb{N}$ 和 $\mathbb{R}$ 都是无限集合，但 $\mathbb{R}$ 比 $\mathbb{N}$ 更加 "无限".

定理 10 $\mathbb{R}$ 是不可数的集合.

证明 $\mathbb{R}$ 的不可数性有多种证明方法，下文是康托尔（Cantor）给出的优美证明. 首先要承认如下事实：对任意一个实数 x 都有十进制展开：$x = N. x_1 x_2 x_3 \cdots$. 如果展开式不允许由 9 构成的数字串结尾，则展开式由 x 唯一确定.（可以参考习题 16.）为证明 $\mathbb{R}$ 是不可数集合，我们反设 $\mathbb{R}$ 是可数集合. 由于实数集合是无限集合，则它一定是可列集合. 因此假设 $f : \mathbb{N} \to \mathbb{R}$ 是双射. 利用这个 f，我们可以把 $\mathbb{R}$ 中的元素如同矩阵一样，按照十进制展开式一一列出. 考虑对角线上的元素 x_{ii}. 参见图 13.

$f(1)$	$=$	N_1	x_{11}	x_{12}	x_{13}	x_{14}	x_{15}	x_{16}	x_{17}
$f(2)$	$=$	N_2	x_{21}	x_{22}	x_{23}	x_{24}	x_{25}	x_{26}	x_{27}
$f(3)$	$=$	N_3	x_{31}	x_{32}	x_{33}	x_{34}	x_{35}	x_{36}	x_{37}
$f(4)$	$=$	N_4	x_{41}	x_{42}	x_{43}	x_{44}	x_{45}	x_{46}	x_{47}
$f(5)$	$=$	N_5	x_{51}	x_{52}	x_{53}	x_{54}	x_{55}	x_{56}	x_{57}
$f(6)$	$=$	N_6	x_{61}	x_{62}	x_{63}	x_{64}	x_{65}	x_{66}	x_{67}
$f(7)$	$=$	N_7	x_{71}	x_{72}	x_{73}	x_{74}	x_{75}	x_{76}	x_{77}

图 13 康托尔的对角线法则

对于每一个 i，选择一个数 y_i，使得 $y_i \neq x_{ii}$ 且 $y_i \neq 9$. 那么数字 $y = 0. y_1 y_2 y_3 \cdots$ 在哪里呢？是 $f(1)$ 吗？不是！这是因为 $f(1)$ 的十进制展开中第一个数字是 x_{11}，但是 $y_1 \neq x_{11}$. 是 $f(2)$ 吗？不是！因为在 $f(2)$ 的十进制展开中第二个数字是 x_{22}，但是 $y_2 \neq x_{22}$. 是 $f(k)$ 吗？也不是！因为在 $f(k)$ 的十进制展开中第 k 个数字是 x_{kk}，但是 $y_k \neq x_{kk}$. 因此我们无处寻找这样的 y. 所以我们的确无法将实数集合一一列举出来，于是全体实数集合是不可数集合. □

推论 11 $[a,b]$ 和 (a,b) 都是不可数集合.

证明 如图 14 所示，分别存在从开区间 (a,b) 到 $(-1,1)$，到单位半圆，以及到 $\mathbb{R}$ 的双射. 因此存在 (a,b) 到 $\mathbb{R}$ 的双射，所以 (a,b) 是不可数集合. 由于 $[a,b]$ 包含 (a,b)，所以 $[a,b]$ 也是不可数集合. □

本节其余结论也非常有趣.

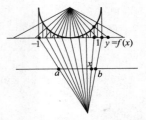

图 14 (a,b)，$(-1,1)$ 和 $\mathbb{R}$ 具有相同的基数

定理 12 每个无限集 S 都包含一个可列的子集合.

证明 由于 S 是无限集,则它一定是非空集合. 假设 S 包含元素 s_1. 由于 S 是无限集合,则 $S \setminus \{s_1\} = \{s \in S : s \neq s_1\}$ 是非空集合,且存在 $s_2 \in S \setminus \{s_1\}$. 由于 S 是一个无限集,则 $S \setminus \{s_1, s_2\} = \{s \in S : s \neq s_1, s_2\}$ 是非空集合,且存在 $s_3 \in S \setminus \{s_1, s_2\}$. 以此类推,我们可以得到 S 中的由不同元素构成的序列 $\{s_n\}$,这个序列构成了 S 的可列子集. $\square$

定理 13 可列集合 B 的无限子集 A 是可列的.

证明 由于 B 是可列集合,存在双射 $f : \mathbb{N} \to B$. 设 $B = \{f(1), f(2), f(3), \cdots\}$,则 A 中的每个元素在序列 $\{f(1), f(2), f(3), \cdots\}$ 中出现且仅出现一次. 如果 A 中元素出现在序列的第 k 个位置,则将之定义为 $g(k)$. 由于 A 是无限集,$g(k)$ 对所有 $k \in \mathbb{N}$ 有定义. 因此,$g : \mathbb{N} \to A$ 是双射,A 是可列集合. $\square$

推论 14 偶数集合和素数集合都是可列集合.

证明 由于它们都是 $\mathbb{N}$ 的无限子集,所以它们是可列的.

定理 15 $\mathbb{N} \times \mathbb{N}$ 是可列集合.

证明 把 $\mathbb{N} \times \mathbb{N}$ 看作为一个 $\infty \times \infty$ 的矩阵,如图 15 所示,沿着反对角线方向连续地行走,则 $\mathbb{N} \times \mathbb{N}$ 的元素构成序列

$$(1,1), (2,1), (1,2), (3,1), (2,2), (1,3),$$
$$(4,1), (3,2), (2,3), (1,4), (5,1), \cdots,$$

因此 $\mathbb{N} \times \mathbb{N}$ 是可列集合. $\square$

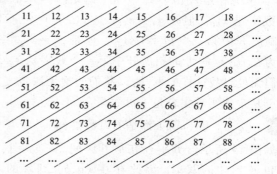

图 15 $\infty \times \infty$ 矩阵的反对角线

推论 16 可列集合 A 和 B 的笛卡儿积是可列集合.

证明 $\mathbb{N} \sim \mathbb{N} \times \mathbb{N} \sim A \times B.$ $\square$

定理 17　设 $f:\mathbb{N}\to B$ 是满射. 若 B 是无限集合, 则 B 是可列集合.

证明　对任意 $b\in B$, 集合 $\{k\in\mathbb{N}:f(k)=b\}$ 是非空集合, 因此包含一个最小元素, 设 $h(b)=k$ 是满足 $f(k)=b$ 的最小整数. 显然, 如果设 $b,b'\in B$, $b\ne b'$, 则 $h(b)\ne h(b')$. 也就是说, 单射 $h:B\to\mathbb{N}$ 建立了从 B 到 $hB\subset\mathbb{N}$ 的双射. 由于 B 是无限集合, hB 也是无限集合. 由定理 13, hB 是可列集合, 因此, B 也是可列集合.

推论 18　可列多个可列集合的并集是可列集合.

证明　假设 $A_1,A_2,\cdots$ 是一列可列集合, 不妨设 $A_i=\{a_{i1},a_{i2},\cdots\}$, 定义

$$f:\mathbb{N}\times\mathbb{N}\to A=\cup A_i$$
$$(i,j)\to a_{ij}$$

显然 f 是满射. 根据定理 15, 存在双射 $g:\mathbb{N}\to\mathbb{N}\times\mathbb{N}$. 则复合映射 $g\circ f$ 是 $N\to A$ 的满射. 由于 A 是无限集, 由定理 17 可以推出它是可列集合.

推论 19　$\mathbb{Q}$ 是可列集合.

证明　$\mathbb{Q}$ 可以表示为可列多个可列集合 $A_q=\{p/q:p\in\mathbb{Z}\}$ 的并集, $q\in\mathbb{N}$.

推论 20　对任意 $m\in\mathbb{N}$, $\mathbb{Q}^m$ 是可列集合.

证明　利用数学归纳法. 设 $m=1$, 则前面的推论告诉我们 $\mathbb{Q}^1$ 是可列集合. 现在假设 $\mathbb{Q}^{m-1}$ 是可列集合, $\mathbb{Q}^m=\mathbb{Q}^{m-1}\times\mathbb{Q}$. 由推论 16 知结论成立.

可数集合也有上述性质. 容易证明:

可数集的任一子集也是可数集合.

包含可列子集的可数集合是可列集合.

有限个可数集合的笛卡儿积是可数集合.

可数多个可数集合的并集还是可数集合.

5* 基数的比较

下面的定理给出了判断集合的基数是否相等的条件. 简单地说, 若 $\operatorname{card} A\le\operatorname{card} B$ 且 $\operatorname{card} B\le\operatorname{card} A$, 则 A 和 B 的基数相等.

施罗德-伯恩斯坦（Schroeder-Bernstein）定理 21　设 A, B 是

两个集合. 若 $f:A\to B$, $g:B\to A$ 是单射, 则存在双射 $h:A\to B$.

证明梗概 考虑动态文氏图. 参见图 16.

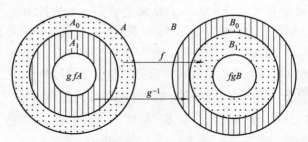

图 16 施罗德-伯恩斯坦定理的图形证明

如图所示, 标记为 gfA 的圆盘表示 A 在复合映射 $g\circ f$ 下的像, 它是 A 的子集. 把 A 和 gfA 之间的环分成两个子环: A_0 是由 A 中的不属于 gB 的点构成的, A_1 是由 gB 中不属于 gfA 的点构成的. 类似地, B_0 是 B 中的不属于 fA 的点的集合, B_1 是 fA 中不属于 fgB 的点的集合. 圆环对 $A_0\cup A_1 = A\backslash gfA$ 和圆环对 $B_0\cup B_1 = B\backslash fgB$ 之间存在一个自然双射 h: 在外部圆环 $A_0 = A\backslash gB$ 上 h 等于 f, 在内部圆环 $A_1 = gB\backslash gfA$ 上, h 等于 g^{-1}. (映射 g^{-1} 定义在集合 gB 上而不是定义在 A 上.) 使用这种记号, h 将 A_0 满射为 B_1, 将 A_1 满射为 B_0. 它恰好交换了下标. 在另外一对圆环 A 和 B 上重复上述过程. 也就是说, 使用 gfA 代替 A, fgB 代替 B, 则相应地, 令

在下一对圆环上重复上述对 A, B 的作用过程

$$A_2 = gfA\backslash gfgB, \quad A_3 = gfgB\backslash gfgfA,$$
$$B_2 = fgB\backslash fgfA, \quad B_3 = fgfA\backslash fgfgB.$$

映射 f 把 A_2 映到 B_3, g^{-1} 把 A_3 映射到 B_2. 由于 A_i 是不相交的圆环, 所以 B_i 也是不相交的圆环, 这又重新得到一个双射

$$\phi : \amalg A_i \to \amalg B_i.$$

($\amalg$ 表示不相交集合的并集) 映射定义如下:

$$\phi(x) = \begin{cases} f(x) & \text{若 } x\in A_i \text{ 且 } i \text{ 是偶数}, \\ g^{-1}(x) & \text{若 } x\in A_i \text{ 且 } i \text{ 是奇数}. \end{cases}$$

设 $A_* = A\backslash(\cup A_i)$ 和 $B_* = B\backslash(\cup B_i)$ 分别是 A 和 B 的其余部分. 则 f 在 A_* 和 B_* 之间建立一个双射. ϕ 可以扩充为双射 $h:A\to B$, 其中,

$$h(x) = \begin{cases} \phi(x) & \text{若 } x\in \cup A_i, \\ f(x) & \text{若 } x\in A_*. \end{cases}$$

□

下面的交错梯形图可以帮助我们理解施罗德-伯恩斯坦定理. 参见图 17.

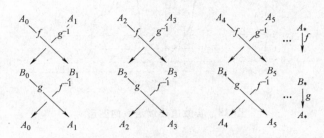

图 17　施罗德-伯恩斯坦定理的图形证明

习题 33 要求你直接证明 $(a,b) \sim [a,b]$. 这是由于, $(a,b) \subset [a,b] \subset \mathbb{R}$ 以及 $(a,b) \sim \mathbb{R}$, 因此 $(a,b) \sim [a,b] \sim \mathbb{R}$. 直接证明二者存在双射也很有意思. 利用施罗德-伯恩斯坦定理可以快速地、间接地解决习题 33. 嵌入映射

$$i : (a,b) \rightarrow [a,b]$$

把 x 映射到 x, 把 (a,b) 映射到 $[a,b]$ 中, 而函数 $j(x) = x/2 + (a+b)/4$ 把 $[a,b]$ 映射到 (a,b) 中. 根据施罗德-伯恩斯坦定理, 上述两个单射的存在性可以确保 (a,b) 和 $[a,b]$ 之间存在双射.

6　微积分基本框架

闭区间 $[a,b]$ 上连续函数的性质是微积分理论的基础. 单纯依赖实数的 l. u. b. 性质, 我们可以得到连续函数的基本性质. 设 $f : [a,b] \rightarrow \mathbb{R}$ 是函数. 如果在每一点 $x \in [a,b]$, 对于任意的 $\varepsilon > 0$, 存在 $\delta > 0$, 使得

$$t \in [a,b] \text{ 且 } |t - x| < \delta \Rightarrow |f(t) - f(x)| < \varepsilon,$$

则称 f 是连续函数. 参见图 18.

在分析学和拓扑学中, 连续函数随处可见. 定理 22 ~ 定理 24 呈现了连续函数的最基本性质. 后文将针对既不是实值也不是实变量的函数给出相应的结论. 虽然能够统一给出定理 22、定理 23 的证明, 但我更喜欢利用 l. u. b. 的性质, 分别给出它们的证明.

定理 22　闭区间 $[a,b]$ 上的连续函数的值域是 $\mathbb{R}$ 中的有界集

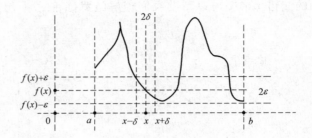

图 18   实数值连续函数的图形

合. 也就是说，存在 m，$M \in \mathbb{R}$，使得对任意的 $x \in [a,b]$，$m \leqslant f(x) \leqslant M$.

证明   对 $x \in [a,b]$，设 V_x 是当 t 从 a 变化到 x 时，$f(t)$ 的集合，即

$$V_x = \{y \in \mathbb{R} : \text{存在} \ t \in [a,x]，\text{使得} \ y = f(t)\}.$$

设

$$X = \{x \in [a,b] : V_x \ \text{是} \ \mathbb{R} \ \text{的有界子集合}\}.$$

下面证明 $b \in X$. 显然 $a \in X$ 且 b 是 X 的一个上界. 由于 X 是有上界的非空数集，X 在 $\mathbb{R}$ 中存在最小上界 $c \leqslant b$. 在连续函数的定义中，特别地，取 $\varepsilon = 1$，则存在 $\delta > 0$，使得若 $|x - c| < \delta$，则 $|f(x) - f(c)| < 1$. 由于 c 是 X 的最小下界，在区间 $[c-\delta, \ c]$ 中存在 $x \in X$. （否则，$c - \delta$ 是 X 的更小的上界.） 现在令 t 从 a 变化到 c，相应地，函数值 $f(t)$ 首先在有界集合 V_x 中变化，然后在有界集合 $J = (f(c)-1, f(c)+1)$ 中变化. 参见图 19.

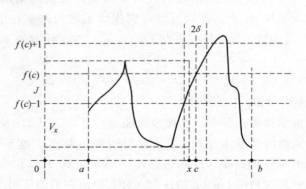

图 19   数值集合 V_x 和区间 J

　　两个有界集合的并集还是有界集合，因此 V_c 是有界集合，故 $c \in X$. 另外，若 $c<b$，则对某个 $t>c$ 时，$f(t)$ 依然取值于有界集合 J，这与"c 是 X 的上界"产生矛盾. 因此，$c=b$，$b \in X$，且 f 的函数值构成 $\mathbb{R}$ 的有界子集. $\qquad\qquad\qquad\qquad\qquad\qquad\square$

定理 23　闭区间 $[a,b]$ 上的连续函数，一定能达到最小值和最大值：即存在 x_0，$x_1 \in [a,b]$ 对所有 $x \in [a,b]$，
$$f(x_0) \leqslant f(x) \leqslant f(x_1).$$

　　证明　由定理 22，当 t 取遍区间 $[a,b]$ 时，$f(t)$ 存在最小上界，记为 M. 考虑集合 $X=\{x \in [a,b]:V_x$ 的最小上界小于 $M\}$，这里 V_x 是 t 取遍 $[a,x]$ 时，$f(t)$ 的数值集合. 下面分两种情形.

　　情形 1：$f(a)=M$. 则 f 在 a 点取到最大值，定理得证.

　　情形 2：$f(a)<M$. 则 $X \neq \varnothing$，用 c 表示 X 的最小上界. 若 $f(c)<M$，选取 $\varepsilon>0$ 使得 $\varepsilon<M-f(c)$. 由函数的连续性，存在 $\delta>0$，使得当 $|t-c|<\delta$ 时，有 $|f(t)-f(c)|<\varepsilon$. 因此，V_c 的最小上界小于 M. 若 $c<b$，则在 c 的右侧存在点 t，使得 V_t 的最小上界小于 M. 这与 c 是上界产生矛盾. 因此，$c=b$，这又意味着 $M<M$，依然是个矛盾. 这些矛盾是由假设 $f(c)<M$ 得到的，因此最终可推出 $f(c)=M$. 故 f 在 c 点达到最大值. 最小值情形可以类似证明. $\qquad\qquad\square$

介值定理 24　闭区间 $[a,b]$ 上的连续函数，能够取到（或者达到）所有的中间值：设 $f(a)=\alpha$，$f(b)=\beta$，给定 γ 且 $\alpha \leqslant \gamma \leqslant \beta$，则存在 $c \in [a,b]$，使得 $f(c)=\gamma$. 当 $\beta \leqslant \gamma \leqslant \alpha$ 时，结论同样成立.

　　从图形上看，这个结论非常直观. 连续函数的图形是没有间断点的曲线，这样的图形不会出现高度的跨越，而是要穿过所有的中间高度.

　　证明　设 $X=\{x \in [a,b]:$ l. u. b. $V_x \leqslant \gamma\}$，$c=$ l. u. b. X. 因为 X 是非空集合（包含 a）且有上界（如 b），c 一定存在. 如图 20 所示，下面证明 $f(c)=\gamma$.

　　为此，我们将分别考虑 $f(c)<\gamma$ 和 $f(c)>\gamma$ 这两种可能性，证明每一种可能性都将导出矛盾. 首先假设 $f(c)<\gamma$，取 $\varepsilon=\gamma-f(c)$. 由函数的连续性，存在 $\delta>0$，使得若 $|t-c|<\delta$，则 $|f(t)-f(c)|<\varepsilon$. 也就是说，
$$t \in (c-\delta,c+\delta) \Rightarrow f(t)<\gamma,$$
所以 $c+\delta/2 \in X$，这和 c 是 X 的上界产生矛盾.

　　其次，假设 $f(c)>\gamma$，取 $\varepsilon=f(c)-\gamma$. 由函数的连续性，存在 $\delta>0$，

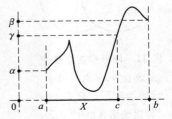

图 20　$x \in X$ 意味着 $f(x) \leqslant \gamma$

当 $|t-c|<\delta$ 时，有 $|f(t)-f(c)|<\varepsilon$. 也就是说，

$$t\in(c-\delta,c+\delta)\Rightarrow f(t)>\gamma,$$

所以 $c-\delta/2$ 是 X 的上界，这与 c 是 X 的最小上界产生矛盾.

由于 $f(c)$ 既不小于 γ 也不大于 γ，所以 $f(c)=\gamma$.

综合定理 22～定理 24 和习题 40 可以得到下面的结论. □

连续函数的基本定理 闭区间 $[a,b]$ 上的实值连续实函数都是有界的，能够达到最小值、中间值和最大值，并且是一致连续函数.

练习

本书采用赫西蒙（Moe Hirsch）设计的"习题标星系统". 标记一颗星的是难题，两颗星的是非常难的题，而标记三颗星的题目我也无法解决.

0. 证明对所有集合 A，B，C，等式

$$A\cap(B\cup C)=(A\cap B)\cup(A\cap C)$$

成立. 下面给出证明题的书写规范. 本书所有的证明都要按照这种规范书写.

<u>假设</u>：A，B，C 是集合.

<u>结论</u>：$A\cap(B\cup C)=(A\cap B)\cup(A\cap C)$.

<u>证明</u>：为了证明两个集合相等，我们必须证明第一个集合的每个元素都是第二个集合的元素，反之亦然. 参考图 21.

设 x 为集合 $A\cap(B\cup C)$ 中的元素. 它属于 A，同时也属于 B 或者 C. 因此，x 属于 $A\cap B$ 或者属于 $A\cap C$. 所以 x 属于集合 $(A\cap B)\cup(A\cap C)$. 由此证明第一个集合 $A\cap(B\cup C)$ 中的每个元素都属于第二个集合 $(A\cap B)\cup(A\cap C)$.

另一方面，设 y 为集合 $(A\cap B)\cup(A\cap C)$ 中的元素. 它属于 $A\cap B$ 或者属于 $A\cap C$. 因此，它属于 A，同时也属于 B 或者 C. 所以 y 属于 $A\cap(B\cup C)$. 这样就证明了第二个集合 $(A\cap B)\cup(A\cap C)$ 中的每个元素都属于第一个集合 $A\cap(B\cup C)$.

由于第一个集合中的每个元素都属于第二个集合，第二个集合中的每个元素也都属于第一个集合，所以这两个集合相等. 即 $A\cap(B\cup C)=(A\cap B)\cup(A\cap C)$. 证明完成.

1. 对所有集合 A，B，C，证明等式

$$A\cup(B\cap C)=(A\cup B)\cap(A\cup C)$$

成立.

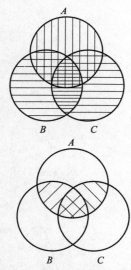

图 21 使用垂直线条表示集合 A，水平线条表示集合 B 和 C，斜线表示 $A\cap B$，反斜线表示 $A\cap C$

2. 设集合 A，B，C，… 都是集合 X 的子集合，则称差集 $X \backslash A$，$X \backslash B$，$X \backslash C$，… 为 A，B，C，… 在 X 中的**补集**，分别记作 A^c，B^c，C^c，…，其中符号 A^c 读作 "A 的补集."

（a）证明 $(A^c)^c = A$.

（b）证明**德摩根律**：$(A \cap B)^c = A^c \cup B^c$，并由此证明

$$(A \cup B)^c = A^c \cap B^c.$$

（c）通过文氏图解释德摩根律.

（d）对于多个集合的运算，给出德摩根律.

3. 使用数学语言重新描述下面语句. 在正确使用数学语言的同时，务必要保留原文含义.

（a）2 是最小的素数.

（b）平面中的有界区域，它的面积都可以被平行于 x 轴的直线对分.

*（c）"闪光的未必都是金子."

*4. 下面语句出现歧义的原因是什么？"一个死囚犯不能有太大的希望."

5. 使用正确的数学语法否定下面的语句.

（a）如果玫瑰是红色的，那么紫罗兰是蓝色的.

*（b）除非他游泳，否则他会下沉.

6. 为什么奇数的平方是奇数，偶数的平方是偶数？对于更高次幂，结论还成立吗？［提示：质数分解.］

7. （a）为什么 4 能整除每一个偶数的平方？

（b）为什么 8 能整除每一个偶数的立方？

（c）为什么 8 不能整除一个奇数立方的两倍？

（d）证明 2 的立方根是无理数.

8. 假设自然数 k 不能表示为某个自然数的 n 次幂.

（a）证明 $\sqrt[n]{k} \notin \mathbb{Q}$.

（b）推断一个自然数的 n 次根要么是自然数，要么是无理数，绝不可能是一个分数.

9. 设 $x = A \mid B$，$x' = A' \mid B'$ 是 $\mathbb{Q}$ 中的分割. 定义

$$x + x' = (A + A') \mid \mathbb{Q} \text{ 中的其余部分.}$$

（a）证明尽管 $B + B'$ 和 $A + A'$ 不相交，但是会出现退化的情况，即 $\mathbb{Q}$ 不等于 $B + B'$ 和 $A + A'$ 的并集.

（b）由此证明，将 $x+x'$ 定义为 $(A+A')\mid(B+B')$ 是不正确的.

（c）为什么不将 $x \cdot x'$ 定义为 $(A \cdot A')\mid \mathbb{Q}$ 中的其余部分？

10. 定义非零分割 $x=A\mid B$ 在乘法下的逆元是满足条件 $x \cdot y=1^*$ 的分割 $y=C\mid D$. 证明：

（a）如果 $x>0^*$，C 和 D 是什么？

（b）如果 $x<0^*$，C 和 D 又是什么？

（c）证明 y 被 x 唯一确定.

11. 证明不存在最小的正实数. 存在最小的正有理数吗？给定实数 x，存在大于 x 的最小实数 y 吗？

12. 设 $b=\mathrm{l.u.b.}\,S$，这里 S 是 $\mathbb{R}$ 中的有界非空子集.

（a）给定 $\varepsilon>0$，证明存在 $s \in S$，使得

$$b-\varepsilon \leqslant s \leqslant b.$$

（b）总是能找到 $s \in S$，使得 $b-\varepsilon<s<b$ 吗？

（c）如果 $x=A\mid B$ 是 $\mathbb{Q}$ 的一个分割，证明 $x=\mathrm{l.u.b.}\,A$.

13. 通过证明 $x \cdot x=2$ 来证明 $\sqrt{2} \in \mathbb{R}$，这里 $x=A\mid B$ 是 $\mathbb{Q}$ 的一个分割，其中 $A=\{r=\mathbb{Q}:r \leqslant 0$ 或者 $r^2<2\}$. ［提示：使用习题 12，也可参考习题 15.］

14. 给定 $y \in \mathbb{R}$，$n \in \mathbb{N}$，$\varepsilon>0$，证明存在 $\delta>0$，如果 $u \in \mathbb{R}$，$\mid u-y\mid<\delta$，则 $\mid u^n-y^n\mid<\varepsilon$. ［提示：当 $n=1$，$n=2$ 时，证明这个不等式，然后使用不等式 $u^n-y^n=(u-y)(u^{n-1}+u^{n-2}y+\cdots+y^{n-1})$ 对 n 使用数学归纳法.］

15. 给定出 $x>0$ 和 $n \in \mathbb{N}$，证明存在唯一的 $y>0$，使得 $y^n=x$. 也就是说，$y=\sqrt[n]{x}$ 存在且唯一. ［提示：考虑

$$y=\mathrm{l.u.b.}\,\{s \in \mathbb{R}:s^n \leqslant x\},$$

然后使用习题 14 证明 y^n 既不小于 x 也不大于 x.］

16. 证明实数集合与十进制小数（不以无限多个 9 构成的字符串结尾）间存在如下的双射. 假设 $x \in \mathbb{R}$ 的十进制展开式是 $N.x_1x_2\cdots$，这里 N 是小于或者等于 x 的最大整数，x_1 是小于或者等于 $10(x-N)$ 的最大整数，x_2 是小于或者等于 $100(x-(N+x_1/10))$ 的最大整数，等等.

（a）证明 x_k 是 0 到 9 之间的数字.

（b）证明对任意 k，存在 $l \geqslant k$，使得 $x_l \neq 9$.

（c）反之，对于不以无限多个 9 构成的字符串结尾的十进制小

数 $N. x_1 x_2 \cdots$，集合

$$\left\{ N, N+\frac{x_1}{10}, N+\frac{x_1}{10}+\frac{x_2}{100}, \cdots \right\}$$

是有界集合，它的最小上界是 x，其十进制展开式为 $N. x_1 x_2 \cdots$.

（d）将十进制改为其他进制，重复上述练习.

17. 给出实数集合最大下界（g.l.b.）的定义. 给出 $\mathbb{R}$ 的最大下界性质，证明它与 $\mathbb{R}$ 的最小上界性质等价.

18. 设 $f : A \rightarrow B$ 是函数. 也就是说，f 是某个法则，或者是一个输入元素 $a \in A$，可输出 B 中的元素 $b = f(a)$ 的设备. 称有序对 $(a,b) \in A \times B$ 构成的集合 S 为 f 的**图像**，其中 $b = f(a)$.

（a）给定集合 $S \subset A \times B$，怎样才可以确保它是某个函数的图像呢？（也就是说，图像的集合性质是什么？）

（b）设 $g : B \rightarrow C$ 是另一个函数，考虑复合函数 $g \circ f : A \rightarrow C$. 假设 $A = B = C = [0,1]$，把 $A \times B \times C$ 看作三维空间的单位立方体，尝试着在单位立方体中把 f, g 和 $g \circ f$ 的**图像**联系起来.

19. 函数 $f : A \rightarrow A$ 的一个**不动点**是指 A 中的满足 $f(a) = a$ 的点 a. $A \times A$ 中的所有 (a,a) 构成的集合称为**对角线**.

（a）证明函数 $f : A \rightarrow A$ 存在不动点的充分必要条件是 f 的图像和对角线相交.

（b）证明连续函数 $f : [0,1] \rightarrow [0,1]$ 一定存在不动点.

（c）对于连续函数 $f : (0,1) \rightarrow (0,1)$，结论还成立吗？[⊖]

（d）对于不连续函数结论成立吗？

20. 在 $\mathbb{R}^m$ 中给定一个方体，它包含的最大的球是什么？在 $\mathbb{R}^m$ 中给定一个球，它包含的最大方体是什么？在 $\mathbb{R}^m$ 中给定一个框，它包含的最大的球和最大方体是什么？

21. 称有理数 p/q 是**二进的**，如果 q 是 2 的幂，即存在非负整数 k, $q = 2^k$. 例如，0, 3/8, 3/1, -3/256 都是二进有理数，但是 1/3, 5/12 不是二进有理数. 若 $a = p/2^k$, $b = (p+1)/2^k$，则称区间 $[a, b]$ 为二进区间. 例如，$[0.75, 1]$ 是二进区间，但 $[1, \pi]$，$[0, 2]$ 和

⊖ 按照这种方式提出的问题，其答案或者是"对"或者是"错". 如果结论成立，需要给出证明. 如果结论不成立，需要给出反例. 在做这道题之前，务必仔细阅读定理 22~定理 24.

$[0.25,0.75]$ 不是二进区间. 具有相等长度的二进区间的笛卡儿积称为二进方体. 使用 $\mathbb{Q}_2$ 表示二进有理数的集合, $\mathbb{Q}_2^m$ 表示二进格子点集合.

（a）证明大小相等的两个二进正方形（即二维的二进方体）要么相等，要么有一条公共边，要么有一个共同的顶点，要么不相交.

（b）上述性质对于 $\mathbb{R}^m$ 中的二进方体同样成立.

22.（a）证明对于任意的 $\varepsilon>0$, 单位圆内包含有限多个面积和不超过 $\pi-\varepsilon$ 的二进正方形, 而且这些正方形仅在边界处可能相交.

*（b）我们还可以要求上述二进正方形相互不相交.

（c）证明在维数 $m=3$ 和 $m\geqslant4$ 的情况下结论（a）成立.

*（d）互换正方形和圆盘的位置, 结论是否成立? 也就是说, 给定 $\varepsilon>0$, 在单位正方形中存在有限多个互不相交的圆盘, 其面积之和不超过 $1-\varepsilon$.

*23. 分别用 $b(R)$ 和 $s(R)$ 表示在 $\mathbb{R}^m$ 中, 与以原点为中心、R 为半径的球和球面相交的整数单位正方体的个数.

（a）设 $m=2$, 计算极限

$$\lim_{R\to\infty}\frac{s(R)}{b(R)}\,和\,\lim_{R\to\infty}\frac{s^2(R)}{b(R)}.$$

（b）若 $m\geqslant3$. 指数 k 取何值时, 极限

$$\lim_{R\to\infty}\frac{s^k(R)}{b(R)}$$

有意义?

（c）设 $c(R)$ 为以原点为中心、R 为半径的球中包含的整数单位正方体的个数. 计算

$$\lim_{R\to\infty}\frac{c(R)}{b(R)}.$$

（d）考虑中心不是整数格子点的球, 计算上述极限.

*24. 设 $f(k,m)$ 是 m 维方体中 k 维面的个数. 参见表 1.

表 1　$f(k,m)$ 是 m 维方体中 k 维面的个数

	$m=1$	$m=2$	$m=3$	$m=4$	$m=5$	$\cdots$	m	$m+1$
$k=0$	2	4	8	$f(0,4)$	$f(0,5)$	$\cdots$	$f(0,m)$	$f(0,m+1)$
$k=1$	1	4	12	$f(1,4)$	$f(1,5)$	$\cdots$	$f(1,m)$	$f(1,m+1)$
$k=2$	0	1	6	$f(2,4)$	$f(2,5)$	$\cdots$	$f(2,m)$	$f(2,m+1)$

（续）

	$m=1$	$m=2$	$m=3$	$m=4$	$m=5$	$\cdots$	m	$m+1$
$k=3$	0	0	1	$f(3,4)$	$f(3,5)$	$\cdots$	$f(3,m)$	$f(3,m+1)$
$k=4$	0	0	0	$f(4,4)$	$f(4,5)$	$\cdots$	$f(4,m)$	$f(4,m+1)$
$\vdots$	$\vdots$	$\vdots$	$\vdots$	$\vdots$	$\vdots$	$\vdots$	$\vdots$	$\vdots$

（a）验证前 3 列的数字.

（b）计算 $m=4$，$m=5$ 这两列的数字，并且借助第 m 列的公式，给出第 $m+1$ 列的公式.

（c）$m=0$ 列意味着什么？

（d）证明任何一列的交错和都等于 1. 也就是说，$2-1=1$，$4-4+1=1$，$8-12+6-1=1$. 一般地，$\sum(-1)^k f(k,m)=1$. 这些数的交错和称为**欧拉（Euler）示性数**.

25. 证明 $\mathbb{R}$ 中的 $[a,b]$ 和 $\mathbb{R}^1$ 中的线段 $[a,b]$ 等同. 也就是说，
$$\{x \in \mathbb{R} : a \leqslant x \leqslant b\} = \{y \in \mathbb{R} : \exists s,t \in [0,1], s+t=1, y=sa+tb\}.$$
[提示：如何证明两个集合相等？]

26. 元素 w_1，$\cdots$，$w_k \in \mathbb{R}^m$ 的**凸组合**是指向量和
$$w = s_1 w_1 + \cdots + s_k w_k,$$
其中，$s_1 + \cdots + s_k = 1$，且 $0 \leqslant s_1$，$\cdots$，$s_k \leqslant 1$.

（a）证明如果 E 是凸集，则 E 中任意有限个点的凸组合都在 E 中.

（b）为什么说逆命题显然成立？

27. （a）证明椭球体
$$E = \left\{ (x,y,z) \in \mathbb{R}^3 : \frac{x^2}{a^2} + \frac{y^2}{b^2} + \frac{z^2}{c^2} \leqslant 1 \right\}$$

是凸集. [提示：重新定义一种点乘，使得 E 构成单位球. 哪一种点乘？柯西-施瓦兹不等式对所有的点乘都成立吗？]

（b）证明在 $\mathbb{R}^m$ 中的所有框都是凸集.

28. 设 $f:(a,b) \to \mathbb{R}$ 是函数. 如果对所有的 $x,y \in (a,b)$，以及 s，$t \in [0,1]$，其中 $s+t=1$，有
$$f(sx+ty) \leqslant sf(x) + tf(y),$$

则称 f 是**凸函数**.

（a）证明 f 是凸函数，当且仅当在 f 上方的图形 S 是 $\mathbb{R}^2$ 中的凸

集，其中集合 S 等于 $\{(x,y):f(x)\leqslant y\}$．

*（b）证明凸函数是连续的．

（c）假设 f 是凸函数，且 $a<x<u<b$．通过点 $(x,(f(x)))$ 和 $(u,f(u))$ 的直线的斜率 σ 依赖于点 x 和 u，记为 $\sigma=\sigma(x,u)$．证明 σ 随 x 的增加而增加，随着 u 的增加也增加．

（d）假设 f 是二阶可导函数．也就是说，f 是可导函数，它的导数 f' 也是可导函数，记 $(f')'=f''$．证明 f 是凸函数当且仅当对所有 $x\in(a,b)$，$f''(x)\geqslant0$．

（e）设 $M\subset\mathbb{R}^m$ 是一个凸集．给出函数 $f:M\to\mathbb{R}$ 是凸函数的定义．[提示：先设 $m=2$．]

*29. 假设 E 是平面中以曲线 C 为边界的凸的有界区域．

（a）证明除去可数多个点外，C 存在切线．[例如，圆在所有点处都有切线．三角形除去三个点处都有切线，等等．]

（b）类似地，证明凸函数除去可数多个点外都可导．

*30. 假设函数 $f:[a,b]\to\mathbb{R}$ 是单调递增的，即 $x_1\leqslant x_2\Rightarrow f(x_1)\leqslant f(x_2)$．

（a）证明除去可数多点外，f 连续．[提示：对任意 $x\in(a,b)$，f 有**右极限** $f(x+)$ 和**左极限** $f(x-)$，它们分别是 $h\to0$（正向和负向）时 $f(x+h)$ 的极限．f 在 x 点的**跳跃度**等于 $f(x+)-f(x-)$．证明 f 在 x 点连续，当且仅当它在 x 点的跳跃度为 0．跳跃度大于 1 的点有多少？跳跃度介于 $\frac{1}{2}$ 和 1 之间的点有多少？介于在 $\frac{1}{3}$ 和 $\frac{1}{2}$ 之间的点又有多少呢？]

（b）定义在 $\mathbb{R}$ 上的单调函数也有同样的结论吗？

31. 给出双射 $f:\mathbb{N}\times\mathbb{N}\to\mathbb{N}$ 的一个精确公式．是

$$f(i,j)=j+(1+2+\cdots+(i+j-2))=\frac{i^2+j^2+i(2j-3)-j+2}{2}$$

吗？

32. 证明可列多个可数集合 B_k 的并集还是可数集合．有限个可数集合的并集呢？

*33. 不使用施罗德-伯恩斯坦定理．

（a）证明 $[a,b]\sim(a,b]\sim(a,b)$．

（b）更一般地，证明若 C 是可数集合，则
$$\mathbb{R}\setminus C\sim\mathbb{R}\sim\mathbb{R}\cup C.$$

（c）证明无理数集合与 $\mathbb{R}$ 的基数相等，即 $\mathbb{R}\setminus\mathbb{Q}\sim\mathbb{R}$．

*34. 证明 $\mathbb{R}^2 \sim \mathbb{R}$. [提示：考虑对两个字符串进行重排：

$$(a_1 a_2 a_3 \cdots) \& (b_1 b_2 b_3 \cdots) \to (a_1 b_1 a_2 b_2 a_3 b_3 \cdots)$$

用这种方法可以把两个实数转化成一个实数. 注意 9 尾数问题.]

35. 设 S 是一个集合，$P = P(S)$ 是 S 的所有子集构成的集合簇. [称 $P(S)$ 为 S 的**幂集**.] 设 F 是函数 $f : S \to \{0,1\}$ 构成的集合.

(a) 证明映射 $f \mapsto \{s \in S : f(s) = 1\}$ 为 F 到 P 的一个自然的双射.

*(b) 证明 P 的基数大于 S 的基数，即使当 S 是空集或有限集合时结论也成立.

[提示：使用 Y^X 表示 $X \to Y$ 的所有映射的集合. 使用这种记号，则 $F = \{0,1\}^S$，则结论 (b) 即为证明 $\#(S) < \#(\{0,1\}^S)$. 虽然空集不包含任何元素，它仅有一个子集，即它自身. 所以 $\#(\varnothing) = 0$，然而 $\#(0,1)^\varnothing = 1$. 假设从 S 到 P 存在双射，则存在双射 $\beta : S \to F$，且对任意 $s \in S$，$\beta(s)$ 是函数，设这个函数为 $f_s : S \to \{0,1\}$. 类似康托尔的做法，试图找到一个函数，这个函数无法与任何 s 对应. 由此证明 β 不是满射.]

36. 如果一个实数是一个不等于常数的整系数多项式的根，则称之为**代数数**.

(a) 证明代数数集合 A 是可列集合. [提示：每个多项式有多少个根？有多少个一次多项式？多少个二次方程？……]

(b) 对于系数取值于某个固定的可列集合 $S \subset \mathbb{R}$ 的多项式，重复上述过程.

*(c) 对于整系数三角多项式的根，重复上述练习.

37. 由罗马字母组成的长度有限的字符串称为**有限词**.

(a) 所有有限词构成的集合的基数是多少？进而，所有的诗歌构成的集合的基数是多少？所有的数学证明构成的集合的基数是多少？

(b) 如果字母表仅有两个字母，将会怎样？

(c) 如果字母表有可列多个字母呢？

(d) 证明由 n 个字母（$n \geq 2$）的字母表构成的无限词集合 Σ_n 的基数和 $\mathbb{R}$ 的基数相等.

(e) 通过证明如下等价关系，给出习题 34 的证明：

$$\mathbb{R}^2 = \mathbb{R} \times \mathbb{R} \sim \Sigma_2 \times \Sigma_2 \sim \Sigma_4 \sim \Sigma_2 \sim \mathbb{R} .$$

（f）终止于无限多个 9 的十进制小数有多少？不以无限多个 9 结尾的十进制小数有多少？

38. 设 v 是连续函数 $f:[a,b]\to\mathbb{R}$ 的一个函数值，利用最小上界性质证明使得 $f(x)=v$ 的 $x\in[a,b]$ 中一定存在最小值和最大值。

39. 设 f 是定义在区间 $[a,b]$ 或者 (a,b) 上的函数。如果对任意 $\varepsilon>0$，存在 $\delta>0$，若 $|x-t|<\delta$，则 $|f(x)-f(t)|<\varepsilon$。那么称 f 是**一致连续函数**。（注意：这里的 δ 不依赖 x 的选取。而在连续函数定义中，δ 依赖 x 和 ε 的选取。）

（a）证明一致连续函数是连续函数，但连续函数不一定是一致连续函数。（例如，证明 $\sin\left(\dfrac{1}{x}\right)$ 在区间 $(0,1)$ 上是连续函数，但不是一致连续函数。试着画出函数图形。）

（b）函数 $2x$ 在无界区间 $(-\infty,\infty)$ 上是一致连续的吗？

（c）函数 x^2 在无界区间 $(-\infty,\infty)$ 上是一致连续的吗？

*40. 证明闭区间 $[a,b]$ 上的连续函数是一致连续函数。［提示：给定 $\varepsilon>0$，考虑集合

$$A(\delta)=\{u\in[a,b]:若\,x,t\in[a,u]\,且\,|x-t|<\delta,则\,|f(x)-f(t)|<\varepsilon\},$$

$$A=\bigcup_{\delta>0}A(\delta).$$

使用最小上界性质，证明 $b\in A$。由此推断 f 是一致连续函数。$[a,b]$ 上的连续函数一定是一致连续函数，这是连续函数重要的基本性质之一。］

*41. 分别定义单射 $f:\mathbb{N}\to\mathbb{N}$ 和 $g:\mathbb{N}\to\mathbb{N}$：$f(n)=2n$，$g(n)=2n$。通过 f 和 g，以及施罗德-伯恩斯坦定理，可得到 $\mathbb{N}$ 到 $\mathbb{N}$ 的双射。给出这个双射。

*42. 设 (a_n) 是一个实数序列。如果 $A=\{a_1,a_2,\cdots\}$ 是有界集合，则称这个序列是**有界的**。称

$$\limsup_{n\to\infty}a_n=\lim_{n\to\infty}\left(\sup_{k\geq n}a_k\right)$$

为序列 (a_n) 在 $n\to\infty$ 时的**上极限**或者 limsup。

（a）如果 (a_n) 是有界序列，为什么 limsup 一定存在？

（b）如果 $\sup\{a_n\}=\infty$，$\limsup a_n$ 等于什么呢？

（c）如果 $\lim_{n\to\infty}a_n=-\infty$，如何定义 $\limsup a_n$ 呢？

（d）什么时候以下两个式子成立：

$$\limsup_{n \to \infty}(a_n + b_n) \leqslant \limsup_{n \to \infty}a_n + \limsup_{n \to \infty}b_n,$$

$$\limsup_{n \to \infty}ca_n = c\limsup_{n \to \infty}a_n.$$

（e）给出实数列**下极限**，或 liminf 的定义，并给出与下极限相关的公式.

**43. $\mathbb{R}^2$ 中关于范数 $\| \ \|$ 的单位球为

$$\{v \in \mathbb{R}^2 : \|v\| \leqslant 1\}.$$

（a）给出 $\mathbb{R}^2$ 中的子集在某种范数下构成单位球的充分必要的几何条件.

（b）给出 $\mathbb{R}^2$ 中的子集在由内积诱导的范数下构成单位球的充分必要的几何条件.

（c）将上述结果推广到 $\mathbb{R}^m$ 上.［你会发现这有助于理解下一章的闭集概念. 也可以参考下一章的习题 38.］

44. 假设 V 是一个内积空间，它的内积可以诱导范数 $|x| = \sqrt{\langle x, x \rangle}$.

（a）证明 $| \ |$ 遵循平行四边形法则：对所有 $x, y \in V$,

$$|x+y|^2 + |x-y|^2 = 2|x|^2 + 2|y|^2.$$

*（b）证明满足平行四边形法则的范数产生于唯一的内积.［提示：定义预设内积

$$\langle x, y \rangle = \left|\frac{x+y}{2}\right|^2 - \left|\frac{x-y}{2}\right|^2.$$

容易验证 $\langle , \rangle$ 满足内积性质中的对称性和正定性. 同时，由于 $|x|^2 = \langle x, x \rangle$，所以 $\langle , \rangle$ 可以诱导给定的范数. 需要另外的步骤来验证双线性.

（i）对于任意的 $x, y, z \in V$，利用平行四边形法则证明

$$\langle x+y, z \rangle + \langle x-y, z \rangle = 2\langle x, y \rangle.$$

由此推出 $\langle 2x, z \rangle = 2\langle x, z \rangle$. 对任意 $u, v \in V$，将 $x = \frac{1}{2}(u+v)$，$y = \frac{1}{2}(u-v)$ 代入上述等式，则推出

$$\langle u, z \rangle + \langle v, z \rangle = \langle u+v, z \rangle,$$

这说明 $\langle , \rangle$ 对于第一个变量满足加法线性性质. 为什么立刻能够推出

$\langle\,,\rangle$ 对于第二个变量也满足加法线性性质?

（ii）为了验证数乘满足双线性性质，利用归纳法证明，如果 $m\in\mathbb{Z}$，则 $m\langle x,y\rangle=\langle mx,y\rangle$，以及如果 $n\in\mathbb{N}$，则 $\frac{1}{n}\langle x,y\rangle=\langle\frac{1}{n}x,y\rangle$。由此推断出当 r 是有理数时，$r\langle x,y\rangle=\langle rx,y\rangle$。映射 $\lambda\mapsto\langle\lambda x,y\rangle-\lambda\langle x,y\rangle$ 是关于 $\lambda\in\mathbb{R}$ 的连续函数吗？由此能够证明 $\langle\,,\rangle$ 对于数乘满足双线性性质吗？]

1　度量空间概念

解决一个具体的数学问题往往要比解决一个更抽象、更一般的数学问题困难，乍一看这有点不合逻辑. 例如，如果你想知道方程

$$t^5 - 4t^4 + t^3 - t + 1 = 0$$

有多少个根，那么你可以通过计算的方法把它们数出来. 这也许需要一段时间. 但是，抽象地思考一下，你用较少的时间就可以证明 n 次多项式至多有 n 个根. 同样的道理，关于单个实变量函数的很多一般化结果在抽象的层面，即度量空间的层面上更容易得到.

度量空间理论可看成是一般拓扑理论的特殊形式，很多书也有类似的表述，如用开覆盖的方式定义紧性. 但是按我的观点，用序列/子序列的方法可以提供一条理解紧性的最简单路线，这也是本章的点睛之处.

一个度量空间是一个具有**度量** d 的集合 M，其中的元素可看成是 M 中的点，而度量具有和欧氏空间中距离相同的三条性质. 度量 $d = d(x,y)$ 是定义在所有点 $x, y \in M$ 上的实值函数，称 $d(x,y)$ 为从点 x 到点 y 的距离. 它有三个性质：对所有的 x，y，$z \in M$，

(a) **正定性**：$d(x,y) \geqslant 0$，且 $d(x,y) = 0$ 当且仅当 $x = y$；

(b) **对称性**：$d(x,y) = d(y,x)$；

(c) **三角不等式**：$d(x,z) \leqslant d(x,y) + d(y,z)$.

函数 d 也称为距离函数. 严格地说，有序对 (M,d) 才是度量空间，但是我们遵循通常的惯例用"度量空间 M"，而让读者去确定正确的度量.

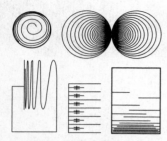

图 22　五个度量空间：闭合的向外的螺旋线、夏威夷耳环、拓扑学家的正弦圈、无限的电视天线和芝诺迷宫

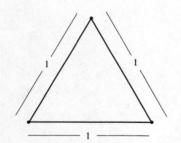

图 23　边长为单位长度的等边三角形构成离散度量空间

度量空间最常见的例子是 $\mathbb{R}$，$\mathbb{R}^m$ 及其子集. $\mathbb{R}$ 上的度量 $d(x,y)=|x-y|$，其中 $x,y\in\mathbb{R}$，$|x-y|$ 表示 $x-y$ 的绝对值. $\mathbb{R}^m$ 上的度量是 $\boldsymbol{x}-\boldsymbol{y}$ 的欧几里得长度，其中 $\boldsymbol{x}$，$\boldsymbol{y}$ 是 $\mathbb{R}^m$ 中的向量. 即：

$$d(\boldsymbol{x},\boldsymbol{y})=\sqrt{(x_1-y_1)^2+\cdots+(x_n-y_n)^2}$$

其中 $\boldsymbol{x}=(x_1,\cdots,x_n)$，$\boldsymbol{y}=(y_1,\cdots,y_n)$.

由于欧几里得长度满足距离的三条性质，d 是一个真正的度量，从而 $\mathbb{R}^m$ 构成度量空间. 对于子集 $M\subset\mathbb{R}^m$，规定 M 中两点之间的距离等于二者的欧几里得距离，那么 M 也是度量空间. 我们说 M 遗传了 $\mathbb{R}^m$ 的度量，称为 $\mathbb{R}^m$ 的**子空间**. 图 22 展示了 $\mathbb{R}^2$ 的一些子集，并介绍了一些有趣的度量空间.

离散度量是一种特殊的度量，我们很难画出它的示意图，但在构造反例中却很有用. 给定一个集合 M，定义距离如下：互异点之间的距离为 1，任何点到其自身的距离为 0. 这的确是一个度量. 若 M 由三个点组成，即 $M=\{a,b,c\}$，你可以把等边三角形想象为 M 的模型. 见图 23. 任意两点之间的距离为 1. 如果 M 由一个、两个或四个点组成，你能想象出具有离散度量的 M 的模型吗？更具有挑战性的问题是想象在 $\mathbb{R}$ 上赋予离散度量. 这时由离散度量的定义，所有的点与另一个任意点的距离都具有单位长度.

收敛列与子序列

度量空间 M 的点序列是指点列 p_1，p_2，$\cdots$，其中点 $p_n\in M$. 这里允许出现重复点，而且 M 中的点并不需要都出现在列中. 一个好的序列记号是 (p_n)，或者 $(p_n)_{n\in\mathbb{N}}$. 有时也使用记号 $\{p_n\}$，但是很容易把它和组成序列中的点构成的集合混淆. $(p_n)_{n\in\mathbb{N}}$ 和 $\{p_n:n\in\mathbb{N}\}$ 的区别在于，前者是序列，描述了点之间序结构，而后者只是把杂乱无章的点放在一起. 例如，序列 1，2，3，$\cdots$ 和 1，2，1，3，2，1，4，3，2，1，$\cdots$ 是不同的序列，但是作为集合却相同，都是 $\mathbb{N}$.

严格地说，一个序列是指一个函数 $f:\mathbb{N}\to M$. 序列中的第 n 项 $f(n)=p_n$. 显然每个序列定义了一个函数 $f:\mathbb{N}\to M$，反之每个函数 $f:\mathbb{N}\to M$ 都可以定义 M 中的序列. 如果

$$\forall\varepsilon>0,\exists N\in\mathbb{N},\text{使得} n\in\mathbb{N},\text{且} n\geq N\Rightarrow d(p_n,p)<\varepsilon,$$

那么我们称序列 (p_n) 在 M 中收敛于 p. 依照如下意义，极限是唯一的：若 (p_n) 收敛于 p 且 (p_n) 也收敛于 p'，那么 $p=p'$. 这是因为，对

于任意给定的 $\varepsilon>0$，存在正整数 N，N'，使得当 $n\geqslant N$ 时，有 $d(p_n,p)<\varepsilon$ 成立；同时当 $n\geqslant N'$ 时，有 $d(p_n,p')<\varepsilon$ 也成立. 那么对于所有的 $n\geqslant\max\{N,N'\}$，

$$d(p,p')\leqslant d(p_n,p)+d(p_n,p')<\varepsilon+\varepsilon=2\varepsilon.$$

但 ε 是任意的，因此 $d(p,p')=0$，即 $p=p'$.（再次使用 ε 原理.）

我们用 $p_n\to p$，或当 $n\to\infty$ 时，$p_n\to p$，或

$$\lim_{n\to\infty}p_n=p$$

表示收敛性. 例如在 $\mathbb{R}$ 中，当 $n\to\infty$ 时，序列 $p_n=1/n$ 收敛于 0；在 $\mathbb{R}^2$ 中，当 $n\to\infty$ 时，序列 $(1/n,\sin n)$ 不收敛；在度量空间 $\mathbb{Q}$ 中（遗传 $\mathbb{R}$ 的度量），序列 1，1.4，1.41，1.414… 不收敛.

正如集合有子集一样，一个序列也可有子序列. 例如，序列 2，4，6，8，… 是 1，2，3，4，… 的子序列；序列 3，5，7，11，13，17，… 是 1，3，5，7，9，… 的子序列，而后者又是 1，2，3，4，… 的子序列. 一般地，若 $(p_n)_{n\in\mathbb{N}}$ 和 $(q_k)_{k\in\mathbb{N}}$ 是序列，且如果存在一个由整数组成的序列 $1\leqslant n_1<n_2<n_3<\cdots$，使得对每个 $k\in\mathbb{N}$，$q_k=p_{n_k}$，那么 (q_k) 是 (p_n) 的子序列. 注意子序列中的元素按照母序列中同样的顺序出现.

定理 1 收敛序列的每个子序列都收敛，并且与母序列的极限值相等.

证明 设 (q_k) 是 (p_n) 的子序列，$q_k=p_{n_k}$，其中 $n_1<n_2<n_3<\cdots$. 假设 (p_n) 在 M 中收敛于 p. 给定 $\varepsilon>0$，存在一个 N，使得对于所有的 $n\geqslant N$，$d(p_n,p)<\varepsilon$. 由于 n_1，n_2，… 是整数，且对于任意 k，$k\leqslant n_k$. 这样，若 $k\geqslant N$，那么 $n_k\geqslant N$ 且 $d(q_k,p)<\varepsilon$. 因此 (q_k) 收敛于 p. $\quad\square$

定理 1 的一个通俗解释就是极限不会因为我们选取子序列而改变.

连续性

在线性代数中，兴趣点是线性变换. 而在实分析中，兴趣点是函数，特别是连续函数. 一个从度量空间 M 到度量空间 N 的函数 f 是指映射：$f:M\to N$，这时 f 把点 $p\in M$ 映射到点 $fp\in N$. 函数也称为变换、映射、映照等. 函数把 M 映射到 N. 正确认识函数的方式，正如第 1 章第 4 节讨论的那样——是设备，而不是公式.

最常见的函数类型是把 M 映射到 $\mathbb{R}$. 这是一个变量为 $p \in M$ 的实值函数.

定义 若一个函数 $f:M \to N$ 满足下面的 ε, δ **条件**, 则称其为**连续**的:

$$\forall p \in M \text{ 及 } \forall \varepsilon > 0, \exists \delta > 0 \text{ 使得}$$
$$q \in M \text{ 且 } d(p,q) < \delta \Rightarrow d(fp,fq) < \varepsilon.$$

这里及今后, 为方便起见, 符号 fp 被用来简化表示 $f(p)$.

在第 1 章我们考虑了单个实变量的实值函数 $f:(a,b) \to \mathbb{R}$. 当时我们用如下方式定义 f 的连续性:

$$\forall x \in (a,b) \text{ 及 } \forall \varepsilon > 0, \exists \delta > 0 \text{ 使得}$$
$$y \in (a,b) \text{ 且 } |x-y| < \delta \Rightarrow |fx-fy| < \varepsilon.$$

当 $M = (a,b)$ 及 $N = \mathbb{R}$ 时, 这两种 ε, δ 定义是一样的, 只不过在第二种定义中, 我们准确地给出了 $\mathbb{R}$ 中的距离 $d(x,y)$ 为 $|x-y|$. 这样每个单实变量的实值连续函数就是从度量空间 (a,b) 到度量空间 $\mathbb{R}$ 的连续映射的例子. 反过来, 每个从度量空间 (a,b) 到度量空间 $\mathbb{R}$ 的连续映射是一个单实变量的连续函数.

用序列表述连续性如何呢? 没什么比这个更简单或自然的了.

定理 2 $f:M \to N$ 是连续的当且仅当它把 M 中的每个收敛序列映射到 N 中的收敛序列, 极限值映射到极限值.

证明 假设 f 是连续的, (p_n) 为 M 中的收敛序列,

$$\lim_{n \to \infty} p_n = p.$$

那么 $(f(p_n))$ 是 N 中的一个序列. 由连续性可推出给定 $\varepsilon > 0$, 存在 $\delta > 0$, 使得 $d(x,p) < \delta$ 可推出 $d(fx,fp) < \varepsilon$. 由收敛性可知存在 N, 使得对所有的 $n \geqslant N$, $d(p_n,p) < \delta$. 于是 $d(f(p_n),fp) < \varepsilon$, 即

$$\lim_{n \to \infty} f(p_n) = fp.$$

下面我们证明逆命题的逆否命题: 若 f 不是连续的, 那么它不保持收敛性. f 不连续, 意味着存在某个 $p \in M$, 对此点存在一个 $\varepsilon > 0$, 使得不论我们取多么小的 δ, 总有点 $x \in M$ 满足 $d(x,p) < \delta$, 但是 $d(fx,fp) \geqslant \varepsilon$. 取

$$\delta_1 = 1, \delta_2 = 1/2, \cdots, \delta_n = 1/n, \cdots,$$

对每个 δ_n, 存在一个点 x_n, 满足 $d(x_n,p) < \delta_n = 1/n$ 且 $d(f(x_n),fp) \geqslant \varepsilon$. 这样

$$\lim_{n \to \infty} x_n = p,$$

但 $f(x_n)$ 不收敛于 fp.

也可参见习题 17. □

推论 3 连续函数的复合函数还是连续函数.

证明 令 $f:M{\to}N$ 和 $g:N{\to}P$ 是连续函数,并假设在 M 中,

$$\lim_{n\to\infty}p_n=p.$$

由于 f 是连续的,定理 2 表明 $\lim_{n\to\infty}f(p_n)=fp$. 由于 g 是连续的,再次由定理 2, $\lim_{n\to\infty}g(f(p_n))=g(fp)$. 因此 $g\circ f:M{\to}P$ 是连续的. 见图 24.

□

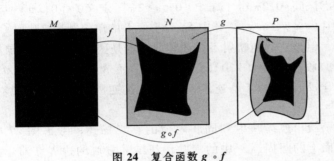

图 24 复合函数 $g\circ f$

心得 乍看一个函数是否连续,序列条件是一个简洁的途径.

同胚

如果存在从一个向量空间到另一个向量空间的线性双射,那么这两个向量空间是同构的. 何时度量空间同构呢? 同构的度量空间应该"看起来一样". 字母 Y 和 T 看起来一样,但看起来和字母 O 不一样. 若 $f:M{\to}N$ 是双射,f 是连续的且逆双射 $f^{-1}:N{\to}M$ 也是连续的,那么 f 是**同胚映射**,且 M,N 称为是同胚的[⊖]. 我们用 $M\cong N$ 表示 M 和 N 是同胚的. "$\cong$" 是一种等价关系:因为恒等映射是 M 到 M 的同胚映射,所以 $M\cong M$;$M\cong N$ 显然可以推得 $N\cong M$;而前面的推论可以推得同胚映射的复合映射还是同胚映射.

从几何学角度来说,同胚映射是这样一个双射,可以通过弯曲、扭曲、拉伸、起皱的方法把空间 M 变成 N,但这个过程中,它不能

⊖ 在英文中,一个很罕见的情况是拼写很重要,同胚(Homeomorphism)和同态(Homomorphism)拼写很相似,同胚有时也写成"homeo".

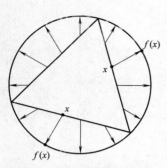

图 25　圆周和三角形同胚

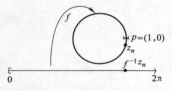

图 26　把 $[0,2\pi)$ 双向地缠绕在圆周上

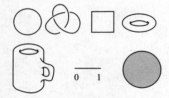

图 27　7 个度量空间

撕裂、刺穿、撕碎、粉碎 M. 关于度量空间的基本问题是：

（a）给定 M，N，它们同胚吗？

（b）从 M 到 N 的连续函数是什么？

本章的一个主要目的就是向你展示在很多情况时怎样回答这些问题. 例如，一个圆周是否同胚于一个区间？或者球面？等等. 图 25 显示了圆周和三角形（边界）是同胚的，图 14 显示 (a,b)、半圆和 $\mathbb{R}$ 是同胚的.

你可能会有一个自然的问题，f^{-1} 的连续性是否可由双射 f 的连续性推得呢？这是不对的. 这有一个很有启发性的例子.

考虑区间 $[0,2\pi) = \{x \in \mathbb{R} : 0 \leqslant x < 2\pi\}$，定义 $f : [0,2\pi) \to S^1$ 为映射 $f(x) = (\cos x, \sin x)$，其中 S^1 为平面上的单位圆周. 映射 f 是连续的双射，但是它的逆映射不是连续的，这是因为 S^1 在第四象限存在序列 (z_n) 收敛于 $p = (1,0)$. 但是 $f^{-1}(z_n)$ 不收敛于 $f^{-1}(p) = 0$，相反却收敛于 2π. 这样 f 是连续的双射但其逆映射不再是连续的. 见图 26.

为了给出连续映射和同胚映射的直观描述，考虑图 27 中的例子：平面上的圆周、$\mathbb{R}^3$ 中的三叶形纽结、方块的边界、油炸圈的表面（双环面）、一个陶瓷咖啡杯的表面、单位区间 $[0,1]$、含边界的单位圆盘. 若均考虑遗传度量，哪些空间是同胚的？

闭集和开集

现在我们回到度量空间理论的两个基本概念——闭性和开性. 设 M 为度量空间，S 为 M 的子集. 若存在 S 中的序列 (p_n) 收敛于 $p \in M$，则称 p 为集合 S 的一个极限.$^{\ominus}$

定义　若 S 包含它所有的极限，则称 S 为**闭集**$^{\ominus}$.

$\ominus$ S 的极限又称为 S 的极限点，需要注意的是，有些数学家要求 S 的极限点为 S 中互异的点组成的序列的极限，他们认为有限集是没有极限点的. 我们不采用这种观点. 本书中使用"附着"这个词，法国人喜欢使用. 称点 p"附着"集合 S 当且仅当 p 为 S 的极限. 在更一般的情况中，极限是用"网"代替序列来定义的. 你可以在一些研究生层次的拓扑书中读到关于网更多的东西，如 James Munkres 的《拓扑》.

$\ominus$ 这里和代数学中使用的"封闭性"非常相似. 称一个域（群、环等）在代数运算下封闭，若和、差、积、商仍然在这个域中. 而这里指的是极限. S 的极限还在 S 中.

定义 若对 S 中的每一个 $p \in S$，存在一个 $r > 0$，使得
$$d(p, q) < r \Rightarrow q \in S,$$
则称 S 为**开集**.

不难发现，度量空间 $\mathbb{R}$、闭区间 $[a, b]$ 是闭集，而开区间 (a, b) 是开集，亦见下面的定理 7.

定理 4 开性与闭性是对偶的，即开集的补集是闭集，闭集的补集是开集.

证明 假设 $S \subset M$ 为开集. 下面证明 S^c 是闭集. 若 $p_n \to p$ 且 $p_n \in S^c$，我们需要证明 $p \in S^c$. 好吧，若 $p \notin S^c$，那么 $p \in S$，且由于 S 是开集，存在一个 $r > 0$ 使得
$$d(p, q) < r \Rightarrow q \in S.$$
由于 $p_n \to p$，对充分大的 n 有 $d(p, p_n) < r$，可知 $p_n \in S$，这与序列在 S^c 中矛盾. 从 p 位于 S 中这一假设出发得到矛盾，因此 p 属于 S^c，即 S^c 是闭集.

假设 S 是闭集. 下面证明 S^c 是开集. 任取一点 $p \in S^c$. 如果不存在一个 $r > 0$ 使得
$$d(p, q) < r \Rightarrow q \in S^c,$$
那么对每个 $r = 1/n$，$n = 1, 2, \cdots$，存在点 $p_n \in S$ 使得 $d(p, p_n) < 1/n$. S 中的序列 (p_n) 收敛于点 $p \in S^c$，与 S 的闭性相矛盾. 因此确实存在一个 $r > 0$ 使得
$$d(p, q) < r \Rightarrow q \in S^c$$
这证明了 S^c 是开集.

大多数集合都和"门"一样，既不开也不闭，但微微敞开. 记住这一点. 例如，$(a, b]$ 和它在 $\mathbb{R}$ 中的补集都不是闭的. $(a, b]$ 既不开也不闭. 但是，和门不一样的是，集合可以同时既是开的又是闭的. 例如，空集 $\varnothing$ 是任何度量空间的子集，而且它是闭的. 它没有什么值得担心的序列和极限. 类似地，全度量空间 M 是其自身的闭子集：它包含了任何在 M 中收敛的序列的极限. 这样，$\varnothing$ 和 M 都是 M 的闭子集，而它们的补集，M 和 $\varnothing$ 也因此都是开集：$\varnothing$ 和 M 都是既开又闭的.

M 中既是开集又是闭集的子集称为**闭开集**. 细节亦见习题 92. 此习题表明 $\mathbb{R}$ 中仅有的闭开集是 $\varnothing$ 和 $\mathbb{R}$. 但是在 $\mathbb{Q}$ 中，情形就大不同了. 形如 $\{r \in \mathbb{Q} : -\sqrt{2} < r < \sqrt{2}\}$ 的集合在 $\mathbb{Q}$ 中是闭开集. 总之，

度量空间中的子集,可以是闭集、开集,或二者兼备,或都不是.

你可以想象度量空间"典型的"子集既不是闭集也不是开集.

M 上的拓扑 $\mathcal{T}$ 为 M 中全体开子集的集合.

定理 5 $\mathcal{T}$ 有三个性质[⊖]:作为一个系统,它在并、有限次交下是封闭的,并且包含 $\varnothing$ 和 M,即:

(a) 开集的并还是开集;

(b) 有限多个开集的交还是开集;

(c) $\varnothing$ 和 M 是开集.

证明 (a) 若 $\{U_\alpha\}$ 为由 M 中的开子集组成的一个集合,且 $V = \cup U_\alpha$,那么 V 是开集. 这是因为对每个 $p \in V$,那么 p 至少属于某一个 U_α,因而存在一个 $r>0$,使得

$$d(p,q)<r \Rightarrow q \in U_\alpha.$$

由于 $U_\alpha \subset V$,可知所有这样的 q 都位于 V 中,这样就证明了 V 是开集.

(b) 若 U_1, $\cdots$, U_n 是开集,且 $W = \cap U_k$,那么 W 是开的. 这是因为若 $p \in W$,那么对每个 k,$1 \leqslant k \leqslant n$,存在一个 $r_k > 0$,使得

$$d(p,q)<r_k \Rightarrow q \in U_k$$

取 $r = \min\{r_1, \cdots, r_n\}$. 那么

$$d(p,q)<r \Rightarrow q \in U_k$$

对每个 k 都成立. 即 $q \in W = \cap U_k$,也就证明了 W 是开集.

(c) 显然 $\varnothing$ 和 M 是开集. □

推论 6 任意多个闭集的交还是闭集,有限个闭集的并还是闭集,$\varnothing$ 和 M 是闭集.

证明 取补集并应用德摩根(DeMorgan)律. 若 $\{K_\alpha\}$ 是一簇闭集,那么 $U_\alpha = (K_\alpha)^c$ 是开集,且

$$K = \cap K_\alpha = (\cup U_\alpha)^c$$

⊖ 任意的由 X 中的子集组成的集合,若其满足这三条性质,都叫作 X 上的一个拓扑,这时称 X 为拓扑空间. 拓扑空间比度量空间更加一般:存在不来自于度量的拓扑,它们被认为是病态的. 而哪些拓扑可以由度量生成,哪些不能呢?这个问题在曼克莱斯(Munkres)的《拓扑》中有所讨论.

由于 $\cup U_\alpha$ 是开集，其补集 K 是闭的. 类似地，有限个闭集合的并是它们补集的有限次交之后的补集，还是闭集合. □

无限个闭集合的并又如何呢？一般来说，它不是闭的. 例如，区间 $[1/n,1]$ 在 $\mathbb{R}$ 上是闭的，但是当 n 取遍 $\mathbb{N}$ 时，这些区间的并是 $(0,1]$，它不是闭的. 一般来说，无穷多个开集的交也不是开的.

具有闭性或开性的最简单的两个集合分别为

$$\lim S = \{p \in M : p \text{ 为 } S \text{ 的极限}\},$$
$$M_r p = \{q \in M : d(p,q) < r\}.$$

前者为 S 的**极限集**，后者为 p 的 r **邻域**.

定理 7　$\lim S$ 为闭集，$M_r p$ 为开集.

引理 8　下列论述是等价的：

（a）p 为 S 的极限；

（b）$\forall r>0$，$M_r p \cap S \neq \varnothing$.

证明　假设（a）成立. 则存在 S 中的序列 (p_n)，满足 $p_n \to p$. 对每个 $r>0$，存在一个 N，使得对所有的 $n \geq N$，$p_n \in M_r p$，这就证明了（b）成立.

假设（b）成立. 每个 $M_r p$ 中含有 S 中的一个点. 分别取 $r=1$，$r=1/2$，$\cdots$，$r=1/n$，$\cdots$. 则存在 $p_n \in M_{1/n}(p) \cap S$. 此序列 (p_n) 收敛于 p，因此（a）成立. □

定理 7 的证明　不难但也不是显而易见！假设 $p_n \to p$ 且每个 p_n 位于 $\lim S$ 中. 由于 p_n 位于 $\lim S$ 中，存在一个点 $q_n \in S$ 使得

$$d(p_n,q_n) < \frac{1}{n}.$$

那么

$$d(p,q_n) \leq d(p,p_n) + d(p_n,q_n) \to 0,$$

于是 $q_n \to p$，因此 $p \in \lim S$，进而 $\lim S$ 是闭集.

为验证 $M_r p$ 是开集，任取 $q \in M_r p$，注意到

$$s = r - d(p,q) > 0.$$

由三角不等式，若 $d(q,x) < s$，那么

$$d(p,x) \leq d(p,q) + d(q,x) < r,$$

于是 $M_s q \subset M_r p$. 见图 28. 由于每个 $q \in M_r p$ 有含于 $M_r p$ 的 $M_s q$，因此 $M_r p$ 是开集. □

M 中点 p 的**邻域**为任意包含 p 的开集 V. 定理 7 表明 $V = M_r p$ 为 p 的邻域. 在以后的学习中，你可能会遇到 p 的"闭邻域"，它是指包

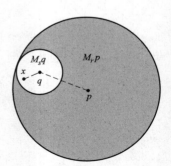

图 28　p 的 r 邻域
为什么是开集

含一个含 p 的开集的闭集合. 如果没有特殊说明，我们默认邻域都是开的.

通常情况下，由严格不等式定义的集合是开集，而由等式或不严格不等式定义的集合是闭集. $\mathbb{R}$ 中闭集的例子有：有限集、$[a,b]$、$\mathbb{N}$ 和集合 $\{0\} \cup \{1/n : n \in \mathbb{N}\}$. 每个集合都包含其所有的极限. $\mathbb{R}$ 中开集的例子是 $\mathbb{R}$ 和开区间.

$\mathbb{R}$ 的开子集

除了有界开区间 (a,b)，其中 a，$b \in \mathbb{R}$ 之外，我们考虑无界开区间

$$(-\infty,b),(a,+\infty) \text{ 和 } \mathbb{R} = (-\infty,\infty).$$

定理 9 每个开子集 $U \subset \mathbb{R}$ 可以唯一地表示成不相交开区间的可数并. 这些区间的端点不属于 U.

证明 对每个 $x \in U$，定义

$$a_x = \inf\{a : \exists (a,x) \subset U\},$$
$$b_x = \sup\{b : \exists (x,b) \subset U\}.$$

那么 $I_x = (a_x, b_x)$ 为开区间，可能是无界区间，且

$$x \in I_x \subset U.$$

这是在 U 中包含 x 的最大的开区间. 如果端点 b 位于 U 中，那么由 U 的开性，存在某个开区间 J，使得

$$b \in J \subset U.$$

但 $I_x \cup J$ 是一个包含 x 的比 U 更大的区间，与最大性相矛盾. 因此 I_x 的端点不在 U 中.

若 $y \in U$ 为 U 中的另一个点，且 $I_x \cap I_y \neq \varnothing$，那么 $I_x \cup I_y$ 为 U 中的开区间，且同时包含 x，y. 由最大性，

$$I_x = I_x \cup I_y = I_y.$$

我们得到对任意的 x，$y \in U$，区间 I_x，I_y 要么相等，要么不相交. 这就证明了 U 为这些最大的开区间的不相交并.

$\mathbb{R}$ 中仅有可数多个互不相交的开区间. 这是因为，给定任意的由 $\mathbb{R}$ 中不相交的开区间组成的集合，在每个开区间中选取一个有理点. 不相交性可以保证取出的有理点是互异的，这些点只有可数个，进而仅有可数多个开区间. 因此 U 为可数多个最大开区间 I_x 的不相交并.

这种把 U 划分为开区间的不相交并的划分方式是唯一的，证明

留给读者作为习题.　　　　　　　　　　　　　　　　　□

连续性的拓扑描述

　　度量空间或者是度量空间之间的映射的性质，若能仅仅依靠开集（或者等价的，依靠闭集）来描述，那么这种性质称为**拓扑性质**. 下面的结果是用拓扑的观点来描述连续性的.

　　给定函数 $f:M\to N$. 集合 $V\subset N$ 的原像$^\ominus$为
$$f^{\mathrm{pre}}(V)=\{p\in M:f(p)\in V\}.$$

例如，若 $f:\mathbb{R}^2\to\mathbb{R}$ 为如下定义的函数：
$$f(x,y)=x^2+y^2+2,$$

那么 $\mathbb{R}$ 中区间 $[3,6]$ 的原像为平面上的内半径为 1、外半径为 2 的圆环. 图 29 展示了 f 在 $\mathbb{R}^2$ 中的定义域，以及对应在 $\mathbb{R}$ 中的目标域. 其值域为大于或等于 2 的实数组成的集合. f 的图形是以 $(0,0,2)$ 为最低点的抛物面. 图 29 的第二部分展示了 f 的图形在圆环之上的部分. 你会发现这将有助于我们区分函数、值域和图像等概念.

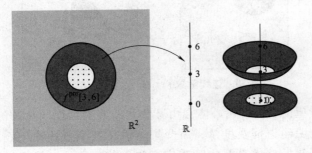

图 29　函数 $f:(x,y)\mapsto x^2+y^2+2$

及 $[3,6]$ 的原像对应的图形

定理 10　对 $f:M\to N$ 的连续性，下列论述是等价的：

（i）ε，δ 条件；

（ii）**闭集条件**：N 中每个闭集的原像在 M 中是闭集；

（iii）**开集条件**：N 中每个开集的原像在 M 中是开集.

――――――――――

$\ominus$ V 的原像也称为 V 的逆像，记为 $f^{-1}(V)$. 除非 f 是双射，这种符号将会引起混淆.
　如果映射 f^{-1} 不存在，那么形如 $V\supset f(f^{-1}(V))$ 的记号表示把映射和非映射混在一起.
　顺便说一下，如果 f 没有把 M 中的点映入 V 中，那么 $f^{\mathrm{pre}}(V)$ 是空集.

证明 非常自然！假设（i）成立. 令 K 在 N 中是闭的，并令 (p_n) 为 $f^{\mathrm{pre}}(K)$ 中的序列，且收敛于 M 中的点 p. 我们将证明 $p \in f^{\mathrm{pre}}(K)$. 由定理 2，$f$ 保持极限，因此，

$$\lim_{n \to \infty} f(p_n) = fp.$$

由假设 $f(p_n) \in K$. 由于 K 是闭的，所以 $fp \in K$. 于是 $p \in f^{\mathrm{pre}}(K)$，因此（ii）成立.

由于 $(f^{\mathrm{pre}}(U))^c = f^{\mathrm{pre}}(U^c)$，$(ii) \Rightarrow (iii)$.

假设（iii）成立. 令 $p \in M$ 且给定 $\varepsilon > 0$. 由定理 7 可知，$N_\varepsilon(fp)$ 在 N 中是开集. 由（iii），$f^{\mathrm{pre}}(N_\varepsilon(fp))$ 在 M 中是开集，且 p 位于其中. 因此存在某个 $M_\delta(p) \subset f^{\mathrm{pre}}(N_\varepsilon(fp))$. 因此，

$$d(x,p) < \delta \Rightarrow d(fx,fp) < \varepsilon, \qquad \square$$

于是 f 是连续的. 如图 30 所示.

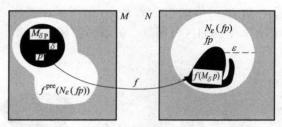

图 30 连续函数 $f: M \to N$ 的 ε, δ 条件

我希望读者能够用心体会由开集和闭集刻画连续性的优雅之处. 没有一处明确地提及度量，而开集条件又是纯拓扑的. 完全有理由采用"开集的原像是开集"来定义映射的连续性. 事实上，这正是一般拓扑学中的定义方式.

推论 11 同胚映射 $f: M \to N$ 双向地把 M 中的开集组成的全体映射到 N 中的开集组成的全体. 它双向映射了拓扑.

证明 令 V 是 N 中的开集. 由于 f 是连续的，以及定理 10，V 的原像在 M 中是开集. 由于 f 是双射，此原像 $U = \{p \in M : f(p) \in V\}$ 正是 V 在逆双射下的像，$U = f^{-1}(V)$. 由于 f^{-1} 也是同胚映射，我们可以对 f^{-1} 采用同样的办法，即 $V = f(U)$. 这样通过把 U 映射成 $f(U)$ 的方式就双向地把 M 中的拓扑映射成 N 中的拓扑. $\square$

基于这个推论，同胚映射也称为**拓扑等价**.

一般地，连续映射并不能把开集映射成开集. 例如，$\mathbb{R}$ 到 $\mathbb{R}$ 的平

方映射 $x \mapsto x^2$ 把开集 $(-1,1)$ 映射到非开集 $[0,1)$. 见习题 34.

闭包、内部和边界

设 S 为度量空间 M 的一个子集. 其闭包、内部和边界定义如下:

闭包: $\bar{S} = \cap K$, 其中 K 跑遍包含 S 的所有闭集. 等价地,

$$\bar{S} = \{x \in M : 若 K 为闭集且 S \subset K, 则 x \in K\}.$$

内部: $\text{int}(S) = \cup U$, 其中 U 跑遍 S 中的所有开集. 等价地,

$$\text{int}(S) = \{x \in M : 存在某个开集 U \subset S, x \in U\}.$$

边界: $\partial S = \bar{S} \cap \overline{S^c}$.

由于闭集的交集是闭集, ∂S 和 $\bar{S}$ 还是闭集. 由构造过程, $\bar{S}$ 是包含 S 的最小闭集, 因为它含在任何一个包含 S 的闭集之中. 类似地, $\text{int}(S)$ 是 S 中的最大开集. 而边界是闭包减去内部.

另一种表示闭包、内部和边界的记号为

$$\bar{S} = \text{cl}(S),$$

$$\text{int}(S) = \overset{\circ}{S},$$

$$\partial S = \overset{\bullet}{S} = \text{bd}(S) = \text{fr}(S).$$

最后一个符号是表示 "frontier (边界)". 一些关于闭包、内部和边界常见的用法将在习题中给出, 特别是习题 92.

命题 12 $\bar{S} = \lim S$.

证明 由定理 7, $\lim S$ 是闭集. 它包含 S, 这是因为对每个 $s \in S$, 常值序列 $(s, s, \cdots)$ 收敛于 s. 由闭包的最小性,

$$\bar{S} \subset \lim S.$$

另一方面, $\lim S$ 由 S 的极限组成, 而 $\bar{S}$ 是闭的, 因此它包含这些极限点, 所以

$$\lim S \subset \bar{S}.$$

故二者相等. □

遗传性

假设 S 为度量空间 M 的子集, 同时也是度量空间 N 的子集. 若 S 在 M 中是开的或闭的, 那么 S 在 N 中是否也有同样的性质? 不一定. 区间 (a,b) 作为一个度量空间, 在其自身中是闭集, 但在 $\mathbb{R}$ 中不是闭集, 这是因为它并没有包含其在 $\mathbb{R}$ 中的极限点 a, b.

考虑下列集合，这种情形将更加突出：

$$S = \{x \in \mathbb{Q} : -\sqrt{2} < x < \sqrt{2}\}.$$

作为 $\mathbb{Q}$ 的子集，S 是闭开集（既开又闭集合），但作为 $\mathbb{R}$ 的子集，它既不是开集又不是闭集. 虽然 S 包含了所有的在 $\mathbb{Q}$ 中的极限点，但并没有包含在 $\mathbb{R}$ 中的所有极限点，而对它的补集 $\mathbb{Q} \setminus S$，上述情形也同样成立.

上面关于闭包的记号 $\overline{S}$，并没有考虑其外面的度量空间 M. 为了区分度量空间和度量子空间，我们用 $\mathrm{cl}_M(S)$ 表示 S 关于度量空间 M 的闭包. 它是由 S 在 M 中的所有极限点构成的集合. 类似地，用 $\partial_M(S)$ 和 $\mathrm{int}_M(S)$ 表示在 M 中考虑问题.

令 N 为 M 的度量子空间. $p \in N$ 的 r 邻域 N_rp，表示 N 中与 p 的距离小于 r 的所有点的集合，它恰好等于 $M_rp \cap N$. 闭包的情形与此类似. 若 $S \subset N$，那么 $\mathrm{cl}_N(S) = \mathrm{cl}_M(S) \cap N$. 如图 31 所示.

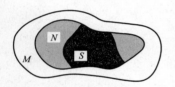

图 31 S 在 N 中的闭包
等于 S 在 M 中的闭
包与 N 的交集

遗传原理 13 若 $K \subset N \subset M$，其中 M 为度量空间，N 为度量子空间. 那么 K 在 N 中是闭的，当且仅当存在 M 的子集 L，使得 L 在 M 中是闭的，且 $K = L \cap N$. 也就是说，N 遗传了 M 的闭性.

证明 假设 K 在 N 中是闭的，考虑集合 $L = \mathrm{cl}_M(K)$. 它是 M 的闭子集，且由 K 及其在 M 中的极限组成. 如图 32 所示.

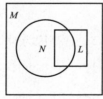 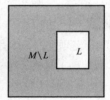

图 32 K，L，M，N 之间的关系

因为 K 在 N 中是闭的，这些在 M 中的极限点没有一个位于 $N \setminus K$ 中. 因此 $K = L \cap N$. 反之，若 L 为 M 中的一个闭子集，那么 $L \cap N$ 包含了 $L \cap N$ 在 N 中的所有极限点，于是 $L \cap N$ 在 N 中是闭的. $\square$

推论 14 对偶的，一个度量子空间从大的度量空间遗传开性.

证明 取补集. $\square$

推论 15 假设 N 为 M 的度量子空间，同时也是 M 的一个闭子集. 集合 $K \subset N$ 在 N 中是闭的，当且仅当其在 M 中是闭的.

证明 假设 K 在 N 中是闭的. 若 p 为 K 的极限，那么它也是 N

的极限. 因为 N 在 M 中是闭的, 那么 p 在 N 中. 由于 K 在 N 中是闭的, 因此 p 在 K 中. 这样 K 在 M 中是闭的. 反之, 若 $K \subset N$ 在 M 中是闭的, 那么它包含了在 M 中的所有极限, 自然也就包含了在 N 中的所有极限. □

推论 16 假设 N 为 M 的一个度量子空间, 同时也是 M 的一个开子集. 一个集合 $U \subset N$ 在 N 中是开的, 当且仅当其在 M 中是开的.

证明 留给读者作为练习, 参见习题 25. □

聚集与凝结

在度量空间中有两个与极限类似的概念——聚集与凝结. 若每个 $M_r p$ 都包含了集合 S 的无穷多个点, 则称集合 S 在 p 点**聚集**（同时 p 为 S 的**聚点**[⊖]）. 若每个 $M_r p$ 都包含了集合 S 的不可数多个点, 则称集合 S 在 p 点**凝结**（同时 p 为 S 的**凝点**）. 这样, p 为 S 的极限点、聚点和凝点, 分别对应着 $M_r p$ 包含 S 中的一些、无穷多个和不可数个点. 如图 33 所示.

定理 17 下列条件是 S 在 p 点聚集的等价条件.

（i）S 中存在一个由互异点组成的收敛于 p 的序列.

（ii）p 的每个邻域包含 S 中的无穷多个点.

（iii）p 的每个邻域包含 S 中的至少两个点.

（iv）p 的每个邻域包含 S 中的至少一个异于 p 的点.

证明 显然（i）$\Rightarrow$（ii）$\Rightarrow$（iii）$\Rightarrow$（iv）, 且（ii）为聚点的定义. 因此只需验证（iv）$\Rightarrow$（i）.

假设（iv）成立, 即 p 的每个邻域包含 S 中的至少一个异于 p 的点. 在 $M_{r_1} p$ 中选取点 $p_1 \in S \setminus \{p\}$. 令 $r_2 = \min\{1/2, d(p_1, p)\}$, 在更小的邻域 $M_{r_2} p$ 中, 选取 $p_2 \in S \setminus \{p\}$. 以此类推, 令 $r_n = \min\{1/n, d(p_{n-1}, p)\}$, 在 $M_{r_n} p$ 中, 选取 $p_{n+1} \in S \setminus \{p\}$. 由于点 p_n 与 p 的距离互不相同, 这些点是两两互异的,

$$d(p_1, p) \geqslant r_2 > d(p_2, p) \geqslant r_3 > d(p_3, p) \geqslant \cdots,$$

这样（iv）$\Rightarrow$（i）, 于是这四个条件是等价的, 如图 34 所示.

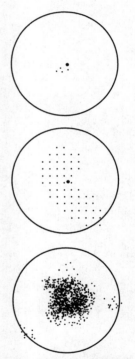

图 33 极限、聚集和凝结

⊖ 聚点有时也称为 "accumulation point". 正如前面提到的, 有时也称为极限点. 这与极限的思想是冲突的. 一个有限集合 S 没有聚点. 但是, 当然, 每个点 p 是 S 的极限点, 因为常值序列 $(p, p, p, \cdots)$ 收敛于 p.

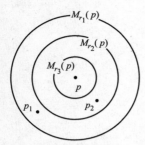

图 34 由互异点组成的序列收敛于 p

条件（iv）是定义聚点的最常用方式，虽然它也是最难接受的。通常用 S' 表示 S 中聚点的集合。

命题 18 $S \cup S' = \overline{S}$.

证明 S 的聚点是 S 的极限点，因此 $S' \subset \lim S$，于是

$$S \cup S' \subset \lim S.$$

反之，若 $p \in \lim S$，那么要么 $p \in S$，要么 p 的每个邻域包含 S 中的异于 p 的点。这意味着 $p \in S \cup S'$，即

$$\lim S \subset S \cup S',$$

因此二者相等。 □

推论 19 S 是闭集，当且仅当 $S' \subset S$.

证明 S 是闭集，当且仅当 $S = \overline{S}$。由于 $S \cup S' = \overline{S}$，$S = \overline{S}$ 等价于 $S' \subset S$。 □

推论 20 一个非空有界集合 $S \subset \mathbb{R}$ 的最小上界和最大下界都在 S 的闭包中。因此，如果 S 是闭集，则它们都属于 S.

证明 设 $b = \mathrm{l.\,u.\,b.}\,(S)$，则每个区间 $(b-r, b]$ 都含有 S 中的点。同理此结果对区间 $[a, a+r)$ 也成立，其中 $a = \mathrm{g.\,l.\,b.}\,(S)$。 □

乘积度量

下面在两个度量空间的笛卡儿积 $M = M_1 \times M_2$ 上定义度量。有三种自然的方式给出定义：

$$d_E(p,q) = \sqrt{d_1(p_1,q_1)^2 + d_2(p_2,q_2)^2},$$
$$d_{\max}(p,q) = \max\{d_1(p_1,q_1), d_2(p_2,q_2)\},$$
$$d_{\text{sum}}(p,q) = d_1(p_1,q_1) + d_2(p_2,q_2),$$

其中，$p = (p_1, p_2)$ 及 $q = (q_1, q_2)$ 属于 M。（d_E 为欧几里得乘积度量。）上述表达式都可以在 M 上定义度量，其证明留作习题 83。

定理 21（乘积空间的收敛性） 对于 $M = M_1 \times M_2$ 中的序列 $p_n = (p_{1n}, p_{2n})$，则下列条件等价：

（a）(p_n) 关于度量 $d_{\max}$ 收敛；

（b）(p_n) 关于度量 d_E 收敛；

（c）(p_n) 关于度量 d_{sum} 收敛；

（d）(p_{1n}) 和 (p_{2n}) 分别在 M_1 和 M_2 中收敛。

证明 证明的关键在于这些度量的可比性。我们将证明：

$$d_{\max} \leqslant d_E \leqslant d_{\text{sum}} \leqslant 2 d_{\max}.$$

舍弃平方根中的较小者，可以看出 $d_{\max} \leqslant d_E$；比较 d_E 和 $d_{\max}$ 的平方，可以看出后者不仅有前者中的所有项，除此之外还有交叉项．因此 $d_E \leqslant d_{\text{sum}}$；同时，显然 d_{sum} 不大于其较大项的两倍，因此 $d_{\text{sum}} \leqslant 2d_{\max}$．通过这种比较，（a）～（d）的等价性显然成立．$\quad\square$

推论 22 m 个度量空间的笛卡儿乘积空间中的序列关于求和度量 d_{sum} 收敛，当且仅当其关于最大值度量 $d_{\max}$ 是收敛的，当且仅当其每个分量序列是收敛的．

证明 $d_{\max} \leqslant d_E \leqslant d_{\text{sum}} \leqslant md_{\max}$．$\quad\square$

推论 23（$\mathbb{R}^m$ 中的收敛性） $\mathbb{R}^m$ 中的向量序列 (v_n) 在 $\mathbb{R}^m$ 中收敛，当且仅当其每个分量序列 (v_{in}) 收敛，$1 \leqslant i \leqslant m$．向量序列的极限为向量

$$v = \lim_{n \to \infty} v_n = (\lim_{n \to \infty} v_{1n}, \lim_{n \to \infty} v_{2n}, \cdots, \lim_{n \to \infty} v_{mn}).$$

证明 这是前面推论的特例．$\quad\square$

运用 $d_{\max}$ 和 d_{sum} 可以避免平方根运算，从而简化证明．有时也称求和度量 d_{sum} 为**曼哈顿度量**，或**出租车度量**．图 35 展示了 $\mathbb{R}^2$ 中关于这些度量的"单位圆盘"．

$\mathbb{R}$ 中四则运算的连续性

加法为一个映射 $\mathbb{R} \times \mathbb{R} \to \mathbb{R}$，把 (x,y) 映成实数 $x+y$．减法和乘法也是这种映射．除法为一个映射 $\mathbb{R} \times (\mathbb{R} \setminus \{0\}) \to \mathbb{R}$，把 (x,y) 映成实数 x/y．

定理 24 $\mathbb{R}$ 中的四则运算都是连续的．

证明 给定 $(x_0, y_0) \in \mathbb{R} \times \mathbb{R}$，$\varepsilon > 0$．令 $s_0 = |x_0| + |y_0|$．

（+） 取 $\delta = \varepsilon$．若 $|x-x_0| + |y-y_0| < \delta$，那么
$$|(x+y) - (x_0+y_0)| \leqslant |x-x_0| + |y-y_0| < \delta = \varepsilon.$$

（−） 取 $\delta = \varepsilon$．若 $|x-x_0| + |y-y_0| < \delta$，那么
$$|(x-y) - (x_0-y_0)| \leqslant |x-x_0| + |y-y_0| < \delta = \varepsilon.$$

（×） 取 $\delta = \min\{1, \varepsilon/(1+s_0)\}$．若 $|x-x_0| + |y-y_0| < \delta$，那么
$$|(x \cdot y) - (x_0 \cdot y_0)| \leqslant |x||y-y_0| + |x-x_0||y_0| < \varepsilon.$$

（÷） 取 $\delta = \min(|y_0|/2, 1, \varepsilon y_0^2/(2+2s_0))$．若 $|x-x_0| + |y-y_0| < \delta$，那么
$$|(x \div y) - (x_0 \div y_0)| \leqslant \frac{|xy_0 - xy| + |xy - x_0 y|}{|yy_0|} < \varepsilon.$$
$\quad\square$

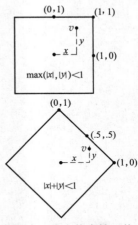

图 35 最大值度量下的单位圆是正方形，而在求和度量下是菱形

推论 25 实值连续函数的和、差、积、商还是连续函数.（分母函数不能为 0.）

证明 取和函数 $f+g$，其中 f, $g : M \to \mathbb{R}$ 是连续的. 连续函数的复合函数

$$M \xrightarrow{\ f \times g\ } \mathbb{R} \times \mathbb{R} \xrightarrow{\ +\ } \mathbb{R},$$
$$x \mapsto (f(x), g(x)) \mapsto \mathrm{sum}(f(x), g(x))$$

还是连续函数. 对于其他的运算，可应用同样的方法证明. □

柯西序列

我们在第 1 章中讨论了实数序列收敛性的柯西准则. 很自然地可以把这些想法移植到度量空间 M 中. 若 M 中的序列 (p_n) 满足**柯西条件**，即对于每个 $\varepsilon > 0$，存在一个整数 N，使得对于任意的整数 k, $n \geqslant N$, $d(p_k, p_n) < \varepsilon$ 则称 (p_n) 为**柯西序列**. 用符号表示：

$$\forall \varepsilon > 0, \exists N, \text{使得} \ k, n \geqslant N \Rightarrow d(p_k, p_n) < \varepsilon.$$

柯西序列中的项当 $n \to \infty$ 时"堆在一起". 每个收敛序列 (p_n) 是柯西序列. 因为当 $n \to \infty$ 时，(p_n) 收敛于 p，那么给定 $\varepsilon > 0$，存在一个 N，使得对于所有的 $n \geqslant N$，

$$d(p_n, p) < \frac{\varepsilon}{2}.$$

由三角不等式，若 k, $n \geqslant N$，那么

$$d(p_k, p_n) \leqslant d(p_k, p) + d(p, p_n) < \varepsilon.$$

因此收敛列是柯西列.

定理 1.5 表明在度量空间 $\mathbb{R}$ 中，上述命题的逆命题也成立. $\mathbb{R}$ 中的任意柯西序列在 $\mathbb{R}$ 中收敛. 但是在一般的度量空间中，这不一定成立. 例如，考察有理数组成的度量空间 $\mathbb{Q}$，赋予标准的度量 $d(x, y) = |x - y|$，并考虑序列

$$(r_n) = (1.4, 1.41, 1.414, 1.4142, \cdots).$$

它是柯西列. 给定 $\varepsilon > 0$，选取 $N = -\log_{10} \varepsilon$. 若 k, $n \geqslant N$，那么 $|r_k - r_n| \leqslant 10^{-N} < \varepsilon$. 然而，$(r_n)$ 却拒绝在 $\mathbb{Q}$ 中收敛. 毕竟，作为 $\mathbb{R}$ 中的序列它收敛于 $\sqrt{2}$. 若它还收敛于某个有理数 $r \in \mathbb{Q}$，由 $\mathbb{R}$ 中极限的唯一性，$r = \sqrt{2}$. 这与已有结果产生矛盾. 简而言之，收敛 $\Rightarrow$ 柯西性，但反之不成立.

若度量空间 M 中的每个柯西序列都收敛于 M 中的一个极限，那么 M 称为**完备**的. 定理 1.5 表明，$\mathbb{R}$ 是完备的.

定理 26 $\mathbb{R}^m$ 是完备的.

证明 令 (p_n) 为 $\mathbb{R}^m$ 中的柯西序列. 把 p_n 表示成分量形式

$$p_n = (p_{1n}, \cdots, p_{mn}).$$

由于 (p_n) 为柯西序列, 每个分量序列 $(p_{jn})_{n \in \mathbb{N}}$ 还是柯西序列. 由 $\mathbb{R}$ 的完备性可知每个分量序列都收敛, 于是向量序列收敛. □

定理 27 完备的度量空间的闭子集还是完备的度量空间.

证明 令 A 为完备度量空间 M 的闭子集. (p_n) 为 A 中的柯西列. 当然, 它也是 M 中的柯西列, 于是在 M 中收敛, 假设极限点为 p. 由于 A 是闭集, $p \in A$. □

推论 28 每个欧氏空间的闭子集都是完备的度量空间.

证明 由前述定理及 $\mathbb{R}^m$ 的完备性, 结论显然成立. □

有界性

对于度量空间 M 的子集 S, 若存在某个 $p \in M$ 和某个 $r > 0$, 满足:

$$S \subset M_r p,$$

则称 S 是**有界的**. 不是有界的集合称为**无界的**. 例如椭圆盘 $4x^2 + y^2 < 4$ 在 $\mathbb{R}^2$ 中是有界的, 而双曲线 $xy = 1$ 是无界的.

要区别"有界"和"有限"这两个词. 前者表示物理大小, 而后者表示元素的个数. 这两个概念是完全不同的. 同时, 有界性和边界的存在性也几乎没有关系——度量空间的闭开集没有边界, 但一些闭开集是有界的.

容易验证 M 中的柯西序列 (p_n) 中的项构成 M 中的有界集. 简单地取 $\varepsilon = 1$, 再应用柯西序列定义: 存在一个 N, 使得对于任意的 m, $n \geq N$, $d(p_n, p_m) < 1$. 选取

$$r > 1 + \max\{d(p_1, p_2), \cdots, d(p_1, p_N)\}.$$

由三角不等式, 柯西序列整体地位于 $M_r(p_1)$ 中. 由于收敛的序列是柯西列, 它的项也组成一个有界集合.

有界性不是拓扑性质. 例如, 考虑 $(-1, 1)$ 和 $\mathbb{R}$. 它们同胚的, 但 $(-1, 1)$ 是有界的, 而 $\mathbb{R}$ 不是有界的. 同样的例子表明, 完备性也不是拓扑性质. 一个从度量空间 M 到另一个度量空间 N 的函数, 若其值域是有界的, 则称这个函数为**有界函数**. 即存在 $q \in N$ 及 $r > 0$, 使得

$$fM \subset N, q.$$

注意，一个有界函数的图形未必有界. 例如，$x \mapsto \sin x$ 是 $\mathbb{R} \to \mathbb{R}$ 的有界函数，但是它的图形 $\{(x,y) \in \mathbb{R}^2 : y = \sin x\}$，是 $\mathbb{R}^2$ 中的无界子集.

2 紧性

紧性是实分析中最为重要的一个概念，它把无限约化为有限.

若度量空间 M 的子集 A 满足，A 中的任意序列 (a_n) 都存在子序列 (a_{n_k}) 收敛于 A 中的一个极限点，则称 A 是（列）紧集.

空集和有限集是紧集的平凡例子. 这是因为，有限集中的序列 (a_n)，必然有某一项重复无穷多次，因此相应的常值子序列收敛.

紧性是一个集合"好"的特性. 我们将给出一些法则去判断一个集合是否是紧集. 下述结论是最常用的结论，但务必小心——它的逆一般不成立.

定理 29 每个紧集都是有界闭集.

证明 假设 A 是度量空间 M 的紧子集，且 p 为 A 的极限点. 那么 A 中存在序列 (a_n) 收敛于 p. 由紧性，(a_n) 存在收敛于 $q \in A$ 的子序列 (a_{n_k}). 但每个收敛序列的子列收敛于和母序列相同的极限点，因此 $p = q$，于是 $p \in A$，A 是闭集.

为证 A 是有界集合，选取并固定任意点 $p \in M$. 要么 A 是有界的，要么对每个 $n \in \mathbb{N}$，存在点 $a_n \in A$，使得 $d(a_n, p) \geq n$. 由紧性可推得 (a_n) 存在收敛子序列. 收敛的序列是有界的，这与当 $k \to \infty$ 时，$d(a_{n_k}, p) \to \infty$ 矛盾. 因此不可能存在 (a_n) 这样的序列，于是 A 有界. $\square$

定理 30 闭区间 $[a,b] \subset \mathbb{R}$ 是紧集.

证明 令 (x_n) 为 $[a,b]$ 中的序列，

$$C = \{x \in [a,b] : x_n < x \text{ 只出现有限多次}\}.$$

由于 $a \in C$，$C \neq \varnothing$. 显然 b 为 C 的一个上界. 由 $\mathbb{R}$ 的最小上界性质，$c = \mathrm{l.u.b.}\, C$ 存在，且 $c \in [a,b]$. 我们将证明 (x_n) 存在收敛于 c 的子序列. 否则，即 (x_n) 没有收敛于 c 的子序列，那么对某个 $\varepsilon > 0$，x_n 在 $(c-\varepsilon, c+\varepsilon)$ 中只能出现有限多次. 这意味着 $c+\varepsilon \in C$，又与 c 为 C 的上界相矛盾. 因此，(x_n) 存在收敛于 c 的子序列，于是 $[a,b]$ 是紧集.

$\square$

为了把 $\mathbb{R}$ 的性质推广到 $\mathbb{R}^m$，需要考虑紧集的笛卡儿积的紧性.

定理 31 两个紧集的笛卡儿积还是紧集.

证明 给定 $(a_n, b_n) \in A \times B$，其中 $A \subset M, B \subset N$ 是紧集. 那么存在一个子序列 (a_{n_k})，当 $k \to \infty$ 时，(a_{n_k}) 收敛于某个点 $a \in A$. 子序列 (b_{n_k}) 有子子序列 $(b_{n_{k(l)}})$，当 $l \to \infty$ 时，$(b_{n_{k(l)}})$ 收敛于某个点 $b \in B$. 而子子序列 $(a_{n_{k(l)}})$ 也收敛于 a. 这样，当 $l \to \infty$ 时，

$$(a_{n_{k(l)}}, b_{n_{k(l)}}) \to (a, b).$$

可知 $A \times B$ 是紧的.

推论 32 m 个紧集的笛卡儿积还是紧集. □

证明 注意 $A_1 \times A_2 \times \cdots \times A_m = A_1 \times (A_2 \times \cdots \times A_m)$，对 m 应用归纳法. （定理 31 解决了底层 $m = 2$ 情形.） □

推论 33 框 $[a_1, b_1] \times \cdots \times [a_m, b_m]$ 是紧集.

证明 由定理 30 和上述推论，结论显然成立. □

上述结果的一个等价形式是：

波尔查诺-魏尔斯特拉斯（Bolzano-Weierstrass）定理 34 $\mathbb{R}^m$ 中的有界序列有收敛子列.

证明 任意一个有界序列都含于一个框中，而框是紧的，因此序列有一个收敛于框中极限点的子序列. □

关于紧性有一个简单的性质.

定理 35 紧集的闭子集还是紧集.

证明 若 A 为紧集 C 的闭子集，且 (a_n) 为 A 中点组成的序列，那么显然 (a_n) 为 C 中点组成的序列. 由 C 的紧性，存在一个子序列 (a_{n_k}) 收敛于极限点 $p \in C$. 由于 A 是闭的，因此 p 位于 A 中. 由此证明了 A 为紧集. □

下面的定理从某种意义上可以看作是定理 29 的逆命题.

海涅-博雷尔（Heine-Borel）定理 36 $\mathbb{R}^m$ 中的有界闭集是紧集.

证明 令 $A \subset \mathbb{R}^m$ 为有界闭集. 由有界性可知 A 包含于某框中，而框是紧的. 由于 A 是闭的，由定理 35 可知 A 是紧集. □

海涅-博雷尔定理指出，欧几里得空间的有界闭集是紧集，但是一定要牢记，这个结论对于一般的度量空间并不成立. 例如，$[0,1]$ 中的有理数组成的集合 S 是 $\mathbb{Q}$ 中的有界闭集，但不是紧集. S 是非紧的，这是因为存在 S 中的序列，该序列在 S 中没有收敛的子序列.

紧集的十个例子

1. 度量空间的任意有限子集，如空集.
2. 紧集的任意闭子集.
3. 有限多个紧集的并集.
4. 有限多个紧集的笛卡儿积.
5. 任意多个紧集的交集.
6. $\mathbb{R}^3$ 中的单位球.
7. 紧集的边界，如 $\mathbb{R}^3$ 中的单位球面.
8. 集合 $\{x \in \mathbb{R} : \exists n \in \mathbb{N}, \text{且 } x = 1/n\} \cup \{0\}$.
9. 夏威夷耳环. 见第 1 节（图 22）.
10. 康托尔集. 见第 5 节.

紧集组成的套

若 $A_1 \supset A_2 \supset \cdots \supset A_n \supset A_{n+1} \supset \cdots$，那么 (A_n) 为集合组成的套序列. 其交集为 $\cap A_n = \{p : \text{对每个 } n, p \in A_n\}$.

如图 36 所示.

例如，取 A_n 为圆盘 $\{z \in \mathbb{R}^2 : |z| \le 1/n\}$. 所有的 A_n 的交集为单点集 $\{0\}$. 另一方面，若 A_n 为球 $\{z \in \mathbb{R}^3 : |z| \le 1 + 1/n\}$，那么 $\cap A_n$ 为闭单位球 B^3.

定理 37 非空紧集合组成的套序列的交集是非空紧集.

证明 令 (A_n) 为此序列. 由定理 29，A_n 是闭集. 闭集的交集总是闭的，这样 $\cap A_n$ 是紧集 A_1 的一个闭子集，因此是紧集. 下面只需证明交集是非空的.

由于 A_n 是非空集合，因此，对每个 $n \in \mathbb{N}$，我们可以选取 $a_n \in A_n$，由于这些集合是嵌套的，因此序列 (a_n) 位于 A_1 中. 由 A_1 的紧性，可知 (a_n) 存在子序列 (a_{n_k}) 收敛于点 $p \in A_1$. 极限 p 也位于 A_2 中，因为除了第一个点之外，子序列 (a_{n_k}) 位于 A_2 中，且 A_2 是闭的. 同理可以证明对 A_3 也成立，因此对套序列中每个集合都成立. 这样 $p \in \cap A_n$，从而 $\cap A_n$ 为非空集合. □

一个非空集合 $S \subset M$ 的直径为 S 中两点距离 $d(x,y)$ 的上确界.

推论 38 如果在嵌套、非空和紧集之外，再加上当 $n \to \infty$ 时，集合 A_n 的直径趋于 0 这个条件，那么 $A = \cap A_n$ 是单点集.

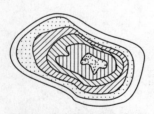

图 36 集合组成的套序列

证明　由于对每个 $k \in \mathbb{N}$，A 为 A_k 的子集，于是 A 的直径为 0. 由于互异点之间的距离是正的，A 由至多一个点组成；同时，由定理 37 可知：它至少由一个点组成. 亦见习题 27.　□

非紧的非空集合组成的套序列交集可能为空集. 例如，以 x 轴上点 $(1/n, 0)$ 为中心，半径为 $1/n$ 的开圆盘簇是嵌套的，但它们没有公共点.（它们的闭包以原点为公共点.）见图 37.

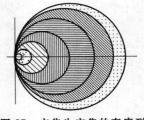

图 37　交集为空集的套序列

连续性与紧性

下面将讨论紧集在连续变换下的像.

定理 39　若 $f: M \to N$ 是连续映射，且 A 为 M 的紧子集，那么 fA 为 N 的紧子集. 即紧集在连续映射下的像是紧集.

证明　假设 (b_n) 为 fA 中的序列. 对每个 $n \in \mathbb{N}$，我们可以选取 $a_n \in A$，使得 $f(a_n) = b_n$. 由 A 的紧性，存在某个子序列 (a_{n_k}) 收敛于某点 $p \in A$. 由 f 连续性可知：

$$b_{n_k} = f(a_{n_k}) \to fp \in fA.$$

这样，fA 中的任何序列 (b_n) 都存在收敛于 fA 中极限点的子序列，因此 fA 是紧集.　□

定理 39 是第 1 章中闭区间 $[a, b]$ 上实值连续函数最小、最大值定理的自然推广，见第 1 章中定理 23.

推论 40　紧集上的实值连续函数是有界的，它可以取到最大和最小值.

证明　令 $f: M \to \mathbb{R}$ 是连续函数，且 A 为 M 的紧子集. 由定理 39 可知 fA 为 $\mathbb{R}$ 的紧子集，因此由定理 29 可知它是有界闭集. 于是 fA 的最大下界 v 和最小上界 V 都属于 fA，故存在点 $p, P \in A$ 使得对所有的 $a \in A$，$v = fp \leqslant fa \leqslant fP = V$.　□

同胚与紧性

同胚是指双向连续的双射. 最初，受下一个定理的影响，紧性又称为是双紧性.

定理 41　若 M 为紧集，M 与 N 同胚，那么 N 是紧的. 紧性是拓扑性质.

证明　若 $f: M \to N$ 为同胚，那么由定理 39 可知 fM 是紧的.　□

由此可以知道 $[0, 1]$ 和 $\mathbb{R}$ 不是同胚，前者是紧集，后者不是紧集.

定理 42 若 M 为紧集，则连续的双射 $f:M\to N$ 是同胚——它的逆双射 $f^{-1}:N\to M$ 是连续的.

证明 假设在 N 中 $q_n\to q$，由于 f 是双射，$p_n=f^{-1}(q_n)$ 和 $p=f^{-1}(q)$ 是 M 中定义完善的点，为验证 f^{-1} 的连续性，我们必须证明 $p_n\to p$.

若 p_n 拒绝收敛于 p，那么存在子列 (p_{n_k}) 和 $\delta>0$，使得对所有的 k，$d(p_{n_k},p)\geq\delta$. 由 M 的紧性，存在一个子子列 $(p_{n_{k(l)}})$，当 $l\to\infty$ 时，收敛于 $p^*\in M$. 于是，$d(p,p^*)\geq\delta$，由此可知 $p\neq p^*$. 由于 f 是连续的，当 $l\to\infty$ 时，

$$f(p_{n_{k(l)}})\to f(p^*).$$

由于收敛序列的子列收敛于原序列的极限，因此当 $l\to\infty$ 时，$f(p_{n_{k(l)}})=q_{n_{k(l)}}\to q$. 这样 $f(p^*)=q=f(p)$，与 f 是双射产生矛盾. 于是 $p_n\to p$，因此 f^{-1} 是连续映射. □

若 M 不为紧集，那么定理 42 可能不成立. 例如，定义双射 $f:[0,2\pi)\to\mathbb{R}^2$ 为 $f(x)=(\cos x,\sin x)$，则 f 为连续的双射，将区间 $[0,2\pi)$ 映射到平面的单位圆周上，但它不是一个同胚. 这个有用的例子在前面曾有所讨论. 不仅 f 不是同胚，而且从 $[0,2\pi)$ 到 S^1 上根本没有同胚. 圆周是紧的，但 $[0,2\pi)$ 不是紧集，因此它们不可能同胚.

绝对闭性

紧空间 M 不仅在其自身中是闭的，每个度量空间皆如此，而且 M 在它嵌入的每个度量空间中都是闭子集. 精确地说，对于映射 $h:M\to N$，若 h 是从 M 到 hM 的同胚，我们称 h 将 M 嵌入到 N 中. （hM 的度量遗传于 N 的度量.）从拓扑的角度来看，M 和 hM 是等价的. 若 M 的一个性质对 M 的任意嵌入像都成立，则称此性质为 M 的**绝对性质**，或**内在性质**.

定理 43 紧集是绝对闭的且绝对有界的.

证明 由定理 29 和定理 39，结论显然成立.

例如，不管按照什么方式将圆周嵌入到 $\mathbb{R}^3$ 中，它都是有界闭集合. 亦见习题 28 和习题 87.

一致连续性和紧性

在第 1 章中，我们给出了实值函数一致连续性的定义．在度量空间中，此定义是类似的．若函数 $f: M \to N$ 满足对每个 $\varepsilon > 0$，存在一个 $\delta > 0$，使得

$$p, q \in M \quad \text{且} \quad d_M(p, q) < \delta \quad \Rightarrow \quad d_N(fp, fq) < \varepsilon,$$

则称 f 为**一致连续**的．

定理 44 紧集上的连续函数是一致连续的．

证明 若否，设 $f: M \to \mathbb{R}$ 是紧集 M 上的连续函数，但 f 不是一致连续函数．那么存在某个 $\varepsilon > 0$，使得不论多么小的 δ，总存在点 p，$q \in M$，满足 $d(p, q) < \delta$，但 $|fp - fq| \geq \varepsilon$．取 $\delta = 1/n$，令 p_n，q_n 为 M 中的点列，使得 $d(p_n, q_n) < 1/n$，同时 $|f(p_n) - f(q_n)| \geq \varepsilon$．由 M 的紧性可知，存在一个子列 (p_{n_k})，当 $k \to \infty$ 时，收敛于某点 $p \in M$．由于当 $n \to \infty$ 时，$d(p_n, q_n) < 1/n \to 0$．当 $k \to \infty$ 时，(q_{n_k}) 收敛于与 (p_{n_k}) 相同的极限．即 $q_{n_k} \to p$．由连续性可知，$f(p_{n_k}) \to fp$，且 $f(q_{n_k}) \to fp$．于是当 k 充分大时，

$$|f(p_{n_k}) - f(q_{n_k})| \leq |f(p_{n_k}) - fp| + |fp - f(q_{n_k})| < \varepsilon,$$

这与对所有的 n，$|f(p_n) - f(q_n)| \geq \varepsilon$ 相矛盾．

因为 $[a, b]$ 是紧集，定理 44 给出了区间 $[a, b]$ 上的连续函数是一致连续函数的另一种证明．

3 连通性

作为上述想法的另一个应用，我们将考虑连通性的一般性概念．设 A 为度量空间 M 的子集．若 A 既不是空集也不是 M 本身，那么 A 为 M 的**真子集**．回顾一下，若 A 在 M 中既是闭的又是开的，它称为**闭开集**．闭开集的补集是闭开集．真子集的补集是也真子集．

若 M 有一个闭开的真子集 A，则称 M 是**不连通的**．这是因为存在 M 的一个**分离**，能够把 M 分离为不相交的闭开的真子集的并集，

$$M = A \sqcup A^c.$$

（符号 $\sqcup$ 表示不相交并．）若 M 不是不连通的，则称为**连通的**——它不含闭开的真子集．M 的连通性并不意味着 M 和某个集合连通，而

图38 M 和 N 说明了连通的和不连通的区别

是指 M 本身是一个不可分离的集合. 如图 38 所示.

定理 45 设 M 是连通集合. 若 $f:M \to N$ 是连续到上的, 则 N 是连通集合. 一个连通集合的连续映射的像还是连通集合.

证明 很简单! 若 A 为 N 的闭开的真子集, 根据连续映射的开集和闭集性质, $f^{\mathrm{pre}}(A)$ 是 M 的一个闭开集. 由于 f 是到上的, 且 $A \neq \varnothing$, $f^{\mathrm{pre}}(A) \neq \varnothing$. 类似地, $f^{\mathrm{pre}}(A^c) \neq \varnothing$. 因此 $f^{\mathrm{pre}}(A)$ 是 M 的闭开的真子集, 这与 M 为连通集产生矛盾. 由此可以知道 N 是连通集. □

推论 46 若 M 是连通的, 且 M 同胚于 N, 那么 N 是连通的. 连通性是拓扑性质.

证明 N 为 M 的连续映射像. □

推论 47 (广义中值定理) 连通区域上的实值连续函数具有中值性质.

证明 假设 $f:M \to \mathbb{R}$ 是连通集 M 上的连续函数. 若 f 能取到 $\mathbb{R}$ 中的值 α, β, 其中 $\alpha < \beta$, 但不能取到介于 α, β 之间的值 γ, 那么

$$M = \{x \in M : f(x) < \gamma\} \sqcup \{x \in M : f(x) > \gamma\}$$

为 M 的一个分离, 这与 M 的连通性相矛盾. □

定理 48 $\mathbb{R}$ 是连通集.

证明 若 $U \subset \mathbb{R}$ 为非空的闭开集, 我们将证明 $U = \mathbb{R}$. 由定理 9, U 为至多可数个开区间的不相交并, 且端点不属于 U. 若 (a, b) 为这样的区间, 且 $b < \infty$, 那么由 U 的闭性可知 $b \in U$, 矛盾. 于是 $b = \infty$. 类似地, 可证 $a = -\infty$, 且 $U = \mathbb{R}$. 由于 $\mathbb{R}$ 不包含闭开的真子集, 它是连通的. □

推论 49 ($\mathbb{R}$ 上的中值定理) 连续函数 $f:\mathbb{R} \to \mathbb{R}$ 具有中值性质.

证明 由广义中值定理和 $\mathbb{R}$ 的连通性立刻得到. □

由此可以给出中值定理 1.24 的另一种证明方法.

推论 50 下列度量空间是连通的: 区间 (a, b), $[a, b]$、圆周, 以及所有的大写字母.

证明 区间 (a, b) 同胚于 $\mathbb{R}$, 而 $[a, b]$ 为 $\mathbb{R}$ 在图 39 所示映射下的连续像. 圆周为 $\mathbb{R}$ 在映射 $t \mapsto (\cos t, \sin t)$ 下的连续像. 而字母 A, $\cdots$, Z 的连通性是显而易见的. □

借助于连通性可以巧妙地区分非同胚集合.

例 两个不相交的闭区间的并集和单个区间不同胚. 一个是连

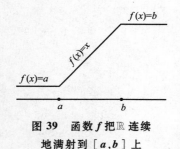

图39 函数 f 把 $\mathbb{R}$ 连续地满射到 $[a, b]$ 上

通集而另一个不是连通集.

例 闭区间$[a,b]$与圆周S^1不同胚. 这是因为去掉一个点$x \in (a,b)$, 使得$[a,b]$不再连通. 而圆周去掉任意一个点依旧连通. 确切地说, 设$h:[a,b] \rightarrow S^1$为同胚. 选取点$x \in (a,b)$, 考虑$X = [a,b] \setminus \{x\}$. h在X上的限制条件仍然是从X到Y上的同胚, 其中Y为圆周去掉点hx. 但X是不连通的, 而Y是连通的. 因此这样的h不存在, 因此区间不同胚于圆周.

例 圆周不同胚于图形"8". 去掉圆周上任意两个点可使其不连通, 但对图形"8"而言却不这样. 或者, 去掉"8"的交叉点可使其不连通, 但在圆周上去掉任何点都保证其仍然连通.

例 圆周不同胚于圆盘. 去掉任意两点可使圆周不连通, 但却不能使圆盘不连通.

如你所见, 识别度量空间M的不连通子集S是非常有用的. 由定义, S为M的不连通子集, 是指它自身(作为遗传了M中度量的度量空间)是不连通的. 即S存在分离: $S = A ⊔ B$, 其中A和B是S的闭的真子集. 根据遗传原理, S中的闭性可由M中的性质得到. A中没有B的极限点, 而B中也没有A的极限点, 这一事实告诉我们B在M中的闭包与A不相交, 同时A在M中的闭包与B不相交. (注意: 在M中.) 用符号表示:
$$A \cap \bar{B} = \varnothing = \bar{A} \cap B.$$
分离的集合A, B一定是不相交的, 但它们不必在M中闭, 而它们在M中的闭包也不必不相交.

例 有孔区间$X = [a,b] \setminus \{c\}$是不连通的, 其中$a<c<b$. 这是因为$X = [a,c) \cup (c,b]$为$X$的一个分离, 注意到在$\mathbb{R}$中, 这些分离集合的闭包的交集非空.

例 任何一个有孔区间的子集Y, 若它与$[a,c)$和$(c,b]$都相交, 那么它一定是不连通的. 这是因为$Y = ([a,c) \cap Y) \cup ((c,b] \cap Y)$为$Y$的一个分离.

定理 51 连通集合的闭包还是连通集. 更一般地, 若$S \subset T \subset \bar{S}$, 且$S$是连通的, 那么$T$也是连通集.

证明 只需证若T是不连通的, 那么S也不连通. 由T的不连通性可知

$$T = A \amalg B,$$

其中 A，B 为闭开的真子集. 根据遗传原理 13，集合 $K = A \cap S$ 为 S 中的闭开集，但是 K 能是非真子集吗？若 $K = \varnothing$，那么 $A \subset S^c$. 由于 A 是真子集，那么存在 $p \in A$. 由于 A 在 T 中是开集，存在一个邻域 $M_r p$ 使得

$$T \cap M_r p \subset A \subset S^c.$$

邻域 $M_r p$ 不含 S 中的点，这与 p 属于 $\overline{S}$ 相矛盾. 因此 $K \neq \varnothing$. 类似地，$L = B \cap S \neq \varnothing$，因此 $S = K \amalg L$ 为 S 的一个分离，故 S 是不连通的. □

例 用极坐标表达外向螺旋线为

$$S = \{(r, \theta) : (1-r)\theta = 1 \text{ 且 } \theta \geqslant \pi/2\},$$

其闭包 $\overline{S} = S \cup S^1$，$S^1$ 为单位圆周. 由于 S 是连通的，其闭包也连通. 见图 22.

定理 52 有公共点的连通集的并集还是连通集.

证明 令 $S = \cup S_\alpha$，其中 S_α 是连通的且 $p \in \cap S_\alpha$. 若 S 是不连通的，则 S 可以表示为 $S = A \amalg A^c$，其中 A，A^c 是闭开的真子集，其中一个含有 p，不妨设 $p \in A$. 那么 $A \cap S_\alpha$ 为 S_α 的一个非空闭开子集. 由于 S_α 是连通的，因此 $A \cap S_\alpha = S_\alpha$ 对每个 α 成立. 因此 $A = S$. 这意味着 $A^c = \varnothing$，矛盾. □

例 2 维球面 S^2 是连通集合. 这是因为 S^2 是大圆的并，且每个大圆过极点.

例 $\mathbb{R}^m$ 中的凸集 C（或者在任意度量空间中有类似线性结构的集合）是连通的. 如果我们取定点 $p \in C$，那么任意的点 $q \in C$ 都位于线段 $[p, q] \subset C$. 这样 C 就是有公共点 p 的连通集的并，因此它是连通的.

在度量空间 M 中，称满足条件 $fa = p$ 和 $fb = q$ 的连续函数 $f:[a, b] \to M$ 为连接 p 到 q 的路径. 如果 M 中的每对点都由 M 中的一条路径连接起来，那么 M 就是**道路连通**的. 见图 40.

定理 53 道路连通可推得连通.

证明 假设 M 是道路连通的，但不是连通的. 那么存在闭开的真子集 $A \subset M$，设 $M = A \amalg A^c$. 选取 $p \in A$ 及 $q \in A^c$，则存在一条从 p 到 q 的路径 $f:[a, b] \to M$. 集合 $f^{\text{pre}}(A)$ 和 $f^{\text{pre}}(A^c)$ 与 $[a, b]$ 的连通性相矛盾. □

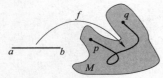

图 40 M 中连接 p 到 q 的路径 f

例 所有 $\mathbb{R}$ 中连通子集都是道路连通的. 见习题 65.

例 每个 $\mathbb{R}^m$ 中的开连通子集是道路连通的. 见习题 58、习题 64.

例 拓扑学家的正弦曲线为 $M = G \cup Y$，其中
$$G = \{(x, y) \in \mathbb{R}^2 : y = \sin 1/x \text{ 且 } 0 < x \leq 1/\pi\},$$
$$Y = \{(0, y) \in \mathbb{R}^2 : -1 \leq y \leq 1\}.$$

M 为紧连通集，但不是道路连通集. 见图41，M 中的度量为欧氏距离. M 真的连通吗？是的！图 G 是连通的，而 M 为其闭包，由定理51，M 是连通的.

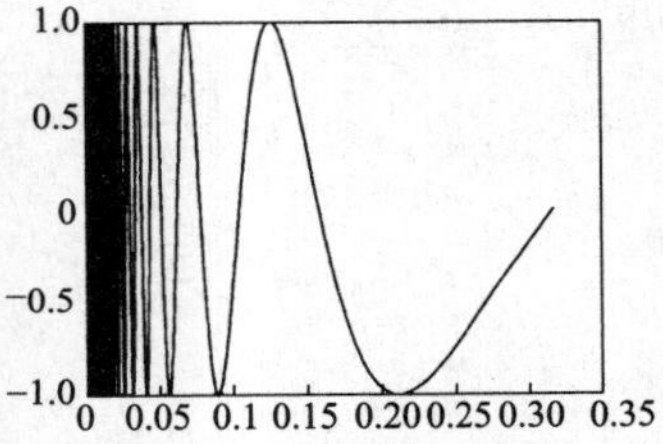

4 覆盖

为了简单起见，我们拖延到此刻才用开覆盖来讨论紧性. 学生通常会感觉覆盖是一个有挑战性的概念. 但是对很多分析领域而言，如测度论，覆盖又占据着中心地位. 一个由 M 中的子集组成的集簇 $\mathcal{U}$，若 $A \subset M$ 含于 $\mathcal{U}$ 中集合的并集，则称 $\mathcal{U}$ 覆盖了 A. 而集簇 $\mathcal{U}$ 称为 A 的一个覆盖.

若 $\mathcal{U}$ 和 $\mathcal{V}$ 都覆盖 A 且 $\mathcal{V} \subset \mathcal{U}$，即对每个集合 $V \in \mathcal{V}$ 都属于 $\mathcal{U}$，那么称 $\mathcal{U}$ 约化了 $\mathcal{V}$，同时 $\mathcal{V}$ 是 $\mathcal{U}$ 的一个子覆盖. 如果 $\mathcal{U}$ 中的所有集合都是开的，$\mathcal{U}$ 称为 A 的**开覆盖**. 若 A 的每个开覆盖都可以约化成有限子覆盖，我们称 A 是**覆盖紧的**[⊖].

此想法就是：若 A 是覆盖紧的，且 $\mathcal{U}$ 为 A 的开覆盖，那么只要有限多个开集实际上就完成了覆盖 A，其余的都是冗余的.

集合 A 的覆盖 $\mathcal{U}$ 也称为 A 的覆盖. 但 $\mathcal{U}$ 中的集合不能称为 A 的覆盖. 取而代之，可称之为**碎片**. 想象一下一床拼凑的被子盖在床上，而被子是由一些碎布缝在一起. 见图42.

仅仅考虑 A 的有限覆盖的存在性是平凡的. 完全没有意义！每个集合 A 都存在有限覆盖，即单个开集合 M. 但是，对于 A 是覆盖紧的，所有且任一 A 的开覆盖都必须约化成 A 的有限子覆盖. 直接判断这是否成立是令人畏惧的. 你有多大把握能把 A 的所有开覆盖都约化为有限覆盖呢？开覆盖实在太多了. 正因为如此，我们才集中到序列紧性上. 检验一个集合中的每个序列是否有收敛子列，这相对来说就简单一些.

检验一个集合不是覆盖紧的，只需找到一个不能约化成有限子

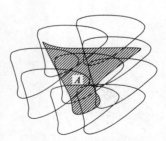

图41 拓扑学家的正弦曲线 M 是闭的，它包含了在 $x = 0$ 处的垂直线段 Y

图42 由9块碎片组成的一个 A 的覆盖

⊖ 你可能会不断地发现它也说成 A 的每个开覆盖都有有限子覆盖. "有"意味着"约化成".

覆盖的开覆盖. 有时这是简单的. 例如, $\mathbb{R}$ 中的集合 $(0,1]$ 就不是覆盖紧的, 因为它的覆盖

$$\mathcal{U} = \{(1/n, 1+1/n) : n \in \mathbb{N}\}$$

就不能约化成有限子覆盖.

定理 54　对于度量空间 M 的一个子集 A, 下列命题等价:

（a）A 为覆盖紧的;

（b）A 为序列紧的.

由（a）到（b）的证明: 我们假设 A 为覆盖紧的, 往证它是序列紧的. 若否, 存在一个 A 中的序列 (p_n), 它的任意子序列在 A 中都不收敛. 因此, 对每个点 $a \in A$, 有某个邻域 $M_r a$ 使得 $p_n \in M_r a$ 仅出现有限多次. （半径 r 可能依赖于 a.）所有的 $\{M_r a : a \in A\}$ 构成 A 的一个开覆盖, 且由 A 为覆盖紧的, 可约化成 A 的有限子覆盖

$$\{M_{r_1}(a_1), M_{r_2}(a_2), \cdots, M_{r_k}(a_k)\}.$$

由于 p_n 在每个邻域 $M_{r_i} a_i$ 中仅能出现有限多次, 由鸽笼原理可知 (p_n) 只能有有限项, 矛盾. 这样 (p_n) 不能出现, 所以 A 为序列紧的.

下面关于由（b）到（a）的证明来源于罗伊登（Royden）的《实分析》一书. A 的覆盖 $\mathcal{U}$ 的**勒贝格（Lebesgue）数**是指一个正实数 λ, 使得对每个 $a \in A$, 存在某个 $U \in \mathcal{U}$ 满足 $M_\lambda a \subset U$. 当然 U 的选取和 a 有关. 关键之处在于, 勒贝格数 λ 是独立于 $a \in A$ 的.

勒贝格数的思想是对每个点 $a \in A$, 它必含于某个 $U \in \mathcal{U}$, 若 λ 非常小, $M_\lambda a$ 就像稍稍肿胀的点一样——因此同样的包含对它也是成立的. 不论邻域 $M_\lambda a$ 在 A 中的什么地方, 它都完全地包含于覆盖的某个成员中. 见图 43.

若 A 是非紧的, 那么它可能存在没有正的勒贝格数的开覆盖. 例如, 令 A 为开区间 $(0,1)$. 它被自己覆盖, $(0,1) \subset (0,1) = U$. 那么对任意的 $r>0$, α 的 r 邻域 $(a-r, a+r)$ 当 $0<a<r$ 时, 就不在 U 中. 见习题 45.

勒贝格数引理 55　每个序列紧集的开覆盖有正的勒贝格数 $\lambda > 0$.

证明　若否, 设 $\mathcal{U}$ 为序列紧集 A 的一个开覆盖, 且对任意的 $\lambda > 0$, 存在一个 $a \in A$, 使得没有 $U \in \mathcal{U}$ 包含 $M_\lambda a$. 取 $\lambda = 1/n$, 令 $a_n \in A$ 为一个点使得没有 $U \in \mathcal{U}$ 包含 $M_{1/n}(a_n)$. 由序列紧性, 存在子序列

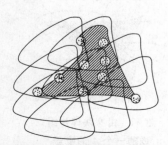

图 43　小邻域就像肿胀的点, $\mathcal{U}$ 有正的勒贝格数

(a_{n_k}) 收敛于某点 $p \in A$. 由于 $\mathcal{U}$ 为 A 的一个开覆盖，存在 $r>0$ 和 $U \in \mathcal{U}$, 满足 $M_\lambda p \subset U$. 若 k 充分大时，$d(a_{n_k}, p) < r/2$, 且 $1/n_k < r/2$, 再由三角不等式可知

$$M_{1/n_k}(a_{n_k}) \subset M_r p \subset U,$$

这与不存在包含 $M_{1/n}(a_n)$ 的 $U \in \mathcal{U}$ 的假设相矛盾. 我们可以得出，归根结底，$\mathcal{U}$ 必有一个勒贝格数 $\lambda > 0$. 见图 44.　　□

定理 54 中由（b）到（a）的证明　令 $\mathcal{U}$ 为序列紧集 A 的一个开覆盖，我们希望把 $\mathcal{U}$ 约化为有限子覆盖. 由勒贝格数引理，$\mathcal{U}$ 有一个正的勒贝格数 $\lambda > 0$. 选取任意的 $a_1 \in A$ 和某个 $U_1 \in \mathcal{U}$, 使得

$$M_\lambda(a_1) \subset U_1.$$

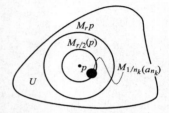

图 44　邻域 $M_r p$ 吞没了更小的邻域 $M_{1/n_k}(a_{n_k})$

若 $U_1 \supset A$, 那么 $\mathcal{U}$ 就约化成有限子覆盖 $\{U_1\}$, 由单一集合组成. 这意味着（b）到（a）的证明成立. 另一方面，更有可能的是，U_1 不包含 A, 那么我们选取一个未被包含的点 $a_2 \in A$ 和一个集合 $U_2 \in \mathcal{U}$, 使得

$$M_\lambda(a_2) \subset U_2.$$

要么 $\mathcal{U}$ 可以约化成有限子覆盖 $\{U_1, U_2\}$（此时证明完成），要么我们继续这个过程，最终得到 A 的一个序列 (a_n) 和 $\mathcal{U}$ 中的序列 (U_n), 使得

$$M_\lambda(a_n) \subset U_n, \text{且} \ a_{n+1} \in (A \backslash (U_1 \cup \cdots \cup U_n)).$$

我们将证明 $(a_n), (U_n)$ 这样的序列导致矛盾. 由序列紧性，存在一个子序列 (a_{n_k}) 收敛于某点 $p \in A$. 对充分大的 k, $d(a_{n_k}, p) < \lambda$ 且

$$p \in M_\lambda(a_{n_k}) \subset U_{n_k}.$$

如图 45 所示. 当 $l > k$ 时所有的 a_{n_l} 都位于 U_{n_k} 的外面，这与它们收敛于 p 相矛盾. 于是，选取 a_n 和 U_n 的过程在有限步将停止，并且 $\mathcal{U}$ 可以约化成 A 的有限子覆盖 $\{U_1, \cdots, U_n\}$. 这意味着 A 为覆盖紧的.　　□

结论　依据定理 54, "紧" 一词可同等地应用于任何满足（a）或（b）的集合.

完全有界性

海涅-博雷尔定理指出，$\mathbb{R}^m$ 中的子集是紧的当且仅当它是有界闭集. 在更一般的度量空间中，如 $\mathbb{Q}$, 此论断是错误的. 但如果度量空

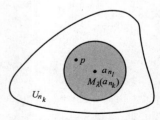

图 45　点 a_{n_k} 是如此的靠近 p, 以至于邻域 $M_\lambda(a_{n_k})$ 吞没了 p 点

间是完备的又如何呢? 还是错误的. 例如, 在 N 上取离散度量, 那么 N 是闭的且在 N 中是有界的, 但它是非紧的: 毕竟, 在序列 $(1,2,3,\cdots)$ 中有什么子列能够收敛呢?

数学家面对问题不会轻易罢手. 海涅-博雷尔定理理应在 $\mathbb{R}^m$ 之外的某个地方得以推广. 这需要如下概念: 对于集合 $A \subset M$, 若对每个 $\varepsilon > 0$, 都存在 A 的一个 ε 邻域的有限子覆盖, 那么称 A 是**完全有界**的. 这里并没有涉及把覆盖约化成子覆盖. 完全有界性与"任意度量空间都存在一个有限开覆盖"这一毫无意义的事实何其相似啊!

定理 56(广义海涅-博雷尔定理) 完备度量空间的一个子集是紧的当且仅当它是闭的且完全有界.

证明 令 A 为 M 的紧子集. 那么它是闭集. 为证它是完全有界的, 给定 $\varepsilon > 0$, 考虑 A 的 ε 邻域覆盖,

$$\{M_\varepsilon x : x \in A\}.$$

A 的紧性可推得此覆盖可约化为有限子覆盖, 因此 A 是全有界的.

反之, 假设 A 是完备的度量空间 M 的闭的且全有界子集. 我们将证明 A 是序列紧的: 任何 A 中的序列 (a_n) 都有在 A 中收敛的子序列. 令 $\varepsilon_k = 1/k, k = 1, 2, \cdots$. 由于 A 是完全有界的, 我们可以用有限个 ε_1 邻域覆盖 A:

$$M_{\varepsilon_1}(q_1), \cdots, M_{\varepsilon_1}(q_m).$$

由鸽笼原理, 序列 (a_n) 中的元在这些邻域的至少一个中会出现无限多次. 不妨设这个邻域为 $M_{\varepsilon_1}(p_1)$. 选取

$$a_{n_1} \in A_1 = A \cap M_{\varepsilon_1}(p_1).$$

由于完全有界集合的子集也是完全有界的, 因此可以用有限多个 ε_2 邻域覆盖 A_1. 其中的一个, 记为 $M_{\varepsilon_2}(p_2)$, 则 (a_n) 会在 $A_2 = A_1 \cap M_{\varepsilon_2}(p_2)$ 中出现无限多次. 选取 $a_{n_2} \in A_2$ 满足 $n_2 > n_1$.

重复上述过程, 用有限个 ε_k 邻域覆盖 A_{k-1}, 其中的一个, 记为 $M_{\varepsilon_k}(p_k)$, 包含序列 (a_n) 中的无限多项. 那么选取 $a_{n_k} \in A_k = A_{k-1} \cap M_{\varepsilon_k}(p_k)$ 满足 $n_k > n_{k-1}$. 那么为 (a_{n_k}) 为 (a_n) 的子序列. 它是柯西列, 这是因为对 $k, l \geq K$,

$$a_{n_k}, \ a_{n_l} \in A_K \ \text{且} \ \operatorname{diam} A_k \leq 2\varepsilon_K = \frac{2}{K}.$$

由 M 的完备性, (a_{n_k}) 收敛于某点 $p \in M$, 而 A 是闭的, $p \in A$. 因此 A 是紧的. □

推论 57 一个度量空间是紧的当且仅当它是完备的完全有界集合.

证明 每个紧度量空间是完备的. 这是因为给定 M 中的一个柯西列 (p_n), 紧性可推得其某个子列在 M 中是收敛的, 且若柯西列的一个子列是收敛的, 那么母序列是收敛的. 而由前面的证明, 紧性可立刻推得完全有界性.

反之, 假设 M 是完备的完全有界集合. 任何度量空间在其自身内是闭的. 由定理 56, M 是紧的. □

完全的度量空间

若度量空间 M 满足 $M'=M$, 即每个 $P \in M$ 都是 M 的聚点, 则称 M 为完全的. 回顾一下, p 为 M 的聚点是指每个 $M_r p$ 含有无穷多个点. 例如, $[a,b]$ 是完全的, $\mathbb{Q}$ 也是完全的. 但是 $\mathbb{N}$ 没有聚点, 不是完全的.

定理 58 非空、完全且完备的度量空间是不可数集合.

证明 若否, 假设 M 是非空、完全、完备且可数的集合. 由于 M 由聚点构成, 它必然是可列的且不是有限的. 假设

$$M = \{x_1, x_2, \cdots\}$$

为 M 中的元组成的一个排列. 定义

$$\hat{M}_r p = \{q \in M : d(p,q) \leqslant r\}.$$

它是 p 点处半径为 r 的"闭邻域". 若 $x \notin Y$, 则称 Y **排除**了 x. 重复定理 56 证明过程中的方法, 我们可以归纳地选取由闭邻域组成的套序列, 排除 (x_n) 中越来越多的点. 它们会套住 M 中的一个点, 这个点与所有的 x_n 都不同, 矛盾.

特别地, 取 $y_1 = x_2$, $r_1 = \min\{1, d(x_1,x_2)/2\}$, 且令

$$Y_1 = \hat{M}_{r_1}(y_1).$$

那么 Y_1 排除了 x_1. 由于 y_1 是 M 的聚点, 无限多个 x_n 位于 $M_{r_1}(y_1)$ 中, 因此选取 $y_2 \in M_{r_1}(y_1)$, 使得 $y_2 \neq x_2$. 选取

$$r_2 = \min\{1/2, d(y_2,x_2)/2, r_1 - d(y_1,y_2)\}$$

促使 $Y_2 = \hat{M}_{r_2}(y_2)$ 为 Y_1 的子集, 且排除了 x_1, x_2. 如图 46 所示.

没有什么可以阻止我们无限地持续做下去, 最终我们得到了一个由闭邻域组成的套序列

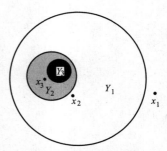

图 46 成功地排除了序列 (x_n) 中越来越多的点

$$Y_n = \hat{M}_{r_n}(y_n),$$

使得 Y_n 排除了 x_1，$\cdots$，x_n，并且半径 $r_n \leqslant 1/n$. 这样，中心点 y_n 形成了一个柯西列，由 M 的完备性可推得

$$\lim_{n \to \infty} y_n = y \in M$$

存在. 由于集合 Y_n 是闭的且嵌套的，对每个 n，$y \in Y_n$. y 可能等于 x_1 吗？不可能！因为 Y_1 排除了 x_1. 可能等于 x_2 吗？不可能！因为 Y_2 排除了 x_2. 事实上，对每个 n，$y \neq x_n$. 因此 y 在假设的由 M 中的元素组成的列表中没有位置，矛盾. $\qquad\square$

推论 59　$\mathbb{R}$ 和 $[a, b]$ 是不可数集合.

证明　$\mathbb{R}$ 是完备的完全集，同时 $[a, b]$ 是紧的，因此是完备的，同时也是完全的. 且每个都是非空集合. $\qquad\square$

推论 60　一个非空、完全、完备的度量空间都是处处不可数的，其中处处不可数指的是每个 r 邻域都是不可数集合.

证明　$r/2$ 邻域 $M_{r/2}(p)$ 是完全的：它聚集在它中的每一点. 完全集合的闭包也是完全的，这样 $\overline{M_{r/2}(p)}$ 是完全的. 作为完备度量空间的闭子集，它是完备的. 由定理 58，$\overline{M_{r/2}(p)}$ 是不可数的. 由于 $\overline{M_{r/2}(p)} \subset M_r p$，$M_r p$ 是不可数集合. $\qquad\square$

5　康托尔(Cantor)集

康托尔集是一个迷人的、极度不连通紧集的例子.（为了强调不连通性，有人也把康托尔集称作"康托尔尘".）下面看如何构造标准的康托尔集. 起始于一个单位区间 $[0, 1]$，去掉它开的中间三分之一，$(1/3, 2/3)$. 从剩下的两个区间中，再去掉它们开的中间三分之一，以此类推. 这样就给出了一个套序列 $C^0 \supset C^1 \supset C^2 \supset \cdots$，其中 $C^0 = [0, 1]$，C^1 为两个区间 $[0, 1/3]$ 和 $[2/3, 1]$ 的并，C^2 为四个区间 $[0, 1/9]$、$[2/9, 1/3]$、$[2/3, 7/9]$ 和 $[8/9, 1]$ 的并，C^3 为八个区间的并，等等. 如图 47 所示.

一般地，C^n 为 2^n 个区间的并，每个区间的长度为 $1/3^n$. 每个 C^n 是紧的. **标准的中间三分康托尔集**是区间套的交集

$$C = \cap C^n.$$

用 C 表示"这个"康托尔集. 显然它包含构成 C^n 的每个区间的端

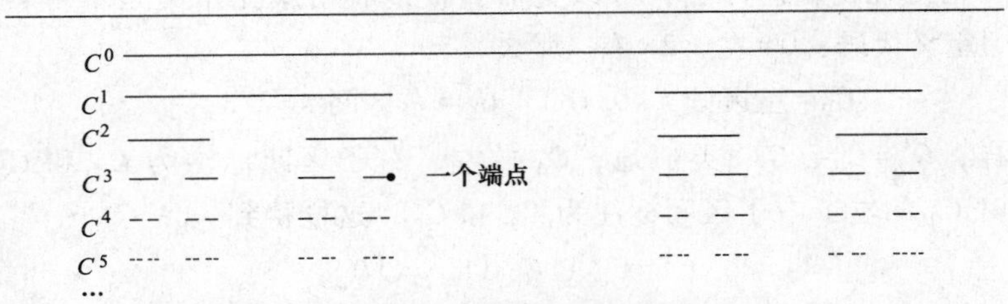

C^0 ——————————————————

C^1 ——————————   ——————————

C^2 ——— ———   ——— ———

C^3 — —   — ●—一个端点   — —   — —

C^4 -- -- -- --   -- -- -- --

C^5 ··· ··· ··· ···   ··· ··· ··· ···

...

图 47   标准的中间三分康托尔集的构造

点. 事实上，它包含不可数多个点，要比这些端点多得多！还有一些其他形式的康托尔集，例如，移除中间的四分之一、移除一对中间的十分之一，等等. 可以证明，所有的康托尔集都同胚于标准的康托尔集. 见第 6 节.

对于度量空间 M，若其每个点 $p \in M$ 有任意小的闭开邻域，则称 M 为**全不连通的**. 即对任意给定的 $\varepsilon > 0$ 和 $p \in M$，存在一个闭开集 U，使得

$$p \in U \subset M_\varepsilon p.$$

例如，离散空间是全不连通的度量空间，特别地，$\mathbb{Q}$ 是全不连通的度量空间.

定理 61   康托尔集是紧、非空、完全、全不连通的度量空间.

证明   康托尔集 C 上的度量遗传于 $\mathbb{R}$ 中的度量，即通常的距离 $|x-y|$. 用 E 表示 C^n 区间的端点组成的集合，则 $E \subset C$，C 是非空的无限集合. 由于康托尔集是紧集的交集，它是紧的.

为证 C 是完全的，且全不连通的，取任意的 $x \in C$ 和 $\varepsilon > 0$. 固定充分大的 n，使得 $1/3^n < \varepsilon$. 点 x 位于 C^n 中的长度为 $1/3^n$ 的 2^n 个区间的某一个 I 中. I 中 C 的端点构成的集合 $E \cap I$，是无穷集合且包含于区间（$x - \varepsilon, x + \varepsilon$）中. 这样 C 的端点聚集于 x，且 C 是完全集. 如图 48 所示.

区间 I 在 $\mathbb{R}$ 中是闭集，因此 C^n 在 $\mathbb{R}$ 中也是闭集. 补集 $J = C^n \backslash I$ 由有限多个闭区间组成，因此也是闭集. 于是

$$C = (C \cap I) \sqcup (C \cap J),$$

显示 C 为两个闭开集的不相交并，$C \cap I$ 作为 $(x - \varepsilon, x + \varepsilon)$ 的子集包含 x，因此 C 是全不连通的. $\qquad\square$

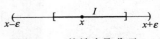

图 48 C 的端点聚集于 x

推论 62   康托尔集是不可数集合.

证明   作为紧集，C 是完备的. 由定理 58，每个完备、完全、非空度量空间是不可数集合. $\qquad\square$

借助几何代码方法，可以更加直接地看出康托尔集是不可数集合. 定义代码：0 = 左、2 = 右. 那么

$$C_0 = 左区间 = [0, 1/3], C_2 = 右区间 = [2/3, 1].$$

这样，$C^1 = C_0 \cup C_2$. 类似地，C_0 的左、右子区间标注为 C_{00} 和 C_{02}，同时 C_2 的左、右子区间标注为 C_{20} 和 C_{22}. 这样得到

$$C^2 = C_{00} \cup C_{02} \cup C_{20} \cup C_{22}.$$

C^3 中的区间由长度为 3 的字符串确定. 例如，C_{220} 为 C_{22} 的左子区间. 一般地，C^n 中的一个区间由 n 个符号组成的地址串表示. 每个符号为 0 或 2. 读它就像读邮编代码一样. 第一个符号给出区间的大致位置（左或右），第二个符号细化了位置，第三个更加细化，等等.

想象一下现在有一个由 0 和 2 组成**无限地址**串 $\omega = \omega_1 \omega_2 \omega_3 \cdots$. 相应于 ω，可以构造一个区间的套序列：

$$C_{\omega_1} \supset C_{\omega_1 \omega_2} \supset C_{\omega_1 \omega_2 \omega_3} \supset \cdots \supset C_{\omega_1 \cdots \omega_n} \supset \cdots.$$

这个套序列的交是一个点 $p = p(\omega) \in C$. 特别地，

$$p(\omega) = \bigcap_{n \in \mathbb{N}} C_{\omega | n},$$

其中，$\omega | n = \omega_1 \cdots \omega_n$ 是 ω 把截短为长度为 n 的地址. 见定理 37.

如上所述，任意无限地址串定义了康托尔集的一个点，反之，任意一个点 $p \in C$，有一个地址 $\omega = \omega(p)$：它的前 n 个符号 $\alpha = \omega | n$ 由 p 所在的 C^n 中的区间 C_α 指派. 而另一个点 q 有不同的地址，因为存在一个 n，使得 p 和 q 位于 C^n 中互异的区间.

总之，康托尔集与地址集合一一对应：每个地址 ω 定义了一个点 $p(\omega) \in C$，而每个 $p \in C$ 有唯一的地址 $\omega(p)$.

如果把 2 都换成 1，地址 ω 就是某个 $x \in [0, 1]$ 的二进制表示了. 有不可数多个 $x \in [0, 1]$，不可数多个二进制表示和不可数个地址 ω，所有的这些都可以表明 C 的不可数性. 以同样的脉络，ω 也可直接用表示成 p 的三进制，见第 1 章习题 16. 我们将在第 6 节中更多地使用这种几何代码.

若 $S \subset M$，且 $\overline{S} = M$，那么 S 在 M 中**稠密**. 例如，$\mathbb{Q}$ 在 $\mathbb{R}$ 中是稠密的；若存在一个开的非空集合 $U \subset M$，使得 $\overline{S \cap U} \supset U$，那么 S 在 M 中**某处稠密**. 若 S 不是某处稠密的，那么它是**无处稠密的**.

定理 63 康托尔集不含任何区间.

证明 若否，设 C 包含某个区间 (a, b). 选取自然数 n 使得

$1/3^n < b-a$. 由于康托尔集包含在由有限多个闭区间组成的 C^n 中，所有这些区间长度都小于 $b-a$. 因此 C^n 不能包含 (a,b)，C 也不能包含 (a,b). □

推论 64 康托尔集在 $\mathbb{R}$ 中无处稠密.

证明 若 C 在开集 U 中稠密，那么 $U \subset \overline{C}$. 由于 C 是闭的，$U \subset C$. 任何一个非空开集 $U \subset \mathbb{R}$ 都包含某一个区间 (a,b)，但 C 不能包含任何区间，因此 $U = \varnothing$，于是 C 是无处稠密的. □

存在不可数的无处稠密集，这很令人惊讶！更加震惊的是，康托尔集是一个零集：它的"外测度"为零，即对于任意给定的 $\varepsilon > 0$，存在一个由开区间 (a_k, b_k) 组成的 C 的开覆盖，开覆盖的总长度为

$$\sum_{k=1}^{\infty} b_k - a_k < \varepsilon.$$

（外测度是勒贝格理论的中心概念之一，见第 6 章.）毕竟，C 为 C^n 的子集，而后者由 2^n 个长度为 $1/3^n$ 的闭区间组成. 当 n 充分大时，那么 $\dfrac{2^n}{3^n} < \varepsilon$. 把这些闭区间中的每一个扩大成开区间而保持长度和小于 ε，可知 C 为零集.

如果我们换一种方式挖去 $[0,1]$ 中的子区间，那么可以得到一个**胖康托尔集**——它可以有正的外测度. 取代构造过程中第 n 步挖去中间三分之一的区间，我们仅挖去中间 $1/n!$ 的部分. 挖去的部分严格的小于留下的区间. 如图 49 所示. 从 $[0,1]$ 中挖去部分的总和小于 1，于是留下部分的总和，即胖康托尔集的外测度，是正值. 见习题 3.32.

图 49　形成胖康托尔集的过程中，缝隙区间在康托尔集区间中
占据的比例逐步变小

6* 康托尔集精论

本节将继续探索康托尔集的一些神秘特征.

虽然连通集合的连续映射像是连通的，但不连通集合的连续映射像可能是连通的. 只需把不连通集挤在一个点上. 然而，我希望你

能发现下面的结果极其出众，因为它意味着康托尔集 C 是**泛紧度量空间**，而其他的紧空间只不过是它的影子罢了．

康托尔满射定理 65 给定非空紧度量空间 M，则存在由 C 到 M 上的连续满射．

参见图 50．习题 107 直接给出构造连续满射 $C \to [0, 1]$ 的方法，这已经是很有意思的事实了．为证明定理 65，需要巧妙应用第 5 节给出的地址符号，以及如下的把度量空间 M 分成碎块的简单引理．所谓 M 的**碎块**，是指 M 的任意非空紧子集．

碎块引理 66 紧的度量空间 M 可以表示为二次小碎块的并．精确地讲，给定 $\varepsilon > 0$，存在 2^k 个 M 的碎块，每个的直径小于等于 ε，它们的并集是 M．

证明 （所谓"二次"，指的是 2 次幂）用半径为 $\varepsilon/2$ 的邻域覆盖 M．由紧性，有限多个足矣，不妨设 $U_1, \cdots, U_m$ 覆盖 M．那么 M 是 m 个碎块

$$\overline{U}_1, \cdots, \overline{U}_m$$

的并，每个的直径小于等于 ε．选取 n 满足 $m \leqslant 2^n$，且令 $U_i = U_m$ 对每个 $m \leqslant i \leqslant 2^n$．（即在列表中重复最后一个碎块 $2^n - m$ 次．）那么 M 是碎块 $\overline{U}_1, \cdots, \overline{U}_{2^n}$ 的并，且每个都有直径小于等于 ε．

记地址串 $\alpha = \alpha_1 \cdots \alpha_n$ 的长度为

$$|\alpha| = n.$$

正好有 2^n 个这样的 α．我们也把 α 看成由**字母** 0, 2 组成的单词．M 的**二次滤子**是指由 M 的碎块组成的集簇 $\mathfrak{M} = \{M_\alpha\}$，满足：

（a）α 可在由字母 0，2 组成的所有有限长度单词中自由变化；

（b）对每个 $n \in \mathbb{N}$，$M = \cup_{|\alpha| = n} M_\alpha$；

（c）若 α 可以表示成**复合单词** $\alpha = \beta\delta$，那么 $M_\alpha \subset M_\beta$；

（d）当 $n \to \infty$ 时，$\max\{\text{diam} M_\alpha : |\alpha| = n\} \to 0$．

我们之所以称 $\mathfrak{M}$ 为滤子，是因为它的第 n 层 $\mathfrak{M}_n = \{M_\alpha : |\alpha| = n\}$ 由很多个小集合组成．把集合 M_α 想象成过滤液体的筛子中的孔．（这个比喻不完全的地方在于 M_α 是可重叠的．）当 $n \to \infty$ 时，我们把 M 过滤得越来越细．

二次滤子引理 67 每个非空紧度量空间存在二次滤子．

证明 由引理 66，存在整数 n_1 和 2^{n_1} 个碎块，每个的直径小于等于 1，而它们的并是 M．由于长度为 n_1 的复合单词共有 2^{n_1} 个，我

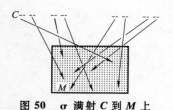

图 50 σ 满射 C 到 M 上

们用 M_α 标记这些碎块. 那么,

$$M = \bigcup_{|\alpha| = n_1} M_\alpha.$$

若 γ 为长度 $k < n_1$ 的单词, 定义 M_γ 为所有满足 $\gamma = \alpha \mid k$ 的碎块 M_α 的并集. ($\alpha \mid k$ 为 α 前 k 个字母的截断.) 这对 $1 \leq n \leq n_1$ 定义了滤子 $\mathfrak{M}_n$, 并使得套条件 (c) 自动成立.

用同样的办法, 每个 M_α 又可以表示成 2^{n_2} 个子碎块的并

$$M_\alpha = \bigcup_{|\beta| = n_2} (M_\alpha)_\beta,$$

其中每个的直径小于等于 $\dfrac{1}{2}$. 当 $|\beta| = n_2$ 时, 定义 $M_{\alpha\beta} = (M_\alpha)_\beta$. 若 γ 为长度 $k < n_2$ 的单词, 定义 $M_{\alpha\gamma}$ 为所有满足 $\gamma = \beta \mid k$ 的碎块 $M_{\alpha\beta}$ 的并集. 如图 51 所示.

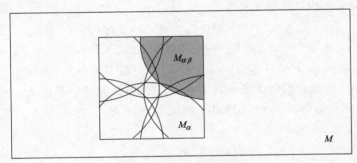

图 51　碎块 M_α 分割成子碎块 $M_{\alpha\beta}$

这种定义的碎块相应于长度小于等于 $n_1 + n_2$ 的单词 δ 的全体. 且

$$M = \bigcup_{|\alpha| = n_1} \left(\bigcup_{|\beta| = n_2} (M_\alpha)_\beta \right) = \bigcup_{|\delta| = n_1 + n_2} M_\delta.$$

对每个长度为 $n_1 + n_2$ 的单词 δ 可以唯一地表示成复合单词

$$\delta = \alpha\beta,$$

其中 $|\alpha| = n_1$, $|\beta| = n_2$ 这就把前面的滤子延伸到 $\mathfrak{M}_n$, $1 \leq n \leq n_1 + n_2$, 而 (c) 又是自动满足的. 没有什么可以阻止我们把碎块分成具有更小直径的碎块, 而这就得到了我们预期的二次滤子 $\mathfrak{M} = \bigcup \mathfrak{M}_n$.

考虑定义标准康托尔集 C 的区间 C_α. 它与 C 的交集 $C \cap C_\alpha$ 给出了 C 的一个二次滤子. 一个无限地址 $\omega = \omega_1 \omega_2 \cdots$ 通过

$$p(\omega) = \bigcap_{n \in \mathbb{N}} C_{\omega \mid n}$$

指定了一个点 $p \in C$ 的精确位置. 正如我们在第 5 节看到的那样, C

中的点一一对应于这些无限单词 ω. 对每个 $p \in C$, 存在一个 ω 使得 $p = p(\omega)$, 并且对每个 ω, 点 $p(\omega) \in C$.

定理 65 的证明　任意给定非空紧度量空间 M, 我们必须找到一个连续的满射 $\sigma : C \to M$, 其中 C 为标准的康托尔集. 令 $\{M_\alpha\}$ 为 M 的二次滤子, 定义

$$q(\omega) = \bigcap_{n \in \mathbb{N}} M_{\omega \mid n},$$

其中 ω 为无限二字母地址. 那么定义 $\sigma : C \to M$ 为

$$\sigma(p) = q(\omega),$$

其中, $p = p(\omega)$.

M 中的每一个点至少有一个地址. （如果 M_α 重叠, 它有多个地址.）因此 σ 是满射, 下面验证连续性.

给定 $\varepsilon > 0$, 选取 n 使得

$$\max\{\operatorname{diam} M_\alpha : |\alpha| = n\} < \varepsilon.$$

选取一个充分小的 δ, 使得 C^n 中的区间 C_δ 之间的距离大于 δ, 即 $\delta < 1/3^n$. 若 p, $p' \in C$ 且 $|p - p'| < \delta$, 那么 p, p' 属于一个公共的 C_α, 其中 $|\alpha| = n$, 因此它们的无限地址 $\omega(p)$, $\omega(p')$ 都起始于长度为 n 的串, 即 α. 因此 $\sigma(p)$, $\sigma(p')$ 都属于相同的区间 M_α, 且由于 M_α 的直径 $< \varepsilon$,

$$d(\sigma(p), \sigma(p')) < \varepsilon,$$

因此 σ 是连续映射.　□

佩亚诺曲线

定理 68　平面内存在能够**填满空间**的连续曲线, 这样的曲线称为**佩亚诺（Peano）曲线**. 填满空间是指它的像集的内部非空. 事实上, 存在像为闭单位圆盘 B^2 的佩亚诺曲线.

证明　由定理 65, 设 $\sigma : C \to B^2$ 为连续满射. 将 σ 延拓为映射 $\tau : [0,1] \to B^2$, 具体如下:

$$\tau(x) = \begin{cases} \sigma(x) & \text{若 } x \in C, \\ (1-t)\sigma(a) + t\sigma(b) & \text{若 } x = (1-t)a + tb \in (a,b), \end{cases}$$

其中, (a,b) 是间隙区间, 即满足 $a, b \in C$ 且 $(a,b) \subset C^c$ 的区间. 由于 σ 是连续的, 当 $|a - b| \to 0$ 时, $|\sigma(a) - \sigma(b)| \to 0$. 因此 τ 是连续映射且像集包含 B^2, 因此存在非空内点. 事实上, 由于圆盘是凸集, τ 通过线性插值延拓 σ, τ 的像集就是 B^2. 如图 52 所示.　□

上述佩亚诺曲线不可能是一对一的，这是因为 C 不同胚于 B^2.（C 是不连通集，而 B^2 是连通集.）事实上，不存在一对一的佩亚诺曲线 τ，这是因为去掉 $[0,1]$ 中的一个点，通常会使其不连通，但这对 $\mathbb{R}^2$ 中的开集是不成立的.

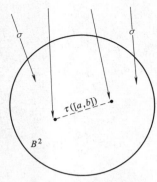

图 52　填充康托尔满射 σ 使得佩亚诺空间充满曲线 τ

康托尔空间

如果度量空间 M，就如同标准康托尔集 C 那样，是紧的、非空的、完全的且全不连通的空间，则称其为**康托尔空间**.

摩尔-克莱恩（Moore-Kline）定理 69　每个康托尔空间都同胚于标准中间三分康托尔集 C.

康托尔碎块是指康托尔空间 M 的一个非空闭开子集 S. 很容易看出 S 也是一个康托尔空间. 由于康托尔空间是全不连通的，每个点都有一个小的闭开邻域 N. 因此康托尔空间总能分成两个不相交的康托尔碎块，$M = N \amalg N^c$.

二次分割引理 70　一个康托尔空间是小的康托尔碎块的无交二次并.

证明　集合的分割就是把它分解成不相交子集的并. 在此意义下，小的康托尔碎块就形成了康托尔空间 M 的一个分割.

令 $\varepsilon > 0$ 给定. 由于 M 是全不连通的紧集，故可以用有限多个直径小于等于 ε 的闭开邻域 $U_1, \cdots, U_m$ 覆盖. 为了确保集合 U_i 不相交，定义

$$V_1 = U_1,$$
$$V_2 = U_2 \backslash U_1,$$
$$\vdots$$
$$V_m = U_m \backslash (U_1 \cup \cdots \cup U_{m-1}).$$

若这些 V_i 中有空集，删除它. 那么这些 V_i 就是闭开集，因此是康托尔碎块.

选取 n 使得 $m < 2^n$. 把 V_m 分成两个不相交的康托尔碎块 W_1 和 X_1，再把 X_1 分成两个不相交的康托尔碎块 W_2 和 X_2，等等. 最终可以给出 2^n 个不相交的康托尔碎块

$$V_1, \cdots, V_{m-1}, W_1, \cdots, W_k, X_k,$$

它们的并集是 M，每个直径 $\leqslant \varepsilon$. □

二次康托尔滤子引理 71　康托尔空间 M 存在由康托尔碎块组

成的二次滤子 $\{M_\alpha\}$. 对每个固定的 $n \in \mathbb{N}$, 满足 $|\alpha| = n$ 的碎块 M_α 是不相交的.

证明 用引理 70 代替引理 66, 引理 67 的证明过程给出了一个分割

$$M = \bigsqcup_{|\alpha| = n} M_\alpha,$$

这里符号 "$\bigsqcup$" 表示无交并. □

摩尔-克莱恩定理 69 的证明：如果用引理 71 提供的滤子, 则定理 65 的证明中给出的连续满射 $\sigma : C \to M$ 就是一对一的. 这是因为由满足 $|\alpha| = n$ 的碎块 M_α 的不相交性, 可以推得 M 中互异的点有互异的地址. 紧度量空间之间的连续双射是同胚映射. □

推论 72 胖康托尔集同胚于标准康托尔集.

证明 由摩尔-克莱恩定理, 结论显然成立. □

推论 73 一个康托尔集同胚于它自身的笛卡尔平方, $C \cong C \times C$.

证明 只需验证 $C \times C$ 是康托尔空间. 它确实是. 见习题 109. □

一个非平凡的空间竟然同胚于它自身的笛卡尔平方, 这可太令人不安了! 难道不是吗?

环绕拓扑等价

虽然作为抽象的度量空间, 所有的康托尔空间是相互同胚的, 但作为欧氏空间的子集, 我们却可以用完全不同的方式展示它们. 设 A, B 为 $\mathbb{R}^m$ 中的子集, 若存在 $\mathbb{R}^m$ 到自身的一个同胚, 且把 A 映到 B 上, 那么称 A, B 为 **环绕同胚**. 例如, 集合

$$A = \{0\} \cup [1,2] \cup \{3\} \quad \text{和} \quad B = \{0\} \cup \{1\} \cup [2,3]$$

作为抽象的度量空间是同胚的, 但不存在 $\mathbb{R}$ 上的环绕同胚可以把 A 映到 B. 类似地, 三叶形纽结就同胚于平面上的圆周, 但不是环绕同胚. 亦见习题 125、习题 126.

定理 74 $\mathbb{R}$ 中任意康托尔集都是环绕同胚的.

令 M 为 $\mathbb{R}$ 中的康托尔集. 由定理 69, M 同胚于标准康托尔集 C. 我们想要寻找 $\mathbb{R}$ 到自身的、把 C 映到 M 上的同胚映射.

集合 $S \subset \mathbb{R}^m$ 的 **凸包** 是指包含 S 的最小的凸集 H. 当 m = 1 时, H 为含 S 的最小的区间.

引理 75 一个康托尔空间 $M \subset \mathbb{R}$ 可以被分成两个康托尔碎块, 它们的凸包是不相交的.

证明 由 $\mathbb{R}$ 的一维性结论显然：选取点 $x \in \mathbb{R} \setminus M$，使得 M 中的一些点位于 x 的左侧，另外的点位于 x 的右侧，那么

$$M = M \cap (-\infty, x) \ \bigsqcup \ (x, \infty) \cap M$$

把 M 分成不相交的康托尔碎块，它们的凸包是不相交的闭区间。 $\square$

定理 74 的证明 令 $M \subset \mathbb{R}$ 为康托尔空间。我们将找到一个同胚 $\tau : \mathbb{R} \to \mathbb{R}$ 把 C 映到 M 上。由引理 75，有一个由康托尔碎块 M_α 组成的二次滤子 $\{M_\alpha\}$，对 $|\alpha| = n$，这些滤子的凸包是不相交的。对应 $\mathbb{R}$ 的左、右序，用康托尔中间三分区间的方法标注集合 M_α：M_0 和 M_2 分别为 M 的左右碎块，M_{00} 和 M_{02} 为 M_0 的左右两碎块，以此类推。那么 $\sigma : C \to M$ 自动是单射。如同定理 68 的证明中所使用的方法，仿射地延拓 σ 以填充间隙区间。并用任一满足 $\tau(0) = \sigma(0)$，$\tau(1) = \sigma(1)$ 仿射递增变换延拓 σ 到 $\mathbb{R} \setminus [0,1]$ 上。那么 $\tau : \mathbb{R} \to \mathbb{R}$ 把 σ 延拓到 $\mathbb{R}$ 上。σ 的单调性可推得 τ 是一对一的；同时 σ 的连续性可推得 τ 的连续性。于是 $\tau : \mathbb{R} \to \mathbb{R}$ 为同胚映射，且把 C 映到 M 上。 $\square$

作为一个例子，我们可以按照如下方式构造 $\mathbb{R}$ 中的康托尔集：去掉 $[0,1]$ 中的中间三分之一，在余下的两个区间中，每一个均移除位置对称的两个子区间；从剩下的六个小区间中，每个再去掉位置对称的四个子区间，以此类推。在极限情况下，我们得到一个非标准的康托尔集 M。由定理 74，存在一个 $\mathbb{R}$ 到自身的同胚，它把标准康托尔集 C 映成 M。

另一个例子就是前已提及的胖康托尔集。

定理 $\mathbb{R}^2$ 中的康托尔空间都是环绕同胚的。

关键的步骤是证明 M 有二次圆盘分割。即 M 可分成二次幂个康托尔碎块，每个碎块含于小拓扑圆盘 D_i 的内部，每个 D_i 为两两不相交的。（拓扑圆盘是指闭单位圆盘 B^2 的同胚像，"小"是针对 D_i 的直径而言的。）据我所知，这种二次分割的证明是复杂的剪切和粘贴过程，脱离了本书的范围。参见莫伊斯（Moise）的著作：《二维和三维几何拓扑》。亦见习题 111。

安托万（Antoine）的项链

设 $M \subset \mathbb{R}^m$ 为康托尔空间，如果存在一个环绕同胚 $h : \mathbb{R}^m \to \mathbb{R}^m$ 把标准康托尔集 C（想象成位于 $\mathbb{R}^m$ 中的 x_1 轴上）映到 M 上，则称 M 为**驯顺**的，若 M 不是**驯顺**的，则称其为**非驯**的。含于线或平面的康托

伯克利实数学分析

尔空间是驯顺的. 但是, 在三维空间中, 有非驯的例子. 康托尔集 A 非常差地嵌入$\mathbb{R}^3$中, 以至于就像曲线一样. "球的二次分割引理"的缺失导致了这个问题.

第一个非驯的康托尔集是由安托万发现的. 于是以 "**安托万项链**" 为人所知. 这种结构涉及实心环面, 或圆环面, 它们同胚于笛卡儿乘积 $B^2 \times S^1$. 很容易想象一个由实心环面组成的项链: 找一个寻常的铁链, 改造一下使其首尾相连, 如图 53 所示.

安托万的构造如下: 画一个实心环面 A^0, 在 A^0 的内部, 画一些小的实心环面组成的项链 A^1, 使得这条项链围绕着 A^0 的孔. 对构成 A^1 的每个实心环面 T, 重复上述构造过程. 即在 T 的内部, 画一个非常小的实心环面组成的项链, 使其围绕着 T 的孔. 结果是有一个集合 $A^2 \subset A^1$, 为项链的项链. 在图 53 中, A^2 应由 256 个实心环面组成. 无限地进行下去, 就产生了一个递减的套序列 $A^0 \supset A^1 \supset A^2 \supset \cdots$. 集合 A^n 是紧集, 且由大量的 (16^n) 非常小的实心环面组成, 排列在一层层的项链中. 它是一个第 n 阶项链. 交集 $A = \cap A^n$ 是康托尔空间, 这是由于它是紧的、完全的、非空的、全不连通的集合. 见习题 110.

图 53　由 16 个实心环面组成的项链

显然 A 是很奇特的, 但它是非驯的吗? 存在能把标准康托尔集 C 映到 A 上的$\mathbb{R}^3$上的环绕同胚 h 吗? 没有这样的 h, 原因如下.

如图 54 所示, 通过 A^0 孔的线圈 k 是不可能在$\mathbb{R}^3$中不接触 A 而收缩成一个点的. 因为如果 k 的运动过程能避开 A 的话, 那么由紧性, 它也能避开一个高阶项链 A^n. 在$\mathbb{R}^3$中, 不可能把两个连接的环连续地拆开, 也不可能把一个环从由环组成的项链中连续地拆开. (这些事实从直观上是可信的, 但很难证明. 见戴尔罗尔夫森 (Dale Rolfsen) 的著作《纽结与连接》.)

另一方面, $\mathbb{R}^3 \backslash C$ 中的每个线圈 λ 可以避开 C 而连续地收缩成一个点, 这是因为 λ 可以没有任何阻碍地通过 C 的间隙区间.

现在假设存在把 C 映到 A 上的$\mathbb{R}^3$上的环绕同胚 h. 那么 $\lambda = h^{-1}(k)$ 为$\mathbb{R}^3 \backslash C$ 中的线圈, 它可以在$\mathbb{R}^3 \backslash C$ 中收缩成一点. 将 h 作用到 λ, 可以把 k 连续地收缩成一个点, 而且避开 A, 而这我们已经证明是不可能的. 因此这样的 h 不存在, 即 A 是非驯的.

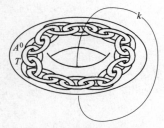

图 54　线圈 k 通过包含实心环面项链的 A^0

7* 完备化

很多度量空间都是完备的（例如, 欧几里得空间的闭子空间是完备的），而完备性也是对度量空间很自然的一个要求，特别是依据下面的定理.

完备化定理 76　每个度量空间都可以完备化.

这意味着就像 $\mathbb{R}$ 完备化了 $\mathbb{Q}$ 一样，我们可以任取一个度量空间 M，能够找到一个包含 M 的完备度量空间 $\hat{M}$，其上的度量为 M 上度量的延拓. 换句话说，M 总是一个完备度量空间的子空间. 很自然地，M 的完备化是唯一确定的.

引理 77　任给四个点 p，q，x，$y \in M$，有
$$|d(p,q)-d(x,y)| \leqslant d(p,x)+d(q,y).$$

证明　由三角不等式可知：
$$d(x,y) \leqslant d(x,p)+d(p,q)+d(q,y),$$
$$d(p,q) \leqslant d(p,x)+d(x,y)+d(y,q).$$
因此，
$$-(d(p,x)+d(q,y)) \leqslant d(p,q)-d(x,y) \leqslant (d(p,x)+d(q,y)).$$
一个夹在 $-k$ 与 k 之间的数，它的绝对值 $\leqslant k$，这就完成了证明.　□

完备化定理 76 的证明：我们考虑所有 M 中的柯西列（不论是否收敛）的集 e，然后把它转换成 M 的完备化.（这是一个大胆的想法，不是吗？）若柯西列 (p_n) 和 (q_n) 满足当 $n \to \infty$ 时，$d(p_n,q_n) \to 0$，称其为**共柯西的**，共柯西性质是 e 上的一个等价关系.（这很容易验证.）

定义 $\hat{M}$ 为 e 中模去共柯西关系的等价类. $\hat{M}$ 中的点为等价类 $P=[(p_n)]$，其中 (p_n) 为 M 中的柯西列. $\hat{M}$ 中的度量为
$$D(P,Q) = \lim_{n \to \infty} d(p_n,q_n),$$
其中 $P=[(p_n)]$，$Q=[(q_n)]$. 下面验证三件事：

（a）D 为 $\hat{M}$ 上定义完善的度量；

（b）$M \subset \hat{M}$；

（c）$\hat{M}$ 是完备的.

证明这些论断并不烦琐，但是一些细节确实有些复杂，因为等价类和代表元之间容易产生歧义.

（a）由引理 77
$$|d(p_m,q_m)-d(p_n,q_n)| \leqslant d(p_m,p_n)+d(q_m,q_n).$$

这样，$(d(p_n,q_n))$ 为 $\mathbb{R}$ 中的柯西列. 由 $\mathbb{R}$ 是完备的，

$$L = \lim_{n \to \infty} d(p_n, q_n)$$

存在. 令 (p'_n) 和 (q'_n) 分别共柯西于 (p_n) 和 (q_n)，且令

$$L' = \lim_{n \to \infty} d(p'_n, q'_n)$$

那么，

$$|L - L'| \leq |L - d(p_n, q_n)| + |d(p_n, q_n) -$$
$$d(p'_n, q'_n)| + |d(p'_n, q'_n) - L'|.$$

当 $n \to \infty$ 时，第一项和第三项趋近于 0. 由引理 78，中间项

$$|d(p_n, q_n) - d(p'_n, q'_n)| \leq d(p_n, p'_n) + d(q_n, q'_n),$$

当 $n \to \infty$ 时也趋近于 0. 因此 $L = L'$，D 在 $\hat{M}$ 上定义完善. M 上的距离 d 满足对称性和三角不等式. 取极限，这些性质可以平移到 $\hat{M}$ 上的 D，同时正定性可由共柯西的定义直接得到.

（b）把每个点 $p \in M$ 看成常值序列，$\bar{p} = (p, p, \cdots)$. 显然它是柯西的，并且常值序列 $\bar{p}$ 和 $\bar{q}$ 之间的距离 D 等于 p 点和 q 点之间的距离 d. 在这种方式下，M 自然是 $\hat{M}$ 中的一个度量子空间.

（c）令 $(P_k)_{k \in \mathbb{N}}$ 为 $\hat{M}$ 中的柯西序列. 我们必须找到 $Q \in \hat{M}$ 使得当 $k \to \infty$ 时 P_k 收敛于此.（注意 (P_k) 为等价类组成的序列，并不是 M 中的点组成的序列，并且收敛性是关于 D 而非 d.）由于 D 是定义完善的，我们用一个技巧简化证明. 我们将要证明，存在一个元 $(p_{k,n}) \in P_k$ 使得对所有的 m，$n \in \mathbb{N}$，

（1）
$$d(p_{k,m}, p_{k,n}) < \frac{1}{k}.$$

这个代表元的所有项是紧密地聚束在一起，而非仅仅在尾巴处. 选取并固定 P_k 中的某个序列 $(p^*_{k,n})_{n \in \mathbb{N}}$. 由于它是柯西列，存在某个 $N = N(k)$，使得对所有的 m，$n \geq N$，

$$d(p^*_{k,m}, p^*_{k,n}) < \frac{1}{k}.$$

序列 $p_{k,n} = p^*_{k,n+N}$ 与 $(p^*_{k,n})$ 是共柯西的，且满足（1）.

对每个 k，选取代表元 $(p_{k,n}) \in P_k$ 满足（1），并且定义 $q_n = p_{n,n}$. 我们将证明 (q_n) 是 M 中的柯西列，并且当 $k \to \infty$ 时 P_k 收敛于它的等价类 Q. 即 $\hat{M}$ 是完备度量空间.

令 $\varepsilon > 0$ 给定，存在 $N \geq 3/\varepsilon$ 使得当 k，$l \geq N$ 时，

$$D(P_k,P_l)<\frac{\varepsilon}{3}.$$

若 k, $l\geqslant N$, 由（1），

$$d(q_k,q_l)=d(p_{k,k},p_{l,l})$$
$$\leqslant d(p_{k,k},p_{k,n})+d(p_{k,n},p_{l,n})+d(p_{l,n},p_{l,l})$$
$$\leqslant\frac{1}{k}+d(p_{k,n},p_{l,n})+\frac{1}{l}$$
$$\leqslant\frac{2\varepsilon}{3}+d(p_{k,n},p_{l,n}).$$

此不等式对所有的 n 都成立，且左侧的 $d(q_k,q_l)$ 不依赖于 n 的选取. 当 $n\to\infty$ 时，$d(p_{k,n},p_{l,n})$ 的极限就是 $D(P_k,P_l)$，而我们已经知道其小于 $\varepsilon/3$. 这样，当 k, $l\geqslant N$ 时，$d(q_k,q_l)<\varepsilon$，于是 (q_n) 为柯西列. 类似地，可以证明当 $k\to\infty$ 时 $P_k\to Q$. 这是因为，给定 $\varepsilon>0$，取 $N\geqslant 2/\varepsilon$，使得当 k, $n\geqslant N$ 时，$d(q_k,q_n)<\varepsilon/2$，由此可知

$$d(p_{k,n},q_n)\leqslant d(p_{k,n},p_{k,k})+d(p_{k,k},q_n)$$
$$=d(p_{k,n},p_{k,k})+d(q_k,q_n)$$
$$\leqslant\frac{1}{k}+\frac{\varepsilon}{2}<\varepsilon.$$

当 $n\to\infty$ 时，此不等式左边的极限就是 $D(P_k,Q)$. 因此，

$$\lim_{k\to\infty}P_k=Q,$$

于是 $\hat{M}$ 是完备度量空间. □

完备的唯一性证明就毫无稀奇之处了，留作习题 101. 关于完备化的另一种大致证明见习题 4.37.

从 $\mathbb{Q}$ 到 $\mathbb{R}$ 的第二种构造

在度量空间为 $\mathbb{Q}$ 这种特殊的情形下，完备化定理告诉我们可以通过柯西序列给出从 $\mathbb{Q}$ 到 $\mathbb{R}$ 的构造. 但是，应用这个定理会涉及循环论证问题，因为在证明过程中用到 $\mathbb{R}$ 的完备性来定义度量 D. 取而代之，我们只用柯西序列的策略.

在事先不了解 $\mathbb{R}$ 的情况下，有理数列的收敛性和柯西性也可给出相关概念的完善定义. 只不过把所有 ε 和 δ 都取成有理数. $\mathbb{Q}$ 的**柯西完备化 $\hat{\mathbb{Q}}$** 为 $\mathbb{Q}$ 中有理数组成的柯西序列组成的集合 $\mathscr{c}$ 模去由共柯西定义的等价关系.

我们将证明 $\hat{\mathbb{Q}}$ 为完备的有序域. $\hat{\mathbb{Q}}$ 中的四则运算定义如下:

$$P+Q=[(p_n+q_n)], P-Q=[(p_n-q_n)],$$
$$PQ=[(p_nq_n)], P/Q=[(p_n/q_n)],$$

其中 $P=[(p_n)]$, $Q=[(q_n)]$. 当然, 在分式 P/Q 中, 分母 $Q\neq\bar{0}=[(0,0,\cdots)]$.习题 102 要求你验证 $\hat{\mathbb{Q}}$ 在上述自然定义下构成域. 虽然这有很多事情要去做——定义的完善性、连续性等——所有这些都不费力. 它不像分割那样有 16 种情形要去证明. 同时, 正如度量空间那样, 当把 $r\in\mathbb{Q}$ 看作常值序列 $\bar{r}=[(r,r,\cdots)]$ 时, $\mathbb{Q}$ 自然地成为 $\hat{\mathbb{Q}}$ 的子域.

这都是简单部分; 现在是剩下的部分.

为定义 $\hat{\mathbb{Q}}$ 中的序关系, 我们要再次应用分割思想. 如果 $P\in\hat{\mathbb{Q}}$ 表示元素 $[(p_n)]$, 使得对某个 $\varepsilon>0$, 有 $p_n\geq\varepsilon$ 对每个 n 都成立, 那么 P 就是正的. 若 $-P$ 是正的, 那么就称 P 是负的.

若 $Q-P$ 是正的, 那么定义 $P<Q$. 习题 103 要求你验证定义在 $\hat{\mathbb{Q}}$ 上的一个序关系, 并且与 $\mathbb{Q}$ 上的标准序 $<$ 保持一致, 即对所有的 p, q $\in\mathbb{Q}$, $p<q\Leftrightarrow\bar{p}<\bar{q}$. 特别地, 还需验证三中择一律: 对每个 $P\in\hat{\mathbb{Q}}$, 要么为正, 要么为负, 或零, 这些可能性是互斥的.

结合 $<$ 的定义和柯西性给出:

(2)　　　 $P=[(p_n)]<Q=[(q_n)]\Leftrightarrow\exists\,\varepsilon>0, N\in\mathbb{N}$,
$$\forall m,\ n\geq N,\ p_m+\varepsilon<q_n.$$

下面还需验证上确界存在原理. 令 $\mathcal{P}$ 为 $\hat{\mathbb{Q}}$ 的一个有上界的非空子集. 我们必须找到 $\mathcal{P}$ 的最小上界. 我们断言 $\mathcal{P}$ 的最小上界恰好为具有下列性质的柯西序列 $(q_0,q_1,q_2,\cdots)$ 所在的等价类 Q:

（a）q_0 是使得 $\overline{q_0}$ 为 $\mathcal{P}$ 的上界中最小的整数;

（b）q_1 是使得 $\overline{q_1}$ 为 $\mathcal{P}$ 的上界中以 2 为分母的最小的分数;

（c）q_2 是使得 $\overline{q_2}$ 为 $\mathcal{P}$ 的上界中以 4 为分母的最小的分数;

（d）$\cdots$;

（e）q_n 是使得 $\overline{q_n}$ 为 $\mathcal{P}$ 的上界中以 2^n 为分母的最小的分数.

由于 $\mathcal{P}\neq\varnothing$, 我们可以找到 $P^*=[(p_n^*)]\in\mathcal{P}$, 对某个 N^* 及全体 m, $n\geq N^*$,

$$|p_m^*-p_n^*|<1.$$

因此 $\overline{p_N \cdot -1} \leqslant P^*$. 而小于 $p_N \cdot -1$ 的整数不能给出 $\mathcal{P}$ 的上界, 因此 q_0 的定义完善. 类似地, 其余的 q_n 定义也完善, 并且在 $\mathbb{Q}$ 中形成一个单调递减的序列

$$q_0 \geqslant q_1 \geqslant \cdots \geqslant q_n \geqslant \cdots.$$

由构造知, $|q_n - q_{n-1}| \leqslant 1/2^n$. 这样, 若 $m \leqslant n$, 那么

$$0 \leqslant q_m - q_n = q_m - q_{m+1} + q_{m+1} - q_{m+2} + \cdots + q_{n-1} - q_n$$

$$\leqslant \frac{1}{2^{m+1}} + \cdots + \frac{1}{2^n} < \frac{1}{2^m}.$$

于是 (q_n) 是柯西列, 且 $Q = [(q_n)] \in \hat{\mathbb{Q}}$.

假设 Q 不是 $\mathcal{P}$ 的上界, 那么存在某个 $P = [(p_n)] \in \mathcal{P}$ 满足 $Q < P$. 由 (2), 存在一个 $\varepsilon > 0$ 及 N 使得对所有的 $n \geqslant N$,

$$q_N + \varepsilon < p_n.$$

于是 $\overline{q_N} < P$, 这与 $\overline{q_N}$ 为 $\mathcal{P}$ 的上界矛盾.

另一方面, 假设存在 $\mathcal{P}$ 的更小的上界 $R = [(r_n)] < Q$. 由 (2) 存在一个 $\varepsilon > 0$ 及 N 使得对所有的 $m, n \geqslant N$,

$$r_m + \varepsilon < q_n.$$

固定一个满足 $1/2^k < \varepsilon$ 的 $k \geqslant N$, 那么对所有的 $m \geqslant N$,

$$r_m < q_k - \varepsilon < q_k - \frac{1}{2^k}.$$

由 (2), $R < \overline{q_k - 1/2^k}$. 由于 R 为 $\mathcal{P}$ 的上界, 因此 $\overline{q_k - 1/2^k}$ 也是上界, 这与 q_k 为满足 $\overline{q_k}$ 是 $\mathcal{P}$ 的上界中以 2^k 为分母的最小分数相矛盾.

这就验证了 $\mathbb{Q}$ 的柯西完备化为完备的有序域. 由唯一性, 它同构于第 1 章第 2 节中用戴德金分割构造的完备有序域 $\mathbb{R}$. 由你自己决定这两种实数体系的构造你更喜欢哪一种——分割或柯西序列. 分割使得存在最小上界性质是直截了当的, 但代数性质却很棘手, 而用柯西序列的方法, 恰好相反.

练习

1. $(0,1)$ 是 $\mathbb{R}$ 的开子集, 当把 $\mathbb{R}$ 看作 $\mathbb{R}^2$ 的 x 轴时, $(0,1)$ 不是 $\mathbb{R}^2$ 的开子集. 证明这一结论.

2. 在什么条件下, $\mathbb{R}$ 中的区间 $[a,b]$ 与度量空间 $\mathbb{Q}$ 的交集 $[a,b] \cap \mathbb{Q}$ 为 $\mathbb{Q}$ 的闭开子集?

3. 利用闭集的定义直接证明度量空间中的单点集是闭集. 为什么说这意味着有限点集合一定是闭集?

4. 证明 S 在 p 点聚集当且仅当对于每一个 $r>0$, 存在点 $q \in M_r(p) \cap S$, 且 $q \neq p$.

5. 证明集合 $U \subset M$ 是开集当且仅当它的每一个点都不是其补集的极限点.

6. 设 M 是度量空间, 若 S, $T \subset M$ 且 $S \subset T$. 证明

（a） $\overline{S} \subset \overline{T}$.

（b） $\text{int}(S) \subset \text{int}(T)$.

7. 构造一个恰好有三个聚点的集合.

8. 设 $A \subset B \subset C$. 若 A 在 B 中稠密, B 在 C 中稠密, 则证明 A 在 C 中稠密.

9. 二进有理数（即分母为 2 的幂）在 $\mathbb{Q}$ 中稠密吗? 在 $\mathbb{R}$ 中稠密吗? 是否可以由一个结论推导另一个结论?（注意到若 $A \subset B$ 且 $\overline{A} \supset B$, 则 A 在 B 中稠密.）

10. （a） 给出度量空间, 使得 M, p 的边界并不等于以 p 为球心、r 为半径的球面, $\{x \in M : d(x,p) = r\}$.

（b） 边界点包含在球面中吗?

11. 设 $\mathscr{T}$ 为度量空间 M 中的开集簇, $\mathscr{K}$ 为闭集簇. 证明二者之间存在一一对应.

12. 设 M 是离散度量空间, 或者更为一般的, 离散度量空间 M 的同胚.

（a） 证明 M 任意子集都是闭开集.

（b） 证明定义在 M 上的函数都是连续函数.

（c） M 中满足什么条件的序列是收敛列?

13. 证明 $\mathbb{N}$ 的任意子集都是闭开集. 这意味着函数 $f : \mathbb{N} \to M$ 具有什么性质? 其中 M 是度量空间.

14. 度量空间 M 中的点 p 到非空子集 $S \subset M$ 的**距离**定义为
$$\text{dist}(p, S) = \inf\{d(p,s) : s \in S\}.$$

（a） 证明 p 是 M 的极限当且仅当 $\text{dist}(p,S) = 0$.

（b） 证明 $p \mapsto \text{dist}(p, S)$ 是以 $p \in M$ 为自变量的一致连续函数.

15. 在 $\mathbb{R}^3$ 中, 距离平面中的单位圆 C 的距离恰好等于 $\frac{1}{2}$ 的点集

$$T=\left\{p\in\mathbb{R}^3:\exists\,q\in C\text{ 使得 }d(p,q)=\frac{1}{2},\text{以及 }\forall\,q'\in C,d(p,q)\leqslant d(p,q')\right\}$$

是什么集合？

16. 证明 $S\subset M$ 在 M 中的某点处稠密的充分必要条件是 $\text{int}(\bar{S})\neq\varnothing$. 也就是说，$S$ 在 M 处处不稠密，当且仅当 S 的闭包不含有内点.

17. 设 $f:M\to N$ 是度量空间 M 到度量空间 N 的映射，且满足如下条件：若 (p_n) 是 M 中的收敛列，则 $(f(p_n))$ 是 N 中的收敛列. 证明 f 连续.

18. 度量空间上的映射中，最简单的例子是**等距映射**，即保持距离的双射 $f:M\to N$. 保持距离指的是，对于任意的 p，$q\in M$，
$$d_N(fp,fq)=d_M(p,q).$$

若 M 和 N 之间存在等距映射，则称 M 和 N 是等距的，记作 $M\equiv N$. 这时考虑两个单位等边三角形，一个以原点为中心，另一个以任一点为中心，这两个三角形是等距的. 等距的度量空间不加以区分.

（a）证明等距映射是连续映射.

（b）证明等距映射是同胚映射.

（c）证明 $[0,1]$ 和 $[0,2]$ 不是等距.

19. 证明等距是等价关系：若 M 和 N 等距，则 N 和 M 等距；证明 M 和自身等距（M 到自身的什么映射是等距映射？）；若 M 和 N 等距，N 和 P 等距，则 M 和 P 等距.

20. 正方形的边界和圆周等距吗？同胚吗？给出解释.

21. 大写罗马字母中，哪些是同胚？它们是等距吗？给出解释.

22. $\mathbb{R}$ 和 $\mathbb{Q}$ 同胚吗？给出解释.

23. $\mathbb{Q}$ 和 $\mathbb{N}$ 同胚吗？给出解释.

24. 对于行走在方形房屋的地板、天花板以及墙壁上的蚂蚁来说，什么样的度量是自然的？对于蜘蛛来说，什么度量是自然的？如果这只蚂蚁希望从 p 点行走到 q 点，它如何确定最短路径？

25. 假设 N 是度量空间 M 的开子空间，$U\subset N$.

（a）证明 U 在 N 中是开集当且仅当它在 M 中是开集.

（b）反之，若 $S\subset N$ 的开性等价于它在 M 中的开性，则 N 在 M 中是开集.

（c）对于闭性，上述结论还成立吗？

（d）证明闭开的度量子空间 N 是满足如下条件的唯一例子：集

合在子空间的开性、闭性与大空间的开性、闭性完全吻合.

26. 考虑度量空间 $\mathbb{R}$ 中的序列 (x_n).

（a）若 (x_n) 在 $\mathbb{R}$ 中收敛，证明绝对值序列 $(|x_n|)$ 在 $\mathbb{R}$ 中收敛.

（b）证明或者驳斥逆命题.

27. 设 (A_n) 是度量空间 M 中的单调递减非空闭集套序列.

（a）若 M 完备以及当 $n \to \infty$ 时，$\mathrm{diam}A_n \to 0$，证明 $\cap A_n$ 是单点集.

（b）针对什么断言，集合 $[n, \infty)$ 能够提供反例？

28. 证明直线可以嵌入为平面的闭子集，也可以嵌入为平面的有界子集，但是不能嵌入为平面的有界闭子集.

29. （a）证明收敛序列有界. 也就是说，若 (p_n) 在度量空间 M 中收敛，则存在包含集合 $\{p_n : n \in \mathbb{N}\}$ 的邻域 $M_r q$.

（b）对于非完备度量空间中的柯西列，上述结论是否成立？

30. 若 $\mathbb{R}$ 中的序列 (x_n) 满足当 $n<m$ 时，必有 $x_n \leq x_m$，则称 (x_n) 为**递增的**，假如 $n<m$ 意味着 $x_n < x_m$，则称 (x_n) 为**严格递增**. 假如 $n<m$ 意味着 $x_n \geq x_m$ 或者 $x_n > x_m$，则称 (x_n) 为**递减**或者**严格递减**，若一个序列是递增或者递减的，则称为**单调**的.

（a）证明 $\mathbb{R}$ 中的单调有界序列收敛.

（b）证明上述单调序列条件等价于最小上界性质.

31. 设 (x_n) 是 $\mathbb{R}$ 中的序列.

*（a）证明 (x_n) 存在单调子列.

（b）你如何推导出 $\mathbb{R}$ 中的任意有界序列都存在收敛子列？

32. 设 (p_n) 是序列，$f:\mathbb{N} \to \mathbb{N}$ 为双射. 称序列 $(q_k)_{k \in \mathbb{N}}$ 是 (p_n) 的重排，其中，$q_k = p_{f(k)}$.

（a）对序列进行重排，是否改变其极限？

（b）若 f 是单射呢？

（c）若 f 是满射呢？

33. 设映射 $f:A \to B$ 和 $g:C \to B$ 满足 $A \subset C$，以及若 $a \in A$，则 $f(a) = g(a)$，则称 f **延拓到** g. 假设 $f:S \to \mathbb{R}$ 是度量空间 M 的子集 S 上的一致连续函数.

（a）证明 f 可以延拓为一致连续函数 $\bar{f}:\bar{S} \to \mathbb{R}$.

（b）证明 $\bar{f}$ 是 $\bar{S}$ 上的唯一的对于任意 $x \in S$，$\bar{f}(x) = f(x)$ 的连续函数.

（c）证明若 N 是完备度量空间，则对于映射 $f:S{\rightarrow}N$，结论同样成立.

34. 若对于任意开集 $U{\subset}M$，像集 $f(U)$ 是 N 中的开集，则称映射 $f:M{\rightarrow}N$ 是开映射.

（a）若 f 是开映射，则 f 连续吗？

（b）若 f 是同胚映射，则 f 是开映射吗？

（c）若 f 是开的、连续的双射，则 f 是同胚映射吗？

（d）若 $f:\mathbb{R}{\rightarrow}\mathbb{R}$ 是连续的满射，那么 f 一定是开映射吗？

（e）若 $f:\mathbb{R}{\rightarrow}\mathbb{R}$ 是连续的、开的满射，那么 f 一定是同胚映射吗？

（f）若在（e）中，把 $\mathbb{R}$ 替换为单位圆周 S，会得到什么结果？

35. 对折一张纸.

（a）这是一个矩形到另外一个矩形的连续变换吗？

（b）是单射吗？

（c）在目标矩形中画一个开集，找出该矩形在初始矩形中的原像. 原像是开集吗？

（d）假如开集遇到褶皱，会出现什么现象？

类似的映射称为**面包师变换**. 把一个矩形状的生面团的长度拉长为（原来的）2 倍，然后对折. 这个变换是连续映射吗？可以使用单变量函数来描述面包师变换：$f(x)=1-|1-2x|$. f 的 n 次迭代 $f^{\circ n}=f\circ f\circ\cdots\circ f$. 点 x 的轨道是

$$\{x,f(x),f\circ f(x),\cdots,f^{\circ n}(x),\cdots\}.$$

（e）若 x 是有理数，证明 x 的轨道是有限集.

（f）若 x 是无理数，那么 x 的轨道呢？

36. 将单位圆 C 旋转固定的角度 α，将这个变换记为 $R:C{\rightarrow}C$.（在极坐标系中，变换 R 将点 $(1,\theta)$ 映射为 $(1,\theta+\alpha)$.）

（a）若 α/π 是有理数，则 R 的每一个轨道都是有限集.

*（b）若 α/π 是无理数，则 R 的每一个轨道都是无限集，并且在 C 中稠密.

37. 考虑恒同映射 $id:C_{\max}{\rightarrow}C_{\mathrm{int}}$，其中，$C_{\max}$ 表示闭区间 $[a,b]$ 上的实值连续函数 $C([a,b],\mathbb{R})$，赋予最大值度量 $d_{\max}(f,g)=\max|f(x)-g(x)|$，而 C_{int} 表示空间 $C([a,b],\mathbb{R})$，并赋予积分度量

$$d_{\mathrm{int}}(f,g)=\int_a^b|f(x)-g(x)|\,\mathrm{d}x.$$

证明 id 是连续的线性双射（同构），但是其逆映射不连续.

38. 设 $\|\ \|$ 为 $\mathbb{R}^m$ 上的任意范数，$B = \{x \in \mathbb{R}^m : \|x\| \leqslant 1\}$. 证明 B 是紧集. [提示：只需要证明 B 在欧几里得度量下是有界闭集.]

39. 假设两个非空集合 $A \subset M$ 和 $B \subset N$ 的笛卡儿积是 $M \times N$ 中的紧集. 证明 A 和 B 是紧集.

40. 考虑函数 $f : M \to \mathbb{R}$，它的图像是集合

$$\{(p, y) \in M \times \mathbb{R} : y = fp\}.$$

（a）证明若 f 连续，则它的图像是闭集（作为 $M \times \mathbb{R}$ 的子集）.

（b）证明若 f 连续，M 是紧集，则它的图像是紧集.

（c）证明若 f 的图像是紧集，则 f 连续.

（d）若 f 的图像仅仅是闭集呢？给出不连续，但图像是闭集的函数 $f : \mathbb{R} \to \mathbb{R}$ 的例子.

41. 证明二维球面和平面不同胚.

42. 在圆周上画出康托尔集 C，考虑 C 中点之间的所有弦构成的集合 A.

（a）证明 A 是紧集.

***（b）A 是凸集吗？

43. 设 (K_n) 是非空紧集套序列，$K_1 \supset K_2 \supset \cdots$，$K = \cap K_n$. 若存在 $\mu > 0$，使得对于每一个 n，$\mathrm{diam} K_n \geqslant \mu$，则是否有 $\mathrm{diam} K \geqslant \mu$？

44. 假设 M 是紧集，$\mathcal{U}$ 是 M 的"冗余"开覆盖，即每一个 $p \in M$ 都包含在 $\mathcal{U}$ 的至少两个成员中. 证明 $\mathcal{U}$ 可以约化为具有同样性质的有限子覆盖.

45. 假设 M 的每一个开覆盖都具有正的勒贝格数. 通过例子说明 M 不一定是紧集.

习题 46～习题 53 在不使用序列的前提下，考虑本章的基本定理. 在一般的拓扑空间中，证明依然成立.

46. 直接证明 $[a, b]$ 是覆盖紧集. [提示：设 $\mathcal{U}$ 是 $[a, b]$ 的开覆盖，考虑集合

$C = \{x \in [a, b] : \mathcal{U}$ 中存在有限多个成员覆盖 $[a, x]\}$.

利用最小上界原理证明 $b \in C$.]

47. 直接证明覆盖紧集 K 的闭子集 A 还是覆盖紧集. [提示：若 $\mathcal{U}$ 是 A 的开覆盖，把集合 $W = M \backslash A$ 附加到 $\mathcal{U}$ 中. 那么 $\mathcal{W} = \mathcal{U} \cup \{W\}$ 是 K 的开覆盖吗？若是，为什么？]

48. 使用开覆盖证明定理 39. 也就是说，假设 A 是 M 的覆盖紧

子集，$f:M \to N$ 是连续映射. 直接证明 fA 是覆盖紧集. ［提示：如何使用原像判别函数的连续性？］

49. 假设 $f:M \to N$ 是连续的双射，M 是覆盖紧集，直接证明 f 是同胚映射.

50. 假设 M 是覆盖紧集，$f:M \to N$ 是连续映射. 使用勒贝格数引理证明 f 是一致连续的. ［提示：考虑 N 的 $\dfrac{\varepsilon}{2}$ 邻域覆盖 $\{N_{\varepsilon/2}(q):q \in N\}$ 及其在 M 中的原像 $\{f^{\mathrm{pre}}(N_{\varepsilon/2}(q)):q \in N\}$.］

51. 直接证明递减的非空覆盖紧集套序列的交集是非空集合. ［提示：若 $A_1 \supset A_2 \supset \cdots$ 是覆盖紧集，考虑开集 $U_n = A_n^c$. 若 $\cap A_n = \varnothing$，那么 $\{U_n\}$ 能够覆盖什么呢？］

52. 按照如下方式推广习题 51（中的结论）. 假设 M 是覆盖紧集，$\mathscr{e}$ 是 M 的闭子集簇，使得 $\mathscr{e}$ 中的任意有限多个成员的交集都非空. （称 $\mathscr{e}$ 这样的集合簇具有**有限交性质**.）证明**宏交** $\cap_{C \in \mathscr{e}} C$ 也是非空的. ［提示：考虑开集簇 $\mathcal{U} = \{C^c : C \in \mathscr{e}\}$.］

53. 若 M 的任意具有有限交性质的闭集簇的宏交非空，证明 M 是覆盖紧集. ［提示：给定开覆盖 $\mathcal{U} = \{U_\alpha\}$，考虑闭集簇 $\mathscr{e} = \{U_\alpha^c\}$.］

54. 若 S 是连通集合，S 的内部是否为连通集合？证明或者给出反例.

55. 定理 51 告诉我们，连通集合的闭包还是连通集合.

（a）不连通集合的闭包是不连通集合吗？

（b）不连通集合的内部呢？

* 56. 证明可数度量空间（非空，且不是单点集）是不连通集合. ［令人惊讶的是，存在连通的可数拓扑空间，其拓扑不能由度量诱导.］

57. （a）证明若 M 是连通集合，则取值为整数的连续函数 $f:M \to \mathbb{R}$ 只能是常函数.

（b）若取值都是无理数呢？

58. 若 U 是 $\mathbb{R}^m$ 上的开集，且 U 是连通的，证明是道路连通的.

59. 证明环 $A = \{z \in \mathbb{R}^2 : r \leqslant |z| \leqslant R\}$ 是连通集合.

60. 具有什么形式的函数（给出表达式）是 $(-1, 1)$ 到 $\mathbb{R}$ 的同胚映射？任意一个开区间都和 $(0, 1)$ 同胚吗？为什么呢？

61. 若 $E \in |\mathbb{R}^m$ 包含点 p_0（称为 E 的中心）使得对于每一个 $q \in E$，p_0 和 q 之间的线段包含于 E. 则称其为**星型集**.

（a）若 E 是凸集，则是星型的.

（b）为什么逆命题不成立？

（c）星型集连通吗？

（d）连通集合是星型集吗？为什么？

* 62. 假设 $E \subset \mathbb{R}^m$ 是有界、星型的开集，p_0 是 E 的中心.

（a）p_0 充分小邻域中的任意一点都是 E 的中心，正确还是错误？

（b）中心构成的集合是凸集吗？

（c）中心构成的集合是闭集吗？

（d）中心构成的集合是否可以为单点集？

63. 设 A，$B \subset \mathbb{R}^2$ 是凸的闭集，且内部非空.

（a）证明 A，B 是其内部的闭包.

（b）若 A，B 是紧集，则二者同胚.

[提示：画出图形.]

64. （a）证明 $\mathbb{R}^m$ 中开的连通子集是道路连通的.

（b）对于圆周中开的连通子集，是否有同样的结论？

（c）对于圆周中不开的连通子集，是否有同样的结论？

65. 在同胚的意义下，列出 $\mathbb{R}$ 中所有的凸子集. 这样的集合有多少呢？又有多少是紧集呢？

66. 在同胚意义下，列出 $\mathbb{R}^2$ 中所有的闭凸集. 这样的集合有九种，其中有多少是紧集呢？

* 67. 将习题 63 和习题 66 推广到 $\mathbb{R}^3$ 和 $\mathbb{R}^m$ 上.

68. 证明 (a,b) 和 $[a,b]$ 之间不存在同胚映射.

69. 设 M 和 N 是非空度量空间.

（a）若 M 和 N 是连通的，则 $M \times N$ 也是连通的.

（b）逆命题是否成立？

（c）对于道路连通，回答同样的问题.

70. 设 H 为双曲线 $\{(x,y) \in \mathbb{R}^2 : xy = 1, x, y > 0\}$，$X$ 为 x 轴.

（a）集合 $S = X \cup H$ 是否为连通集？

（b）若用连续的正函数 $f: \mathbb{R} \to (0, \infty)$ 的图像 G 替代 H，那么 $X \cup G$ 是否为连通集？

（c）若 f 处处为正，但在某一点不连续，请给出反例.

71. 若 A，B 是 M 中的紧的、不相交的非空子集，证明存在 $a_0 \in$

A，$b_0 \in B$ 使得对于所有的 $a \in A$，$b \in B$，

$$d(a_0, b_0) \leqslant d(a, b).$$

*72. 一条没有缠绕的路径称为**弧**. 给出弧连通的定义，证明在度量空间中，弧连通与道路连通等价.

73. **夏威夷耳环**是指以 x 轴上的点 $x = \pm\dfrac{1}{n}$ 为中心、以 $\dfrac{1}{n}$ 为半径的圆周的并集，其中 $n \in \mathbb{N}$. 参看图 22.

（a）夏威夷耳环连通吗？

（b）道路连通吗？

（c）夏威夷耳环和单侧夏威夷耳环同胚吗？

74. （a）连通集合的交集未必是连通集合. 给出例子.

（b）设 S_1，S_2，S_3，$\cdots$ 是平面中的一列连通的闭子集，且 $S_1 \supset S_2 \supset S_3 \supset \cdots$. 则 $S = \cap S_n$ 是连通集吗？给出证明或者举出反例.

*（c）如果集合为紧集，结论是否有变化？

（d）对于单调递减、道路连通的紧集套序列，结论是什么？

75. 令 $S = \mathbb{R}^2 \setminus \mathbb{Q}^2$.（点 $(x, y) \in S$ 的坐标分量中至少有一个是无理数.）S 是连通集合吗？证明或者驳斥.

*76. **拓扑学家的正弦曲线**是指集合

$$\left\{ (x, y) : x = 0 \text{ 以及 } |y| \leqslant 1; \text{ 或者 } 0 < x \leqslant 1 \text{ 且 } y = \sin\frac{1}{x} \right\}.$$

参看图 41. **拓扑学家的正弦圆周**如图 55 所示.（它是圆弧和拓扑学家的正弦曲线的并集.）证明它是道路连通的，但不是局部道路连通.

77. 若度量空间 M 是道路连通集合 S_α 的并集，且这些 S_α 有一个共同的道路连通子集 K，那么 M 是道路连通的吗？

78. 若对于每一个 $i \in \{1, 2, \cdots, n\}$，$p_i \in M$，且 $d(p_i, p_{i+1}) < \varepsilon$，则称 $(p_1, \cdots, p_n)$ 为度量空间 M 中的一个 ε **链**，若对于每一个 $\varepsilon > 0$，以及任意的一对点 p，$q \in M$，存在 p 到 q 的 ε 链，则称度量空间 M 是**链连通**的.

（a）证明连通的度量空间是链连通的.

（b）证明若 M 是紧的链连通的度量空间，则它是连通的.

（c）$\mathbb{R} \setminus \mathbb{Z}$ 是链连通的吗？

（d）若 M 是完备的链连通度量空间，则 M 连通吗？

79. 证明若 M 是非空紧的、局部道路连通以及连通的度量空间，则它是道路连通的.（参看习题 115）

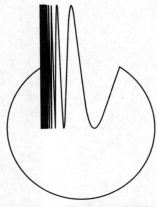

图 55　拓扑学家的正弦圆周

80. 函数 $f:M\to\mathbb{R}$ 的图像是集合 $\{(x,y)\in M\times\mathbb{R}:y=f(x)\}$. 由于 $M\times\mathbb{R}$ 是两个度量空间的笛卡儿积, 其上有自然的度量.

(a) 若 M 连通且 f 连续, 证明 f 的图像是连通的.

(b) 通过例子说明逆命题不成立.

(c) 若 M 是道路连通且 f 连续, 证明 f 的图像是道路连通的.

(d) 逆命题成立吗?

81. 考虑距离函数 $d:M\times M\to\mathbb{R}$.

(a) 证明 d 关于 $M\times M$ 上自然求和度量 d_{sum} 是连续函数, 其中
$$d_{\text{sum}}((p,q),(p',q'))=d(p,p')+d(q,q').$$

(b) 对于自然度量 d_E 和 $d_{\max}$, 结论是否还成立?

[d 的连续性对于一些习题至关重要.]

82. 为什么 $\mathbb{R}^2$ 中的求和度量也叫作**曼哈顿度量**和**出租车度量**?

83. 设 M_1 和 M_2 是度量空间, 其上度量分别为 d_1 和 d_2, 设 $M_1\times M_2$ 为笛卡儿积. 则要么

(a) 直接证明三种自然度量 d_E, $d_{\max}$, d_{sum} 的确是度量, 要么

(b) 一般地, 证明若 $\|\ \|$ 是 $\mathbb{R}^2$ 上的范数, 在 $\mathbb{R}^2$ 上定义**距离向量**
$$d_{pq}=(d_1(p_1,q_1),d_2(p_2,q_2)),$$
则 $d(p,q)=\|d_{pq}\|$ 是 M 上的度量. (点 $p=(p_1,p_2)$ 和 $q=(q_1,q_2)$ 属于 M.)

(c) 由结论(b)能推导(a)吗?

[提示: 使用柯西-施瓦兹不等式证明(a). 为证明结论(b), 使用 $\mathbb{R}^2$ 上的欧几里得几何以及范数满足的三角不等式证明
$$d(p,r)=\|d_{pr}\|\leqslant\|d_{pq}+d_{qr}\|\leqslant\|d_{pq}\|+\|d_{qr}\|$$
$$=d(p,q)+d(q,r),$$
其中, p, q, $r\in M$]

84. 设 M 是度量空间, d 为其上度量, 则可以对 M 重新定义度量, 使其变成有界集合. **有界度量**定义如下:
$$\rho(p,q)=\frac{d(p,q)}{1+d(p,q)}.$$

(a) 证明 ρ 是度量. 为什么说有界性显而易见?

(b) 证明度量空间 (M,d) 到度量空间 (M,ρ) 的恒同映射是同胚映射.

(c) 由此推断出有界性不是拓扑性质.

(d) 找出同胚的度量空间, 其中一个有界, 另一个无界.

*85. 紧性的内在含义可以作为紧性的等价定义. 证明:

（a）若 M 上的任意连续函数 $f:M\to\mathbb{R}$ 都是有界的，则 M 是紧集.

（b）若 M 上的任意有界连续函数 $f:M\to\mathbb{R}$ 能够达到最大和最小值，则 M 是紧集.

（c）若 M 上的任意连续函数 $f:M\to\mathbb{R}$ 都具有紧的值域 fM，则 M 是紧集.

（d）若 M 中的任意递减的非空闭子集套序列都具有非空交，则 M 是紧集.

结合定理 54 和定理 56，（a）~（d）给出了紧性的七个等价定义. ［提示：从反面进行考虑. 若 M 非紧，则它包含一个没有收敛子列的序列 (p_n). 不妨设 p_n 两两互异. 寻找半径 $r_n>0$ 使得邻域 $M_{r_n}(p_n)$ 互不相交，且不存在 $q_n\in M_{r_n}(p_n)$ 使得 (q_n) 有收敛子列. 通过度量定义一个在 p_n 处有尖状的函数 $f_n:M_{r_n}(p_n)\to\mathbb{R}$，如

$$f_n(x)=\frac{r_n-d(x,p_n)}{a_n+d(x,p_n)},$$

其中，$a_n>0$. 若 $x\in M_{r_n}(p_n)$，定义 $f(x)=f_n(x)$；否则 $f(x)=0$. 证明 f 连续. 选取适当的 a_n 使得 f 是无界函数. 重新选取 a_n 使得 f 是有界函数，但取不到最大值，等等.］

86. 设 M 是度量空间，其上的度量 d 以 1 为上界，即对于所有的 p，$q\in M$，$d(p,q)<1$. M 上的**锥**是指集合

$$C=C(M)=\{p_0\}\cup(0,1]\times M,$$

赋予极度量

$$\rho((r,p),(s,q))=|r-s|+\min\{r,s\}d(p,q)$$

$$\rho((r,p),p_0)=r.$$

称 p_0 是锥的顶点. 证明 ρ 是 C 上的度量.

87. 回忆：若对于 M 的每一个嵌入映射 $h:M\to N$，hM 闭于 N，则称 M 是绝对闭集. 若每一个 hM 都是有界集合，则称 M 是绝对有界的. 定理 43 意味着紧集是绝对闭集且是绝对有界集合. 证明：

（a）若 M 是绝对有界集合，则 M 是紧集.

*（b）若 M 是绝对闭集，则 M 是紧集.

因此，我们又得到了紧性的两个等价条件. ［提示：由习题 85（a），若 M 是非紧的，则存在无界的连续函数 $f:M\to\mathbb{R}$. 对于习题 87（a），证明 $F(x)=(x,f(x))$ 将 M 嵌入为 $M\times\mathbb{R}$ 的无界子集. 对于

习题 87（b），验证"M 以 1 为界"这一附加条件. 进而，使用习题 85（b）证明若 M 是非紧的，则存在连续函数 $g:M\rightarrow(0,1]$，使得对于某个非聚集的序列 (p_n)，有 $\lim\limits_{n\rightarrow\infty}g(p_n)=0$. 最后，证明 $G(x)=(g(x),x)$ 将 M 嵌入为习题 86 给出的锥 $C(M)$ 中的非闭子集.]

88.（a）证明离散度量空间上的任意函数都是一致连续函数.

（b）由此推断出"若 M 上的任意连续函数 $f:M\rightarrow\mathbb{R}$ 都是一致连续函数，则 M 是紧集"是错误的论断.

（c）证明设 M 是紧度量空间 K 的子集，若任意连续函数 $f:M\rightarrow\mathbb{R}$ 都是一致连续函数，则 M 是紧集.

89. 回忆：若每一个 M_rp 都包含 S 中的无限多个点，称 p 是 S 的**聚点**. S 的聚点集合记为 S'. 证明：

（a）若 $S\subset T$，则 $S'\subset T'$.

（b）$(S\cup T)'=S'\cup T'$.

（c）$S'=(\bar{S})'$.

（d）S' 是 M 中的闭集. 也就是说，$S''\subset S'$，其中 $S''=(S')'$.

（e）计算 $\mathbb{N}'$，$\mathbb{Q}'$，$\mathbb{R}'$，$(\mathbb{R}\setminus\mathbb{Q})'$，$\mathbb{Q}''$.

（f）设 $T=\{1/n:n\in\mathbb{N}\}$. 计算 T'，T''.

（g）给出例子说明 S'' 可能是 S' 的真子集.

90. 回忆：若每一个 M_rp 都包含 S 中的不可数多个点，称 p 是 S 的**凝点**. S 的凝点集合记为 S^*. 证明：

（a）若 $S\subset T$，则 $S^*\subset T^*$.

（b）$(S\cup T)^*=S^*\cup T^*$.

（c）$S^*\subset\bar{S}^*$，其中 $\bar{S}^*=(\bar{S})^*$.

（d）S^* 是 M 中的闭集. 也就是说，$S^{*'}\subset S^*$，其中 $S^{*'}=(S^*)'$.

（e）$S^{**}\subset S^*$，其中 $S^{**}=(S^*)^*$.

（f）计算 $\mathbb{N}^*$，$\mathbb{Q}^*$，$\mathbb{R}^*$，$(\mathbb{R}\setminus\mathbb{Q})^*$，$\mathbb{Q}^{**}$.

（g）通过例子说明 S^* 可以是 $(\bar{S})^*$ 的真子集. 也就是说，（c）在通常情形下不能取等号.

**(h) 通过例子说明 S^{**} 可以是 S^* 的真子集. 也就是说，（e）在通常情形下不能取等号. [提示：考虑函数 $f:[a,b]\rightarrow[0,1]$ 构成的集合 M，这里不要求 f 连续. 在 M 上赋予上确界度量，$d(f,g)=\sup\{|f(x)-g(x)|:x\in[a,b]\}$. 考虑所有"取值为有理数的 δ 函数"

的集合 S.]

**(i) 给出例子说明 S^* 既不包含 S'^*，也不包含于 S'^*，其中 $S'^* = (S')^*$.［提示：取值为 $\dfrac{1}{n}$ 的 δ 函数，$n \in \mathbb{N}$.］

91. 回忆：若 p 属于 $S \subset M$，且存在某个 $M_r p$ 包含于 S，则称 p 是 $S \subset M$ 的内点，S 的内点集合称为 S 的内部，记为 $\mathrm{int}S$. 对于度量空间 M 的任意子集 S，T，证明：

（a）$\mathrm{int}S = S \backslash \partial\ S$.

（b）$\mathrm{int}S = (\overline{S^c})^c$.

（c）$\mathrm{int}(\mathrm{int}S) = \mathrm{int}S$.

（d）$\mathrm{int}\ (S \cap T)\ = \mathrm{int}S \cap \mathrm{int}T$.

（e）对偶的，关于集合的闭包有什么等式成立呢？

（f）证明 $\mathrm{int}(S \cup T) \supset (\mathrm{int}S \cup \mathrm{int}T)$. 通过例子说明包含可以是严格包含，即不是等式.

92. 设 $S \subset M$，若每一个邻域 $M_r p$ 都包含 S 和 S^c 的点，称 p 是 $S \subset M$ 的边界点. S 的边界记为 ∂S. 对于度量空间 M 的任意子集 S，T，证明：

（a）S 是闭开集，当且仅当 $\partial S = \varnothing$.

（b）$\partial S = \partial S^c$.

（c）$\partial\partial S \subset \partial S$.

（d）$\partial\partial\partial S = \partial\partial S$.

（e）$\partial(S \cup T) \subset \partial S \cup \partial T$.

（f）通过例子说明（c）是严格包含，即 $\partial\partial S \neq \partial S$.

问题：结论（e）是否可以取为等号？

*93. 设 E 是 $\mathbb{R}$ 的不可数子集，证明存在 $p \in \mathbb{R}$ 使得 E 在该点凝结.［提示：使用十进制展开式. 为什么说存在区间 $[n, n+1]$ 包含 E 的不可数多个点？它为什么一定包含一个具有同样性质的十进制子区间？（十进制子区间 $[a, b]$ 具有端点 $a = n + k/10$，$b = n + (k+1)/n$，其中整数 k 满足 $0 \leqslant k \leqslant 9$.）你能因此发现凝点的十进制展开式吗？］将结果推广到 $\mathbb{R}^2$ 和 $\mathbb{R}^m$.

94. 假如度量空间 M 包含可数的稠密子集，则称 M 是可分的.［这里出现语言的混用："可分"与"分离"无关.］

（a）证明$\mathbb{R}^m$是可分的.

（b）证明紧度量空间是可分的.

95. *（a）证明可分度量空间的度量子空间还是可分的. 由此推导出$\mathbb{R}^m$或者紧度量空间的任意度量子空间都是可分的.

（b）可分性是拓扑性质吗？

（c）可分度量空间的连续映射像还是可分的吗？

96. 构造一个不可分的度量空间.

97. 设$\mathcal{B}$是$\mathbb{R}^m$中的以有理数为分量的、有理点为中心、有理数ε为半径的ε邻域构成的集合簇.

（a）证明$\mathcal{B}$是可数集合.

（b）证明$\mathbb{R}^m$中任意开子集都可以表示为$\mathcal{B}$中可数多个成员的并集.

（并集不要求是无交的并，但必须是至多可数多个的并，这是因为$\mathcal{B}$有至多可数多个成员. 形如$\mathcal{B}$这样的集合簇称为$\mathbb{R}^m$上拓扑的**可数基**.）

98. （a）证明可分度量空间一定存在可数的拓扑基. 反之，具有可数拓扑基的度量空间一定是可分的.

（b）推断任意紧度量空间具有可数拓扑基.

*99. 参考习题90，假设M可分，$S \subset M$，以及如前所述，S'是S的聚点集合，而S^*是S的凝点集合. 证明：

（a）$S^* \subset (S')^* = (\bar{S})^*$.

（b）$S^{**} = S^{*\prime} = S^*$.

（c）为什么在通常情形下，结论（a）不是等式.

［提示：对于（a），考虑分解式$S \subset (S \backslash S') \cup S'$以及$\bar{S} = (S \backslash S') \cup S'$，证明$(S \backslash S')^* = \varnothing$，然后使用习题90（a）. 对于（b），习题90（d）意味着$S^{**} \subset S^{*\prime} \subset S^*$. 为了证明$S^* \subset S^{**}$，考虑关系式$S \subset (S \backslash S^*) \cup S^*$，并且证明$(S \backslash S^*)^* = \varnothing$.］

*100. 证明：

（a）$\mathbb{R}$的不可数子集凝结于$\mathbb{R}$的某一点.

（b）$\mathbb{R}$的不可数子集凝结于自身的某一点.

（c）$\mathbb{R}$的不可数子集聚集于自身的不可数多个点.

（d）关于$\mathbb{R}^m$有什么结论？

（e）关于紧度量空间有什么结论？

(f) 关于可分度量空间有什么结论?

101. 证明度量空间的完备化在如下意义下是唯一的: 度量空间 M 的完备化空间是包含 M 的完备空间 X, 且 M 在 X 中稠密. 换言之, X 中每一个点都是 M 的极限.

(a) 证明 M 在定理 76 的证明中构造的完备化空间 $\hat{M}$ 中稠密.

(b) 若 X 和 X' 都是 M 的完备化空间, 证明存在等距映射 $i : X \to X'$ 使得对于每一个 $p \in M$, $i(p) = p$.

(c) 证明上述映射 i 是唯一满足条件的等距映射.

(d) 由此推断出 $\hat{M}$ 的唯一性.

*102. 用 $\hat{\mathbb{Q}}$ 表示 $\mathbb{Q}$ 中的柯西列模等价关系后得到共柯西列集合. 则 $\hat{\mathbb{Q}}$ 关于本章 2.7 节给出的自然的四则运算构成域, 而 $\mathbb{Q}$ 自然成为 $\hat{\mathbb{Q}}$ 的子域.

103. 证明本章 2.7 节给出的 $\hat{\mathbb{Q}}$ 上的序关系和 $\mathbb{Q}$ 上的经典序关系吻合, 因此是真正的序关系.

*104. 设 Σ 为取值 0 和 1 的无限序列串集合. 例如, $(1001110000011111\cdots) \in \Sigma$. 定义度量

$$d(a, b) = \sum \frac{|a_n - b_n|}{2^n},$$

其中 $a = (a_n)$ 和 $b = (b_n)$ 为 Σ 中的点.

(a) 证明 Σ 是紧集.

(b) 证明 Σ 和康托尔集同胚.

*105. 若对于任意的 $x, y, z \in M$, M 上的度量满足

$$d(x, z) \leq \max\{d(x, y), d(y, z)\}.$$

则称其为 M 上的超度量.

(直观的, 从 x 到 z 的旅程不会因为在 y 点停留而获得更好的运气.)

(a) 证明超度量性质意味着三角不等式.

(b) 在超度量空间中, 证明 "三角形都是等腰三角形."

(c) 证明具有超度量的度量空间是全不连通的.

(d) 在习题 104 中给出的 0 和 1 序列串集合 Σ 上定义度量

$$d_*(a, b) = \begin{cases} \dfrac{1}{2^n} & \text{若 } n \text{ 是使得 } a_n \neq b_n \text{ 的最小下标,} \\ 0 & \text{若 } a = b. \end{cases}$$

证明 d_* 是超度量.

（e）证明恒同映射是 (Σ, d) 到 (Σ, d_*) 的同胚映射.

*106. $\mathbb{Q}$ 遗传了 $\mathbb{R}$ 上的欧几里得度量, 另一方面, $\mathbb{Q}$ 上还有一种完全不同的度量, 即 p **进制度量**. 给定素数 p 以及整数 n, n 的 p 进制范数为

$$|n|_p = \frac{1}{p^k},$$

其中 p^k 是能够整除 n 的 p 的最大次幂. （由定义, 0 的范数等于 0.）p 的因子越多, 其范数越小. 类似地, 若 $x = a/b$ 是一个分数, 我们将 x 分解为

$$x = p^k \cdot \frac{r}{s},$$

其中 p 既不整除 r 也不整除 s, 令

$$|x|_p = \frac{1}{p^k}.$$

则 $\mathbb{Q}$ 上的 p 进制度量为

$$d_p(x, y) = |x - y|_p.$$

（a）证明 d_p 是度量, 且 $\mathbb{Q}$ 关于 d_p 是完全的——每一个点都是聚点.

（b）证明 d_p 是超度量.

（c）设 $\mathbb{Q}_p$ 是 $\mathbb{Q}$ 关于度量 d_p 的完备化, 注意到 d_p 在 $\mathbb{Q}_p$ 上的延拓依然是超度量, 由习题 105 可以推知 $\mathbb{Q}_p$ 是全不连通的.

（d）证明 $\mathbb{Q}_p$ 是局部紧集, 即每一个点都存在紧邻域.

（e）推测 $\mathbb{Q}_p$ 能够由同胚于康托尔集的邻域覆盖. 参看 Gouvêa 的著作: 《p 进制数》.

107. 直接证明三分康托尔集合 C 到闭区间 $[0, 1]$ 存在连续的满射. ［提示: 设 $x \in C$ 具有三进制展开式 (x_n), 其中每一项或者是 0, 或者是 2. 把 (x_n) 中的 2 都替换为 1, 则得到二进制展开式 $y = (y_n)$. 则映射 $x \mapsto y$ 即为所求.］

*108. 设 P 是可分完备度量空间 M 中闭的完全子集. 证明 P 中每一点都是 P 的凝点. 用记号表示: $P = P' \Rightarrow P = P^*$

109. 设 M, N 是非空度量空间, $P = M \times N$.

（a）若 M, N 是完全的, 证明 P 也是完全的.

（b）若 M，N 是全不连通的，证明 P 也是全不连通的.

（c）上述结论的逆命题是否成立？

（d）推断康托尔集合的笛卡儿积还是康托尔集合.

（e）为什么上述结论意味着 $C \times C = \{(x,y) \in \mathbb{R}^2 : x,y \in C\}$ 同胚于标准康托尔集合 C？

*110. 为了证明安托万的项链 A 是康托尔集合，你需要证明 A 是紧、完全、非空和全不连通集合.

（a）验证之. ［提示：A^n 的任意连通分支的直径是多少？这意味着 A 具有什么性质？］

（b）假如在安托万的构造中，每一个较大的实心圆环中仅放置两个连接的小实心圆环，证明 $A = \cap A^n$ 不是全不连通的集合，从而不是康托尔集合.

**111. 给定康托尔集合 $M \subset \mathbb{R}^2$，给定线段 $[p,q] \subset \mathbb{R}^2$ 且 p，$q \notin M$，给定 $\varepsilon > 0$. 证明在 $[p,q]$ 的 ε 邻域中，存在和 M 不相交的连接 p 和 q 的路径 A. ［提示：把 A 看作 M 的平分. 通过这种事实上的对分，可以构造 M 的二元圆盘分区，从而证明 M 是驯顺的.］

*112. 考虑希尔伯特（Hilbert）立方体

$$H = \left\{ (x_1, x_2, \cdots) \in [0,1]^\infty : \forall n \in \mathbb{N}, |x_n| \leqslant \frac{1}{2^n} \right\}.$$

证明 H 关于度量

$$d(x,y) = \sup_n |x_n - y_n|$$

是紧集，其中 $x = (x_n)$，$y = (y_n)$. ［提示：序列的序列.］

注　虽然 H 是紧集，它是无限维的，并且和 $\mathbb{R}^m$ 的任意子集都不同胚.

113. 证明希尔伯特立方体是完全集，并且和其笛卡儿积同胚，即

$$H \simeq H \times H.$$

***114. 假设 M 是紧的、非空、完全集，并且和其笛卡儿积同胚，$M \simeq M \times M$. 则 M 是否同胚于康托尔集、希尔伯特立方体或者这两种集合的某种组合？

115. 佩亚诺空间 M 是指单位区间的连续像构成的度量空间：即存在连续满射 $\tau : [0,1] \rightarrow M$. 定理 68 给出一个令人惊讶的结果，二维圆盘是佩亚诺空间. 证明佩亚诺空间是

（a）紧集；

（b）非空；

（c）道路连通；

*（d）**局部道路连通**，即对于每一个 $p \in M$ 以及 p 的每一个邻域 U，存在 p 的一个更小的邻域 V，使得 V 中任意两个点都可以经 U 中的路径连接.

*116. 习题 115 的逆命题是**汉-马祖科维奇定理**（Hahn-Mazurk-iewicz）. 设度量空间 M 是紧、非空、道路连通以及局部道路连通的. 使用康托尔满射定理 65 证明 M 是佩亚诺空间. ［证明的关键在于均匀地构造一条短的路径填充缝隙 $[0,1] \backslash C$.］

117. **约当曲线定理**是平面拓扑中一个著名的定理. 这个定理告诉我们，若 $f:[a,b] \to \mathbb{R}^2$ 连续，$f(a)=f(b)$，并且不存在其他的互异点对 s，t 满足 $f(s)=f(t)$，则 f 在 $\mathbb{R}^2$ 中路径的补集由两个不相交的连通开集组成，一个在内部，一个在外部. 关于圆周、矩形和三角形证明约当曲线定理. 进而，如果有勇气的话，针对简单的闭多边形证明该定理.

118. 证明存在连续的满射 $\mathbb{R} \to \mathbb{R}^2$. 关于 $\mathbb{R}^m$ 呢？

119. **公用物品问题**是指在平面中给定 3 个房间，标号为 1，2，3，以及 3 种公用物品，天然气、水和电. 要求将每个房间都与这三种公用物品连接，且连线不相交.（房屋和物品分离.）

（a）使用约当曲线定理证明在平面中，公用物品问题无解.

*（b）证明在二维球面 S^2 上，公用物品问题也无解.

*（c）证明在圆环的表面上，公用物品问题存在解.

*（d）在克莱因瓶的表面上呢？

***（e）在具有 g 个纽的表面上给定公用物品 $U_1, \cdots, U_m$ 以及房间 $H_1, \cdots, H_n$，给出 m,n,g 满足的充分必要条件，使得公用物品问题存在解.

120. **开圆柱**是指集合 $(0,1) \times S^1$. **有孔平面**是指 $\mathbb{R}^2 \backslash \{0\}$.

（a）证明开圆柱与有孔平面同胚.

（b）证明开圆柱、双锥和平面不同胚.

121. 闭的长条 $\{(x,y) \in \mathbb{R}^2 : 0 \leqslant x \leqslant 1\}$ 和闭的半平面 $\{(x,y) \in \mathbb{R}^2 : x \geqslant 0\}$ 同胚吗？证明或者驳斥.

122. 减去 x 轴上四个点的平面，和在任意构形中减去四个点的平面是否同胚？

123. 设 A，$B \subset \mathbb{R}^2$.

（a）若 A 和 B 同胚，它们的补集同胚吗？

*（b）若 A 和 B 是紧集呢？

***（c）若 A 和 B 是连通紧集呢？

**124. 设 M 是度量空间，$\mathscr{K}$ 表示 M 的非空紧子集簇. $A \in \mathscr{K}$ 的 r 邻域是

$$M_r A = \{x \in M : \exists\, a \in A, d(x,a) < r\} = \bigcup_{a \in A} M_r a.$$

对于 A，$B \in \mathscr{K}$，定义

$$D(A,B) = \inf\{r > 0 : A \subset M_r B, B \subset M_r A\}.$$

（a）证明 D 是 $\mathscr{K}$ 上的度量. ［它被称为**豪斯多夫（Hausdorff 度量**.］

（b）用 $\mathscr{F}$ 表示 M 的有限非空子集簇，证明 $\mathscr{F}$ 在 $\mathscr{K}$ 中稠密. 也就是说，给定 $A \in \mathscr{K}$，给定 $\varepsilon > 0$，存在 $F \in \mathscr{F}$，使得 $D(A,F) < \varepsilon$.

（c）若 M 是紧集，证明 $\mathscr{K}$ 是紧集.

（d）若 M 是连通集，证明 $\mathscr{K}$ 是连通集.

***（e）若 M 是道路连通的，$\mathscr{K}$ 是道路连通的吗？

（f）若 M 和 M' 同胚，则 $\mathscr{K}$ 和 $\mathscr{K}'$ 同胚吗？

***（g）逆命题呢？

125. 如同本章 2.7 节中给出的集合，考虑 $\mathbb{R}$ 的子集合，

$$A = \{0\} \cup [1,2] \cup \{3\}, B = \{0\} \cup \{1\} \cup [2,3].$$

（a）为什么不存在 $\mathbb{R}$ 到自身且将 A 映射到 B 的环绕同胚？

（b）把 $\mathbb{R}$ 看作 x 轴，是否存在 $\mathbb{R}^2$ 到自身且将 A 映射到 B 的环绕同胚？

**126. 考虑 $\mathbb{R}^3$ 中的上手（三叶）纽结 K. 可以证明，将 K 映为标准的单位圆 $S^1 \subset \mathbb{R}^2$、将 $\mathbb{R}^3$ 映为自身的同胚不存在.（参看罗夫森（Rolfsen）的著作《纽结与连接》.）把 $\mathbb{R}^3$ 看作 (x_1, x_2, x_3, x_4) 空间 $\mathbb{R}^4$ 的平面 $x_4 = 0$，则证明存在将 K 映为 S^1、将 $\mathbb{R}^4$ 映为自身的同胚.

**127. 从集合 $S \subset \mathbb{R}$ 出发，相继选取其闭包、闭包的补集、闭包补集的闭包，等等. $S, \mathrm{cl}(S), (\mathrm{cl}(S))^c, \cdots$. 对于补集 S^c，重复同样过程. 那么在 $\mathbb{R}$ 中共计可以得到多少个不同的子集合？特别地，每一个链 $S, \mathrm{cl}(S), (\mathrm{cl}(S))^c, \cdots$ 是否都由有限多个集合组成？例如，若 $S = \mathbb{Q}$，则可以得到 $\mathbb{Q}$，$\mathbb{R}$，$\varnothing$，$\mathbb{R}$，$\varnothing$，$\mathbb{R}$，$\varnothing$，$\cdots$ 以及 $\mathbb{Q}^c$，$\mathbb{R}$，$\varnothing$，$\mathbb{R}$，$\cdots$ 共计有四个集合.

**128. 考虑字母 T.

（a）证明无法将 T 不相交地、不可数多次放置在平面中. ［提示：首先证明在单位正方形中结论成立.］

（b）证明无法将 T 的同胚像不相交地、不可数多次放置在平面上.

（c）对于哪一个字母，结论成立呢？

（d）设 U 是 $\mathbb{R}^3$ 中形如"伞"的集合：中心连接一条与圆垂直的线段. 证明无法将 U 不相交地、不可数多次放置在 $\mathbb{R}^3$ 中.

（e）若垂直的线段是和边界连接呢？

129. 设 M 是完备、可分的度量空间，如 $\mathbb{R}^m$. 证明杯饼定理**：每一个闭子集 $K \subset M$ 可以唯一地表示为可数集合和完全闭集的无交并：$C \bigsqcup P = K$.

*130. 模仿下文，创作顺口溜.

> 开集闭集，并非互异；
>
> 就让我们，考虑全集；
>
> 它是开集，也是闭集；
>
> 开集闭集，你真神奇；
>
> 连续用你，表达清晰；
>
> 即使某天，没有度量；
>
> 只有开集，仍然成立；
>
> 开集闭集，拓扑根基；
>
> 紧性靠你，有限覆盖；
>
> 连通靠你，明确分离；
>
> 你从哪来，数学分析；
>
> 数学之美，在于抽象；
>
> 学好数学，取决努力.

模拟练习[⊖]

1. 假设 $f : \mathbb{R}^m \to \mathbb{R}$ 满足下述两个条件：

（ⅰ）对于任意紧集 K，$f(K)$ 是紧集.

（ⅱ）对于每一个递减的紧集套序列 (K_n)，

$$f(\cap K_n) = \cap f(K_n).$$

证明 f 连续.

2. 设 $X \subset \mathbb{R}^m$ 是紧集，$f : X \to \mathbb{R}$ 连续. 给定 $\varepsilon > 0$，证明存在常数 M，使得对于所有的 $x, y \in X$，$|f(x) - f(y)| \leqslant M|x-y| + \varepsilon$.

⊖ 题目选自加州大学伯克利分校数学专业一年级研究生的试卷.

3. 考虑 $f:\mathbb{R}^2\to\mathbb{R}$. 假设对于每一个给定的 x_0, $y\mapsto f(x_0,y)$ 连续, 且对于每一个给定的 y_0, $x\mapsto f(x,y_0)$, 连续. 给出满足条件、但不连续的函数例子.

4. 设 $f:\mathbb{R}^2\to\mathbb{R}$ 满足如下性质: 对于每一个给定的 x_0, $y\mapsto f(x_0,y)$ 连续, 且对于每一个给定的 y_0, $x\mapsto f(x,y_0)$ 连续. 此外, 若对于 $\mathbb{R}^2$ 中每一个紧子集 K, $f(K)$ 是紧集, 证明 f 是连续函数.

5. 设 $f(x,y)$ 是定义在单位正方形 $[0,1]\times[0,1]$ 上的实值连续函数. 证明

$$g(x)=\max\{f(x,y)\ :y\in[0,1]\}$$

是连续函数.

6. 设 $\{U_k\}$ 是 $\mathbb{R}^m$ 的开集覆盖. 证明 $\mathbb{R}^m$ 存在开集覆盖 $\{V_k\}$, 使得 $V_k\subset U_k$, 且 $\mathbb{R}^m$ 中每一个紧子集都与有限多个之外的 V_k 不相交.

7. 设 $f:[0,1]\to\mathbb{R}$, 若给定 $x\in[0,1]$ 及 $\varepsilon>0$, 存在 $\delta>0$, 使得当 $|y-x|<\delta$ 时, 有 $f(y)<f(x)+\varepsilon$, 则称函数 f **上半连续**. 证明 $[0,1]$ 上的上半连续函数有上界, 且在某点 $p\in[0,1]$ 达到最大值.

8. 证明将开集映射为开集的连续函数 $f:\mathbb{R}\to\mathbb{R}$ 是单调函数.

9. 证明区间 $[0,1]$ 不能写成可列无限多个不相交的闭子空间的并集.

10. 度量空间 M 的**连通分支**是指 M 的最大连通子集. 在 $\mathbb{R}$ 上给出具有不可数多个连通分支的集合 M 的例子. 这样的集合能是开集吗? 是闭集吗? 把 $\mathbb{R}$ 替换为 $\mathbb{R}^2$, 结论是否有变化?

11. 设 $U\subset\mathbb{R}^m$ 是开集. 假设映射 $h:U\to\mathbb{R}^m$ 是一致连续的同胚映射, 证明 $U=\mathbb{R}^m$.

12. 设 X 是非空连通实数集合. 若 X 中的每一个元素都是有理数, 证明 X 是单点集.

13. 设 $A\subset\mathbb{R}^m$ 是紧集, $x\in A$. 设 (x_n) 是 A 中的序列, 且 (x_n) 的每一个收敛子列都收敛于 x.

(a) 证明 (x_n) 是收敛序列.

(b) 通过例子说明, 若 A 不是紧集, 则结论(a)未必成立.

14. 假设 $f:\mathbb{R}\to\mathbb{R}$ 是一致连续函数. 证明存在常数 A,B 使得对于任意的 $x\in\mathbb{R}$, 都有 $|f(x)|\leqslant A+B|x|$.

15. 设 $h:[0,1)\to\mathbb{R}$ 是一致连续函数, 其中 $[0,1)$ 是半开区间. 证明存在唯一的连续函数 $g:[0,1]\to\mathbb{R}$ 使得 $g(x)=h(x)$ 对所有的 $x\in[0,1)$ 都成立.

3

第3章
实变量函数

1 导数

设函数 $f:(a,b) \to \mathbb{R}$，假如极限

(1) $$\lim_{t \to x} \frac{f(t)-f(x)}{t-x} = L$$

存在，称函数 $f:(a,b) \to \mathbb{R}$ 在 x **点可微**. 由定义[⊖]，极限值 L 是实数，并且对任意的 $\varepsilon>0$，存在 $\delta>0$，使得当 $0<|t-x|<\delta$ 时，上式左端的比值与 L 之差不超过 ε. 称极限 L 为 f 在 x 处的**导数**，记作 $f'(x)$. 在微积分的语言中，$\Delta x = t-x$ 表示自变量 x 的变化，而 $\Delta f = f(t)-f(x)$ 是因变量 $y=f(x)$ 的变化. 在 x 点可导意味着

$$f'(x) = \lim_{\Delta x \to 0} \frac{\Delta f}{\Delta x}.$$

首先回顾一些经典的微分运算结果的证明.

求导运算的法则 1

(a) 可微则连续.

(b) 若 f 和 g 在 x 点可微，则 $f+g$ 也在 x 点可微，并且
$$(f+g)'(x) = f'(x)+g'(x).$$

(c) 若 f 和 g 在 x 点可微，则 $f \cdot g$ 也在 x 点可微，并且
$$(f \cdot g)'(x) = f'(x)g(x)+f(x)g'(x).$$

(d) 常函数的导函数为 0，即 $c'=0$.

(e) 若 f 和 g 在 x 点可微且 $g(x) \neq 0$，则 f/g 也在 x 点可微，并且

⊖ 在这里，极限的概念与序列极限的概念有细微的区别. 这里 t 是收敛于 x 的连续参数，而对于序列 (a_n)，参数 n 为整数且没有上界. 习题 26 讨论了极限的一般定义，该定义包含了上述两种情况.

$$(f/g)'(x) = \left[f'(x)g(x) - f(x)g'(x) \right]/g(x)^2.$$

（f）若 f 在 x 点可微，g 在 $y = f(x)$ 点可微，则复合函数 $g \circ f$ 在 x 点可微，并且

$$(g \circ f)'(x) = g'(y) \cdot f'(x).$$

证明　（a）在微积分中，连续性等价于当 $\Delta x \to 0$ 时，有 $\Delta f \to 0$. 这是显然的. 事实上，若当 Δx 趋于零时，比值 $\Delta f / \Delta x$ 的极限存在并且有限，则分子 Δf 的极限也为零.

（b）由于 $\Delta(f+g) = \Delta f + \Delta g$，当 $\Delta x \to 0$ 时，

$$\frac{\Delta(f+g)}{\Delta x} = \frac{\Delta f}{\Delta x} + \frac{\Delta g}{\Delta x} \to f'(x) + g'(x).$$

（c）由于 $\Delta(f \cdot g) = \Delta f \cdot g(x + \Delta x) + f(x) \cdot \Delta g$，由于 g 在 x 连续，当 $\Delta x \to 0$ 时，

$$\frac{\Delta(f \cdot g)}{\Delta x} = \frac{\Delta f}{\Delta x} g(x + \Delta x) + f(x) \frac{\Delta g}{\Delta x} \to f'(x)g(x) + f(x)g'(x).$$

（d）若 c 为常数，则 $\Delta c = 0$，进而 $c' = 0$.

（e）由于

$$\Delta(f/g) = \frac{g(x)\Delta f - f(x)\Delta g}{g(x + \Delta x)g(x)},$$

等式两边同时除以 Δx，当 $\Delta x \to 0$ 时，则可以得到所求等式.

（f）对于 $y = f(x)$，链式法则最简洁的证明是通过下式给出：

$$\frac{\Delta g}{\Delta x} = \frac{\Delta g}{\Delta y} \frac{\Delta y}{\Delta x} \to g'(y)f'(x).$$

然而，上述证明有小的瑕疵，即 Δy 可能为 0，而 Δx 却不为 0. 但这不是问题的关键. g 在 y 点可微意味着

$$\frac{\Delta g}{\Delta y} = g'(y) + \sigma.$$

其中当 $\Delta y \to 0$ 时，$\sigma = \sigma(\Delta y) \to 0$. 补充定义 $\sigma(0) = 0$，则等式

$$\Delta(g) = (g'(y) + \sigma)\Delta y$$

对所有充分小的 Δy，特别地，对于 $\Delta y = 0$ 均成立. 由 f 在 x 连续（由（a）可知），当 $\Delta x \to 0$ 时，$\Delta y \to 0$. 因此当 $\Delta x \to 0$ 时，

$$\frac{\Delta g}{\Delta x} = (g'(y) + \sigma)\frac{\Delta y}{\Delta x} \to g'(y)f'(x).$$

推论 2　多项式 $a_0 + a_1 x + \cdots + a_n x^n$ 的导数在任一点 x 都存在，并且等于

$$a_1 + 2a_2 x + \cdots + n a_{n-1} x^{n-1}.$$

证明 由求导运算法则即知. □

假如 f 在 (a,b) 中的任一点 x 都可微, 则称函数 $f: (a,b) \to \mathbb{R}$ 可微.

中值定理 3 若连续函数 $f: [a,b] \to \mathbb{R}$ 在区间 (a,b) 内可微, 则 f 具有**中值性质**: 存在 $\theta \in (a,b)$ 使得

$$f(b) - f(a) = f'(\theta)(b-a).$$

证明 令

$$S = \frac{f(b) - f(a)}{b - a},$$

则 S 表示 f 的图像割线的斜率. 见图 56.

函数 $\phi(x) = f(x) - Sx$ 是可微函数且在 a, b 处取相同的值

$$v = \frac{b f(a) - a f(b)}{b - a}.$$

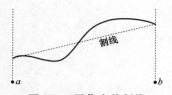

图 56 f 图像上的割线

由于 ϕ 可微, 因此它为连续函数, 从而在闭区间 $[a,b]$ 上取得最大值和最小值. 由于 ϕ 在两个端点处取相同的值, 在开区间 (a,b) 上存在一点 θ 使得函数 ϕ 在该点取得最大值或最小值. 见图 57. 因此 $\phi'(\theta) = 0$ (见习题 6), 并且 $f(b) - f(a) = f'(\theta)(b-a)$. □

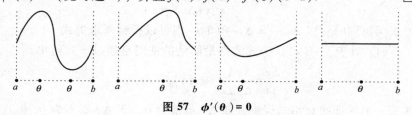

图 57 $\phi'(\theta) = 0$

推论 4 设 f 可微且对任意 $x \in (a,b)$, $|f'(x)| \leq M$, 则 f 满足整体李普希兹 (Lipschitz) 条件: 对任意 $t, x \in (a,b)$,

$$|f(t) - f(x)| \leq M |t - x|.$$

特别地, 若对于任意 $x \in (a,b)$, $f'(x) = 0$, 则 f 为常函数.

证明 由于存在介于 t 和 x 之间的 θ 使得 $|f(t) - f(x)| = |f'(\theta)(t-x)|$, 结论成立. □

注 中值定理在微积分的估值运算中起到重要的作用.

由于经常需要同时考察两个函数. 为此给出如下结论.

比值中值定理 5 设函数 f 和 g 在闭区间 $[a,b]$ 上连续, 在开区间 (a,b) 内可微, 则存在 $\theta \in (a,b)$ 使得

$$\Delta f g'(\theta) = \Delta g f'(\theta),$$

其中 $\Delta f = f(b) - f(a)$, $\Delta g = g(b) - g(a)$. (若 $g(x) \equiv x$, 则比值中值定理即为普通的中值定理.)

证明 若 $\Delta g \neq 0$, 则该定理意味着存在 $\theta \in (a, b)$ 使得

$$\frac{\Delta f}{\Delta g} = \frac{f'(\theta)}{g'(\theta)}.$$

上述比值表达式可以帮助我们记住这个定理. 证明的关键点在于要同时考虑 f' 与 g' 在同一点 θ 点的值. 函数

$$\Phi(x) = \Delta f(g(x) - g(a)) - \Delta g(f(x) - f(a))$$

可微, 且在区间的端点 a, b 的值均为 0. 由于 Φ 连续, 它在闭区间 $[a, b]$ 上存在最大值和最小值, 而 Φ 在区间的端点取相同的值, 因此存在 $\theta \in (a, b)$, 即 $\theta \neq a, b$, f 在 θ 点取得最大或者最小值. 因此, $\Phi'(\theta) = 0$, 从而 $\Delta f g'(\theta) = \Delta g f'(\theta)$. □

洛必达 (L' Hospital) 法则 6 设 f 和 g 是区间 (a, b) 上的可微函数, 且 $\lim\limits_{x \to b-} f(x) = \lim\limits_{x \to b-} g(x) = 0$. 当 x 趋于 b 时, f 和 g 的导函数的比值 $f'(x)/g'(x)$ 趋于有限数 L, 则当 x 趋于 b 时, $f(x)/g(x)$ 的极限也是 L. (我们假设 $g(x)$, $g'(x) \neq 0$.)

证明梗概 设 $x \in (a, b)$ 趋于 b 点. 想象点 $t \in (a, b)$, 并且以比 x 更快的速度趋于 b. 这相当于 x 点的"前卫". 则 $f(t)/f(x)$ 与 $g(t)/g(x)$ 就可以达到我们期望的足够小, 由比值中值定理, 存在 $\theta \in (x, t)$ 满足

$$\frac{f(x)}{g(x)} = \frac{f(x) - 0}{g(x) - 0} \doteq \frac{f(x) - f(t)}{g(x) - g(t)} = \frac{f'(\theta)}{g'(\theta)}.$$

其中, 后者收敛于 L, 这是由于 θ 介于 x 和 t 中间, 而 x 和 t 均收敛于 b. 记号"$\doteq$"表示近似相等. 参见图 58.

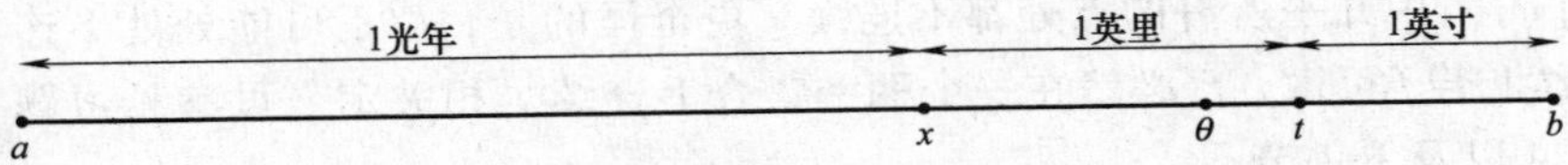

图 58 点 x 和点 t 迫使 θ 收敛于 b

完整的证明 给定 $\varepsilon > 0$, 我们要寻找 $\delta > 0$ 使得若 $|x - b| < \delta$, 则 $|f(x)/g(x) - L| < \varepsilon$. 由于 $f'(x)/g'(x)$ 在 b 点收敛于 L, 确实存在 $\delta > 0$ 使得若 $x \in (b - \delta, b)$, 则

$$\left|\frac{f'(x)}{g'(x)}-L\right|<\frac{\varepsilon}{2}.$$

对于每一个 $x\in(b-\delta,b)$，可在区间 $(b-\delta,b)$ 中确定一个充分靠近 b 的点 t 且满足

$$|f(t)|+|g(t)|<\frac{g^2(x)\varepsilon}{4(|f(x)|+|g(x)|)},$$

$$|g(t)|<\frac{|g(x)|}{2}.$$

这是由于，当 t 趋于 b 时，$f(t)$ 和 $g(t)$ 趋于 0，以及 $g(x)\neq0$，这样的 t 的确存在，当然，t 要依赖于 x 的选取．通过合理地选择 t 以及比值中值定理，

$$\left|\frac{f(x)}{g(x)}-L\right|=\left|\frac{f(x)}{g(x)}-\frac{f(x)-f(t)}{g(x)-g(t)}+\frac{f(x)-f(t)}{g(x)-g(t)}-L\right|$$

$$\leqslant\left|\frac{g(x)f(t)-f(x)g(t)}{g(x)(g(x)-g(t))}\right|+\left|\frac{f'(\theta)}{g'(\theta)}-L\right|<\varepsilon,$$

因此当 $x\to b$ 时，$f(x)/g(x)\to L$，从而完成证明．

容易看出无论当 x 趋于 b 或者趋于 a 时，洛必达法则同样成立，类似地，当 x 趋于 $\pm\infty$ 或者 f 与 g 趋于 $\pm\infty$ 时，结论也成立．参见习题 7、习题 8．

从现在开始，我们将灵活使用洛必达法则．

定理 7　若 f 在区间 (a,b) 内可微，则导函数 $f'(x)$ 具有介值性质．

函数 f 的可微性意味着 f 的连续性，由介值定理，f 可选取所有的中值，但这不是定理 7 的内容．事实上，定理 7 关注的是 f' 而不是 f．导函数可能是不连续的，但是它依然可以取到所有的中值．这似乎是语言的滥用！像 f' 这样的具有介值性质的函数，称为**达布（Darboux）连续函数**，虽然它们未必连续！达布是第一个意识到导函数可能有非常多的不连续点的数学家．尽管 f' 具有介值性质，它可能在 $[a,b]$ 中几乎所有的点处都不连续．更奇怪的是，f' 不可能处处不连续！若 f 可微，f' 必然在一个稠密集合上连续．相关定义可参见习题 24 以及下一节．

证明　设 $a<x_1<x_2<b$ 以及

$$\alpha=f'(x_1)<\gamma<f'(x_2)=\beta.$$

下面将找出 $\theta\in(x_1,x_2)$ 使得 $f'(\theta)=\gamma$．

选取充分小的 h，$0<h<x_2-x_1$，在 f 的图像中画出介于点 $(x,f(x))$

和 $(x+h, f(x+h))$ 的割线段 $\sigma(x)$. 将 x 从 x_1 连续地滑动到 x_2-h. 这是**滑动割线法**. 参见图 59.

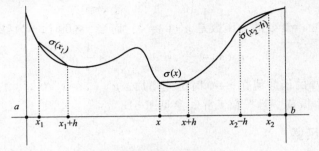

图 59　滑动割线

当 h 足够小时，$\sigma(x_1)$ 的斜率和 $f'(x_1)$ 近似相等，而 $\sigma(x_2-h)$ 的斜率和 $f'(x_2)$ 近似相等，因此

$$\sigma(x_1) \text{ 的斜率} < \gamma < \sigma(x_2-h) \text{ 的斜率}.$$

由 f 的连续性，存在 $x \in (x_1, x_2-h)$，$\sigma(x)$ 的斜率等于 γ. 由中值定理，存在 $\theta \in (x, x+h)$ 使得 $f'(\theta) = \gamma$.

推论 8　可微函数的导函数不存在跳跃间断点.

证明　假如有跳跃间断点，则函数没有介值性质.

病态例子

存在具有非跳跃间断点的导函数 f'. 函数

$$f(x) = \begin{cases} x^2 \sin \dfrac{1}{x} & \text{若 } x > 0 \\ 0 & \text{若 } x \le 0 \end{cases}$$

处处可微，甚至在 0 点也是可微的，其中 $f'(0) = 0$. 当 $x > 0$ 时，它的导函数为

$$f'(x) = 2x \sin \frac{1}{x} - \cos \frac{1}{x},$$

当 $x \to 0$ 时，$f'(x)$ 振荡越来越快，其振幅趋于 1. 由于 $x \to 0$ 时，$f'(x)$ 并不趋于 0，f' 在 $x = 0$ 点并不连续. 图 60 显示 f 在 0 点连续且 $f'(0) = 0$ 的原因. 尽管图形在 0 点宽幅振荡，但总是夹在其包络线 $y = \pm x^2$ 之间，并且，对于夹在 $y = \pm x^2$ 之间的任意曲线在原点与 x 轴相切. 仔细研究这个例子，参见图 60.

一个类似但更糟糕的例子是

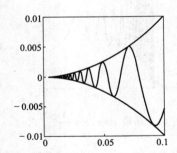

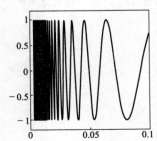

图 60　函数 $y = x^2 \sin \dfrac{1}{x}$ 及其包络线以及导函数的图形

$$g(x) = \begin{cases} x^{\frac{3}{2}} \sin \dfrac{1}{x} & \text{若 } x > 0 \\ 0 & \text{若 } x \leqslant 0 \end{cases}$$

函数 g 在 $x=0$ 处的导函数是 $g'(0)=0$，而当 $x \neq 0$ 时，导函数是

$$g'(x) = \frac{3}{2}\sqrt{x} \sin \frac{1}{x} - \frac{1}{\sqrt{x}} \cos \frac{1}{x},$$

由于 $1/\sqrt{x}$ 的函数值在 $x \to 0$ 时迅速增加，$g'(x)$ 在 $x \to 0$ 时，以越来越快的频率振荡，且振幅无界．参见图 61．

高阶导函数

若 f' 的导函数存在，则称为 f 的二阶导函数，即

$$(f')'(x) = f''(x) = \lim_{t \to x} \frac{f'(t) - f'(x)}{t - x}.$$

可以通过归纳法给出函数高阶导函数的定义，且记 $f^{(r)} = (f^{(r-1)})'$．若 $f^{(r)}(x)$ 存在，则称函数 f 在 x 点 r 阶**可微**．若对任意的点 x，$f^{(r)}(x)$ 都存在，称函数 f 在 x 处 r 阶**可微**．若对于任意自然数 r 以及任意的点 x，$f^{(r)}(x)$ 都存在，称 f **无限可微**，或者是**光滑函数**．f 的零阶导函数是它自身，即 $f^{(0)}(x) = f(x)$．

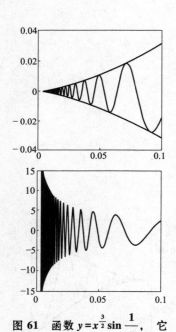

图 61　函数 $y = x^{\frac{3}{2}} \sin \dfrac{1}{x}$，它的包络线 $y = \pm x^{\frac{3}{2}}$ 以及导函数

定理 9　若 f 有 r 阶导函数，其中 $r \geqslant 1$，则 $f^{(r-1)}(x)$ 是以 $x \in (a,b)$ 为自变量的连续函数．

证明　可微意味着连续，而函数 $f^{(r-1)}(x)$ 是可微的，因此结论成立．

推论 10　光滑函数是连续的．光滑函数的导函数是光滑的，进而也是连续的．

证明　由光滑函数的定义以及定理 9 即知．

光滑函数类

如果 f 是可微函数，且导函数 $f'(x)$ 连续，即 f 有**连续的导函数**，则称 f 是 C^1 类函数．若 f 有第 r 阶导函数，且 $f^{(r)}(x)$ 是连续函数，即 f 有**连续的第 r 阶导函数**，称 f 是 C^r **类函数**．

若 f 是光滑函数，则由上述推论，对于任意自然数 r，f 是 C^r 类函数，称 f 是 C^∞ **类函数**．为了使上述概念完整，称连续函数为 C^0 **类函数**．记 C^r 为 C^r 类函数的全体，则有如下的**层次规律**：

$$C^0 \supset C^1 \supset \cdots \supset \bigcap_{r \in \mathbb{N}} C^r = C^\infty.$$

其中，对于每一个 r，包含关系 $C^r \supset C^{r+1}$ 都是真包含，即存在连续函数但并不是 C^1 类函数，存在 C^1 类函数但不是 C^2 函数，等等．例如，

$f(x) = |x|$ 是 C^0 类函数，但不是 C^1 类函数；

$f(x) = x|x|$ 是 C^1 类函数，但不是 C^2 类函数；

$f(x) = |x|^3$ 是 C^2 类函数，但不是 C^3 类函数；

…

解析函数

一个函数如果可以局部地表示成收敛幂级数的和，则称为**解析函数**．准确地说，若对于每个 $x \in (a,b)$，存在幂级数

$$\sum a_r h^r$$

以及 $\delta > 0$，当 $|h| < \delta$ 时，上述级数收敛，且

$$f(x + h) = \sum_{r=0}^{\infty} a_r h^r.$$

称函数 $f: (a,b) \to \mathbb{R}$ 为解析函数．

我们将在第 3 节和第 4 章进一步讨论级数收敛的概念．我们还将在第 4 章第 2 节证明解析函数是光滑的，且若 $f(x+h) = \sum a_r h^r$，则

$$f^{(r)}(x) = r! a_r.$$

这给出了幂级数展开式的唯一性：若 f 在 x 点的幂级数有两种表达式，则它们有相同的系数 $f^{(r)}(x)/r!$．习题 4.36 给出了比表达式的唯一性更强的结果，即解析函数的唯一性定理．

我们将用记号 C^{ω} 表示解析函数的全体．

非解析光滑函数

在某种程度上讲，光滑函数未必是解析函数，即 C^{ω} 是 C^{∞} 的真子集，这一事实令人惊讶．一个典型的例子是

$$e(x) = \begin{cases} e^{-\frac{1}{x}} & \text{若 } x > 0, \\ 0 & \text{若 } x \leqslant 0. \end{cases}$$

这个函数光滑性的证明留作课后习题，即习题 14，证明需要利用洛必达法则和数学归纳法．在 $x=0$ 处，$e(x)$ 的图像和 x 轴相切，且对任意的自然数 r，$e^{(r)}(0) = 0$．参见图 62.

下面将说明 $e(x)$ 不是解析函数．假如结论不成立，则函数在 0

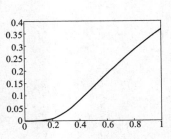

图 62 $e(x) = e^{-\frac{1}{x}}$ 的图形

点附近可以表示为收敛级数 $e(h) = \sum a_r h^r$，其中 $a_r = \dfrac{e^{(r)}(0)}{r!}$. 因此对每一个 r，$a_r = 0$，于是级数收敛于 0，而当 $h > 0$ 时，$e(h)$ 不为 0，从而得到矛盾. 尽管 $e(x)$ 在 $x = 0$ 不解析，$e(x)$ 在其他点处都是解析的. 参见习题 4.35.

泰勒逼近

若函数 f 有 r 阶导函数，则 f 在 x 点处的第 r 阶**泰勒多项式**为

$$P(h) = f(x) + f'(x)h + \frac{f''(x)}{2!}h^2 + \cdots + \frac{f^{(r)}(x)}{r!}h^r = \sum_{k=0}^{r} \frac{f^{(k)}(x)}{k!}h^k.$$

其中，系数 $\dfrac{f^{(k)}(x)}{k!}$ 是常数，自变量为 h. 由函数 P 在 $h = 0$ 的可微性可以推知

$$P(0) = f(x),$$
$$P'(0) = f'(x),$$
$$\vdots$$
$$P^{(r)}(0) = f^{(r)}(x).$$

泰勒逼近定理 11　假设函数 $f: (a, b) \to \mathbb{R}$ 在点 x 处 r 阶可微. 则

（a）在 x 点，P 可 r 阶逼近于 f，这意味着泰勒余项

$$R(h) = f(x+h) - P(h)$$

在 $h = 0$ 时 r 阶平坦，即当 $h \to 0$ 时，$R(h)/h^r \to 0$.

（b）具有上述逼近性质的多项式中，泰勒多项式是唯一的阶数不超过 r 的多项式.

（c）进一步，若 f 在区间 (a, b) 上还具有 $r+1$ 阶导函数，则存在介于 x 和 $x+h$ 之间的某个 θ，

$$R(h) = \frac{f^{(r+1)}(\theta)}{(r+1)!}h^{r+1}.$$

证明（a）　$R(h)$ 的前 r 阶导函数存在，且在 $h = 0$ 时为 0. 若 $h > 0$，重复使用中值定理，则

$$R(h) = R(h) - 0 = R'(\theta_1)h = (R'(\theta_1) - 0)h = R''(\theta_2)\theta_1 h$$
$$= \cdots = R^{(r-1)}(\theta_{r-1})\theta_{r-2}\cdots\theta_1 h,$$

其中，$0 < \theta_{r-1} < \cdots < \theta_1 < h$. 因此当 $h \to 0$ 时，

$$\left|\frac{R(h)}{h^r}\right| = \left|\frac{R^{(r-1)}(\theta_{r-1})\theta_{r-2}\cdots\theta_1 h}{h^r}\right| \le \left|\frac{R^{(r-1)}(\theta_{r-1})-0}{\theta_{r-1}}\right| \to 0.$$

若 $h<0$, 只需考虑 $h<\theta_1<\cdots<\theta_{r-1}<0$, 同理结论也成立.

(b) 若 $Q(h)$ 是阶数不超过 r 的多项式, $Q\neq P$, 则 $Q-P$ 在 $h=0$ 处不可能是 r 阶平坦, 因此 $f(x+h)-Q(h)$ 也不可能是 r 阶平坦.

(c) 固定 $h>0$, 对于 $0\le t\le h$, 令

$$g(t)=f(x+t)-P(t)-\frac{R(h)}{h^{r+1}}t^{r+1}=R(t)-R(h)\frac{t^{r+1}}{h^{r+1}}.$$

由于 $P(t)$ 是 r 阶多项式, 对于任意的 t, $P^{(r+1)}(t)=0$, 且

$$g^{(r+1)}(t)=f^{(r+1)}(x+t)-(r+1)!\frac{R(h)}{h^{r+1}}.$$

此外, $g(0)=g'(0)=\cdots=g^{(r)}(0)=0$, 同时 $g(h)=R(h)-R(h)=0$. 由于在 0 点和 h 点 g 取值为 0, 由中值定理, 存在 $t_1\in(0,h)$ 使得 $g'(t_1)=0$. 由于 $g'(0)=g'(t_1)=0$, 再由中值定理, 存在 $t_2\in(0,t_1)$ 使得 $g''(t_2)=0$. 重复上述过程, 得到序列 $t_1>t_2>\cdots>t_{r+1}>0$, 使得 $g^{(k)}(t_k)=0$. 第 $r+1$ 个方程, $g^{(r+1)}(t_{r+1})=0$, 意味着

$$0=f^{(r+1)}(x+t_{r+1})-(r+1)!\frac{R(h)}{h^{r+1}}.$$

因此, $\theta=x+t_{r+1}$ 可以确保 (c) 中等式成立. 若 $h<0$, 对称的可以给出证明.

推论 12 设 $r\in\mathbb{N}$, 则对于光滑的非解析函数 $e(x)$, 有
$\lim\limits_{h\to 0}\frac{e(h)}{h^r}=0.$

证明 由于对于任意的 r, $e^{(r)}(0)=0$, 由上述定理, 结论成立.

光滑函数 f 在 x 点的**泰勒级数**是无限的泰勒多项式

$$T(h) = \sum_{r=0}^{\infty}\frac{f^{(r)}(x)}{r!}h^r.$$

在微积分中, 你计算了一些函数的泰勒级数, 如 $\sin x$, $\arctan x$, e^x 等. 这些函数是解析的: 它们的泰勒级数是收敛的, 且可以表示为幂级数. 一般地, 光滑函数的泰勒级数未必能够收敛到自身, 甚至都不一定是收敛的. 函数 $e(x)$ 给出了第一种情形的例子, 虽然它在 $x=0$ 处的泰勒级数收敛, 但是其极限不等于自身. 习题 4.35 将给出发散和完全发散的泰勒级数的例子.

泰勒级数的收敛性与 $r \to \infty$ 时，第 r 阶导函数增长的速度相关. 在第 4 章第 6 节我们将针对增长率，给出光滑函数是否解析的充分必要条件.

反函数

严格单调的连续函数 $f: (a,b) \to \mathbb{R}$ 将区间 (a,b) 一一映射为另一个区间 (c,d)，其中如果 f 是单调递增的函数，则 $c=f(a)$，$d=f(b)$，于是得到 (a,b) 到 (c,d) 的同胚. 反函数 $f^{-1}: (c,d) \to (a,b)$ 也是同胚. 这些事实在第 2 章中已经得到证明.

函数 f 的可微性是否意味着 f^{-1} 的可微性? 若 $f' \neq 0$，答案是肯定的. 然而，考虑函数 $f: x \mapsto x^3$，则可以知道由 $f'(x)=0$ 推不出 f^{-1} 的可微性. 这是由于 f 的反函数是 $y \mapsto y^{\frac{1}{3}}$，在 $y=0$ 处不可微.

一维反函数定理 13 设 $f: (a,b) \to (c,d)$ 是可微的满射，且 $f'(x)$ 恒不为 0，则 f 是同胚映射，且其反函数可微，反函数的导函数为

$$(f^{-1})'(y) = \frac{1}{f'(x)},$$

其中 $y = f(x)$.

证明 若 f' 恒不为 0，由导函数的介值性质，f' 恒为正值或者恒为负值. 假定对任意的 x，$f'(x) > 0$. 若 $a < s < t < b$，由中值定理，存在 $\theta \in (s,t)$ 使得 $f(t) - f(s) = f'(\theta)(t-s) > 0$. 因此 f 是严格单调函数. 可微意味着连续，因此 $f: (a,b) \to (c,d)$ 是同胚. 为了证明 f^{-1} 在 $y \in (c,d)$ 的可微性，定义

$$x = f^{-1}(y), \Delta x = f^{-1}(y + \Delta y) - x.$$

则 $y = f(x)$，$\Delta y = f(x + \Delta x) - f(x) = \Delta f$. 因此

$$\frac{\Delta f^{-1}}{\Delta y} = \frac{f^{-1}(y + \Delta y) - f^{-1}(x)}{\Delta y} = \frac{\Delta x}{\Delta y} = \frac{1}{\Delta y / \Delta x} = \frac{1}{\Delta f / \Delta x}.$$

由于 f 是同胚映射，$\Delta x \to 0$ 当且仅当 $\Delta y \to 0$，因此 $\dfrac{\Delta f^{-1}}{\Delta y}$ 的极限存在且等于 $\dfrac{1}{f'(x)}$. □

若 f 是同胚映射，且 f 和 f^{-1} 都是 $C^r (r \geq 1)$ 类函数，则称 f 是 C^r 类微分同胚.

推论 14 设 $f: (a,b) \to (c,d)$ 是 C^r 类同胚，$1 \leq r < \infty$，$f' \neq 0$，

则 f 是 C^r 类微分同胚.

证明 若 $r=1$，式 $(f^{-1})'(y)=1/f'(x)=1/f'(f^{-1}(y))$ 意味着 $(f^{-1})'(y)$ 是连续函数，因此 f 是 C^1 类微分同胚. 对 $r\geqslant2$ 使用数学归纳法可以完成证明. □

对于解析函数，上述推论仍然成立：解析函数如果具有恒不为 0 的导函数，则其反函数是解析的. 将反函数定理推广到多维的情形，是第 5 章的基本目标.

对于一维反函数定理，可以通过两步给出烦琐但更几何直观的证明.

（ⅰ）函数是可微的当且仅当它的图像是可微的.

（ⅱ）f^{-1} 的图像与 f 的图像关于直线 $y=x$ 对称，因此也是可微的. 如图 63 所示.

2 黎曼积分

给定函数 $f:[a,b]\to\mathbb{R}$. 直观的，f 的积分是它下方图形的面积，即对于 $f\geqslant0$，

$$\int_a^b f(x)\,\mathrm{d}x = \mathbb{U} \text{ 的面积}.$$

其中，$\mathbb{U}$ 是 f 的**下方图形**，

$$\mathbb{U}=\{(x,y):a\leqslant x\leqslant b,\ 0\leqslant y\leqslant f(x)\}.$$

严格的证明需要利用逼近论. 一个**分割对**包含 2 个有限点集 $P,T\subset[a,b]$；其中 $P=\{x_0,x_1,\cdots,x_n\}$，$T=\{t_1,t_2,\cdots,t_n\}$，它们交错排列如下：

$$a=x_0\leqslant t_1\leqslant x_1\leqslant t_2\leqslant x_2\leqslant\cdots\leqslant t_n\leqslant x_n=b.$$

假设 $x_0,x_1,\cdots,x_n$ 是互异的点. 则 f 关于分割对 (P,T) 的**黎曼和**是

$$R(f,P,T)=\sum_{i=1}^n f(t_i)\Delta x_i = f(t_1)\Delta x_1 + f(t_2)\Delta x_2 + \cdots + f(t_n)\Delta x_n.$$

其中 $\Delta x_i=x_i-x_{i-1}$. 黎曼和 R 是逼近 f 的下方图形的矩形面积之和. 参见图 64. 将 t_i 看作"样本点"，我们考虑 f 在 t_i 处的值.

分割 P 的**目径**是指最长的子区间 $[x_{i-1},x_i]$ 的长度. 称目径大的分割是**粗糙**的，目径小的分割是**精细**的. 一般地，分割越精细越好. 假如实数 I 满足下面的逼近性质：

$\forall\,\varepsilon>0$，$\exists\,\delta>0$，对于任意分割对 P,T，只要 P 的目径小于 δ，

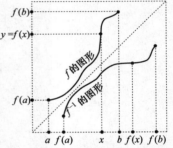

图 63 $\mathbb{R}$ 中反函数定理的图形证明

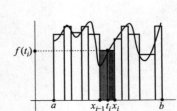

图 64 阴影区域的面积是 $f(t_i)\Delta x_i$

则 $|R-I| < \varepsilon$. 其中 $R = R(f, P, T)$, 则称 I 为 f 在区间 $[a,b]$ 上的**黎曼积分**. 这样的 I 若存在, 则是唯一的, 记为

$$\int_a^b f(x)\,\mathrm{d}x = I = \lim_{P\text{的目径}\to 0} R(f,P,T),$$

并称 f 是**黎曼可积函数**, I 为其积分值. 习题 26 给出了上述极限定义的规范描述.

> **定理 15**　若 f 是黎曼可积函数, 则必有界.

证明　利用反证法. 令 $I = \int_a^b f(x)\,\mathrm{d}x$. 则对于 $\varepsilon = 1$, 存在 $\delta > 0$, 对于任意分割对 (P,T), 若 P 的目径小于 δ, 则 $|R-I| < 1$. 固定一个满足条件的分割对 $P = \{x_0, x_1, \cdots, x_n\}$ 和 $T = \{t_1, t_2, \cdots, t_n\}$. 若 f 在区间 $[a,b]$ 上无界, 则存在某一个子区间 $[x_{i_0-1}, x_{i_0}]$, f 在 $[x_{i_0-1}, x_{i_0}]$ 上无界. 选取一个新的集合 $T' = \{t'_1, \cdots, t'_n\}$ 如下: 对于 $i \neq i_0$, $t'_i = t_i$, 而 t'_{i_0} 满足

$$|f(t'_{i_0}) - f(t_{i_0})|\,\Delta x_{i_0} > 2.$$

由于数集 $\{|f(t)| : x_{i_0-1} \leq t \leq x_{i_0}\}$ 的上确界是 ∞, 上述选取可行. 令 $R' = R(f, P, T')$. 则 $|R-R'| > 2$, 这与 "R, R' 与 I 相差都小于 1" 这一事实产生矛盾.　　$\square$

用 $\mathfrak{R}$ 表示 $[a,b]$ 上黎曼可积函数的全体.

> **定理 16（积分的线性性质）**

(a) $\mathfrak{R}$ 是线性空间, $f \mapsto \int_a^b f(x)\,\mathrm{d}x$ 是 $\mathfrak{R}$ 到 $\mathbb{R}$ 的线性映射.

(b) 常函数 $h(x) = k$ 可积, 其积分值是 $k(b-a)$.

证明　(a) 由于黎曼和具有线性性质:

$$R(f+cg, P, T) = R(f, P, T) + cR(g, P, T),$$

当分割 P 的目径趋于 0 时, 对上式取极限, 可得到所需等式

$$\int_a^b [f(x) + cg(x)]\,\mathrm{d}x = \int_a^b f(x)\,\mathrm{d}x + c\int_a^b g(x)\,\mathrm{d}x.$$

(b) 由于常函数 $h(x) = k$ 的任意黎曼和都是 $k(b-a)$, 它的积分值也是 $k(b-a)$.

> **定理 17（积分的单调性）**　设 $f, g \in \mathfrak{R}$ 且 $f \leq g$, 则

$$\int_a^b f(x)\,\mathrm{d}x \leq \int_a^b g(x)\,\mathrm{d}x.$$

证明　对于任意分割对 $P, T, R(f,P,T) \leq R(g,P,T)$, 结论成立.　　$\square$

推论 18 若 $f \in \Re$ 且 $|f| \leq M$, 则 $\left| \int_a^b f(x) \, dx \right| \leq M(b-a)$.

证明 由定理 16, 常函数 $\pm M$ 是可积函数. 由定理 17, $-M \leq f(x) \leq M$ 意味着

$$-M(b-a) \leq \int_a^b f(x) \, dx \leq M(b-a). \qquad \square$$

达布可积

函数 $f: [a,b] \to [-M, M]$ 关于区间 $[a,b]$ 的分割 P 的**下和**与**上和**分别是

$$L(f, P) = \sum_{i=1}^n m_i \Delta x_i, \quad U(f, P) = \sum_{i=1}^n M_i \Delta x_i$$

其中,

$$m_i = \inf\{f(t) : x_{i-1} \leq t \leq x_i\},$$
$$M_i = \sup\{f(t) : x_{i-1} \leq t \leq x_i\}.$$

函数 f 有界这一条件是为了确保 m_i 和 M_i 是实数. 对于任意分割对 P, T, 显然有(参见图 65)

$$L(f, P) \leq R(f, P, T) \leq U(f, P).$$

函数 f 在区间 $[a,b]$ 的**下积分**和**上积分**分别是

$$\underline{I} = \sup_P L(f, P), \quad \overline{I} = \inf_P U(f, P).$$

其中, 当求上确界和下确界时, P 要取遍 $[a,b]$ 的所有分割. 若 f 的下积分和上积分相等, 即, $\underline{I} = \overline{I}$, 则称 f 是**达布可积**, 称共同的数值为**达布积分**.

定理 19 黎曼可积与达布可积是等价的, 当函数 f 可积时, 它的 3 个积分值——下积分、上积分和黎曼积分相等.

为了证明定理 19, 需要通过增加更多的分割点从而使得分割 P 变得更细; 若 $P' \supset P$, 称**分割 P' 比 P 细**.

首先假设 $P' = P \cup \{w\}$, 其中 $w \in (x_{i_0 - 1}, x_{i_0})$. P 和 P' 对应的下和除了 $L(f, P)$ 中的项 $m_{i_0} \Delta x_{i_0}$ 被分割成 $L(f, P')$ 中的 2 项外, 其余部分是相等的. 而这 2 项的和不小于 $m_{i_0} \Delta x_{i_0}$, 这是因为, f 在区间 $[x_{i_0 - 1}, w]$ 和 $[w, x_{i_0}]$ 的下确界至少是和 m_{i_0} 相等. 类似地, $U(f, P') \leq U(f, P)$. 参见图 66.

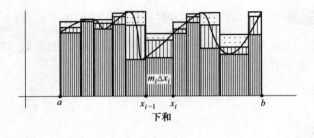

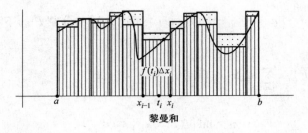

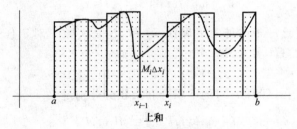

图 65 下和、黎曼和与上和

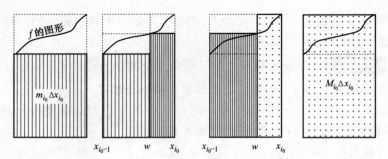

图 66 分割变细，下和递增，上和递减

重复上述过程，可以得到如下结论.

细化原则 随着分割加细，相应的下和递增，而上和递减.

设 P 和 P' 是区间 $[a, b]$ 的分割，若

$$P^* = P \cup P',$$

则称 P^* 是 P 和 P' 的**共同细化**. 根据细化原则,

$$L(f,P) \leqslant L(f,P^*) \leqslant U(f,P^*) \leqslant U(f,P').$$

由此可得知, 任意一个分割的下和小于或者等于任意一个分割的上和; 下积分小于等于上积分. 因此

(2) 有界函数 $f: [a,b] \to \mathbb{R}$ 是达布可积的当且仅当对 $\forall \varepsilon > 0$, $\exists P$ 使得

$$U(f,P) - L(f,P) < \varepsilon.$$

定理 19 的证明　假设 $f: [a,b] \to [-M,M]$ 达布可积, 即上积分和下积分相等, 记为 I. 给定 $\varepsilon > 0$, 我们将寻找 $\delta > 0$: 当 $R = R(f,P,T)$ 是黎曼和, 其中, 分割 P 的目径小于 δ, 则 $|R - I| < \varepsilon$ 由达布可积性以及 (2), 存在 $[a,b]$ 的分割 P_1, 使得

$$U_1 - L_1 < \frac{\varepsilon}{2},$$

其中, $U_1 = U(f,P_1)$, $L_1 = L(f,P_1)$. 固定 $\delta = \dfrac{\varepsilon}{8Mn_1}$, 这里 n_1 是 P_1 的分割点的个数. 设 P 是目径小于 δ 的任意分割. (由于 $\delta \ll \varepsilon$, 可以想象 P_1 非常粗糙, 而 P 非常精细) 设 P^* 是 P 和 P_1 的共同细化, 即 $P^* = P \cup P_1$, 由细化原则,

$$L_1 \leqslant L^* \leqslant U^* \leqslant U_1,$$

其中, $L^* = L(f,P^*)$, $U^* = U(f,P^*)$. 因此

$$U^* - L^* < \frac{\varepsilon}{2}.$$

记 $P = \{x_i : 0 \leqslant i \leqslant n\}$, $P^* = \{x_j^* : 0 \leqslant j \leqslant n^*\}$, 和式 $U = \sum M_i \Delta x_i$ 与 $U^* = \sum M_j^* \Delta x_j^*$ 中除了满足

$$x_{i-1} < x_j^* < x_i$$

这样的 i, j 项之外, 都是恒等的; 而这样的项最多有 $n_1 - 2$ 项, 每一项的值至多为 $M\delta$. 因此,

$$U - U^* < (n_1 - 2) 2M\delta < \frac{\varepsilon}{4}.$$

类似地, $L^* - L < \dfrac{\varepsilon}{4}$, 因而

$$U - L = (U - U^*) + (U^* - L^*) + (L^* - L) < \varepsilon.$$

由于 I 和 R 都在区间 $[L, U]$ 中，故有 $|R-I| < \varepsilon$，因此 f 是黎曼可积．

反之，假设 f 黎曼可积，积分值为 I．由定理 15，f 是有界函数．给定 $\varepsilon > 0$，存在 $\delta > 0$，对于任意分割对 P，T，若 P 的目径小于 δ，则 $|R-I| < \dfrac{\varepsilon}{4}$，其中 $R = R(f, P, T)$．固定这样的一个分割 P，考虑 $L = L(f, P)$，$U = U(f, P)$．可以选取中间集合 $T = \{t_i : 0 \leq i \leq n\}$ 和 $T' = \{t'_i : 0 \leq i \leq n\}$ 使得 $f(t_i)$ 充分靠近 m_i，$f(t'_i)$ 充分靠近 M_i，从而 $R - I < \dfrac{\varepsilon}{4}$，$U - R' < \dfrac{\varepsilon}{4}$，其中，$R = R(f, P, T)$，$R' = R(f, P, T')$．由于 P 的目径小于 δ，故有 $|R-I| < \dfrac{\varepsilon}{4}$ 以及 $|R'-I| < \dfrac{\varepsilon}{4}$．因此，

$$U - L = (U - R') + (R' - I) + (I - R) + (R - L) < \varepsilon.$$

由于 $\underline{I}$，$\overline{I}$，I 都是属于长度为 ε 的闭区间 $[L, U]$ 中的固定数值，由 ε 的任意性，有

$$I = \underline{I} = \overline{I},$$

从而证明 f 是达布可积函数，且上积分、下积分与黎曼积分相等． $\qquad\square$

黎曼可积准则 20 有界函数 f 黎曼可积的充分必要条件是 $\forall \varepsilon > 0$，存在分割 P 使得

$$U(f, P) - L(f, P) < \varepsilon.$$

例 连续函数 $f : [a, b] \to \mathbb{R}$ 是黎曼可积的．（参见黎曼-勒贝格定理后的推论 22．）由于 f 是紧集 $[a, b]$ 上的连续函数，所以它一定是一致连续函数（参见第 2 章的定理 44）．给定 $\varepsilon > 0$，由一致连续性，存在 $\delta > 0$，只要 $|t-s| < \delta$，就有 $|f(t) - f(s)| < \dfrac{\varepsilon}{2(b-a)}$．选取任意一个目径小于 δ 的分割 P，在它的任意一个分割小区间 $[x_{i-1}, x_i]$ 上，有 $M_i - m_i < \dfrac{\varepsilon}{b-a}$．因此，

$$U - L = \sum_{i=1}^{n} (M_i - m_i) \Delta x_i < \frac{\varepsilon}{b-a} \sum \Delta x_i = \varepsilon.$$

由黎曼可积准则，f 是黎曼可积的．

例 **分段连续函数**是指除去有限多个点外都连续的函数．**阶梯函数**是指除去有限多个不连续点外，取值均为常数的函数．显然，

阶梯函数是特殊的分段连续函数．参见图 67．

集合 $E \subset \mathbb{R}$ 的**特征函数**（或者**示性函数**），记作 χ_E，在 E 中的点取值为 1，在 E^c 上取值为 0．参见图 68．

阶梯函数是区间上的特征函数的常数倍的有限和．参见图 67．有界的分段连续函数是黎曼可积的，参见下面的推论 23．并不是所有的特征函数都是黎曼可积的．

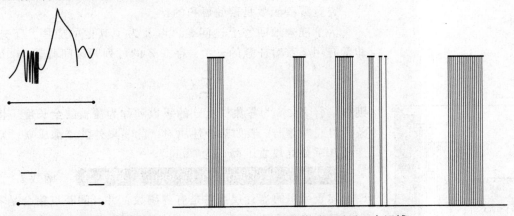

图 67　分段连续函数与阶梯函数的图形　　　图 68　特征函数以及图形下方区域

例　有理数集合 $\mathbb{Q}$ 的特征函数定义为：若 $x \in \mathbb{Q}$，$\chi_{\mathbb{Q}}(x) = 1$；若 $x \notin \mathbb{Q}$，$\chi_{\mathbb{Q}}(x) = 0$．则 $\chi_{\mathbb{Q}}$ 在区间 $[a, b]$ 上黎曼不可积．事实上，由图 69 可以看出，任意一个下和 $L(\chi_{\mathbb{Q}}, P)$ 都是 0，任意一个上和 $U(\chi_{\mathbb{Q}}, P)$ 都是 $b-a$．由黎曼可积准则，$\chi_{\mathbb{Q}}$ 是不可积函数．这里要注意函数 $\chi_{\mathbb{Q}}$ 在每一点都是不连续的，而不是仅仅局限在有理点不连续．

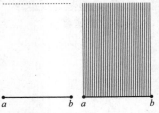

图 69　$\chi_{\mathbb{Q}}$ 的图像及其下方图形

特征函数 $\chi_{\mathbb{Q}}$ 的性质非常直观，然而它不是黎曼可积函数，这是黎曼积分理论的失败之处．$\chi_{\mathbb{Q}}$ 的积分应该存在并且为 0，这是因为它的下方图形由可数多条高度为 1 的线段组成，其面积应当是 0．

例　**有理尺函数** f 是黎曼可积的．在有理点 $x = \dfrac{p}{q}$ 处（既约分数），令 $f(x) = \dfrac{1}{q}$，而在无理点处，$f(x) = 0$．则 f 可积且 f 的积分值为 0．参见图 70．注意到 f 在有理点都是不连续的，而在无理点处都是连续的．

例　**芝诺楼梯函数**　在区间 $[0, 1]$ 的左边一半区域，$Z(x) = \dfrac{1}{2}$，在 $[0, 1]$ 中接着的四分之一区域中，$Z(x) = \dfrac{3}{4}$，以此类推．参见

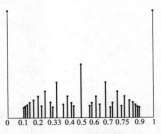

图 70　有理尺函数的
图像及其下方图形

图 71. 则 $Z(x)$ 是黎曼可积的，且积分值是 $\frac{2}{3}$.

芝诺楼梯函数在 $\frac{2^k-1}{2^k}$ 处为间断点，因此有无限多个间断点．实际上，任意单调函数都是黎曼可积的[⊖]．具体可见下面的推论 24.

这些例子自然导出如下问题：

究竟哪些函数是黎曼可积的？

为了准确地回答上述问题，以及为了其他的应用，下述概念将非常有用．若对任意的 $\varepsilon>0$，存在 Z 的可列开区间覆盖 (a_i, b_i) 满足

$$\sum_{i=1}^{\infty} (b_i - a_i) \leqslant \varepsilon.$$

则称集合 $Z \subset \mathbb{R}$ 为**零集**．上式的级数和称为覆盖的**全长度**．将零集想象为可忽略集合；假如某个性质对于除零集外的点都成立，则称这个性质**几乎处处成立**，简记为"a.e."．

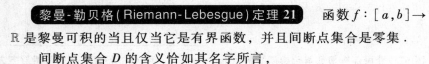

黎曼-勒贝格（Riemann-Lebesgue）定理 21 函数 $f:[a,b] \to \mathbb{R}$ 是黎曼可积的当且仅当它是有界函数，并且间断点集合是零集．

间断点集合 D 的含义恰如其名字所言，

$$D = \{x \in [a,b] : f \text{在} x \text{点不连续}\}.$$

一个函数的不连续点集合是零集，则这个函数几乎处处连续．黎曼-勒贝格定理告诉我们，函数是黎曼可积的充分必要条件是这个函数有界并且几乎处处连续．

零集的例子如下：

（a）零集的任意子集；

（b）有限集合；

（c）可列多个零集的并集；

（d）可列集合；

（e）三分康托尔集合．

结论（a）是显然的．设 Z_0 为零集 Z 的子集，给定 $\varepsilon>0$，则存在 Z 的可列开区间覆盖，其全长度小于或者等于 ε，这个开区间覆盖同样也是 Z_0 的开区间覆盖，因此 Z_0 是零集．

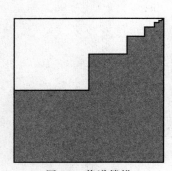

图 71　芝诺楼梯

⊖ 直接证明这个结论并不困难，也可以参考推论 24. 证明的关键在于，单调函数和连续函数的差别不是太明显，其间断点都是跳跃间断点，且仅有至多可列多个间断点．给定 $\varepsilon>0$，跳跃度超过 ε 的间断点仅有有限多个．可参见习题 2.30.

（b）设 $Z = \{Z_1, \cdots, Z_n\}$ 是有限集，给定 $\varepsilon > 0$. 这些开区间 $\left(z_i - \dfrac{\varepsilon}{2n}, z_i + \dfrac{\varepsilon}{2n}\right)$，其中 $i = 1, 2, \cdots, n$，构成 Z 的开区间覆盖，其全长度为 ε. 因此 Z 是零集. 特别地，单点集是零集.

（c）这里要用到经典的"$\varepsilon/2^n$ 论证". 设 $Z_1, Z_2, \cdots$ 是一列零集，$Z = \cup Z_j$，我们将证明 Z 是零集. 给定 $\varepsilon > 0$，集合 Z_1 可以被可列多个开区间 (a_{i1}, b_{i1}) 覆盖，其全长度 $\displaystyle\sum_{i=1}^{\infty}(b_{i1} - a_{i1}) \leqslant \dfrac{\varepsilon}{2}$. 集合 Z_2 可以被可列多个全长度不超过 $\dfrac{\varepsilon}{4}$ 的开区间 $(a_{i2}8, b_{i2})$ 覆盖. 一般地，集合 Z_j 可以被可列多个开区间 (a_{ij}, b_{ij}) 覆盖，其全长度

$$\sum_{i=1}^{\infty}(b_{ij} - a_{ij}) \leqslant \frac{\varepsilon}{2^j}.$$

由于可列多个可列集合的并集还是可列集合，(a_{ij}, b_{ij}) 的全体构成了 Z 的可列开区间覆盖，其全长度为

$$\sum_{j=1}^{\infty}\left(\sum_{i=1}^{\infty}(b_{ij} - a_{ij})\right) \leqslant \sum_{j=1}^{\infty}\frac{\varepsilon}{2^j} = \frac{\varepsilon}{2} + \frac{\varepsilon}{4} + \frac{\varepsilon}{8} + \cdots = \varepsilon.$$

因此 Z 是零集，结论（c）成立.

（d）可由（b）和（c）直接推知.

（e）给定 $\varepsilon > 0$，选定自然数 n 使得 $\dfrac{2^n}{3^n} < \varepsilon$. 三分型康托尔集合 C 包含在 2^n 个长度为 $\dfrac{1}{3^n}$ 的闭区间 $I_1, \cdots, I_{2^n}$ 中. 将每一个闭区间 I_i 扩大为开区间 $(a_i, b_i) \supset I_i$，且 $b_i - a_i = \dfrac{\varepsilon}{2^n}$.（由于 $\dfrac{1}{3^n} < \dfrac{\varepsilon}{2^n}$，且 I_i 的长度是 $\dfrac{1}{3^n}$，这是可行的.）这 2^n 个开区间 (a_i, b_i) 的全长度是 ε，因此 C 是零集.

在黎曼-勒贝格定理的证明中，需要考察不连续的"程度". 可以用 f 在 x 点的**振幅**描述不连续的程度：

$$\mathrm{osc}_x(f) = \lim_{t \to x}\sup f(t) - \lim_{t \to x}\inf f(t).$$

等价地，

$$\mathrm{osc}_x(f) = \lim_{r \to 0}\mathrm{diam} f([x-r, x+r]),$$

其中，$r > 0$. 显然 f 在 x 连续的充分必要条件是 $\mathrm{osc}_x(f) = 0$. 还可以看出，若 I 是以 x 点为内点的区间，则

$$M_I - m_I \geqslant \operatorname{osc}_x(f)$$

其中 M_I 和 m_I 分别表示 $f(t)$ 在 t 取遍 I 时的上确界和下确界. 参见图 72.

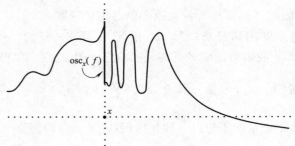

图 72 f 在 x 点的振幅是 $\limsup\limits_{t \to x} f(t) - \liminf\limits_{t \to x} f(t)$

黎曼-勒贝格定理的证明 函数 $f:[a,b] \to [-M,M]$ 的不连续点集合 D 可以自然地分解为可数集合的并集:

$$D = \bigcup_{k=1}^{\infty} D_{1/k},$$

其中,

$$D_\kappa = \{x \in [a,b] : \operatorname{osc}_x(f) \geqslant \kappa\},$$

且 $\kappa = \dfrac{1}{k}$. 由(a)和(c), D 是零集当且仅当每一个 $D_{1/k}$ 都是零集.

假定 f 黎曼可积, 给定 ε, $\kappa > 0$. 由定理 19, 存在分割 P 使得

$$U - L = \sum (M_i - m_i) \Delta x_i < \varepsilon \kappa.$$

对于任意分割区间 $I_i = [x_{i-1}, x_i]$, 若其内部包含 D_κ 中的点, 则 $M_i - m_i \geqslant \kappa$. 由于 $\sum (M_i - m_i) \Delta x_i < \varepsilon \kappa$, 这样的分割区间不会太多. (这一点在估值时非常重要) 更精确的, 考察内部包含 D_κ 中的点的区间 I_i, 假如针对这样的下标 i 进行求和, 则

$$\kappa \sum \Delta x_i < \varepsilon \kappa.$$

除去包含于分割点组成的零集外, D_κ 被包含于有限多个开区间中, 且它们的全长度小于 ε. 由 ε 的任意性, 每一个 D_κ 都是零集, 其中 $\kappa = 1, \dfrac{1}{2}, \dfrac{1}{3}, \cdots$. 由(c), D 是零集.

反之, 假设函数 $f:[a,b] \to [-M,M]$ 的间断点集合 D 是零集. 由黎曼可积准则, 为了证明 f 是黎曼可积, 给定 $\varepsilon > 0$, 只需找到 $L = L(f,P)$ 和 $U = U(f,P)$ 使得 $U - L < \varepsilon$. 选取 $\kappa > 0$ 满足

$$\kappa < \frac{\varepsilon}{2(b-a)}.$$

由（a），$D_\kappa \subset D$ 是零集，因此 D_κ 存在全长度不超过 $\frac{\varepsilon}{4M}$ 的可数多个开区间覆盖 $J_j = (a_j, b_j)$. 进而，对于 $x \in [a,b] \setminus D_\kappa$，存在包含 x 的开区间 I_x 使得

$$\sup\{f(t) : t \in I_x\} - \inf\{f(t) : t \in I_x\} < \kappa.$$

考虑开区间 J_j 和 I_x 构成的集合簇 $\mathscr{V}$，其中，$j \in \mathbb{N}$，$x \in [a,b] \setminus D_\kappa$. 则 $\mathscr{V}$ 构成 $[a,b]$ 的开覆盖，由 $[a,b]$ 的紧性，$\mathscr{V}$ 存在勒贝格常数 $\lambda > 0$.

设 P 是目径小于 λ 的 $[a,b]$ 的一个分割，我们将证明 $U(f,P) - L(f,P) < \varepsilon$. 注意任意一个分割子区间 I_i 或者包含于某个 I_x 中，或者全部被包含于某个 J_j 中.（这恰是勒贝格常数的作用）令

$$J = \{i : \exists j \in \mathbb{N} \text{ 使得 } I_i \subset J_j\},$$

参见图 73. 对于自然数 m，$J_1 \cup J_2 \cup \cdots \cup J_m$ 包含分割子区间 I_i，其中 $i \in J$. 同时，$\{1, 2, \cdots, n\} = I \cup J$. 于是

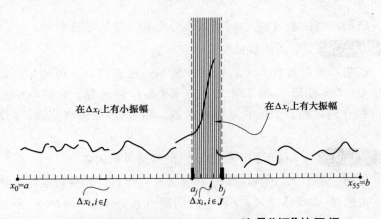

图 73　具有大振幅的区间 I_i，则 $i \in J$. 这是"坏"的区间.

$$U - L = \sum_{i=1}^{n} (M_i - m_i) \Delta x_i$$

$$\leqslant \sum_{i \in J} (M_i - m_i) \Delta x_i + \sum_{i \notin J} (M_i - m_i) \Delta x_i$$

$$\leqslant \sum_{i \in J} 2M \Delta x_i + \sum_{i \notin J} \kappa \Delta x_i$$

$$\leqslant 2M \sum_{j=1}^{m} (b_j - a_j) + \kappa(b-a)$$

$$< \frac{\varepsilon}{2} + \frac{\varepsilon}{2} = \varepsilon.$$

这里注意包含在区间 J_j 中的区间 I_i 的全长度不超过 $\sum(b_j - a_j)$. 如同前面所指出的那样, 由黎曼可积准则可推得 f 是可积函数. □

通过黎曼-勒贝格定理可以推导出很多结论, 我们列举出十条作为推论.

推论 22 任意连续函数是黎曼可积函数, 任意有界的分段连续函数也是黎曼可积函数.

证明 连续函数的不连续点集合是空集, 因此是一个零集. 分段连续函数的不连续点集合是有限集合, 因此也是零集. 定义在紧区间 $[a,b]$ 上的连续函数是有界函数, 而我们又假定分段连续函数是有界函数. 因此它们都是黎曼可积函数. □

推论 23 $S \subset [a,b]$ 的特征函数 χ_S 是黎曼可积函数当且仅当 S 的边界是零集.

证明 特征函数 χ_S 的间断点集合是 ∂S. 参见习题 5.44. □

推论 24 单调函数是黎曼可积函数.

证明 单调函数 $f: [a,b] \rightarrow \mathbb{R}$ 的不连续点集合是可列集, 因此是零集. (参见第 2 章习题 30) 由于 f 是单调函数, 它的取值介于 $f(a)$ 和 $f(b)$ 之间, 因此它是有界函数. 由黎曼-勒贝格定理, f 黎曼可积. □

推论 25 黎曼可积函数的乘积是黎曼可积函数.

证明 给定 $f, g \in \mathfrak{R}$, 则 f 和 g 是有界函数, 其乘积也是有界函数. 由黎曼-勒贝格定理, f 和 g 的间断点集合 $D(f)$ 和 $D(g)$ 都是零集. 而乘积函数 $f \cdot g$ 的间断点集合包含于 $D(f) \cup D(g)$, 由于两个零集的并集是零集, 由黎曼-勒贝格定理, $f \cdot g$ 是黎曼可积函数. □

推论 26 设 $f: [a,b] \rightarrow [c,d]$ 是黎曼可积函数, $\phi: [c,d] \rightarrow \mathbb{R}$ 是连续函数, 则复合函数 $\phi \circ f$ 是黎曼可积函数.

证明 复合函数 $\phi \circ f$ 的间断点必然是 f 的间断点, 因而是零集. 由于 ϕ 是连续函数以及 $[c,d]$ 是紧集, $\phi \circ f$ 是有界函数. 由黎曼-勒贝格定理, $\phi \circ f$ 是黎曼可积函数. □

推论 27 若 $f \in \Re$，则 $|f| \in \Re$．

证明 函数 $\phi: y \mapsto |y|$ 是连续函数，由推论 26，$x \mapsto |f(x)|$ 是黎曼可积函数． $\square$

推论 28 若 $a<c<b$，$f:[a,b] \to \mathbb{R}$ 是黎曼可积函数，则 f 在子区间 $[a,c]$ 和 $[c,b]$ 上的限制函数也是黎曼可积的，并且

$$\int_a^b f(x)\,dx = \int_a^c f(x)\,dx + \int_c^b f(x)\,dx.$$

反之，在 $f:[a,b] \to \mathbb{R}$ 子区间 $[a,c]$ 和 $[c,b]$ 上的黎曼可积意味着在 $[a,b]$ 上是黎曼可积的．

证明 参见图 74．函数 f 分别在子区间 $[a,c]$ 和 $[c,b]$ 上的限制函数的间断点集合的并集，恰好是 f 的间断点集合，后者是零集当且仅当前面两个集合都是零集，因此由黎曼-勒贝格定理，f 是黎曼可积的当且仅当 f 分别在子区间 $[a,c]$ 和 $[c,b]$ 上的限制函数都是黎曼可积函数．

分别用 $\chi_{[a,c]}$ 和 $\chi_{[c,b]}$ 表示区间 $[a,c]$ 和 $[c,b]$ 上的特征函数，由推论 23，它们是黎曼可积函数．再由推论 25，乘积函数 $\chi_{[a,c]} \cdot f$ 和 $\chi_{[c,b]} \cdot f$ 都是可积函数．由于

$$f = \chi_{[a,c]} \cdot f + \chi_{[c,b]} \cdot f,$$

由定理 16，即由积分的线性性质，加法公式成立． $\square$

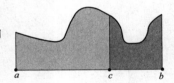

图 74　积分的相加等价于区域的相加

推论 29 若 $f:[a,b] \to [0,M]$ 是黎曼可积函数，且积分值为 0，则 f 在每个连续点处取值为 0．即 $f(x)=0$ 几乎处处成立．

证明 假设结论不成立：令 x_0 是 f 的连续点且 $f(x_0)>0$，则存在 $\delta>0$，当 $x \in (x_0-\delta, x_0+\delta)$ 时，$f(x) \geqslant \dfrac{f(x_0)}{2}$．函数

$$g(x) = \begin{cases} \dfrac{f(x_0)}{2} & x \in (x_0-\delta, x_0+\delta) \\ 0 & x \notin (x_0-\delta, x_0+\delta) \end{cases}$$

处处满足不等式 $0 \leqslant g(x) \leqslant f(x)$（参见图 75），由定理 17，即由积分的单调性，

$$f(x_0)\delta = \int_a^b g(x)\,dx \leqslant \int_a^b f(x)\,dx = 0.$$

这推导出矛盾．因此在每个连续点处 $f(x)=0$． $\square$

推论 26 和习题 34、习题 36、习题 46、习题 48 考察了复合函数

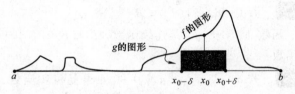

图 75 阴影矩形使得 f 的积分值不为 0.

的黎曼可积性. 若 $f \in \Re$, ϕ 是连续函数, 则 $\phi \circ f \in \Re$. 但是, 交换复合的次序, 则复合函数 $f \circ \phi$ 不一定是可积函数. 这是由于在"改变变量"时, 连续性是一个非常弱的前提条件. 参见习题 36. 但是, 我们有如下结论.

推论 30   设 f 是黎曼可积函数, ψ 是双射, 其反函数满足李普希兹条件, 则 $f \circ \psi$ 黎曼可积.

证明   确切地说, 假定 $f: [a, b] \to \mathbb{R}$ 是黎曼可积函数, ψ 将区间 $[c, d]$ 一一到上的映射为区间 $[a, b]$, $\psi(c) = a$, $\psi(d) = b$ 以及存在李普希兹常数 K 和 s, $t \in [a, b]$ 使得

$$|\psi^{-1}(s) - \psi^{-1}(t)| \leqslant K(s-t).$$

我们将证明 $f \circ \psi$ 是 $[c, d]$ 到 $\mathbb{R}$ 的黎曼可积函数. 注意到 ψ 是紧集上的连续双射, 因此它是同胚映射.

设 D 是 f 的间断点集合, 则 $D' = \psi^{-1}(D)$ 是 $f \circ \psi$ 的间断点集合. 给定 $\varepsilon > 0$, D 存在全长度小于或等于 ε / K 的开区间覆盖 (a_i, b_i), 则 (a_i, b_i) 的同胚区间 $(a_i', b_i') = \psi(a_i, b_i)$ 构成 D' 的开区间覆盖, 其全长度为

$$\sum (b_i' - a_i') \leqslant \sum K(b_i - a_i) \leqslant \varepsilon.$$

因此 D' 是零集, 由黎曼-勒贝格定理, $f \circ \psi$ 是黎曼可积函数. $\square$

推论 31   设 $f \in \Re$, $\psi: [c, d] \to [a, b]$ 是 C^1 微分同胚, 则 $f \circ \psi$ 是黎曼可积函数.

证明 ψ 是 C^1 微分同胚这一假设意味着 ψ 是连续的、可微的双射, 且导函数处处不为 0. 不妨设 $\psi'(t) > 0$. 由于 ψ' 是 $[c, d]$ 上的连续的正函数, 存在 $\kappa > 0$ 使得对于任意的 $\theta \in [c, d]$, $\psi'(\theta) \geqslant \kappa$. 由中值定理可以知道, 对于任意的 u, $v \in [c, d]$, 存在介于 u, v 中间的 θ 满足

$$\psi(u) - \psi(v) = \psi'(\theta)(u-v).$$

因此,

$$|\psi(u) - \psi(v)| \geqslant \kappa |u-v|.$$

对于 s, $t \in [a, b]$, 令 $u = \psi^{-1}(s)$, $v = \psi^{-1}(t)$, 于是

$$|s-t| \geqslant \kappa |\psi^{-1}(s) - \psi^{-1}(t)|.$$

此示 ψ^{-1} 满足李普希兹条件，其中李普希兹常数 $K = \kappa^{-1}$. 由推论 30，$f \circ \psi$ 是黎曼可积函数.

若没有"ψ 是双射"这个假设，上述定理和推论仍然成立，但是由于 ψ 的图形会出现无限多次交叉的情形，证明比较困难. 参见习题 39.

在微积分中你可能学过这样一个结论：积分的导函数是被积函数. 下面我们证明这个结论.

微积分基本定理 32   设 $f : [a,b] \to \mathbb{R}$ 是黎曼可积函数，则变限积分

$$F(x) = \int_a^x f(t)\, dt$$

是以 x 为自变量的连续函数. 在 f 的连续点 x 处，F 可微且导函数恰好为 $f(x)$.

证明一   由图 76 结论显然成立.

证明二   由于 f 黎曼可积，因而是有界函数. 不妨设对任意的 x，$|f(x)| \leqslant M$. 由推论 28

$$|F(y) - F(x)| = \left| \int_x^y f(t)\, dt \right| \leqslant M|y - x|.$$

因此 f 是连续函数：给定 $\varepsilon > 0$，选取 $0 < \delta < \varepsilon/M$，则 $|y-x| < \delta$ 意味着 $|F(y) - F(x)| < M\delta < \varepsilon$. 同样的道理，若 f 在 x 点连续，则当 $h \to 0$ 时，

$$\frac{F(x+h) - F(x)}{h} = \frac{1}{h} \int_x^{x+h} f(t)\, dt \to f(x).$$

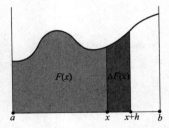

图 76 为什么通过这个图形可以证明微积分基本定理

这是因为，若记

$$m(x, h) = \inf\{f(s) : |s-x| \leqslant |h|\},$$
$$M(x, h) = \sup\{f(s) : |s-x| \leqslant |h|\},$$

则

$$m(x,h) = \frac{1}{h} \int_x^{x+h} m(x,h)\, dt \leqslant \frac{1}{h} \int_x^{x+h} f(t)\, dt$$

$$\leqslant \frac{1}{h} \int_x^{x+h} M(x,h)\, dt = M(x,h).$$

若 f 在 x 点连续，则当 $h \to 0$ 时，$m(x,h)$ 和 $M(x,h)$ 收敛于 $f(x)$，而夹在 $m(x,h)$ 和 $M(x,h)$ 中间的积分值

$$\frac{1}{h} \int_x^{x+h} f(t)\, dt$$

也就必然等于 $f(x)$ 了.（若 $h<0$，则把 $\dfrac{1}{h}\displaystyle\int_x^{x+h}f(t)\,\mathrm{d}t$ 理解为

$-\dfrac{1}{h}\displaystyle\int_{x+h}^x f(t)\,\mathrm{d}t.$）

推论 33　黎曼变限积分几乎处处可微，导函数和被积函数几乎处处相等.

证明　设 $f:[a,b]\to\mathbb{R}$ 是黎曼可积函数，$F(x)$ 为其变限积分.由黎曼-勒贝格定理，f 几乎处处连续，再由微积分基本定理，当 f 连续时，$F'(x)$ 存在且和 $f(x)$ 相等.

微积分基本定理的第二形式讨论了原函数.若一个函数是另一个函数的导函数，则第二个函数称为前者的**原函数**.

注　若 G 是函数 $g:[a,b]\to\mathbb{R}$ 的原函数，则对任意 $x\in[a,b]$，而不是对几乎所有 x，有

$$G'(x)=g(x).$$

推论 34　任意连续函数都有原函数.

证明　假设 $f:[a,b]\to\mathbb{R}$ 是连续函数，由微积分基本定理，f 的变限积分 $F(x)$ 处处可微，且等式 $F'(x)=f(x)$ 处处成立.　　□

有一些不连续函数存在原函数，也有一些函数没有原函数.令人惊讶的是，剧烈振荡的函数

$$f(x)=\begin{cases}0 & x\leqslant 0\\[2mm]\sin\dfrac{x}{\pi} & x>0\end{cases}$$

有原函数，而跳跃函数

$$f(x)=\begin{cases}0 & x\leqslant 0\\ 1 & x>0\end{cases}$$

不存在原函数.参见习题 42.

原函数定理 35　黎曼可积函数的原函数若存在，则原函数和变限积分仅相差一个常数.

证明　假设 $f:[a,b]\to\mathbb{R}$ 是黎曼可积函数，设 G 是 f 的原函数，我们将证明对任意 $x\in[a,b]$，

$$G(x)=\int_a^x f(t)\,\mathrm{d}t+C,$$

其中 C 是常数.（事实上，$C=G(a)$.）将区间 $[a,x]$ 分割为

$$a=x_0<x_1<\cdots<x_n=x.$$

将中值定理应用到可微函数 G，可知存在 $t_k\in[x_{k-1},x_k]$ 使得

$$G(x_k) - G(x_{k-1}) = G'(t_k)\Delta x_k.$$

将这些式子进行叠加：

$$G(x) - G(a) = \sum_{k=1}^{n} (G(x_k) - G(x_{k-1})) = \sum_{k=1}^{n} f(t_k)\Delta x_k,$$

即得到 f 在区间 $[a,x]$ 上的黎曼和. 由于 f 是黎曼可积函数，当分割的目径趋近于 0 时，黎曼和收敛于 $F(x)$. 因此 $G(x) - G(a) = F(x)$，完成证明. □

推论 36 经典的积分公式，如

$$\int_a^b x^2 \mathrm{d}x = \frac{b^3 - a^3}{3},$$

都成立.

证明 由于原函数定理将求导公式转化为积分公式，每一个积分公式都来源于求导公式.

特别地，对**数函数**可以通过积分来定义：

$$\log x = \int_1^x \frac{1}{t}\mathrm{d}t.$$

由于被积函数 $\frac{1}{t}$ 定义合理且当 $t>0$ 时，是连续函数，$\log x$ 有意义且当 $x>0$ 时，是可微函数，其导函数是 $\frac{1}{x}$. 通过这种方式，类似经典的微积分语言，$\log x$ 表示自然对数，而不是以 10 为底的对数函数. 参见习题 16.

函数 $f(x)$ 的原函数 $G(x)$ 具有性质 $G'(x) = f(x)$，并且 $G(x)$ 和 $f(x)$ 的变限积分 $F(x)$ 仅相差一个常数. 然而，假如函数 $H(x)$ 满足：$H'(x) = f(x)\, \mathrm{a.e.}$，那么，$H(x)$ 和 $G(x)$ 相差就不再是一个常数吗？令人惊讶的是，答案确实是否定的！

定理 37 存在连续函数 $H:[0,1] \to \mathbb{R}$，其导函数存在且几乎处处为 0，但这个函数不是常函数.

证明 反例是**幽灵楼梯函数**，也称为**康托尔函数**. 定义如下：

$$H(x) = \begin{cases} \dfrac{1}{2} & x \in \left[\dfrac{1}{3}, \dfrac{2}{3}\right] \\[2mm] \dfrac{1}{4} & x \in \left[\dfrac{1}{9}, \dfrac{2}{9}\right] \\[2mm] \dfrac{3}{4} & x \in \left[\dfrac{7}{9}, \dfrac{8}{9}\right] \\[2mm] \vdots & \vdots \end{cases}$$

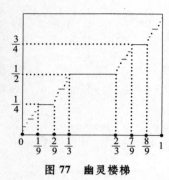

图 77　幽灵楼梯

图 78　幽灵楼梯下方图形

参见图 77、图 78.

在康托尔集合的构造过程中，在每一个被切除的区间上，$H(x)$ 都是常数. 因此 H 在集合 $[0,1] \setminus C$ 上可微，且导函数为 0. 由于康托尔集是零集，因此

$$H'(x) = 0 \quad \text{a.e.}$$

为了证明 $H(x)$ 是连续函数，我们使用二进制数和三进制数技巧. 设 $x \in [0,1]$，将 x 展为三进制数，展开式为 $x = (.x_1 x_2 \cdots)_3$，则相应地，将 $y = H(x)$ 展为二进制数 $y = (.y_1 y_2 \cdots)_2$，其中

$$y_i = \begin{cases} 0 & \text{若存在 } k < i \text{ 使得 } x_k = 1, \\ 1 & \text{若 } x_i = 1 \text{ 且不存在 } k < i \text{ 使得 } x_k = 1, \\ \dfrac{x_i}{2} & \text{若 } x_i = 0 \text{ 或者 } x_i = 2 \text{ 且不存在 } k < i \text{ 使得 } x_k = 1. \end{cases}$$

你或许会问：$H(x)$ 的定义合理吗？也就是说，假如 2 个不同的三进制数 $(.x_1 x_2 \cdots)_3$ 和 $(.x_1' x_2' \cdots)_3$ 表示同一个数 x，那么 $H(x)$ 的二进制数表达式表示同一个数 y 吗？

两个三进制数表示同一个数 x 的充分必要条件是 x 为康托尔集的端点，其中一个三进制展开式尾数全为 0，另一个展开式尾数全为 2. 例如，

$$(.x_1 x_2 \cdots x_l 0\bar{2})_3 = x = (.x_1 x_2 \cdots x_l 1\bar{0})_3.$$

若存在某一个（取最小的）$k \leq l$，$x_k = 1$，那么

$$(.y_1 y_2 \cdots)_2 = \left(.\frac{x_1}{2} \frac{x_2}{2} \cdots \frac{x_{k-1}}{2} 1\bar{0} \right)_2$$

无歧义. 若不存在 $k \leq l$ 使得 $x_k = 1$，则对应 $H(x)$ 的两个二进制展开式分别为

$$\left(.\frac{x_1}{2} \frac{x_2}{2} \cdots \frac{x_{l-1}}{2} 0\bar{1} \right)_2,$$

$$\left(.\frac{x_1}{2} \frac{x_2}{2} \cdots \frac{x_{l-1}}{2} 1\bar{0} \right)_2.$$

这两个二进制展开式表示同一个数 y. 同样的推理也适应于唯一的另一个歧义情形，

$$(.x_1 x_2 \cdots x_l 1\bar{2})_3 = x = (.x_1 x_2 \cdots x_l 2\bar{0})_3.$$

因此 $y = H(x)$ 定义合理.

接下来连续性就容易验证. 给定 $\varepsilon > 0$，选取 k 使得 $\dfrac{1}{2^k} \leq \varepsilon$. 若

$|x-x'|<\dfrac{1}{3^k}$，则分别存在 x，x' 的三进制展开式，使得它们的前 k 项相等．因此 $H(x)$ 和 $H(x')$ 的前 k 项相等，这意味着

$$|H(x)-H(x')|\leqslant\frac{1}{2^{k+1}}<\varepsilon.$$

另一个更病态的例子是严格单调的连续函数 J，它的导函数几乎处处为 0．它的图像是一种**幽灵的滑雪斜坡**，即几乎处处是水平的，同时也是处处在向下．为了构造 J，从 H 出发，将之延拓为函数 $\hat{H}(x)$：$\mathbb{R}\to\mathbb{R}$，延拓方式如下：对于任意 $n\in\mathbb{Z}$ 和 $x\in[0,1]$，令 $\hat{H}(x+n)=H(x)+n$. 进一步地，令

$$J(x)=\sum_{k=0}^{\infty}\frac{\hat{H}(3^k x)}{4^k}.$$

当 $x\in[0,1]$ 时，$\hat{H}(3^k x)\leqslant 3^k$，这远远小于分母 4^k，因此上述级数收敛，$J(x)$ 定义完善．根据下一章将证明的魏尔斯特拉斯的 M 审敛法，J 是连续函数．由于对相距超过 $\dfrac{1}{3^k}$ 的两个点，$\hat{H}(3^k x)$ 是严格增加，当我们对级数求和时，这个性质依然保持，因此 $J(x)$ 是严格单调增加的函数．而 $J'(x)=0$ a.e. 的证明需要更深刻的理论．

下面给出积分运算中两个常用到的方法．

积分的变量替换 38　设 $f\in\mathfrak{R}$，$g:[c,d]\to[a,b]$ 是具有连续导函数的双射，且 $g'>0$（g 是 C^1 微分同胚），则

$$\int_a^b f(y)\,\mathrm{d}y=\int_c^d f(g(x))g'(x)\,\mathrm{d}x.$$

证明　由假设条件，第一个积分存在．由推论 31，复合函数 $f\circ g\in\mathfrak{R}$，且由于 g' 连续，由推论 25，第二个积分存在．为了证明两个积分值相等，我们再一次求助于黎曼和．假设 P 将区间 $[c,d]$ 分割为

$$c=x_0<x_1<\cdots<x_n=d,$$

选取 $t_k\in[x_{k-1},x_k]$ 使得

$$g(x_k)-g(x_{k-1})=g'(t_k)\Delta x_k.$$

其中，中值定理可以确保 t_k 的存在性．由于 g 是微分同胚，存在区间 $[a,b]$ 的分割 Q：

$$a=y_0<y_1<\cdots<y_n=b,$$

其中 $y_k=g(x_k)$，而 $\|P\|\to 0$（即 P 的目径趋于 0）蕴含着 $\|Q\|\to 0$.

令 $s_k = g(t_k)$，则得到两个相等的黎曼和

$$\sum_{k=1}^{n} f(s_k)\Delta y_k = \sum_{k=1}^{n} f(g(t_k))g'(t_k)\Delta x_k,$$

当 $\|P\| \to 0$ 时，它们分别收敛于 $\int_a^b f(y)\,\mathrm{d}y$ 和 $\int_c^d f(g(x))g'(x)\,\mathrm{d}x$，由于求和项相等，极限值也相等．

事实上，只需假设 $g' \in \Re$ 即可．

分部积分法 39 设 $f, g: [a,b] \to \mathbb{R}$ 是可微函数且 $f'g' \in \Re$，则

$$\int_a^b f(x)g'(x)\,\mathrm{d}x = f(b)g(b) - f(a)g(a) - \int_a^b f'(x)g(x)\,\mathrm{d}x.$$

证明 可微性意味着连续性和可积性，因此 $f, g \in \Re$．由于黎曼可积函数的乘积还是黎曼可积函数，$f'g, fg' \in \Re$ 且积分值存在．由莱布尼兹法则，对于任意的 x，等式 $(fg)'(x) = f(x)g'(x) + f'(x)g(x)$ 处处成立，即 fg 是 $f'g + fg'$ 的一个原函数．原函数定理告诉我们，fg 与 $f'g + fg'$ 的变限积分仅相差一个常数．即对于 $t \in [a,b]$，

$$f(t)g(t) - f(a)g(a) = \int_a^t [f'(x)g(x) + f(x)g'(x)]\,\mathrm{d}x$$

$$= \int_a^t f'(x)g(x)\,\mathrm{d}x + \int_a^t f(x)g'(x)\,\mathrm{d}x.$$

令 $t = b$，则得到所需要的结论．

广义积分

如果将函数 $f: [a,b) \to \mathbb{R}$ 在 $[a,b)$ 上黎曼可积定义为在任意闭子区间 $[a,c]$ 上都是黎曼可积函数的话，可以想象当 $x \to b$ 时，会有一些令人不愉快的现象出现，如 $\limsup_{x \to b} |f(x)| = +\infty$，或者 $b = \infty$ 等．参见图 79．

假如当 $c \to b$ 时，$\int_a^c f(x)\,\mathrm{d}x$ 的极限存在（且为实数），则自然可以定义**广义黎曼积分**

$$\int_a^b f(x)\,\mathrm{d}x = \lim_{c \to b}\int_a^c f(x)\,\mathrm{d}x.$$

同样的方法也适应于左端收敛于 a 点的情形．对于函数 $f: (a,b) \to \mathbb{R}$，为了使双侧广义积分存在，自然需要对于固定的 $m \in (a,b)$，要求 $\int_a^m f(x)\,\mathrm{d}x$ 和 $\int_m^b f(x)\,\mathrm{d}x$ 这两个广义积分存在．它们的和为广义积

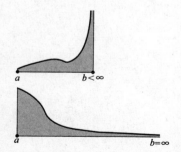

图 79 广义积分收敛当且仅当它的全部下方图形区域是有限区域

分 $\int_a^b f(x)\,\mathrm{d}x$. 使用一些小的技巧，你可以设计出一个函数 $f\colon \mathbb{R} \to$ $\mathbb{R}$ ，尽管这个函数在 $\pm\infty$ 处是无界的，它的广义积分 $\int_{-\infty}^{+\infty} f(x)\,\mathrm{d}x$ 存在. 参见习题 71.

3 级数

级数是指形式和 $\sum a_k$ ，其中求和项 a_k 是实数. 级数的前 n 项部分和为

$$A_n = a_0 + a_1 + a_2 + \cdots + a_n.$$

假如当 $n \to \infty$ 时，$A_n \to A$ ，则称这个级数 **收敛** 到 A ，这时记作

$$A = \sum_{k=0}^{\infty} a_k.$$

不收敛的级数称为 **发散** 级数. 关于级数的一个基本问题是：它是收敛还是发散的？

例如，设 λ 是常数，$|\lambda| < 1$ ，则 **几何级数**

$$\sum_{k=0}^{\infty} \lambda^k = 1 + \lambda + \cdots + \lambda^n + \cdots$$

收敛于 $\dfrac{1}{1-\lambda}$. 这是由于它的部分和是

$$\Lambda_n = 1 + \lambda + \lambda^2 + \cdots + \lambda^n = \frac{1 - \lambda^{n+1}}{1 - \lambda},$$

当 $n \to \infty$ 时，$\lambda^{n+1} \to 0$. 另一方面，若 $|\lambda| \geqslant 1$ ，级数 $\sum \lambda^k$ 发散.

设 $\sum a_n$ 是级数. 将第 1 章中的柯西收敛准则应用于它的部分和序列，则得到级数的 **柯西收敛准则** （**CCC**）：

$\sum a_k$ 收敛当且仅当 $\forall \varepsilon > 0$ ，$\exists N$ 使得当 m，$n \geqslant N$ 时，有 $\left| \sum_{k=m}^{n} a_k \right| < \varepsilon$.

上述收敛准则的一个直接推论是，级数的前面有限多项并不影响级数的收敛性. 实际上，是级数的 **余项**，或者对于充分大的 k，a_k 的取值决定了级数是收敛还是发散. 类似地，一个级数的第一项是 $k = 0$ 项还是 $k = 1$ 项并不影响其收敛性.

柯西收敛准则的第二个推论是，若当 $k \to \infty$ 时，a_k 不收敛于 0，

则级数 $\sum a_k$ 发散. 这是由于, 部分和序列 (A_n) 的柯西性质意味着当 $n \to \infty$ 时, $a_n = A_n - A_{n-1}$ 充分小. 若 $|\lambda| \geq 1$, 几何级数 $\sum \lambda^k$ 发散, 这是因为它的通项并不收敛于 0. 通过**调和级数**

$$\sum_{k=1}^{\infty} \frac{1}{k} = 1 + \frac{1}{2} + \frac{1}{3} + \cdots$$

的发散性可以知道, 若一个级数的通项收敛于 0, 这个级数不一定收敛. 参见下文.

级数理论中有大量的收敛判断准则, 但都可以归结于下述结果.

对比审敛 40 设级数 $\sum b_k$ 能够**控制**级数 $\sum a_k$, 即对于所有的充分大的 k, $|a_k| \leq b_k$. 若 $\sum b_k$ 收敛, 则 $\sum a_k$ 收敛.

证明 给定 $\varepsilon > 0$, 由级数 $\sum b_k$ 的收敛性可以知道, 存在充分大的 N, 当 $m, n \geq N$ 时, 有 $\sum_{k=m}^{n} b_k < \varepsilon$. 因此,

$$\left| \sum_{k=m}^{n} a_k \right| \leq \sum_{k=m}^{n} |a_k| \leq \sum_{k=m}^{n} b_k < \varepsilon,$$

由柯西收敛准则, 级数 $\sum a_k$ 收敛.

例 级数 $\sum \frac{\sin k}{2^k}$ 收敛, 这是由于它被几何级数 $\sum \frac{1}{2^k}$ 控制.

假如级数 $\sum |a_k|$ 收敛, 称级数 $\sum a_k$ **绝对收敛**. 由对比审敛可以知道, 绝对收敛的级数必收敛. 若一个收敛的级数不是绝对收敛的, 则称这个级数**条件收敛**: $\sum a_k$ 收敛但 $\sum |a_k|$ 发散. 见下文.

由于级数和积分都是有限和. 可以把一个级数想象为积分变量是整数的广义积分,

$$\sum_{k=0}^{\infty} |a_k| = \int_{\mathbb{N}} a_k \, \mathrm{d}k.$$

更精确地, 给定级数 $\sum a_k$, 定义 $f: [0, \infty) \to \mathbb{R}$ 如下:
$$\text{若 } k-1 < x \leq k, \quad f(x) = a_k.$$

参见图 80. 则

$$\sum_{k=0}^{\infty} a_k = \int_0^{\infty} f(x) \, \mathrm{d}x.$$

这个级数收敛的充分必要条件是上述广义积分收敛. 这个模型可以自然延伸为:

积分审敛 41 给定广义积分 $\int_0^{\infty} f(x) \, \mathrm{d}x$ 和级数 $\sum a_k$.

（a）若对于所有的充分大的 k 以及 $x \in (k-1, k]$，有 $|a_k| \le f(x)$，则广义积分的收敛意味着级数和的收敛.

（b）若对于所有的充分大的 k 以及 $x \in [k, k+1)$，有 $|f(x)| \le a_k$，则广义积分的发散意味着级数和的发散.

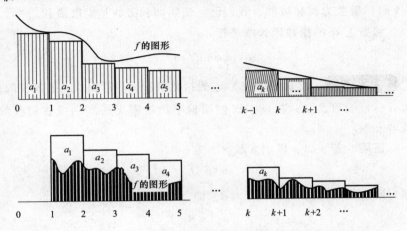

图 80　积分审敛的图形证明

证明　参见图 80.

（a）对于充分大的 N_0 以及任意的 $N \ge N_0$，有

$$\sum_{k=N_0+1}^{N} |a_k| \le \int_{N_0}^{N} f(x)\,\mathrm{d}x \le \int_0^\infty f(x)\,\mathrm{d}x,$$

其中上式右端是一个有限的数. 由于单调递增有上界的序列收敛，因此级数 $\sum |a_k|$ 的余项收敛，进而 $\sum |a_k|$ 是收敛级数. 绝对收敛的级数必收敛，因此结论成立.

（b）的证明留作习题 73.

例　p-**级数**，$\sum \dfrac{1}{k^p}$ 在 $p>1$ 时收敛，而在 $p \le 1$ 时发散.

<u>情形 1</u>　$p>1$. 由微积分基本定理以及求导法则，当 $b \to \infty$ 时，

$$\int_1^b \frac{1}{x^p}\mathrm{d}x = \frac{b^{1-p}-1}{1-p} \to \frac{1}{p-1}.$$

由于上述广义积分收敛，且能够控制 p-级数，由积分审敛准则，p-级数收敛.

<u>情形 2</u>　$p \le 1$. p-级数控制了广义积分

$$\int_1^b \frac{1}{x^p}dx = \begin{cases} \log b, & p = 1, \\ \dfrac{b^{1-p} - 1}{1 - p}, & p < 1. \end{cases}$$

当 $b \to \infty$ 时, 右端数值急剧增加, 由积分审敛准则, 级数发散. 当 $p = 1$ 时, 级数为调和级数, 我们已经证明调和级数是发散级数.

级数 $\sum a_k$ 的**指数增长率**是指

$$\alpha = \limsup_{k \to \infty} \sqrt[k]{|a_k|}.$$

根审敛 42 设 α 是级数 $\sum a_k$ 的指数增长率. 若 $\alpha < 1$, 级数收敛; 若 $\alpha > 1$, 级数发散; 若 $\alpha = 1$, 使用根审敛法则无法判别级数的收敛或者发散.

证明 若 $\alpha < 1$, 固定常数 β,

$$\alpha < \beta < 1.$$

则对所有充分大的 k, $|a_k|^{\frac{1}{k}} \leq \beta$, 即

$$|a_k| \leq \beta^k,$$

通过与几何级数 $\sum \beta^k$ 进行比较, 可以知道级数 $\sum a_k$ 收敛.

若 $\alpha > 1$, 选取 $\beta \in (1, \alpha)$, 则存在无限多的 k 使得 $|a_k| \geq \beta^k$. 由于通项 a_k 不收敛于 0, 级数发散.

为了说明根审敛方法对 $\alpha = 1$ 时不适用, 只需要分别给出收敛和发散的两个级数, 而它们的指数增长率 $\alpha = 1$. 两个例子均是 p-级数. 当 $k = x \to \infty$ 时, 由洛必达法则, 有

$$\log\left(\frac{1}{k^p}\right)^{\frac{1}{k}} = \frac{-p\log(k)}{k} \sim \frac{-p\log(x)}{x} \sim \frac{-p/x}{1} \sim 0.$$

因此 $\alpha = \lim_{k \to \infty} \left(\frac{1}{k^p}\right)^{\frac{1}{k}} = 1$. 由于平方级数 $\sum \frac{1}{k^2}$ 收敛, 而调和级数 $\sum \frac{1}{k}$ 发散, 在 $\alpha = 1$ 时利用根审敛法无法判断级数是收敛还是发散.

比值审敛 43 记级数 $\sum a_k$ 的通项中相邻 2 项的比值 $\left|\dfrac{a_{k+1}}{a_k}\right|$ 为 r_k, 令

$$\liminf_{k \to \infty} r_k = \lambda, \quad \limsup_{k \to \infty} r_k = \rho.$$

若 $\rho < 1$, 级数收敛; 若 $\lambda > 1$, 级数发散; 其他情形下, 使用比值审敛无法判别级数的收敛或者发散.

证明 若 $\rho < 1$，选取 β，$\rho < \beta < 1$. 则存在自然数 K，当 $k \geqslant K$，$|a_{k+1}/a_k| < \beta$，即

$$|a_k| \leqslant \beta^{k-K} |a_K| = C\beta^k,$$

其中，$C = \beta^{-K} |a_K|$ 为常数. 通过与几何级数 $\sum C\beta^k$ 的比较，可以得知级数 $\sum a_k$ 是收敛级数. 若 $\lambda > 1$，选取 β，$1 < \beta < \lambda$，则对于所有充分大的 k，$|a_k| \geqslant \beta^k / C$，由于级数 $\sum a_k$ 的通项不收敛于 0，因此级数发散. 进而，对于任意的 p-级数，它们的比值极限 $\rho = \lambda = 1$，这说明当 $\rho = 1$ 或者 $\lambda = 1$ 时，无法使用比值审敛判断级数是收敛还是发散.

虽然在通常情况下应用比值审敛法比根审敛法简单些，但后者却有着更加宽泛的适用范围. 见习题 56、习题 60.

条件收敛

若 (a_k) 是单调递减收敛于 0 的实数列，则**交错级数**

$$\sum (-1)^{k+1} a_k = a_1 - a_2 + a_3 - \cdots$$

是收敛级数. 这是因为，

$$A_{2n} = (a_1 - a_2) + (a_3 - a_4) + \cdots + (a_{2n-1} - a_{2n}).$$

把 $a_{k-1} - a_k$ 看作区间 $I_k = (a_k, a_{k-1})$ 的长度，则由于 I_k 是互不相交的开区间，它们的长度之和最多是区间 $(0, a_0)$ 的长度 a_0. 参见图 81.

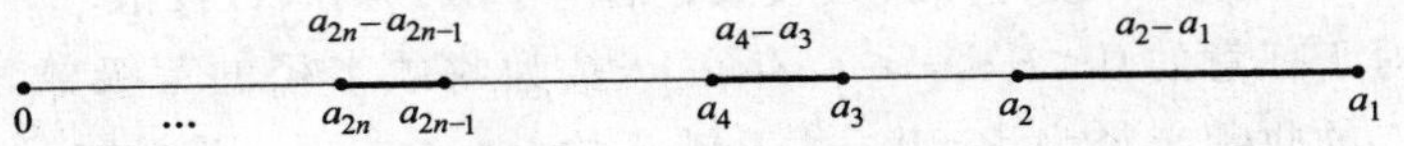

图 81 交错级数收敛性的形象证明

序列 (A_{2n}) 是单调递增有上界，因此 $\lim\limits_{n \to \infty} A_{2n}$ 存在. 部分和 A_{2n+1} 与 A_{2n} 相差 a_{2n+1}. 由于 $\lim\limits_{n \to \infty} a_{2n+1} = 0$，

$$\lim_{n \to \infty} A_{2n} = \lim_{n \to \infty} A_{2n+1},$$

因此交错级数收敛.

当 $a_k = 1/k$，我们有**交错调和级数**，

$$\sum_{k=1}^{\infty} \frac{(-1)^{k+1}}{k} = 1 - \frac{1}{2} + \frac{1}{3} - \frac{1}{4} + \cdots,$$

其收敛性我们已经给出了证明.

函数项级数

函数项级数形如

$$\sum_{k=0}^{\infty} f_k(x),$$

其中通项 $f_k : (a,b) \to \mathbb{R}$ 是函数. 例如, 在幂级数

$$\sum c_k x^k$$

中, 通项为单项式 $c_k x^k$. (系数 c_k 是常数, x 是实变量.) 假如你把 $\lambda = x$ 看作变量, 则几何级数就是系数为 1 的幂级数 $\sum x^k$. 另一个函数项级数是傅里叶级数

$$\sum a_k \sin(kx) + b_k \cos(kx).$$

收敛半径定理 44 设 $\sum c_k x^k$ 是幂级数, 则存在**收敛半径 R**, 即存在唯一的 R, $0 \leq R \leq \infty$, 使得只要 $|x| < R$, 级数收敛, 而当 $|x| > R$ 时, 级数发散. 进一步地, R 可由如下公式给出:

$$R = \frac{1}{\limsup\limits_{k \to \infty} \sqrt[k]{|c_k|}}.$$

证明 对级数 $\sum c_k x^k$ 使用根审敛法则. 则

$$\limsup_{k \to \infty} \sqrt[k]{|c_k x^k|} = |x| \limsup_{k \to \infty} \sqrt[k]{|c_k|} = \frac{|x|}{R}.$$

若 $|x| < R$, 由根审敛可知级数收敛; 若 $|x| > R$, 则级数发散.

对于任意的 $0 \leq R \leq +\infty$, 存在以 R 为收敛半径的幂级数. 级数 $\sum k^k x^k$ 的收敛半径为 $R = 0$. 对于任意的 $0 < \sigma < +\infty$, 幂级数 $\sum x^k / \sigma^k$ 以 $R = \sigma$ 为收敛半径. $\sum x^k / k!$ 的收敛半径为 $R = +\infty$. 我们最终将证明由幂级数定义的函数是解析函数: 在任一点, 任意阶导数存在, 且在收敛半径内的每一点, 而不是局限在 $x = 0$ 点, 都可以展为泰勒级数. 参见第 4 章第 6 节.

练习

1. 假设对任意的 t, x, 函数 $f : \mathbb{R} \to \mathbb{R}$ 满足等式 $|f(t) - f(x)| \leq |t - x|^2$, 证明 f 为常函数.

2. 设 $\alpha > 0$, 函数 $f : (a,b) \to \mathbb{R}$, 若存在常数 H, 对于任意 u, $x \in (a,b)$,

$$|f(u)-f(x)|\leqslant H|u-x|^{\alpha}.$$

称函数 $f:(a,b)\to\mathbb{R}$ 满足 α 阶**赫尔德（Hölder）条件**，同时称 f 为具有 α-赫尔德常数 H 的 α-赫尔德函数.（α 阶李普希兹函数与 α-李普希兹函数表示相同的含义.）

（a）证明区间 (a,b) 上的 α-赫尔德函数是一致连续函数，从而可以唯一地延拓为 $[a,b]$ 上的连续函数. 延拓后的函数还是 α-赫尔德函数吗？

（b）当 $\alpha=1$ 时，α-赫尔德函数的连续性意味着什么？

（c）当 $\alpha>1$ 时，证明 α-赫尔德连续意味着 f 是常函数.

3. 假设函数 $f:(a,b)\to\mathbb{R}$ 可微.

（a）若对于任意的 x，$f'(x)>0$，证明 f 是严格单调递增函数.

（b）若对任意的 x，$f'(x)\geqslant 0$，你能得到什么结论呢？

4. 证明当 $n\to\infty$ 时，$\sqrt{n+1}-\sqrt{n}\to 0$.

5. 假设 $f:\mathbb{R}\to\mathbb{R}$ 是连续函数，且对任意的 $x\neq 0$，$f'(x)$ 存在. 若 $\lim\limits_{x\to 0}f'(x)=L$ 存在，那么 $f'(0)$ 存在吗？给出证明或者举出反例.

6. 若可导函数 $f:(a,b)\to\mathbb{R}$ 在 (a,b) 中的某点 θ 取得最大值或者最小值，证明 $f'(\theta)=0$. 为什么将区间 (a,b) 变成 $[a,b]$，则结论不再成立？

7. 在洛必达法则中，用半直线 $[a,\infty)$ 替代区间 (a,b)，将"$x\to b$"理解为"$x\to\infty$". 证明若 f/g 为 0/0 型，$f'/g'\to L$，则 $f/g\to L$. 当 $L=\infty$ 时，证明上述结论依然成立即，若 $f'/g'\to\infty$，则 $f/g\to\infty$.

8. 在洛必达法则中，将条件 f/g 是 0/0 型替换为 ∞/∞ 型，证明若 $f'/g'\to L$，则 $f/g\to L$. ［提示：考虑用后卫替代前卫.］［疑问：如何从 0/0 型推导 ∞/∞ 型？单纯取导数并不可行.］

9.（a）画出在 $(0,1)$ 上可导，但在端点不可导的 $[0,1]$ 上的连续函数的图像.

（b）你能发现这样的函数所满足的公式吗？

（c）中值定理对这样的函数还成立吗？

10. 给定函数 $f:(a,b)\to\mathbb{R}$.

（a）若 $f''(x)$ 存在，证明

$$\lim_{h\to 0}\frac{f(x-h)-2f(x)+f(x+h)}{h^{2}}=f''(x).$$

（b）给出上述极限存在但 $f''(x)$ 不存在的例子.

11. 假设 $f: (-1,1) \to \mathbb{R}$ 以及 $f'(0)$ 存在. 若当 $n \to \infty$ 时，α_n, $\beta_n \to 0$，定义差商

$$D_n = \frac{f(\beta_n) - f(\alpha_n)}{\beta_n - \alpha_n},$$

（a）证明若下面三个条件中的任意一个成立，都有 $\lim\limits_{n \to \infty} D_n = f'(0)$.

（i）$\alpha_n < 0 < \beta_n$.

（ii）$0 < \alpha_n < \beta_n$ 以及 $\dfrac{\beta_n}{\beta_n - \alpha_n} \le M$.

（iii）对于任意的 $x \in (-1,1)$，$f'(x)$ 存在且连续.

（b）令 $f(x) = x^2 \sin \dfrac{1}{x}$（$x \ne 0$）以及 $f(0) = 0$. 可以看出 f 在 $(-1,1)$ 处处可微且 $f'(0) = 0$. 找出趋于 0 的 α_n，β_n，使得 D_n 的极限存在但与 $f'(0)$ 不相等.

12. 假设 f, g 是 $(a,b) \to \mathbb{R}$ 的 r 阶可微函数，$r \ge 1$. 证明函数 $f \cdot g$ 的 r 阶莱布尼兹乘积公式

$$(f \cdot g)^{(r)}(x) = \sum_{k=0}^{r} \binom{r}{k} f^{(k)}(x) \cdot g^{(r-k)}(x),$$

其中，$\dbinom{r}{k} = \dfrac{r!}{k!\,(r-k)!}$ 是二项式系数. ［提示：归纳法.］

13. 假设 $f: \mathbb{R} \to \mathbb{R}$ 是可导函数.

（a）若存在 $L < 1$，对任意 $x \in \mathbb{R}$，$f'(x) < L$，证明存在唯一的点 x 使得 $f(x) = x$. ［称 x 为 f 的不动点.］

（b）举例说明当 $L = 1$ 时结论不成立.

14. 定义函数 $e: \mathbb{R} \to \mathbb{R}$：

$$e(x) = \begin{cases} \mathrm{e}^{-\frac{1}{x}} & x > 0, \\ 0 & x \le 0. \end{cases}$$

（a）证明 e 是光滑函数，即 e 在任意点 x 有任意阶导函数. ［提示：使用洛必达法则和归纳法. 可以自由使用微积分中的关于函数 e^x 的求导公式.］

（b）e 是解析函数吗？

（c）证明**冲击函数**

$$\beta(x) = \mathrm{e}^2 e(1-x) \cdot e(1+x)$$

是光滑函数, 在区间 (-1,1) 外等于 0, 在区间 (-1,1) 内部取正值, 在 $x=0$ 处取值为 1. (e^2 是自然对数的底的平方, 而 $e(x)$ 是上题中给出的函数. 非常遗憾记号出现混乱.)

（d）若 $|x|<1$, 证明

$$\beta(x) = e^{\frac{-2x^2}{x^2-1}}.$$

冲击函数在光滑函数理论与微分拓扑中有广泛的应用. β 的图形看起来像一个隆起. 参见图 82.

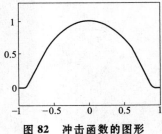

图 82 冲击函数的图形

**15. 设 $L \subset \mathbb{R}$ 为闭集. 证明存在光滑函数 $f: \mathbb{R} \to [0,1]$ 使得 $f(x) = 0$ 的充要条件是 $x \in L$. 换而言之, $\mathbb{R}$ 中的任意闭集都是某个光滑函数的零轨道.（提示: 使用习题 14(c).）

16. 对于 $x>0$, $\log x$ 表示函数 $\int_1^x 1/t\, dt$, 仅使用本章的内容,

（a）证明 log 是光滑函数.

（b）对于任意的 x, $y>0$, 证明 $\log(xy) = \log x + \log y$.（提示: 固定 y, 令 $f(x) = \log(xy) - \log x - \log y$. 证明 $f(x) \equiv 0$.）

（c）证明 log 是严格单调递增函数, 其值域为 $\mathbb{R}$.

17. 定义函数 f 如下: 若 $x<0$, $f(x) = x^2$; 若 $x \geq 0$, $f(x) = x + x^2$. 通过求导得知 $f''(x) \equiv 2$, 这是错误的. 为什么?

18. 函数 $f: [a,b] \to \mathbb{R}$ 的 κ-振幅集合为
$$D_\kappa = \{x \in [a,b] : \text{osc}_x(f) \geq \kappa\}.$$

（a）证明 D_κ 是闭集.

（b）推断 f 的不连续点集合是可数多个闭集的并集.（称为 F_σ-集合.）

（c）利用（b）推断 f 的连续点集合是可数多个开集的交集.（称为 G_δ-集合.）

*19. 贝尔定理告诉我们, 若完备的度量空间可以表示为至多可列多个闭集的并集, 则至少有一个闭集的内部非空. 使用贝尔定理证明 $\mathbb{R}$ 中的无理点集合不能表示为可列多闭集的并集.

20. 使用习题 18 和习题 19 证明, 不存在在无理点间断, 而在有理点连续的函数 $f: \mathbb{R} \to \mathbb{R}$.

**21. 在三分型康托尔集合中构造子集 S, 使得 S 不可能是任何的函数 $f: \mathbb{R} \to \mathbb{R}$ 的间断点集合. 这意味着一些零集不可能是黎曼可积函数的间断点集合.［提示: 康托尔集合有多少子集? 闭集的可

列并又有多少?]

22. 假设一列连续函数 f_n:$[a,b] \to \mathbb{R}$ 逐点收敛于函数 f: $[a,b] \to \mathbb{R}$. 这样的函数 f 称为 1 **类贝尔函数**.(逐点收敛将在下一章中讨论.它意味着,对每一个 x,$\lim\limits_{n \to \infty} f_n(x) = f(x)$.连续函数称作 0 类贝尔函数,一般地,称 $k-1$ 类贝尔函数的逐点极限为 k 类贝尔函数.严格地说,k 类贝尔函数不一定是 $k-1$ 类贝尔函数,但是为了方便讲述,我将连续函数包含在 1 类贝尔函数中.一个有趣的事实是,对于任意的 k,存在 k 类贝尔函数但不是 $k-1$ 类贝尔函数.可以参考拉尔夫·博厄斯的《实函数入门》.)可以证明 f 的 κ-振幅集合无处稠密,过程如下:为了得到矛盾,假设 D_κ 在某个开区间 $(\alpha, \beta) \subset [a,b]$ 中稠密.由习题 18,D_κ 是闭集,因此包含 (α, β).用可数多个长度小于 κ 开区间 (a_l, b_l) 覆盖$\mathbb{R}$,令

$$H_l = f^{\text{pre}}(a_l, b_l).$$

(a) 为什么有 $\cup_l H_l = [a,b]$?

(b) 证明不存在包含 (α, β) 的子区间的 H_l.

(c) 为什么下面集合是闭集?

$$F_{lmn} = \left\{ x \in [a,b] : a_l + \frac{1}{m} \leqslant f_n(x) \leqslant b_l - \frac{1}{m} \right\},$$

$$E_{lmN} = \bigcap_{n \geqslant N} F_{lmn}.$$

(d) 证明

$$H_l = \bigcup_{m, N \in \mathbb{N}} E_{lmN}.$$

(e) 使用(a)以及贝尔定理推导出某些 E_{lmN} 包含 (α, β) 的子区间.

(f) 为什么(e)和(b)是矛盾的?从而证明 D_κ 处处不稠密.

23. 结合习题 18、习题 22 和贝尔定理,证明 1 类贝尔函数存在稠密的连续点集合.

24. 假设 g:$[a, b] \to \mathbb{R}$ 是可导函数.

(a) 证明 g' 是 1 类贝尔函数.[提示:将 g 延拓为更大区间上的可微函数,考虑

$$f_n(x) = \frac{g(x+1/n) - g(x)}{1/n}$$

其中,$x \in [a,b]$.$f_n(x)$ 连续吗?当 $n \to \infty$ 时,$f_n(x)$ 逐点收敛于 $g'(x)$ 吗?]

（b）由习题 23 推导出一个导函数不可能是处处不连续的．它一定在定义域的一个稠密子集合上连续．

25．分别考虑区间 $[1,4]$ 和 $[2,5]$ 的特征函数 $f(x)$ 和 $g(x)$，它们的导函数几乎处处存在．由分部积分公式，

$$\int_0^3 f(x)g'(x)\,\mathrm{d}x = f(3)g(3) - f(0)g(0) - \int_0^3 f'(x)g(x)\,\mathrm{d}x.$$

但是两个积分值都是 0，而 $f(3)g(3)-f(0)g(0)=1$．错在哪里呢？

26．设 Ω 是具有**传递关系**"$<$"的集合，即对于 ω_1，ω_2，$\omega_3 \in \Omega$，若 $\omega_1<\omega_2$ 且 $\omega_2<\omega_3$，则 $\omega_1<\omega_3$．设函数 $f:\Omega\to\mathbb{R}$，若对任意的 $\varepsilon>0$，存在 $\omega_0\in\Omega$，当 $\omega_0<\omega$ 时，都有 $|f(\omega)-L|<\varepsilon$，则称函数 $f:\Omega\to\mathbb{R}$ 关于 **Ω 收敛于 L**，我们把这种收敛性记为 $\lim_\Omega f(\omega)=L$．注意到

- 当 $f(n)=a_n$ 时，在 $\mathbb{N}$ 上赋予通常的大小关系 $\leqslant$，则 $\lim\limits_{n\to\infty} a_n$ 与 $\lim_\mathbb{N} f(n)$ 表达相同含义．

- 在 $\mathbb{R}$ 上赋予通常的大小关系 $\leqslant$，则 $\lim\limits_{t\to\infty} f(t)$ 与 $\lim_\mathbb{R} f(t)$ 表达相同含义．

- 固定 $x\in\mathbb{R}$，$\mathbb{R}$ 上定义新的二元关系 $t_1<t_2$，当且仅当 $|t_2-x|\leqslant|t_1-x|$．则 $\lim\limits_{t\to x} f(t)$ 与 $\lim_{(\mathbb{R},<)} f(t)$ 表达相同含义．

（a）证明极限的唯一性：若 $\lim_\Omega f=L_1$ 以及 $\lim_\Omega f=L_2$，则 $L_1=L_2$．

（b）证明若 $\lim_\Omega f$ 与 $\lim_\Omega g$ 存在，则

$$\lim_\Omega (f+cg) = \lim_\Omega f + c\lim_\Omega g,$$
$$\lim_\Omega (f\cdot g) = \lim_\Omega f \cdot \lim_\Omega g,$$
$$\lim_\Omega (f/g) = \lim_\Omega f / \lim_\Omega g.$$

其中，c 为常数，并且在商式中，$\lim_\Omega g\neq 0$．

（c）设 Ω 由所有的分割对 (P,T) 组成．假如 P' 比 P 精细，且 P' 的目径小于或者等于 P 的目径，则称 $(P,T)<(P',T')$．注意到 $<$ 具有传递性且 $\lim_\Omega R(f,P,T)=I$，与黎曼积分的定义中，当 P 的目径趋于 0 时，$R(f,P,T)\to I$ 意义相同．

（d）回忆定理 16 的证明，使用（b）验证积分和关于被积函数具有线性性质，即

$$R(f+cg,P,T) = R(f,P,T) + cR(g,P,T),$$

进而，上式意味着积分关于被积函数具有线性性质．

（e）将 Ω 上函数的极限定义系统地推广到 Ω 到抽象度量空间上的映射．

27. 使用二元分割重新定义黎曼积分和达布积分．

（a）证明积分值保持不变．

（b）推断黎曼积分准则可以使用二元分割重新定义．

（c）将区间分割为长度为 $\dfrac{b-a}{n}$ 的子区间，重复进行定性分析．

28. 在很多微积分教材中，积分定义为

$$\lim_{n\to\infty}\sum_{k=1}^{n}f(x_k^*)\frac{b-a}{n},$$

其中，x_k^* 是区间 $\left[a+\dfrac{(k-1)(b-a)}{n},\ a+\dfrac{k(b-a)}{n}\right]$ 的中点．例如，可参见斯图尔特《微积分与早期超越数》．

（a）若 f 是连续函数，证明微积分教材的极限存在并且等于 f 的黎曼积分．［提示：开场白而已．］

（b）通过例子表明黎曼不可积的函数，其积分的形式极限可以存在．

（c）证明微积分中关于积分的形式定义对实分析是不充分的．

29. 设 $Z\subset\mathbb{R}$．证明以下等价．

（i）Z 是零集．

（ii）对于任意的 $\varepsilon>0$，存在 Z 的可数闭区间 $[a_i,b_i]$ 覆盖，其全长度

$$\sum(b_i-a_i)<\varepsilon.$$

（iii）对于任意的 $\varepsilon>0$，存在 Z 的由可数多个集合 S_i 构成的覆盖，这些集合的直径之和 $\sum\mathrm{diam}S_i<\varepsilon$．

30. 证明区间 $[0,1]$ 不是零集．［提示：当心，题目不是完全平凡的！］

31. 标准的**居中四分康托尔集合**是这样构造的：首先将 $[0,1]$ 四等分，移除区间 $[0,1]$ 中间的两个四分之一块，在剩下的两个闭区间中，再分别将中间的两个四分之一块移除，然后在剩下的四个闭区间中，各自将中间的两个四分之一块移除，以此类推．

（a）证明四分康托尔集是零集．

（b）给出居中 β-分康托尔集合的一般定义．

（c）居中 β-分康托尔集合是否还是零集？给出证明或者反例．

* 32. 通过如下方法定义康托尔集，移除 $[0,1]$ 区间中间的长度为 1/4 的子区间，剩下 2 个子区间，记为 F^1. 移除 F^1 中长度为 1/16 的子区间，得到四个区间，记为 F^2. 移除 F^2 中长度为 1/64 的子区间，等等. 一般地，在第 n 步中得到的集合 F^n 由 F^{n-1} 的 2^n 个子区间组成.

（a）证明 $F = \cap F^n$ 是康托尔集，但不是零集. 经常称这种集合为**胖康托尔集**.

（b）推测零集并不具有拓扑性质：若两个集合是同胚的，且一个集合是零集，但另一个集合不一定是零集.

[提示：为了对这种胖的康托尔集有直观认识，计算它的补集构成的区间长度之和. 参见图 49 以及习题 36.]

33. 考虑二进有理数的特征函数，即若 $x = k/2^n$，则 $f(x) = 1$，其中 $k \in \mathbb{Z}$，$n \in \mathbb{N}$，在其他的点处 $f(x) = 0$.

（a）它的间断点集合是什么？

（b）在哪些点它的振幅 $\geq \kappa$？

（c）它可积吗？分别使用黎曼-勒贝格定理和直接使用定义给出解释.

（d）考察**二进尺函数** $g(x) = 1/2^n$，其中 $x = k/2^n$；在其他的点处 $g(x) = 0$. 用图表表示这个函数，并回答上述（a），（b），（c）.

34.（a）证明三分康托尔集合 C 的特征函数 f 是黎曼可积函数，而胖康托尔集合 F 的特征函数 g 是黎曼不可积函数.

（b）为什么存在同胚映射 $h: [0, 1] \to [0, 1]$，将 C 映射为 F？

（c）证明黎曼可积函数的复合函数未必是黎曼可积函数. 这个例子与黎曼-勒贝格定理后面的推论 26、推论 30 有关吗？参见习题 36.

* 35. 假设 $\psi: [a, b] \to \mathbb{R}$ 有连续的导函数. ψ 的**临界点** x 是使 $\psi'(x) = 0$ 的点. **临界值**是指数值 y，使得至少存在一个临界点 x 满足 $y = \psi(x)$.

（a）证明临界值集合是零集.（这是一维的摩尔斯-萨德定理.）

（b）将结论推广到 $\mathbb{R} \to \mathbb{R}$ 的有连续导函数的函数.

* 36. 设 $F \subset [0, 1]$ 是习题 32 中的胖康托尔集合，定义

$$\psi(x) = \int_0^x \text{dist}(t, F) \, dt,$$

其中，$\text{dist}(t, F)$ 表示 t 点到集合 F 的距离.

（a）为什么 $\psi: [0, 1] \to [0, L]$ 是连续的微分同胚？其中 $L =$

$\psi(1)$.

（b）ψ 的临界点集合是什么？（参见习题 35.）

（c）为什么 $\psi(F)$ 是有零测度的康托尔集？

（d）设 f 是 $\psi(F)$ 的特征函数. 为什么 f 是黎曼可积函数，而 $f\circ\psi$ 是黎曼不可积函数.

（e）习题 34 和（d）的关系是什么？

37. 将第 1 章的习题 30 进行拓展，设 $f: (a,b)\rightarrow\mathbb{R}$，$c\in(a,b)$，假如极限

$$f(c^-)=\lim_{x\to c^-}f(x), \qquad f(c^+)=\lim_{x\to c^+}f(x)$$

都存在但是不相等，或者与 $f(c)$ 不相等（这三个数值存在且相等当且仅当函数 f 在 c 点连续.），我们称函数 $f: (a,b)\rightarrow\mathbb{R}$ 在 $c\in(a,b)$ 具有**跳跃**间断点（或者**第一类**间断点），不是跳跃间断点的不连续点称为**振荡**间断点（或者第二类间断点）.

（a）证明 $f: \mathbb{R}\rightarrow\mathbb{R}$ 至多有可列多个跳跃间断点.

（b）证明函数

$$f(x)=\begin{cases}\sin\dfrac{1}{x} & x>0 \\ 0 & x\leqslant 0\end{cases}$$

在 $x=0$ 是振荡间断点.

（c）证明有理数集合的特征函数 $\chi_{\mathbb{Q}}$，每一点都是它的振荡间断点.

**38. 用 $\mathcal{P}(S)=2^S$ 表示集合 S 的幂集，即由 S 的子集构成的集合，$\mathfrak{R}$ 表示 $[a,b]$ 上的黎曼可积函数全体.

（a）证明 $\mathfrak{R}$ 的基数与 $\mathcal{P}(\mathbb{R})$ 的基数相等，但严格大于 $\mathbb{R}$ 的基数.

（b）假如 $\mathfrak{R}$ 中两个函数仅在一个零集上不相等，称它们是**积分等价的**. 证明 $\mathfrak{R}$ 的积分等价类的全体构成的集合，其基数与 $\mathbb{R}$ 的基数相等，即和 $2^{\mathbb{N}}$ 的基数相等.

（c）计算黎曼可积函数的个数与黎曼可积函数的积分等价类的个数，哪一个更好呢？

（d）证明 f，$g\in\mathfrak{R}$ 是积分等价的，当且仅当 $|f-g|$ 的积分为 0.

39. 设 $\psi: [c,d]\rightarrow[a,b]$ 是连续函数，且对于任意零集 $Z\subset[a,b]$，$\psi^{\mathrm{pre}}(Z)\subset[c,d]$ 也是零集.

(a) 若 f 是黎曼可积函数，证明 $f \circ \psi$ 是黎曼可积函数.

(b) 由 (a) 推导推论 30.

40. 令 $\psi(x) = x \sin \dfrac{1}{x}$，其中 $0 < x \leq 1$，以及 $\psi(0) = 0$.

(a) 若 $f : [-1, 1] \to \mathbb{R}$ 是黎曼可积函数，证明 $f \circ \psi$ 是黎曼可积函数.

(b) 若 $\psi(x) = \sqrt{x} \sin \dfrac{1}{x}$，会出现什么结果呢？

*41. 假设 $\psi : [c, d] \to [a, b]$ 有连续的导函数.

(a) 若 ψ 的临界点集合在 $[c, d]$ 中构成零集，f 是 $[a, b]$ 上的黎曼可积函数，证明 $f \circ \psi$ 是 $[c, d]$ 上的黎曼可积函数.

(b) 反之，若对于 $[a, b]$ 上的任意黎曼可积函数 f，$f \circ \psi$ 是黎曼可积函数，则 ψ 的临界点集合为零集. [提示：使用习题 35.]

(c) 将条件减弱为：$\psi : [c, d] \to [a, b]$ 除去有限多点外具有连续的导函数，证明 (a) 和 (b) 成立.

(d) 由 (c) 推导习题 36 的 (a).

(e) 进一步将 ψ 减弱为：在 $[c, d]$ 中的一个补集为零集的开集上有连续的导函数.

将在第 6 章给出证明的如下结论，与上述习题密切相关：若 $f : [a, b] \to \mathbb{R}$ 满足李普希兹条件，或者是单调函数，则使得 $f'(x)$ 不存在的点 x 构成零集. 即"李普希兹条件意味着几乎处处可导，"这是一维的拉特马赫定理，而"单调函数几乎处处可导"是勒贝格的《Lecons sur l'intégration et la recherche des fonctions primitives》中最后一个定理. 参见第 6 章的定理 39 和推论 41.

42. 令

$$f(x) = \begin{cases} 0 & x \leq 0, \\ \sin \dfrac{\pi}{x} & x > 0 \end{cases} \quad \text{以及} \quad g(x) = \begin{cases} 0 & x \leq 0, \\ 1 & x > 0. \end{cases}$$

证明 f 有原函数，而 g 不存在原函数.

43. 证明一个函数的两个原函数之间仅相差一个常数. [提示：毛毛雨而已！]

44 (a) 设 $f : M \to N$ 是度量空间 M 到度量空间 N 的映射. 给出 f 振幅的定义.

(b) 是否还有结论：f 在 x 点连续的充分必要条件是在该点的振

幅为 0? 给出证明或者举出反例.

（c）给定常数 $\kappa>0$. 使得 f 的振幅大于 κ 的点集在 M 中为闭集吗？证明或者举出反例.

45．（a）证明前面给出的芝诺楼梯函数，其积分值为 2/3.

（b）幽灵楼梯函数的积分是多少呢？

46．在黎曼-勒贝格定理的推论 26 的证明中，用到了如下结论：若 ϕ 是连续函数，则 $\phi\circ f$ 的间断点集合包含在 f 的间断点集中.

（a）证明上述结论.

（b）给出真包含的例子.

（c）给出 ϕ 所满足的充分条件，使得对任意的 $f\in\mathfrak{R}$，$\phi\circ f$ 的间断点集合和 f 的间断点集合相等.

（d）你给的条件是否也是必要条件？

47．假设 $f\in\mathfrak{R}$，存在 $m>0$ 使得对于任意的 $x\in[a,b]$，$|f(x)|\geqslant m$. 证明 $\dfrac{1}{f(x)}\in\mathfrak{R}$. 若 $f\in\mathfrak{R}$，$|f(x)|>0$，但 $|f|$ 不存在下界 $m>0$，证明 f 的倒数 $\dfrac{1}{f}$ 不是黎曼可积函数.

48．黎曼-勒贝格定理的推论 26 告诉我们，若 $f\in\mathfrak{R}$，ϕ 是连续函数，则 $\phi\circ f\in\mathfrak{R}$. 证明不能使用"分段连续性"替代"连续性". ［提示：选取 f 是尺函数，ϕ 是特征函数.］

＊＊49．假设 $f:[a,b]\to[c,d]$ 是黎曼可积的双射. 它的逆映射是黎曼可积函数吗？证明或者给出反例.

50．设 f，g 是 $[a,b]$ 上的黎曼可积函数且对任意的 $x\in[a,b]$，$f(x)<g(x)$，证明 $\displaystyle\int_a^b f(x)\mathrm{d}x < \int_a^b g(x)\mathrm{d}x$. （注意是严格小于.）

51．给定函数 $f:[a,b]\to\mathbb{R}$. 对于下述论断给出证明或者举出反例.

（a）$f\in\mathfrak{R}\Rightarrow|f|\in\mathfrak{R}$.

（b）$|f|\in\mathfrak{R}\Rightarrow f\in\mathfrak{R}$

（c）$f\in\mathfrak{R}$ 且对于任意 x，$|f(x)|\geqslant c>0$，则 $\dfrac{1}{f}\in\mathfrak{R}$.

（d）$f\in\mathfrak{R}\Rightarrow f^2\in\mathfrak{R}$.

（e）$f^2\in\mathfrak{R}\Rightarrow f\in\mathfrak{R}$.

（f）$f^3\in\mathfrak{R}\Rightarrow f\in\mathfrak{R}$.

（g）$f^2 \in \mathfrak{R}$ 且对于任意 x，$|f(x)| \geq 0$，则 $f \in \mathfrak{R}$.

［这里 f^2 和 f^3 分别表示函数 $f(x) \cdot f(x)$ 和 $f(x) \cdot f(x) \cdot f(x)$，而不是映射的复合.］

52. 设 f，$g \in \mathfrak{R}$. 证明 $\max\{f,g\}$，$\min\{f,g\} \in \mathfrak{R}$，其中，
$$\max\{f,g\}(x) = \max\{f(x),g(x)\}, \quad \min\{f,g\}(x) = \min\{f(x),g(x)\}.$$

53. 假设 f，$g: [0, 1] \to \mathbb{R}$ 是黎曼可积函数，且除去三分康托尔集外，$f(x) = g(x)$.

（a）证明 f 与 g 的积分值相等.

（b）若除去有理点后，$f(x) = g(x)$，结论是否还成立?

（c）有理数集合 $\mathbb{Q}$ 的特征函数是黎曼不可积的，这一事实和上述结论有什么关系?

54. 若 $a_n \geq 0$，$\sum a_n$ 收敛，证明 $\sum \dfrac{\sqrt{a_n}}{n}$ 收敛.

55. （a）若 $\sum a_n$ 收敛，(b_n) 是单调有界数列，证明 $\sum a_n b_n$ 也收敛.

（b）假如舍弃"(b_n) 单调"这一条件，或者将之替代为"$\lim\limits_{n \to \infty} b_n = 0$"，则给出 $\sum a_n b_n$ 发散的例子.

56. 给出虽然 $\limsup\limits_{n \to \infty} \left| \dfrac{a_{n+1}}{a_n} \right| = \rho = \infty$，但级数仍收敛的正项级数的例子. 这意味着在利用比值审敛法判断发散区域时，ρ 不能替代 λ.

57. 若一个序列的通项单调递减，$a_1 \geq a_2 \geq \cdots$，且收敛于 0，则级数 $\sum a_k$ 收敛当且仅当相应的二次幂项级数
$$a_1 + 2a_2 + 4a_4 + 8a_8 + \cdots = \sum 2^k a_{2^k}$$
收敛. （我称这种判别方式为**块审敛**，这是由于它将级数的通项分割为长度是 2^{k-1} 的块.）

58. 证明级数 $\sum \dfrac{1}{k(\log k)^p}$ 在 $p > 1$ 时收敛，在 $p \leq 1$ 时发散. 其中，$k = 2$，3，$\cdots$. ［提示：利用积分审敛法或者块审敛法.］

59. 构造满足条件 $(-1)^k a_k > 0$，$a_k \to 0$，但是发散的级数 $\sum a_k$.

60. （a）证明如果级数具有比率 $\rho = \limsup r_k$，则其指数增长率也是 ρ. 由此推断比值审敛法来源于根式审敛法.

（b）构造一个可以使用根审敛判断收敛性，而无法使用比值审敛判断收敛性的例子. 由此推断出根审敛的适应范围大于比值审敛

的适应范围.

61. 证明对于条件收敛级数, 不存在简单的比较审敛:

(a) 构造级数 $\sum a_k$ 和 $\sum b_k$ 使得 $\sum b_k$ 条件收敛, 且当 $k \to \infty$ 时, $\dfrac{a_k}{b_k} \to 1$, 但是 $\sum a_k$ 发散.

(b) 假如级数 $\sum b_k$ 是绝对收敛级数, 为什么上述现象将是不可能的.

62. **无限积**是指表达式 $\prod c_k$, 其中 $c_k > 0$. n **次部分积**是 $C_n = c_1 \cdots c_n$. 若 $C_n \to C \neq 0$, 则称无限积收敛于 C. 记 $c_k = 1 + a_k$, 若对于 $\forall k$, $a_k \geqslant 0$, 或者对于 $\forall k$, $a_k \leqslant 0$, 则证明 $\sum a_k$ 收敛当且仅当 $\prod c_k$ 收敛. [提示: 使用对数函数.]

63. 证明级数 $\sum a_k$ 的条件收敛和无限积 $\prod (1 + a_k)$ 的收敛互不包含:

(a) 令 $a_k = \dfrac{(-1)^k}{\sqrt{k}}$, 则级数 $\sum a_k$ 收敛, 但是相应的无限积 $\prod (1 + a_k)$ 发散.

(b) 当 k 为奇数时, 令 $e_k = 0$, 当 k 为偶数时, 令 $e_k = 1$. 令 $b_k = \dfrac{e_k}{k} + \dfrac{(-1)^k}{\sqrt{k}}$. 则级数 $\sum b_k$ 发散, 而相应的无限积 $\prod_{k \geqslant 2} (1 + b_k)$ 收敛.

64. 考虑级数 $\sum a_k$, 通过双射 $\beta : \mathbb{N} \to \mathbb{N}$ 对级数的通项进行**重排**, 得到一个新的级数 $\sum a_{\beta(k)}$. 则重排后的级数收敛的充分必要条件是当 $n \to \infty$ 时, 部分和 $a_{\beta(1)} + \cdots + a_{\beta(n)}$ 收敛.

(a) 证明对于收敛的正项级数, 重排后所得到的级数也是收敛级数, 并且极限相同.

(b) 证明对于绝对收敛级数, 上述结论也成立.

*65. 给定级数 $\sum a_k$.

(a) 若 $\sum a_k$ 条件收敛, 则重排后的级数的收敛性被完全改变, 即 $\sum a_k$ 的重排级数 $\sum b_k$ 可能发散于 $+\infty$ 或者 $-\infty$, 也可能收敛于任意给定的实数.

(b) 证明级数 $\sum a_k$ 绝对收敛的充分必要条件是其任意的重排级数收敛. (重排改变条件收敛性质意味着尽管有限和是可交换的, 但是无限和并不满足交换律.)

**66. 假设级数 $\sum a_k$ 条件收敛. 若 $\sum b_k$ 是 $\sum a_k$ 的一个重排, B_n

是 $\sum b_k$ 的前 n 项部分和，Y 是（B_n）的子序列的极限的集合. 即，y $\in Y$ 当且仅当存在 (B_n) 的子序列 (B_{n_l})，当 $l \to \infty$ 时，$B_{n_l} \to y$.

（a）证明 Y 是闭的连通集合.

（b）若 Y 是非空紧集，则 $\sum b_k$ 依照如下度量收敛于 Y: $\lim_{n \to \infty} d_H(Y_n, Y) = 0$，其中 d_H 是 $\mathbb{R}$ 的紧集构成的空间上的豪斯多夫度量，Y_n 是 $\{B_m : m \geqslant n\}$ 的闭包. 参见习题 2.124.

（c）证明 $\mathbb{R}$ 中任一个闭的连通子集都是 $\sum a_k$ 的某一个重排级数的子列极限集合.

Peter Rosenthal 发表于《美国数学月刊》（1987 年 4 月）的论文《The Remarkable Theorem of Lévy and Steinitz》考虑了相关的课题.

* * *67. 设 V 是巴拿赫空间——具有范数的向量空间，V 在范数诱导的距离下完备.（例如，$\mathbb{R}^n$ 是巴拿赫空间.）若 $\sum v_k$ 是 V 中的收敛级数，但是 $\sum \|v_k\|$ 发散，则如何拓展习题 66？特别地，Y 是凸集吗？

*68. 两个绝对收敛级数可以按照通常方式相乘，所得的级数是它们的**柯西积**，

$$\left(\sum_{i=0}^{\infty} a_i \right) \left(\sum_{j=0}^{\infty} b_j \right) = \sum_{k=0}^{\infty} c_k,$$

其中，$c_k = a_0 b_k + a_1 b_{k-1} + \cdots + a_k b_0$.

（a）证明 $\sum c_k$ 绝对收敛.

（b）给出柯西积的一些代数运算法则（如交换律、分配律等.）. 给出其中的 2 个证明.

［（a）的提示：将乘积 $a_i b_j$ 看作 $\infty \times \infty$ 的矩阵 M 的矩阵元，令 A_n，B_n，C_n 分别表示 $\sum a_i$，$\sum b_j$，$\sum c_k$ 的 n 阶部分和. 首先你需要证明 $(\lim A_n) \cdot (\lim B_n) = \lim C_n$，即极限的乘积是乘积的极限. 而 $A_n B_n$ 是矩阵 M 的左上角 $n \times n$ 子矩阵的所有 $a_i b_j$ 之和，c_n 是这个子矩阵副对角线元素之和. 下面计算 $A_n B_n - C_n$. 或者，假设 a_n，$b_n \geqslant 0$，以 A，B 为边画矩形，则 R 是以 a_i，b_j 为边的矩形 R_{ij} 的并集.］

* *69. 在习题 68 的基础上，

（a）将级数 $\sum a_i$ 和 $\sum b_j$ 都是绝对收敛这个条件削弱为一个是绝对收敛级数，而另一个是收敛级数.（习题 68 以及习题 69（a）被称为 **Mertens 定理**.）

（b）给出两个条件收敛级数的柯西积是发散级数的例子.

70. 黎曼 ζ-函数 $\zeta(s) = \sum_{n=1}^{\infty} n^{-s}$ ，其中 $s>1$. 它是当 $p=s$ 时的 p-级数的和. 建立**欧拉乘积**公式：

$$\zeta(s) = \prod_{k=1}^{\infty} \frac{1}{1-p_k^{-s}},$$

其中，p_k 是第 k 个素数，也就是说，$p_1=2$，$p_2=3$ 等. 证明上述无限积收敛. [提示：无限积中每一个因子都是几何级数 $1+p_k^{-s}+(p_k^{-s})^2+\cdots$ 的和. 使用几何级数替代每一个因子，并写出 n 阶部分和. 使用 Mertens 定理推断出通项，同时注意到任意一个整数可以唯一分解为素数的乘积.]

71. 构造连续函数 $f: \mathbb{R} \to \mathbb{R}$，其广义积分是 0，但是当 $x \to \infty$ 和 $x \to -\infty$ 时函数是无界函数. [提示：f 和单调函数大相径庭.]

72. 给定函数 $f: \mathbb{R} \to \mathbb{R}$，$f$ 在任意的闭区间上都是有界函数.

（a）系统阐述 f 的广义黎曼积分收敛和绝对收敛的概念.

（b）通过例子说明广义黎曼积分的收敛和绝对收敛是不同的.

73. 给定函数 $f: [0, \infty) \to [0, \infty)$ 和级数 $\sum a_k$. 假设对所有充分大的 k 以及任意 $x \in [k, k+1)$，$f(x)\,\mathrm{d}x \leq a_k$. 证明广义积分 $\int_0^{\infty} f(x)\,\mathrm{d}x$ 的发散意味着级数 $\sum a_k$ 的发散.

1 一致收敛和 $C^0[a,b]$

点序列收敛到极限是指它们在空间上与极限越来越靠近. 那么函数序列会怎样呢? 何时函数能收敛到一个极限函数? 它们与极限函数越来越靠近是什么含义? 最简单的想法就是, 函数序列 f_n 收敛到极限函数 f 是指对每个 x, 当 $n \to \infty$ 时, 函数值 $f_n(x)$ 收敛于 $f(x)$, 这称为逐点收敛. 即: 对于由 $f_n : [a,b] \to \mathbb{R}$ 组成的函数序列, 若存在 $f : [a,b] \to \mathbb{R}$ 使得对任意 $x \in [a,b]$,

$$\lim_{n \to \infty} f_n(x) = f(x),$$

则称 f_n **逐点收敛**于函数 f, 称函数 f 为函数序列 (f_n) 的**逐点极限**, 记为

$$f_n \to f \quad \text{或} \quad \lim_{n \to \infty} f_n = f.$$

注意这里的极限是指 $n \to \infty$, 而不是 $x \to \infty$. 对于从一个度量空间到另一个度量空间的函数序列, 上述定义同样适用.

一致收敛的要求就要强一些. 对于由 $f_n : [a,b] \to \mathbb{R}$ 组成的函数序列以及函数 $f : [a,b] \to \mathbb{R}$, 若存在 $\varepsilon > 0$, 存在自然数 N, 当 $n \geq N$ 时, 对所有的 $x \in [a,b]$,

(1) $$|f_n(x) - f(x)| < \varepsilon,$$

则称 f_n **一致收敛**于函数 f, 称 f 为函数序列 (f_n) 的**一致极限**, 记为

$$f_n \rightrightarrows f \quad \text{或} \quad \underset{n \to \infty}{\text{uniflim}} f_n = f.$$

你需要对一致收敛性有一个直观认识: 沿着 f 的图形画一个垂直的、半径为 ε 的带 V. 对于充分大的 n, f_n 的整个图形都落在 V 中. 见图 83. 理解此图!

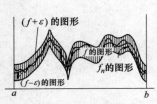

图 83 f_n 的图形含于
f 图形的 ε 带中

显然一致收敛可推得逐点收敛. 这两种定义的区别在下列标准的例子里是显而易见的.

例 定义 $f_n: [0,1] \to \mathbb{R}$ 为 $f_n(x) = x^n$. 对每个 $x \in (0,1)$ 显然 $f_n(x) \to 0$. 当 $n \to \infty$ 时, 这些函数逐点收敛于 0, 但它们不是一致收敛的: 取 $\varepsilon = 1/10$, f_n 把点 $x_n = \sqrt[n]{1/2}$ 映成 $1/2$. 这样当 n 充分大时, 不是所有的点 x 都满足 (1). f_n 的图形没有落在 ε 带 V 中. 见图 84.

这告诉我们, 通常情形下函数列的逐点收敛性是太弱的一个概念. 我们倾向于一致收敛性, 同时提出这个自然的问题:

函数的哪些性质在一致收敛下仍然保持呢?

答案可在定理 1、习题 4、定理 6 和定理 9 中找到. 一致极限保持连续性、一致连续性、可积性, 以及在一些附加条件下, 保持可导性.

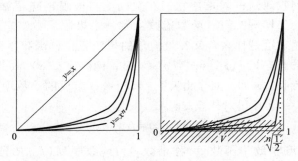

图 84 非一致的、逐点收敛

定理 1 若 $f_n \rightrightarrows f$ 且每个 f_n 在 x_0 点连续, 那么 f_n 在 x_0 点连续. 简言之, 连续函数的一致极限还是连续的.

证明 为简化起见, 假设这些函数的定义域为 $[a,b]$, 目标域为 $\mathbb{R}$. (其他情形见第 8 节和习题 2.) 令 $\varepsilon > 0$ 给定 $x_0 \in [a,b]$. 存在一个 N, 当 $n \geqslant N$ 时, 对所有的 $x \in [a,b]$,

$$|f_n(x) - f(x)| < \frac{\varepsilon}{3}.$$

函数 f_N 在 x_0 点连续, 因此存在一个 $\delta > 0$, 使得当 $|x - x_0| < \delta$ 时, 有

$$|f_N(x) - f_N(x_0)| < \frac{\varepsilon}{3}.$$

于是当 $|x - x_0| < \delta$ 时,

$$|f(x)-f(x_0)| \leqslant |f(x)-f_N(x)| + |f_N(x)-f_N(x_0)| + |f_N(x_0)-f(x_0)|$$

$$\leqslant \frac{\varepsilon}{3}+\frac{\varepsilon}{3}+\frac{\varepsilon}{3}=\varepsilon.$$

因此 f 在 $x_0 \in [a, b]$ 点连续.　　　　　　　　□

　　如果没有一致收敛性的要求, 此定理将不再成立. 例如, 如前所示定义 $f_n:[0,1] \to \mathbb{R}$, $f_n(x)=x^n$. 那么 $f_n(x)$ 逐点收敛于函数

$$f(x)=\begin{cases} 0 & \text{若}0 \leqslant x<1, \\ 1 & \text{若 } x=1. \end{cases}$$

但 f 不是连续函数, 且收敛不是一致收敛. 那逆命题如何呢? 若极限和函数都是连续的, 那逐点收敛能否推得一致收敛呢? 利用已经证明的定义在 $(0,1)$ 上的函数 x^n, 可以知道答案是"否". 但是当函数的定义域为紧集时, 如 $[a,b]$, 结论又如何? 答案依然是"否".

　　例　约翰·凯莱 (John Kelley) 曾给出反例: **增长尖塔**.

$$f_n(x)=\begin{cases} n^2 x & 0 \leqslant x \leqslant 1/n, \\ 2n-n^2 x & 1/n \leqslant x \leqslant 2/n, \\ 0 & 2/n \leqslant x \leqslant 1. \end{cases}$$

如图 85 所示.

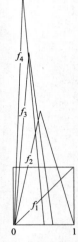

图 85　函数序列逐点收敛于零函数, 但不是一致收敛的

　　那么对每个 x, $\lim\limits_{n \to \infty} f_n(x)=0$, 于是 f_n 逐点收敛于函数 $f=0$. 即使函数有紧定义域, 一致有界且一致连续, 逐点收敛也不能推出一致收敛. 只要把增长尖塔函数乘以 $1/n$ 即可给出例子.

　　一个自然的方式是在函数空间中考察一致连续性. 令 $C_b = C_b([a,b],\mathbb{R})$ 表示 $[a,b]$ 到 $\mathbb{R}$ 的有界函数全体. C_b 中的元素是函数 f, g 等. 每一个都是有界的. 在 C_b 上定义上**确界范数**如下:

$$\|f\| = \sup\{ |f(x)| : x \in [a,b]\}.$$

上确界范数满足第 1 章中所讨论的范数公理.

$$\|f\| \geqslant 0 \quad \text{且} \|f\|=0 \text{当且仅当} f=0,$$
$$\|cf\| = |c| \, \|f\|.$$
$$\|f+g\| \leqslant \|f\| + \|g\|.$$

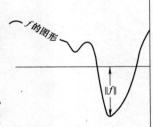

在第 2 章我们已经看到, 范数可以定义度量. 在此情况下,

$$d(f,g) = \sup\{ |f(x)-g(x)| : x \in [a,b]\}$$

为 C_b 上相应的度量. 如图 86 所示. 为区分范数 $\|f\| = \sup |f(x)|$ 和 C_b 上的其他范数, 我们有时用 $\|f\|_{\sup}$ 表示上确界范数.

　　再次提醒一件事: C_b 为度量空间, 其元素为函数. 思考一下.

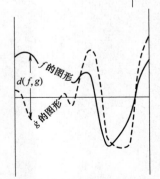

图 86　f 的上确界范数和函数 f 与 g 的上确界距离

定理 2　关于上确界度量 d 的收敛性等价于一致收敛性.

证明　若 $d(f_n, f) \to 0$，那么 $\sup\{|f_n x - f x| : x \in [a, b]\} \to 0$. 因此 $f_n \rightrightarrows f$，反之亦然.

定理 3　C_b 是完备的度量空间. □

证明　令 (f_n) 为 C_b 中的柯西序列. 对每个 $x_0 \in [a, b]$，函数值 $f_n(x_0)$ 形成了 $\mathbb{R}$ 中的一个柯西列，这是因为

$$|f_n(x_0) - f_m(x_0)| \leq \sup\{|f_n(x) - f_m(x)| : x \in [a, b]\} = d(f_n, f_m).$$

这样，对每个 $x \in [a, b]$，

$$\lim_{n \to \infty} f_n(x)$$

存在. 定义此极限为 $f(x)$. 显然 f_n 逐点收敛于 f. 事实上，它还是一致收敛的. 这是因为，对于给定 $\varepsilon > 0$，存在一个 N 使得当 $m, n \geq N$ 时，可知

$$d(f_n, f_m) < \frac{\varepsilon}{2}.$$

同时，对每个 $x \in [a, b]$，存在一个 $m = m(x) \geq N$，使得

$$|f_m(x) - f(x)| < \frac{\varepsilon}{2}.$$

若 $n \geq N$，且 $x \in [a, b]$，那么

$$|f_n(x) - f(x)| \leq |f_n(x) - f_{m(x)}(x)| + |f_{m(x)}(x) - f(x)|$$

$$< \frac{\varepsilon}{2} + \frac{\varepsilon}{2} = \varepsilon.$$

因此 $f_n \rightrightarrows f$. 函数 f 是有界的，这是因为 f_N 是有界函数，且对所有的 x，$|f_N(x) - f(x)| < \varepsilon$. 这样 $f \in C_b$. 由定理 2，一致收敛可推得 d-收敛，即 $d(f_n, f) \to 0$，且柯西序列 (f_n) 收敛于 C_b 中的极限. □

上述证明是巧妙的. 一致性不等式 $d(f_n, f) < \varepsilon$ 来源于非一致性的方法：对每个 x，我们利用（不一致的）依赖于 x 的 $m(x)$，得到一个独立的估计. 这真是"无所不用其极"啊.

用 $C^0 = C^0([a, b], \mathbb{R})$ 表示 $[a, b] \to \mathbb{R}$ 的连续函数全体. 由于定义在紧定义域上的连续函数一定是有界的，可知每个 $f \in C^0$ 属于 C_b. 即 $C^0 \subset C_b$.

推论 4　C^0 为 C_b 的闭子集. 它是完备的度量空间.

证明　由定理 1 可知，C^0 中函数组成的函数序列在 C_b 中的极限一定位于 C^0 中. 即 C^0 为 C_b 的闭子集. 完备度量空间的闭子集还是

完备的. □

正如讨论函数序列的收敛性是有意义的, 我们亦可讨论函数项级数 $\sum f_k$ 的收敛性. 只是考察其 n 项部分和

$$F_n(x) = \sum_{k=0}^{n} f_k(x).$$

它是一个函数. 如果函数序列 (F_n) 收敛于一个极限函数 F, 那么级数收敛, 记为

$$F(x) = \sum_{k=0}^{\infty} f_k(x).$$

如果部分和序列是一致收敛的, 则称级数是一致收敛的; 若绝对值级数 $\sum |f_k(x)|$ 收敛, 那么级数 $\sum f_k$ 绝对收敛.

魏尔斯特拉斯 M 审敛法 5 若 $\sum M_k$ 为收敛的数项级数, 且对所有的 k, $f_k \in C_b$ 满足 $\|f_k\| \le M_k$, 那么 $\sum f_k$ 一致收敛且绝对收敛.

证明 若 $n > m$, 那么部分和的绝对值级数压缩成

$$d(F_n, F_m) \le d(F_n, F_{n-1}) + \cdots + d(F_{m+1}, F_m)$$

$$= \sum_{k=m+1}^{n} \|f_k\| \le \sum_{k=m+1}^{n} M_k.$$

由于 $\sum M_k$ 收敛, 当 n, m 充分大时, 后者的和 $< \varepsilon$. 这样 (F_n) 为 C_b 中的柯西列, 由定理 3, 它是一致收敛的. □

自然要问, 积分和求导运算在一致收敛下的表现如何呢? 积分比求导表现得好.

定理 6 黎曼可积函数的一致极限还是黎曼可积的, 且积分的极限就是极限的积分,

$$\lim_{n \to \infty} \int_a^b f_n(x)\,\mathrm{d}x = \int_a^b \operatorname*{uniflim}_{n \to \infty} f_n(x)\,\mathrm{d}x.$$

换言之, $\mathcal{R}$ 是 C_b 的闭子集, 且积分泛函 $f \mapsto \int_a^b f(x)\,\mathrm{d}x$ 是从 $\mathcal{R}$ 到 $\mathbb{R}$ 的连续映射. 可以得到如下层次关系:

$$C_b \supset \mathcal{R} \supset C^0 \supset C^1 \supset \cdots \supset C^\infty \supset C^\omega.$$

定理 6 给出了一个极限运算与积分运算可交换的最简单的条件.

证明 给定 $f_n \in \mathcal{R}$, 且当 $n \to \infty$ 时, $f_n \rightrightarrows f$. 由黎曼-勒贝格定理, f_n 有界且存在一个零集 Z_n, 使得 f_n 在每个 $x \in [a,b] \setminus Z_n$ 处是连续的. 由定理 1 可知, f 在每个 $x \in [a,b] \setminus \cup Z_n$ 处是连续的. 同时由定理 3, f 是有界的. 由于 $\cup Z_n$ 是一个零集, 由黎曼-勒贝格定理, $f \in \mathcal{R}$. 最后, 当 $n \to \infty$ 时,

$$\left| \int_a^b f(x)\,\mathrm{d}x - \int_a^b f_n(x)\,\mathrm{d}x \right| = \left| \int_a^b [f(x) - f_n(x)]\,\mathrm{d}x \right|$$

$$\leqslant \int_a^b |f(x) - f_n(x)|\,\mathrm{d}x$$

$$\leqslant d(f,f_n)(b-a) \to 0.$$

因此，积分的极限就是极限的积分. □

推论 7 给定 $f_n \in \mathcal{R}$，且 $f_n \rightrightarrows f$，那么变上限积分一致收敛，即

$$\int_a^x f_n(t)\,\mathrm{d}t \rightrightarrows \int_a^x f(t)\,\mathrm{d}t.$$

证明 如上，当 $n \to \infty$ 时，

$$\left| \int_a^x f_n(t)\,\mathrm{d}t - \int_a^x f(t)\,\mathrm{d}t \right| \leqslant d(f,f_n)(x-a) \leqslant d(f,f_n)(b-a) \to 0.$$

□

逐项积分定理 8 由可积函数组成的一致收敛级数 $\sum f_k$ 是逐项可积的，即

$$\int_a^b \sum_{k=0}^\infty f_k(x)\,\mathrm{d}x = \sum_{k=0}^\infty \int_a^b f_k(x)\,\mathrm{d}x.$$

证明 部分和序列 (F_n) 一致收敛于 $\sum f_k$. 由于 $\mathcal{R}$ 中元的有限和还在 $\mathcal{R}$ 中，每个 F_n 属于 $\mathcal{R}$. 由定理 6，

$$\sum_{k=0}^n \int_a^b f_k(x)\,\mathrm{d}x = \int_a^b F_n(x)\,\mathrm{d}x \to \int_a^b \sum_{k=0}^\infty f_k(x)\,\mathrm{d}x.$$

此示级数 $\sum \int_a^b f_k(x)\,\mathrm{d}x$ 收敛于 $\int_a^b \sum f_k(x)\,\mathrm{d}x$. □

定理 9 若导函数构成的序列是一致收敛的，则可导函数的一致极限依然可导.

证明 假设 $f_n : [a,b] \to \mathbb{R}$ 对每个 n 都可导，且当 $n \to \infty$ 时，$f_n \rightrightarrows f$. 同时也假设存在函数 g，使得 $f'_n \rightrightarrows g$. 那么将证明 f 可导，且 $f' = g$.

首先证明一种特殊情形：假设每个 f'_n 都是连续函数，那么 f'_n，$g \in \mathcal{R}$，由微积分基本定理及推论 7，

$$f_n(x) = f_n(a) + \int_a^x f'_n(t)\,\mathrm{d}t \rightrightarrows f(a) + \int_a^x g(t)\,\mathrm{d}t.$$

由于 $f_n \rightrightarrows f$，则得到 $f(x) = f(a) + \int_a^x g(t)\,\mathrm{d}t$，再由微积分基本定理，$f' = g$.

一般情形的证明就要困难得多. 固定 $x \in [a,b]$，定义

$$\phi_n(t) = \begin{cases} \dfrac{f_n(t) - f_n(x)}{t-x} & \text{当 } t \neq x \text{ 时,} \\ f'_n(x) & \text{当 } t = x \text{ 时;} \end{cases}$$

$$\phi(t) = \begin{cases} \dfrac{f(t) - f(x)}{t-x} & \text{当 } t \neq x \text{ 时,} \\ g(x) & \text{当 } t = x \text{ 时.} \end{cases}$$

由于当 $t \to x$ 时,$\phi_n(t)$ 收敛于 $f'_n(x)$,因此每个 ϕ_n 都是连续函数. 而且当 $n \to \infty$ 时,ϕ_n 逐点收敛于 ϕ. 我们将证明此收敛是一致的. 对任意的 m,n,对 $f_m - f_n$ 使用中值定理可知,

$$\phi_m(t) - \phi_n(t) = \frac{(f_m(t) - f_n(t)) - (f_m(x) - f_n(x))}{t-x} = f'_m(\theta) - f'_n(\theta),$$

其中,θ 介于 t 和 x 之间. 由于 $f'_n \rightrightarrows g$,当 m,$n \to \infty$ 时,差值 $f'_m - f'_n$ 一致收敛于 0. 这样 (ϕ_n) 为 C^0 中的柯西列. 由于 C^0 是完备的,ϕ_n 一致收敛于某一个极限函数 ψ,且 ψ 是连续的. 如前所示,ϕ_n 逐点收敛于 ϕ,因此 $\psi = \phi$. 由 $\psi = \phi$ 的连续性可知,$g(x) = f'(x)$.

逐项可导定理 10 对于由可导函数组成的一致收敛级数,若导函数级数是一致收敛的,那么它是逐项可导的,即

$$\left(\sum_{k=0}^{\infty} f_k(x) \right)' = \sum_{k=0}^{\infty} f'_k(x).$$

证明 对部分和序列应用定理 9 即可.

注意,如果没有"导函数级数收敛"这一条件,定理 9 将不再成立. 例如,考虑函数序列 $f_n : [-1, 1] \to \mathbb{R}$,其中

$$f_n(x) = \sqrt{x^2 + \frac{1}{n}}.$$

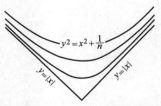

图 87 可导函数的一致极限不一定是可导的

见图 87. 函数一致收敛于 $f(x) = |x|$,这是一个不可导函数. 导函数逐点收敛,但不是一致收敛的. 更极端的例子不难想象. 事实上,一个由处处可导的函数组成的序列可以一致收敛到无处可导的函数. 见第 4 节和第 7 节. 一个关于复数的惊人结果是,复可导函数列的一致极限是复可导的,同时导函数序列自动地一致收敛于某极限. 从这个观点可知,实分析与复分析有本质区别.

2 幂级数

作为魏尔斯特拉斯 M 审敛法的另一个应用,我们将讨论幂级数

$\sum c_k x^k$. 幂级数是函数级数的一个特殊形式，只是把函数取成常数乘以 x 的幂次. 如第 3 章第 3 节所示，它的收敛半径为

$$R = \frac{1}{\limsup\limits_{k \to \infty} \sqrt[k]{c_k}}.$$

它的收敛区间为 $(-R,R)$. 若 $x \in (-R,R)$，级数收敛，且定义了一个函数 $f(x) = \sum c_k x^k$. 若 $x \notin [-R,R]$，级数发散. 对于 $(-R,R)$ 的紧子区间，有更好的性质.

定理 11 若 $r < R$，那么幂级数在 $[-r,r]$ 上一致收敛且绝对收敛.

证明 选取 β，$r < \beta < R$. 那么由 $\beta < R$ 可知，对所有充分大的 k，$\sqrt[k]{|c_k|} < 1/\beta$. 这样，若 $|x| \leq r$，那么

$$|c_k x^k| \leq \left(\frac{r}{\beta}\right)^k.$$

而不等式右端是收敛的几何级数的项，由 M 审敛法，当 $x \in [-r,r]$ 时，$\sum c_k x^k$ 一致收敛. $\qquad \square$

定理 12 幂函数在其收敛区间内可逐项求积和逐项求导.

对于 $f(x) = \sum c_k x^k$，且 $|x| < R$，此定理表明

$$\int_0^x f(t)\,\mathrm{d}t = \sum_{k=0}^{\infty} \frac{c_k}{k+1} x^{k+1} \text{ 以及 } f'(x) = \sum_{k=1}^{\infty} k c_k x^{k-1}.$$

证明 由于积分级数的收敛半径取决于其系数的指数增长率，

$$\limsup_{k \to \infty} \sqrt[k]{\left|\frac{c_{k-1}}{k}\right|} = \limsup_{k \to \infty} \left(|c_{k-1}|^{1/(k-1)}\right)^{(k-1)/k} \left(\frac{1}{k}\right)^{1/k}.$$

由于当 $k \to \infty$ 时，$(k-1)/k \to 1$ 且 $k^{-1/k} \to 1$. 我们可以看到积分级数与原级数有相同的收敛半径 R. 由定理 8，当级数一致收敛时，逐项可积性质成立. 再由定理 11，在任一区间 $[-r,r] \subset (-R,R)$ 上，积分级数的确是一致收敛的.

类似的计算表明，导函数级数的收敛半径也是 R. 而当原级数和导函数级数都一致收敛时，级数是可以逐项求导的. 由于导函数级数的收敛半径也是 R，故在任一区间 $[-r,r] \subset (-R,R)$ 上，导函数级数的确是一致收敛的. $\qquad \square$

定理 13 解析函数是光滑的，即 $C^\omega \subset C^\infty$.

证明 由定义，解析函数 f 是收敛的幂级数. 由定理 12，f 的导

函数是由有同样的收敛半径的幂级数给出的，重复取导，可以看出 f 是光滑的.

一般来说，光滑函数不一定是解析的，例如，例子

$$e(x) = \begin{cases} e^{-1/x} & \text{当 } x>0 \text{ 时,} \\ 0 & \text{当 } x \leqslant 0 \text{ 时.} \end{cases}$$

在 $x=0$ 附近，$e(x)$ 不能够展成收敛的幂级数.

幂级数提供了一个简洁而清晰的方式定义函数，特别是三角函数. 通常用角度和圆弧长度等概念来定义正弦、余弦等函数，而涉及的概念并不比待定义的函数本身更基本. 为避免循环定义，采用下列定义：

$$\exp x = \sum_{k=0}^{\infty} \frac{x^k}{k!}, \quad \sin x = \sum_{k=0}^{\infty} \frac{(-1)^k x^{2k+1}}{(2k+1)!}, \quad \cos x = \sum_{k=0}^{\infty} \frac{(-1)^k x^{2k}}{(2k)!}.$$

那么必须证明这些函数具有在微积分中我们熟知并喜欢的性质. 上述三个级数的收敛半径显然等于 ∞. 定理 12 保证了逐项可导性，由此得到了常用的公式

$$\exp'(x) = \exp x, \quad \sin'(x) = \cos x, \quad \cos'(x) = \sin x.$$

而对数函数已经按照变上限积分 $\int_1^x 1/t \mathrm{d}t$ 给出定义. 我们将证明，若 $|x|<1$，那么 $\log(1+x)$ 可通过幂级数给出：

$$\log(1+x) = \sum_{k=1}^{\infty} \frac{(-1)^{k+1} x^k}{k}.$$

为了验证这个公式，我们仅需注意到其导函数为几何级数和，

$$(\log(1+x))' = \frac{1}{1+x} = \frac{1}{1-(-x)} = \sum_{k=0}^{\infty} (-x)^k = \sum_{k=0}^{\infty} (-1)^k x^k.$$

而后者为收敛半径为 1 的幂级数. 由于在收敛半径内，幂级数的逐项积分是合理的，将方程两边取积分，就得到了如前所需证明的 $\log(1+x)$ 的级数表达.

3 C^0 上的紧性与等度连续

海涅-博雷尔定理指出 $\mathbb{R}^m$ 中的有界闭集是紧的. 另一方面，C^0 中的有界闭集几乎没有紧的. 例如，考虑下列闭单位球：

$$\mathcal{B} = \{f \in C^0([0,1], \mathbb{R}) : \|f\| \leqslant 1\}.$$

为理解 $\mathcal{B}$ 不是紧的，我们再次考察 $\mathcal{B}$ 中的序列 $f_n(x) = x^n$. 那么它是

否存在一个在 C^0 中收敛（关于 C^0 的度量 d）的子序列呢？没有！如果存在子列 (f_{n_k}) 收敛到 C^0 中的 f，那么 $f(x) = \lim\limits_{k \to \infty} f_{n_k}(x)$. 这样若 $x < 1$，那么 $f(x) = 0$，且 $f(1) = 1$，但此函数不属于 C^0. 出现这样一个问题的原因是 C^0 是无限维的. 事实上可以证明，若 V 是一个赋范线性空间，它的闭单位球是紧的当且仅当它是有限维的. 证明也不是特别难.

然而，我们想要有一些定理保证 C^0 的一些有界闭子集是紧的. 因为我们想要从给定的函数序列中提取出一个收敛子列来. 确保能够这样做的一个简单条件就是等度连续性. 一个 C^0 中的函数组成的序列 (f_n)，若

$$\forall \varepsilon > 0, \exists \delta > 0 \quad \text{使得}$$
$$|s-t| < \delta \text{ 且 } n \in \mathbb{N} \Rightarrow |f_n(s) - f_n(t)| < \varepsilon,$$

则称 (f_n) 为**等度连续**的. 函数 f_n 称为同样的连续. 数 δ 依赖于 ε 但不依赖于 n. 粗略地说，这些 f_n 的图形是相似的. 为了更加清晰，这个概念也许称为一致等度连续更好些. 与之对应的是逐点等度连续，它要求

$$\forall \varepsilon > 0, \text{且 } \forall x \in [a,b], \exists \delta > 0 \quad \text{使得}$$
$$|x-t| < \delta \text{ 且 } n \in \mathbb{N} \Rightarrow |f_n(x) - f_n(t)| < \varepsilon.$$

这些概念不仅对函数序列，对函数集合也同样适用. 对于集合 $\mathcal{E} \subset C^0$，若

$$\forall \varepsilon > 0, \exists \delta > 0 \quad \text{使得}$$
$$|s-t| < \delta \text{ 且 } f \in \mathcal{E} \Rightarrow |f(s) - f(t)| < \varepsilon,$$

则称 $\mathcal{E}$ 是等度连续的. 关键之处在于 δ 是不依赖于 $f \in \mathcal{E}$ 的选取. 它对所有的 $f \in \mathcal{E}$ 同时成立. 为画出一簇 $\mathcal{E}$ 的等度连续性，想象下列图形. 它们的形状可以被一致控制. 注意任意有限多个连续函数 $[a,b] \to \mathbb{R}$ 都可以形成一个等度连续簇，因此图 88 和图 89 仅仅是示意图.

关于等度连续的一个基本定理是：

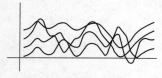

图 88 等度连续

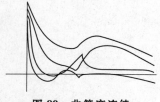

图 89 非等度连续

阿尔采拉-阿斯可利（Arzela·Ascoli）定理 14 $C^0([a,b], \mathbb{R})$ 中的有界、等度连续函数序列存在一致收敛子序列.

这是一个关于紧性的结果. 如果 (f_n) 是由等度连续函数组成的序列，那么此定理保证了集合 $\{f_n : n \in \mathbb{N}\}$ 的闭包是紧的. 任意的紧度量空间都可以完成 $[a,b]$ 的使命，而目标域 $\mathbb{R}$ 也可以更加的广泛，这些结果见第 8 节.

证明 区间 $[a,b]$ 上有可数稠子集 $D=\{d_1,d_2,\cdots\}$，如可以取 $D=\mathbb{Q}\cap[a,b]$. (f_n) 的有界性意味着存在某个 M，使得对所有的 $x\in[a,b]$，以及所有的 $n\in\mathbb{N}$，都有 $|f_n(x)|\leqslant M$. 这样 $(f_n(d_1))$ 就是由实数组成的有界序列. 由波尔查诺-魏尔斯特拉斯（Bolzano-Weier strass）定理，存在一个子列在 $\mathbb{R}$ 中收敛于某极限，记作

$$当\ k\to\infty\ 时,f_{1,k}(d_1)\to y_1.$$

子列 $(f_{1,k})$ 在点 d_2 的取值也可看成 $\mathbb{R}$ 中序列，故存在子子列 $(f_{2,k})$，使得 $(f_{2,k}(d_2))$ 在 $\mathbb{R}$ 中收敛于某极限，记作当 $k\to\infty$ 时，$f_{2,k}(d_2)\to y_2$. 同时此子子列在点 d_1 的取值仍收敛于 y_1. 重复上述过程，可以得到由一族子序列 $(f_{m,k})$ 组成的套，使得

$$(f_{m,k})\ 为(f_{m-1,k})\ 的一个子序列,$$
$$j\leqslant m\Rightarrow 当\ k\to\infty\ 时,f_{m,k}(d_j)\to y_j.$$

选取充分大的 $k(m)\geqslant m$，使得当 $j\leqslant m$ 且 $k(m)\leqslant k$ 时，都有

$$|f_{m,k}(d_j)-y_j|<\frac{1}{m}.$$

主对角线子序列 $g_m(x)=f_{m,k(m)}(x)$ 在每个点 $x\in D$ 都收敛于一个对应的极限. 我们将证明 $g_m(x)$ 在其余的 $x\in[a,b]$ 处也收敛，并且这种收敛是一致的. 只需证 (g_m) 为 C^0 中的柯西列即可.

给定 $\varepsilon>0$. 等度连续性保证存在 $\delta>0$，使得对所有的 s，$t\in[a,b]$，

$$|s-t|<\delta\Rightarrow|g_m(s)-g_m(t)|<\frac{\varepsilon}{3}.$$

选取充分大的 J，使得对每个 $x\in[a,b]$，都位于某个 d_j，$j\leqslant J$ 的 δ 邻域内. 由于 D 是稠密的，且 $[a,b]$ 是紧的，这点可以做到. 见习题 19. 由于 $\{d_1,\cdots,d_J\}$ 是有限集且 $(g_m(d_j))$ 对每个 d_j 都收敛，存在一个 N，使得对所有的 l，$m\geqslant N$，以及所有的 $j\leqslant J$，都有

$$|g_m(d_j)-g_l(d_j)|<\frac{\varepsilon}{3}.$$

若 l，$m\geqslant N$ 且 $x\in[a,b]$，选取 d_j 满足 $|d_j-x|<\delta$ 且 $j\leqslant J$. 那么
$$|g_m(x)-g_l(x)|\leqslant|g_m(x)-g_m(d_j)|$$
$$+|g_m(d_j)-g_l(d_j)|+|g_l(d_j)-g_l(x)|$$
$$\leqslant\frac{\varepsilon}{3}+\frac{\varepsilon}{3}+\frac{\varepsilon}{3}=\varepsilon.$$

因此 (g_m) 为 C^0 中的柯西列，其在 C^0 中收敛，证毕. $\qquad\square$

上述证明中的一部分可表述为：

阿尔采拉-阿斯可利扩张定理 15　在定义域的稠子集上逐点收敛的等度连续函数序列可扩张成定义域上一致收敛的函数列.[-]

证明　详见上述证明的 $\frac{\varepsilon}{3}$ 部分.　　　　　　　　□

下面给出一个等度连续"世界"里被反复引用的例子.

推论 16　假设 $f_n:[a,b]\to\mathbb{R}$ 是由可导函数组成的序列,且它们的导函数是一致有界的.若对某个 x_0,当 $n\to\infty$ 时,$f_n(x_0)$ 是有界的,那么序列 (f_n) 在 $[a,b]$ 上存在一致收敛的子序列.

证明　对所有的 $n\in\mathbb{N}$,$x\in[a,b]$,令 M 为导函数 $|f_n'(x)|$ 的一个上界.(f_n) 的等度连续性可由中值定理得到

$$|s-t|<\delta \quad\Rightarrow\quad |f_n(s)-f_n(t)|=|f_n'(\theta)||s-t|<M\delta,$$

其中 θ 介于 s 与 t 之间.这样,给定 $\varepsilon>0$,取 $\delta=\varepsilon/(M+1)$ 可知 (f_n) 的等度连续性.

对所有的 $n\in\mathbb{N}$,令 C 为 $|f_n(x_0)|$ 的一个界.那么

$$|f_n(x)|\leqslant|f_n(x)-f_n(x_0)|+|f_n(x_0)|\leqslant M|x-x_0|+C$$
$$\leqslant M|b-a|+C.$$

此示序列 (f_n) 在 C^0 中有界.由阿尔采拉-阿斯可利定理,它有一致收敛的子序列.　　　　　　　　□

另外两个相同类型的结论是常微分方程和复变函数理论中的基本定理:

(a) $\mathbb{R}^m$ 中的连续常微分方程的解构成的序列,有收敛于某极限的子列,而此极限也是常微分方程的一个解.

(b) 若由复解析函数组成的序列是逐点收敛的,那么它一定(在定义域的紧子集上)一致收敛,且极限也是复解析的.

最后,我们给出阿尔采拉-阿斯可利定理的拓扑意义下的解释.

函数空间的海涅-博雷尔定理 17　子集 $\mathcal{E}\subset C^0$ 是紧的当且仅当它是有界闭集且等度连续.

证明　假设 $\mathcal{E}$ 是紧的,那么由定理 2.56,它是闭的且完全有界.给定 $\varepsilon>0$,存在有限个 C^0 中半径为 $\varepsilon/3$ 的邻域覆盖 $\mathcal{E}$,记作 $\mathcal{N}_{\varepsilon/3}(f_k)$,$k=1,\cdots,n$.每个 f_k 是一致连续的,因此存在一个 $\delta>0$,满足

[-]　此处定义域默认为 $[a,b]$.——译者注

$$|s-t|<\delta \Rightarrow |f_k(s)-f_k(t)|<\frac{\varepsilon}{3}.$$

若 $f\in\mathcal{E}$，那么存在某个 k，使得 $f\in\mathcal{N}_{\varepsilon/3}(f_k)$，并且当 $|s-t|<\delta$ 时，

$$|f(s)-f(t)|\le |f(s)-f_k(s)|+|f_k(s)-f_k(t)|+|f_k(t)-f(t)|$$

$$\le \frac{\varepsilon}{3}+\frac{\varepsilon}{3}+\frac{\varepsilon}{3}=\varepsilon.$$

此示 $\mathcal{E}$ 是等度连续的.

反之，假设 $\mathcal{E}$ 是有界闭集且等度连续. 若 (f_n) 是 $\mathcal{E}$ 中的序列，那么由阿尔采拉-阿斯可利定理，存在某子序列 (f_{n_k}) 一致收敛于某极限. 由于 $\mathcal{E}$ 是闭的，所以此极限在 $\mathcal{E}$ 中. 故 $\mathcal{E}$ 是紧集. □

4 C^0 中的一致逼近

给定一个连续但不可导的函数 f，我们通常希望通过小扰动把它变得光滑些. 我们希望用一个光滑函数 g，来近似 C^0 中的函数 f. 最基本的光滑函数是多项式，而我们要证明的第一件事就是关于多项式逼近的结论.

魏尔斯特拉斯逼近定理 18 多项式集合在 $C^0([a,b],\mathbb{R})$ 中稠密.

稠密是指对每个 $f\in C^0$，任意的 $\varepsilon>0$，存在多项式函数 p，使得对所有的 $x\in[a,b]$，

$$|f(x)-p(x)|<\varepsilon.$$

此定理有多种证明，虽然它们表面上看起来完全不同，但它们却有着共同的思路：对 f 的取值进行采样，然后构建一个逼近函数，再用某种巧妙的方式重组它们. 不失一般性，我们假设区间 $[a,b]$ 为 $[0,1]$.

证明（1） 对每个 $n\in\mathbb{N}$，考虑和函数

$$p_n(x)=\sum_{k=0}^{n}\binom{n}{k}c_k x^k(1-x)^{n-k},$$

其中 $c_k=f(k/n)$，$\binom{n}{k}$ 为二项式系数 $n!/k!(n-k)!$. 显然 p_n 为多项式，名为**伯恩斯坦（Bernstein）多项式**. 我们将证明当 $n\to\infty$ 时，n 次伯恩斯坦多项式一致收敛于 f. 而证明将依赖于如图 90 所示的函数

$$r_k(x) = \binom{n}{k} x^k (1-x)^{n-k}$$

所满足的两个等式. 它们是

(2) $$\sum_{k=0}^{n} r_k(x) = 1,$$

(3) $$\sum_{k=0}^{n} (k - nx)^2 r_k(x) = nx(1 - x).$$

利用函数 r_k 可以化简

$$p_n(x) = \sum_{k=0}^{n} c_k r_k(x), f(x) = \sum_{k=0}^{n} f(x) r_k(x).$$

然后把和式 $p_n - f = \sum (c_k - f) r_k$ 分成两部分：k/n 靠近 x 的项和远离 x 的项. 精确地说，给定 $\varepsilon > 0$，由 f 在 $[0, 1]$ 上的一致连续性，可以找到 $\delta > 0$，使得 $|t-s| < \delta$ 可推得 $|f(t)-f(s)| < \varepsilon/2$. 那么令

$$K_1 = \left\{ k \in \{0, \cdots, n\} : \left| \frac{k}{n} - x \right| < \delta \right\} \quad 和 \quad K_2 = \{0, \cdots, n\} \setminus K_1.$$

于是

$$|p_n(x) - f(x)| \leqslant \sum_{k=0}^{n} |c_k - f(x)| r_k(x)$$

$$= \sum_{k \in K_1} |c_k - f(x)| r_k(x) + \sum_{k \in K_2} |c_k - f(x)| r_k(x).$$

在第一个和式中，由于 $c_k = f(k/n)$ 且 k/n 与 x 的距离 $< \delta$，故此时因子 $|c_k - f(x)| < \varepsilon/2$. 而所有 r_k 的项的和为 1，且每项都是非负的，因此第一个和式 $< \varepsilon/2$. 为了计算第二个和式，我们利用 (3) 及当 $k \in K_2$ 时有 $(k - nx)^2 \geqslant (n\delta)^2$，得到

$$nx(1 - x) = \sum_{k=0}^{n} (k - nx)^2 r_k(x) \geqslant \sum_{k \in K_2} (k - nx)^2 r_k(x)$$

$$\geqslant \sum_{k \in K_2} (n\delta)^2 r_k(x).$$

由此及当 x 在 $[0, 1]$ 上取值时，$\max x(1-x) = 1/4$，可知

$$\sum_{k \in K_2} r_k(x) \leqslant \frac{nx(1 - x)}{(n\delta)^2} \leqslant \frac{1}{4n\delta^2}.$$

在第二个和式中，因子 $|c_k - f(x)|$ 至多不超过 $2M$，其中 $M = \|f\|$. 这样当 n 充分大时，

$$\sum_{k \in K_2} |c_k - f(x)| r_k(x) \leqslant \frac{M}{2n\delta^2} \leqslant \frac{\varepsilon}{2}.$$

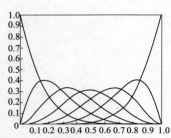

图 90 七个六次基本伯恩斯坦

函数：$\binom{6}{k} x^k (1-x)^{6-k}$，

$k = 0, \cdots, 6$

于是当 n 充分大时，$|p_n(x) - f(x)| < \varepsilon$，这样得到了预期结果.

下面只剩下验证（2）和（3）. 二项式系数满足

$$（4）\qquad (x + y)^n = \sum_{k=0}^{n} \binom{n}{k} x^k y^{n-k},$$

取 $y = 1-x$，此时就得到（2）. 另一方面，若固定 y 而对（4）关于 x 求导，以及二阶求导，可以得到

$$（5）\qquad n(x + y)^{n-1} = \sum_{k=0}^{n} \binom{n}{k} k x^{k-1} y^{n-k},$$

$$（6）\quad n(n-1)(x + y)^{n-2} = \sum_{k=0}^{n} \binom{n}{k} k(k-1) x^{k-2} y^{n-k}.$$

注意在（5）中 k 取 0 的项，以及在（6）中 k 取 0，1 的项都为 0. 对（5）两端乘以 x，对（6）两端乘以 x^2，再在这两个式子中取 $y = 1-x$，可得

$$（7）\qquad nx = \sum_{k=0}^{n} \binom{n}{k} k x^k (1-x)^{n-k} = \sum_{k=0}^{n} k r_k(x),$$

$$（8）\ n(n-1)x^2 = \sum_{k=0}^{n} \binom{n}{k} k(k-1) x^k (1-x)^{n-k} =$$

$$\sum_{k=0}^{n} k(k-1) r_k(x).$$

最后一个求和为 $\sum k^2 r_k(x) - \sum k r_k(x)$. 因此，由（7），（8）可知

$$（9）\ \sum_{k=0}^{n} k^2 r_k(x) = n(n-1)x^2 + \sum_{k=0}^{n} k r_k(x) = n(n-1)x^2 + nx.$$

利用（2）、（7）、（9）可知

$$\sum_{k=0}^{n} (k - nx)^2 r_k(x)$$

$$= \sum_{k=0}^{n} k^2 r_k(x) - 2nx \sum_{k=0}^{n} k r_k(x) + (nx)^2 \sum_{k=0}^{n} r_k(x)$$

$$= n(n-1)x^2 + nx - 2(nx)^2 + (nx)^2$$

$$= -nx^2 + nx = nx(1-x).$$

由此（3）成立.

证明 #2 给定 $f \in C^0([0,1], \mathbb{R})$ 给定，且令 $g(x) = f(x) - (mx + b)$，其中

$$m = \frac{f(1) - f(0)}{1} \quad 及 \quad b = f(0).$$

这样 $g \in C^0$，且 $g(0) = 0 = g(1)$. 由于 $mx+b$ 本身就是多项式，如果可以用多项式逼近 g，那么就可以用多项式逼近 f. 换言之，不失一般性，假设 $f(0) = f(1) = 0$. 同时，还可以通过定义当 $x \in \mathbb{R} \setminus [0,1]$ 时，$f(x) = 0$，把 f 扩展到整个 $\mathbb{R}$ 上. 接下来我们考虑函数

$$\beta_n(t) = b_n(1-t^2)^n, \quad -1 \leqslant t \leqslant 1,$$

其中常数 b_n 满足条件 $\int_{-1}^{1} \beta_n(t)\, dt = 1$. 如图 91 所示，$\beta_n$ 为一种多项式冲击函数. 令

$$P_n(x) = \int_{-1}^{1} f(x+t)\beta_n(t)\, dt.$$

这是利用权函数 β_n，对 f 的函数值进行加权平均. 我们将证明 P_n 是多项式，并且当 $n \to \infty$ 时，$P_n \rightrightarrows f$.

为验证 P_n 是多项式，我们利用变量代换：$u = x+t$. 由于在 $[0,1]$ 之外，$f = 0$，那么

$$P_n(x) = \int_{x-1}^{x+1} f(u)\beta_n(u-x)\, du = \int_{0}^{1} f(u)\beta_n(x-u)\, du.$$

函数 $\beta_n(x-u)$ 是以 x 为自变量的多项式，而其系数为以 u 为自变量的多项式. 我们把 x 的幂从积分式里提出，这样就会得到 x 的幂乘以一些系数，而这些系数就是关于 u 的多项式和 $f(u)$ 乘积的积分值. 换言之，仅仅由上面的公式，我们就知道 $P_n(x)$ 是关于 x 的多项式.

为验证当 $n \to \infty$ 时，$P_n \rightrightarrows f$，需要估计 $\beta_n(t)$. 我们将证明若 $\delta > 0$，那么

（10）　　当 $n \to \infty$ 且 $\delta \leqslant |t| \leqslant 1$ 时，$\beta_n(t) \rightrightarrows 0$.

这由图 91 一目了然. 严格的证明如下：我们有

$$1 = \int_{-1}^{1} \beta_n(t)\, dt \geqslant \int_{-1/\sqrt{n}}^{1/\sqrt{n}} b_n(1-t^2)^n\, dt \geqslant b_n \frac{2}{\sqrt{n}}\left(1 - \frac{1}{n}\right)^n.$$

由于 $1/e = \lim\limits_{n \to \infty}(1-1/n)^n$，可以看出存在某常数 c，对所有 n，

$$b_n \leqslant c\sqrt{n}.$$

亦见习题 29. 注意到当 $n \to \infty$ 时，$\sqrt{n}$ 趋于 ∞ 的速度远慢于 $(1-\delta^2)^{-n}$，因此当 $\delta \leqslant |t| \leqslant 1$ 时，

$$\beta_n(t) = b_n(1-t^2)^n \leqslant c\sqrt{n}(1-\delta^2)^n \to 0.$$

此示（10）成立.

由（10），我们可以证明 $P_n \rightrightarrows f$，具体如下.

令 $\varepsilon > 0$ 给定. 由 f 的一致连续性，存在 $\delta > 0$，使得当 $|t| \leqslant \delta$ 时，

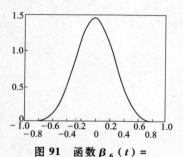

图 91　函数 $\beta_6(t) =$

$1.467(1-t^2)^6$ 的图像

有 $|f(x+t)-f(x)|<\varepsilon/2$ 成立. 由于 β_n 在 $[-1,1]$ 上的积分为 1, 则有

$$|P_n(x) - f(x)| = \left| \int_{-1}^{1} (f(x+t) - f(x))\beta_n(t)\,\mathrm{d}t \right|$$

$$\leqslant \int_{-1}^{1} |f(x+t) - f(x)|\beta_n(t)\,\mathrm{d}t$$

$$= \int_{|t|<\delta} |f(x+t) - f(x)|\beta_n(t)\,\mathrm{d}t$$

$$+ \int_{|t|\geqslant\delta} |f(x+t) - f(x)|\beta_n(t)\,\mathrm{d}t.$$

第一个积分值小于 $\varepsilon/2$, 而第二个积分至多为 $2M\int_{|t|\geqslant\delta} \beta_n(t)\,\mathrm{d}t$ $^\ominus$. 由 (10), 当 n 充分大时, 第二个积分值也小于 $\varepsilon/2$. 这样 $P_n \rightrightarrows f$. 证毕. □

接下来我们看一下如何将此结果推广到紧空间 M 上的连续函数, 而不是仅仅停留在区间上. 对于 $C^0M = C^0(M, \mathbb{R})$ 中的子集 $\mathcal{A}$, 若其在加法、数乘及函数乘法下封闭, 则称 $\mathcal{A}$ 是**函数代数**. 即对于任意的 $f, g \in \mathcal{A}$, 以及任意的常数 c, 都有 $f+g$, cf 和 $f \cdot g$ 属于 $\mathcal{A}$. 例如, 多项式集合就是一个函数代数. 若对所有的 $f \in \mathcal{A}$, $f(p) = 0$, 则称函数代数在 p 点**消没**, 例如常数项为零的多项式组成的函数代数在 $x = 0$ 点处消没. 如果对每对互异的点 p_1, $p_2 \in M$, 都存在一个函数 $f \in \mathcal{A}$ 使得 $f(p_1) \neq f(p_2)$, 则称函数代数是**分离点的**. 例如由全体三角多项式组成的函数代数在 $[0, 2\pi]$ 上分离点, 且无处消没.

斯通-魏尔斯特拉斯（Stone-Weierstrass）**定理 19** 若 M 为紧的度量空间, 且 $\mathcal{A}$ 为 C^0M 中的函数代数, 满足无处消没且分离点, 那么 $\mathcal{A}$ 在 C^0M 中稠密.

虽然魏尔斯特拉斯逼近定理是斯通-魏尔斯特拉斯定理的一个特殊形式, 但后者的证明却不能仅靠自己; 它严重依赖于前者, 并且还需要两个引理.

引理 20 若 $\mathcal{A}$ 无处消没且分离点, 那么给定互异点 p_1, $p_2 \in M$, 给定常数 c_1, c_2, 存在一个函数 $f \in \mathcal{A}$, 使得 $f(p_1) = c_1$ 且 $f(p_2) = c_2$.

证明 选取 g_1, $g_2 \in \mathcal{A}$, 满足 $g_1(p_1) \neq 0 \neq g_2(p_2)$. 那么 $g = g_1^2 + g_2^2$ 属于 $\mathcal{A}$, 且 $g(p_1) \neq 0 \neq g(p_2)$. 令 $h \in \mathcal{A}$ 分离 p_1, p_2, 且考虑矩阵

$\ominus$ 此处 $M = \|f\|$. ——译者注

$$H = \begin{pmatrix} a & ab \\ c & cd \end{pmatrix} = \begin{pmatrix} g(p_1) & g(p_1)h(p_1) \\ g(p_2) & g(p_2)h(p_2) \end{pmatrix}.$$

由构造过程，a，$c \neq 0$ 且 $b \neq d$. 因此，$\det H = acd - abc = ac(d - b) \neq 0$. H 的秩为 2，于是线性方程组

$$a\xi + ab\eta = c_1,$$
$$c\xi + cd\eta = c_2$$

存在唯一解 (ξ, η). 那么 $f = \xi g + \eta gh$ 属于 $\mathcal{A}$ 且 $f(p_1) = c_1$，$f(p_2) = c_2$.

$\square$

引理 21 $C^0 M$ 中的函数代数的闭包还是函数代数.

证明 显然. $\square$

斯通-魏尔斯特拉斯定理的证明：令 $\mathcal{A}$ 为 $C^0 M$ 中的函数代数，无处消没且分离点. 我们将证明 $\mathcal{A}$ 在 $C^0 M$ 中稠密：给定 $F \in C^0 M$ 和 $\varepsilon > 0$，需要找到 $G \in \mathcal{A}$，使得对所有的 $x \in M$，都有

(11) $$F(x) - \varepsilon < G(x) < F(x) + \varepsilon.$$

首先，我们将证明

(12) $$f \in \overline{\mathcal{A}} \implies |f| \in \overline{\mathcal{A}}.$$

其中，$\overline{\mathcal{A}}$ 表示 $\mathcal{A}$ 在 $C^0 M$ 中的闭包. 令 $\varepsilon > 0$ 给定. 由于 $y \mapsto |y|$ 是定义在区间 $[-\|f\|, \|f\|]$ 上的连续函数，由魏尔斯特拉斯逼近定理，存在多项式 $p(y)$ 使得

(13) $$\sup\{|p(y) - |y|| : |y| \leqslant \|f\|\} < \frac{\varepsilon}{2}.$$

由于 $|p(0) - 0| < \varepsilon/2$，所以 $p(y)$ 的常数项至多是 $\varepsilon/2$. 令 $q(y) = p(y) - p(0)$，那么 $q(y)$ 是常数项为零的多项式，且 (13) 变成

(14) $$|q(y) - |y|| < \varepsilon.$$

记 $q(y) = a_1 y + a_2 y^2 + \cdots + a_n y^n$ 且

$$g = a_1 f + a_2 f^2 + \cdots + a_n f^n.$$

引理 21 表明 $\overline{\mathcal{A}}$ 是一个代数，因此 $g \in \overline{\mathcal{A}}^{\ominus}$. 除此之外，若 $x \in M$ 且 $y = f(x)$ 那么

$$|g(x) - |f(x)|| = |q(y) - |y|| < \varepsilon.$$

⊖ 由于一个函数代数不一定包含常值函数，因此 q 没有常数项是很重要的. 我们不能指望 $g = a_0 + a_1 f + a_2 f^2 + \cdots + a_n f^n$ 也在 $\overline{\mathcal{A}}$ 中.

因此 $|f| \in \overline{\overline{\mathcal{A}}} = \overline{\mathcal{A}}$，于是（12）得证.

下面我们注意到若 f，g 属于 $\overline{\mathcal{A}}$，那么 $\max\{f,g\}$ 和 $\min\{f,g\}$ 也属于 $\overline{\mathcal{A}}$. 这是因为

$$\max\{f,g\} = \frac{f+g}{2} + \frac{|f-g|}{2}$$

$$\min\{f,g\} = \frac{f+g}{2} + \frac{|f-g|}{2}.$$

重复此过程，可知 $\overline{\mathcal{A}}$ 中任意有限个函数的最大值函数和最小值函数仍在 $\overline{\mathcal{A}}$ 中.

现在证明（11）. 令 $F \in C^0 M$ 且 $\varepsilon > 0$ 给定. 我们试着找到函数 $G \in \overline{\mathcal{A}}$ 使其图像位于 F 图像的 ε 带内. 固定任意的两个互异点 p，$q \in M$. 由引理 20 可知，可以找到 $\mathcal{A}$ 中的函数 $H_{pq} \in \mathcal{A}$，其在 p，q 点的函数值满足

$$H_{pq}(p) = F(p) \text{ 及 } H_{pq}(q) = F(q).$$

固定 p 让 q 变化. 对每个 $q \in M$，注意函数 $H_{pq}(x) - F(x) + \varepsilon$ 是一个以 x 为自变量的连续函数，且当 $x = q$ 时函数值为正的. 故存在 q 的一个邻域 U_q 满足

（15） $\qquad x \in U_q \implies F(x) - \varepsilon < H_{pq}(x).$

这样函数 H_{pq} 就是（11）的局部**上半解**. 如图 92 所示.

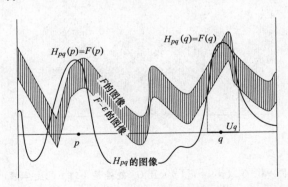

图 92 在 q 的一个邻域内，H_{pq} 在（15）的意义下给出了（11）的上半解

由 M 的紧性，只需有限多个这种邻域 U_q 就足以覆盖 M，记为

U_{q_1}，$\cdots$，U_{q_n}. 定义

$$G_p(x) = \max\{H_{pq_1}(x), \cdots, H_{pq_n}(x)\}.$$

那么 $G_p \in \overline{\mathcal{A}}$ 且对所有的 $x \in M$，

（16） $G_p(p) = F(p)$ 且 $F(x) - \varepsilon < G_p(x)$.

如图 93 所示.

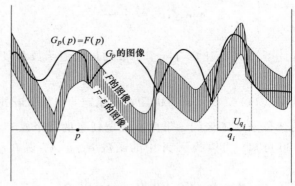

图 93 G_p 是 H_{pq_i}，$i = 1, \cdots, n$ 的最大值

由连续性，对每个 p 存在一个邻域 V_p 使得

（17） $x \in V_p \implies G_p(x) < F(x) + \varepsilon.$

如图 94 所示.

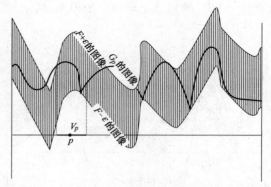

图 94 $G_p(p) = F(p)$ 且 G_p 处处是（11）的上半解

由紧性，有限多个这样的邻域就可以覆盖 M，记为 V_{p_1}，$\cdots$，V_{p_m}. 令

$$G(x) = \min\{G_{p_1}(x), \cdots, G_{p_m}(x)\}.$$

可知 $G \in \overline{\mathcal{A}}$，且由（16）、（17）推得（11）成立．如图 95 所示．$\square$

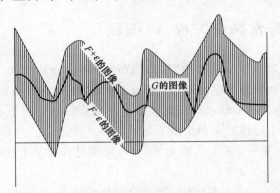

图 95　函数 G 的图像完全位于 F 图像的 ε 带内

推论 22　任意以 $x \in \mathbb{R}$ 为自变量、以 2π 为周期的连续函数都可以由三角多项式

$$T(x) = \sum_{k=0}^{n} a_k \cos kx + \sum_{k=0}^{n} b_k \sin kx$$

一致逼近．

证明　由映射 $x \mapsto (\cos x, \sin x)$，把 $[0, 2\pi)$ 看成参数形式的圆周 S^1．圆周是紧集，$\mathbb{R}$ 上的以 2π 为周期的连续函数变成 S^1 上的连续函数．S^1 上的三角多项式函数构成一个代数 $\mathcal{T} \subset C^0 S^1$，它无处消没且分离点．这样由斯通-魏尔斯特拉斯定理，$\mathcal{T}$ 在 $C^0 S^1$ 中稠密．　$\square$

下面是斯通-魏尔斯特拉斯定理的一个典型应用：考虑连续的向量场 $F: \Delta \to \mathbb{R}^2$，其中 Δ 为平面上的闭单位圆盘，假设我们需要在至多有限个点处消没（等于零）的向量场来逼近 F．那么一个简单的方式就是用多项式向量场 G 来逼近 F．双变量实多项式为有限和式：

$$P(x, y) = \sum_{i,j=0}^{n} c_{ij} x^i y^j,$$

其中 c_{ij} 为常数．它们构成了 $C^0(\Delta, \mathbb{R})$ 中的函数代数 $\mathcal{A}$，无处消没且分离点．由斯通-魏尔斯特拉斯定理，$\mathcal{A}$ 在 C^0 中稠密，因此我们可以用多项式

$$F_1 \doteq P, F_2 \doteq Q$$

来逼近 $F = (F_1, F_2)$ 的分量．这样向量场 (P, Q) 逼近 F．给 P 的系数一个微小的改变，可以保证 P 和 Q 没有公共的多项式因子，从而

(P, Q) 至多消没有限多次.

5 压缩与常微分方程（ODE）

不动点定理在分析学中有着广泛的应用，包括诸如广义隐函数定理等向量微积分的基础理论. 若 $f: M \to N$ 且对某个 $p \in M$，$f(p) = p$，则称 p 为 f 的**不动点**. 何时 f 必有不动点？这个问题有很多种答案，下面两个定理给出两个最著名的回答.

令 M 为度量空间. 若映射 $f: M \to M$ 满足存在某个常数 $k < 1$，以及对所有的 $x, y \in M$，

$$d(f(x), f(y)) \le k d(x, y),$$

则称 f 为**压缩映射**.

巴拿赫压缩映射原理 23　　假设 $f: M \to M$ 为压缩映射，且度量空间 M 是完备的. 那么 f 有唯一的不动点 p，且对于任意的 $x \in M$，当 $n \to \infty$ 时，

$$f^n(x) = f \circ f \circ \cdots \circ f(x) \to p.$$

布劳威尔（Brouwer）不动点定理　　假设 $f: B^m \to B^m$ 为连续映射，其中 B^m 为 $\mathbb{R}^m$ 中的闭单位球. 那么 f 有不动点 $p \in B^m$.

第一个结论的证明是简单的，而第二个就不容易了. 图 96 给出压缩映射的示意图.

巴拿赫压缩映射原理的证明#1　　漂亮，简单而有效！如图 96 所示，选取 $x_0 \in M$，定义 $x_n = f^n(x_0)$. 我们将证明对所有的 $n \in \mathbb{N}$，

$$(18) \qquad d(x_n, x_{n+1}) \le k^n d(x_0, x_1).$$

这不难：

$$d(x_n, x_{n+1}) \le k d(f(x_{n-1}), f(x_n)) \le k^2 d(f(x_{n-2}), f(x_{n-1}))$$
$$\le \cdots \le k^n d(x_0, x_1).$$

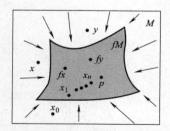

图 96 f 把 M 压缩成不动点 p

由此式以及对几何级数的估计，可知序列 (x_n) 是柯西列. 这是因为令 $\varepsilon > 0$ 给定. 选取充分大的 N 使得

$$(19) \qquad \frac{k^N}{1-k} d(x_0, x_1) < \varepsilon.$$

注意到（19）用到 $k < 1$ 这一前提条件. 若 $N \le m \le n$，那么

$$d(x_m, x_n) \le d(x_m, x_{m+1}) + d(x_{m+1}, x_{m+2}) + \cdots + d(x_{n-1}, x_n)$$
$$\le k^m d(x_0, x_1) + k^{m+1} d(x_0, x_1) + \cdots + k^{n-1} d(x_0, x_1)$$

$$\leqslant k^m(1+k+\cdots+k^{n-m-1})d(x_0,x_1)$$

$$\leqslant k^N\Big(\sum_{l=0}^{\infty}k^l\Big)d(x_0,x_1)=\frac{k^N}{1-k}d(x_0,x_1)<\varepsilon.$$

这说明 (x_n) 是柯西列. 由于 M 是完备的, 当 $n\to\infty$ 时, x_n 收敛于某点 $p\in M$. 而 $n\to\infty$ 时,

$$d(p,f(p))\leqslant d(p,x_n)+d(x_n,f(x_n))+d(f(x_n),f(p))$$

$$\leqslant d(p,x_n)+k^n d(x_0,x_1)+kd(x_n,p)\to 0.$$

由于 $d(p,f(p))$ 与 n 无关, 故 $d(p,f(p))=0$ 即 $p=f(p)$. 这就证明了不动点的存在性. 唯一性可直接得到. 毕竟, 两个点怎能同时保持不动又相互靠近呢? □

巴拿赫压缩映射原理的证明#2-思路 选取任意的 $x_0\in M$ 及充分大的 r_0 使得 $f(\overline{M_{r_0}(x_0)})\subset M_{r_0}(x_0)$. 令 $B_0=\overline{M_{r0}(x_0)}$ 及 $B_n=\overline{f^n(B_{n-1})}$. 则 B_n 的直径至多是 $k^n\mathrm{diam}(B_0)$, 而当 $n\to\infty$ 时, 它趋近于 0. 当 $n\to\infty$ 时, 集合 B_n 套状递减且 f 把 B_n 映到 B_{n+1}. 由于 M 是完备的, 因此 $\cap B_n$ 是单点集合, 记为 $\{p\}$, 则 $f(p)=p$. □

一维布劳威尔定理的证明: 闭的单位 1-球就是 $\mathbb{R}$ 中的区间 $[-1,1]$. 若 f: $[-1,1]\to[-1,1]$ 是连续函数, 那么 $g(x)=x-f(x)$ 也是连续函数. 在端点 ±1 处, $g(-1)\leqslant 0\leqslant g(1)$. 由介值定理, 存在点 $p\in[-1,1]$, 使得 $g(p)=0$. 即 $f(p)=p$. □

多维情形的证明是很困难的. 一种证明是作为斯托克斯公式的推论, 将在第 5 章给出. 另一种证明依赖于代数拓扑, 第三种证明基于微分拓扑.

常微分方程

常微分方程 (ODE) 定性理论开始于 ODE 的最基本的存在性/唯一性定理, 即皮卡 (Picard) 定理. 在本节, U 表示 m 维欧氏空间 $\mathbb{R}^m$ 的一个开子集. 用几何的观点, 一个 ODE 就是一个定义在 U 上的向量场 F. 我们要找到 F 中通过给定点 $p\in U$ 的**轨道** γ, 即 γ: $(a,b)\to U$ 是可导的且解决了有**初值条件** p 的 ODE,

(20) $\qquad \gamma'(t)=F(\gamma(t))$ 且 $\gamma(0)=p.$

如图 97 所示. 在此记号下, 我们考虑向量场 F: 对于每个 $x\in U$, 对应一个源于 x 且与 γ 相切的向量 $F(x)$. 向量 $\gamma'(t)$ 为 $(\gamma_1'(t),\cdots,\gamma_m'(t))$, 其中 $\gamma_1,\cdots,\gamma_m$ 为 γ 的分量. 轨迹 $\gamma(t)$ 描述了一个质点

图 97 γ 总是与向量场 F 相切

怎样按照规定好的速度方向 F 移动. 在任一时刻，$\gamma(t)$ 描述了质点的位置；它的速度恰是在那一点的向量 F. 直观上讲，质点在移动，因此轨迹必存在.

压缩映射原理给出了一种方式去找到向量场的轨迹——而这也就解决了 ODE. 假设向量场 F 满足**李普希兹条件**——存在一个常数 L 使得对所有的 x，$y \in U$，

$$|F(x) - F(y)| \leqslant L|x - y|.$$

这里 $|\ |$ 表示向量的欧氏长度；F，x，y 都是 $\mathbb{R}^m$ 中的向量. 它可以推出 F 的连续性. 李普希兹条件比连续性要强一些，但也很"温和". 任一可导向量场，若导向量场有界，则满足李普希兹条件.

皮卡定理 24 给定 $p \in U$，则 U 中存在一条经过 p 点的 F-轨迹 $\gamma(t)$. 这意味着 $\gamma:(a, b) \rightarrow U$ 是方程（20）的解. 从局部来看，γ 是唯一的.

为证明皮卡定理，我们需要按照积分方程的形式重写（20），为此我们简短地讲一些向量值积分的题外话. 我们回忆一下实变量的实值函数积分的四个重要事实，设 $y = f(x)$，$a \leqslant x \leqslant b$.

（a）$\int_a^b f(x)\,\mathrm{d}x$ 可由黎曼和 $R = \sum f(t_k)\Delta t_k$ 逼近；

（b）连续函数必可积；

（c）若 $f'(x)$ 存在且连续，那么 $\int_a^b f'(x)\,\mathrm{d}x = f(b) - f(a)$；

（d）$\left|\int_a^b f(x)\,\mathrm{d}x\right| \leqslant M(b - a)$，其中 $M = \sup|f(x)|$.

其中（a）中所示黎曼和 R 对应分割 $a = x_0 \leqslant \cdots \leqslant x_{k-1} \leqslant t_k \leqslant x_k \leqslant \cdots \leqslant x_n = b$，且所有的 $\Delta x_k = x_k - x_{k-1}$ 都充分小.

给定一个实变量的向量值函数

$$f(x) = (f_1(x), \cdots, f_m(x)),$$

$a \leqslant x \leqslant b$，我们用逐分量的方式定义一个积分向量

$$\int_a^b f(x)\,\mathrm{d}x = \left(\int_a^b f_1(x)\,\mathrm{d}x, \cdots, \int_a^b f_m(x)\,\mathrm{d}x\right).$$

对应于（a）~（d），有：

（a'）$\int_a^b f(x)\,\mathrm{d}x$ 可由 $R = (R_1, \cdots, R_m)$ 逼近，其中 R_j 是 f_j 的黎曼和；

（b'）连续向量值函数必可积；

（c′）若 $f'(x)$ 存在且连续，那么 $\int_a^b f'(x)\,dx = f(b) - f(a)$；

（d′）$\left|\int_a^b f(x)\,dx\right| \le M(b-a)$，其中 $M = \sup|f(x)|$.

（a′），（b′），（c′）都是显然的. 为证明（d′），计算

$$R = \sum R_j e_j = \sum_j \sum_k f_j(t_k)\Delta x_k e_j$$
$$= \sum_k \sum_j f_j(t_k) e_j \Delta x_k = \sum_k f(t_k)\Delta x_k,$$

其中 $e_1, \cdots, e_m$ 为 $\mathbb{R}^m$ 的标准向量基. 这样，

$$|R| \le \sum_k |f(t_k)|\,\Delta x_k \le \sum_k M\Delta x_k = M(b-a).$$

由（a′），R 逼近积分值，此示（d′）成立.（注意，若用 $\sqrt{m}\,M$ 代替 M，那么这个弱化的不等式可由（d）立即得到. 这个弱化的不等式虽然不太优美，但在大多数情况下足以满足我们的需要.）

现在我们考虑（20）的积分形式

$$(21) \qquad \gamma(t) = p + \int_0^t F(\gamma(s))\,ds.$$

由定义，（21）的解是指对任意的 $t \in (a,b)$，使得（21）恒成立的连续曲线 $\gamma: (a,b) \to U$. 由（b′）可知，（21）的解自动就是可导的，且其导函数就是 $F(\gamma(t))$. 即（21）的解也是（20）的解，反之显然. 因此求解（20）等价于求解（21）.

皮卡定理的证明 由于 F 是连续的，存在一个紧邻域 $N = \overline{N}_r(p)$ 和常数 M，使得对所有 $x \in N$，$|F(x)| \le M$. 选取 $\tau > 0$，使得

$$(22) \qquad \tau M \le r \text{ 且 } \tau L < 1.$$

考虑由全体连续函数 $\gamma: [-\tau, \tau] \to N$ 组成的集合 $\mathcal{C}$. 按照度量

$$d(\gamma, \sigma) = \sup\{|\gamma(t) - \sigma(t)| : t \in [-\tau, \tau]\},$$

集合 $\mathcal{C}$ 为完备的度量空间. 给定 $\gamma \in \mathcal{C}$，定义

$$\Phi(\gamma)(t) = p + \int_0^t F(\gamma(s))\,ds.$$

求解（21）就是等同于找到 γ 使得 $\Phi(\gamma) = \gamma$. 即我们要找到 Φ 的不动点.

我们只需证明 Φ 是 $\mathcal{C}$ 上的一个压缩映射. 首先 Φ 把 $\mathcal{C}$ 映到自身吗？给定 $\gamma \in \mathcal{C}$，可以看出 $\Phi(\gamma)(t)$ 是以 t 为自变量的连续（事实上是可导的）向量值函数，且由（22）

$$\left| \Phi(\gamma)(t) - p \right| = \left| \int_0^t F(\gamma(s)) \, \mathrm{d}s \right| \leqslant \tau M \leqslant r.$$

因此，Φ 把 C 映到自身.

同时，Φ 还是 C 上的压缩映射. 这是因为

$$d(\Phi(\gamma), \Phi(\sigma)) = \sup_t \left| \int_0^t F(\gamma(s)) - F(\sigma(s)) \, \mathrm{d}s \right|$$
$$\leqslant \tau \sup_s \left| F(\gamma(s)) - F(\sigma(s)) \right|$$
$$\leqslant \tau L \sup_s \left| \gamma(s) - \sigma(s) \right| \leqslant \tau L d(\gamma, \sigma)$$

以及由（22）中的 $\tau L < 1$. 这样 Φ 有一个不动点 γ，同时 $\Phi(\gamma) = \gamma$ 可推得 $\gamma(t)$ 为（21）的解，从而可推得 γ 是可导的且为（20）的解.

定义在 $[-\tau, \tau]$ 上的（20）的另一个解也是（21）的解，同时也是 Φ 的不动点，$\Phi(\sigma) = \sigma$. 由于压缩映射只有唯一的不动点，$\gamma = \sigma$，这意味着局部唯一性. □

图 98 从 p 点到达 p_2 点的时间是从 p 点到 p_1 点与从 p_1 点到达 p_2 点用时之和

F-轨迹按照下列方式定义了一个**流**：为避免轨迹穿过 U 的边界（"从 U 中逃脱"）或者在有限时间内变得无界（"逃向无穷"），我们假设 U 就是整个 $\mathbb{R}^m$. 而轨迹亦可在所有时间 $t \in \mathbb{R}$ 中有定义. 令 $\gamma(t, p)$ 表示通过 p 点的轨迹. 想象一下当 t 递增时，所有的点 $p \in \mathbb{R}^m$ 一致地沿着各自的轨迹移动. 它们就像河中落叶，风中微尘. 点 $p_1 = \gamma(t_1, p)$，位于点 p 在 t_1 时刻后到达的位置，将沿着 $\gamma(t, p_1)$ 移动. 在 p 点到达 p_1 点之前，p_1 已经跑到其他地方去了. 这可由流方程表示：

$$\gamma(t, p_1) = \gamma(t + t_1, p).$$

如图 98 所示.

流方程的正确性在于方程两边关于 t 的函数都是经过 p_1 点的 F-轨迹，而经过一点的 F-轨迹是局部唯一的. 用另一种记号重写一下流方程会有所启示. 令 $\varphi_t(p) = \gamma(t, p)$ 就会得出

$$\varphi_{t+s}(p) = \varphi_t(\varphi_s(p)) \text{ 对所有的 } t, s \in \mathbb{R} \text{ 成立.}$$

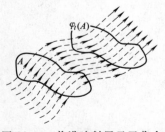

图 99 t-前进映射展示了集合 A 如何流到集合 $\varphi_t(A)$

φ_t 称为是 t-**前进映射**. 它指明了每个点在 t 时刻之后的位置. 如图 99 所示. 流方程表明 $t \mapsto \varphi_t$ 是从 $\mathbb{R}$ 到 $\mathbb{R}^m$ 上运动群的一个群同态. 事实上每个 φ_t 是 $\mathbb{R}^m$ 到自身的一个同胚映射，φ_t 的逆映射为 φ_{-t}，这是因为 $\varphi_{-t} \circ \varphi_t = \varphi_0$，其中 φ_0 为零时映射，什么都没有动，即 $\varphi_0 =$ 恒等映射.

6* 解析函数

回忆在第 3 章中，若函数 $f:(a,b)\to\mathbb{R}$ 可以局部地表示成幂级数，则称此函数是**解析的**. 对每个 $x\in(a,b)$，存在一个收敛的幂级数 $\sum c_k h^k$，使得对 x 点附近所有的 $x+h$，

$$f(x+h)=\sum_{k=0}^{\infty}c_k h^k.$$

我们前面已经说明，每个解析函数是光滑的，但不是每个光滑函数都解析. 本节将给出光滑函数成为解析函数的一个充要条件. 这涉及当 $r\to\infty$ 时，r 阶导函数的增长速度.

设 $f:(a,b)\to\mathbb{R}$ 光滑. 那么 f 在 $x\in(a,b)$ 点处的**泰勒级数**为

$$\sum_{k=0}^{\infty}\frac{f^{(k)}(x)}{k!}h^k.$$

令 $I=[x-\sigma,\ x+\sigma]$ 为 $(a,\ b)$ 的子区间，$\sigma>0$，且记 $|f^{(r)}(t)|$ 在 $t\in I$ 上的最大值为 M. f 在 I 上的**导数增长率**定义为

$$\alpha=\limsup_{r\to\infty}\sqrt[r]{\frac{M_r}{r!}}.$$

显然 $\sqrt[r]{|f^r(x)|/r!}\leqslant\sqrt[r]{M_r/r!}$，因此 x 点处泰勒级数的收敛半径

$$R=\cfrac{1}{\limsup\limits_{r\to\infty}\sqrt[r]{\cfrac{|f^{(r)}(x)|}{r!}}}$$

满足

$$\frac{1}{\alpha}\leqslant R.$$

特别地，如果 α 是有限的，那么泰勒级数的收敛半径是正的.

定理 25 若 $\alpha\sigma<1$，那么泰勒级数在区间 I 上一致收敛到 f.

证明 选取 $\delta>0$，使得 $(\alpha+\delta)\sigma<1$. 将由第 3 章的泰勒余项公式应用到第 $r-1$ 阶余项，得到

$$f(x+h)-\sum_{k=0}^{r-1}\frac{f^{(k)}(x)}{k!}h^k=\frac{f^{(r)}(\theta)}{r!}h^r,$$

其中 θ 位于 x 和 $x+h$ 之间. 这样，对充分大的 r，

$$\left| f(x+h) - \sum_{k=0}^{r-1} \frac{f^{(k)}(x)}{k!} h^k \right| \leqslant \frac{M_r}{r!} \sigma^r = \left(\left(\frac{M_r}{r!} \right)^{1/r} \sigma \right)^r \leqslant ((\alpha+\delta)\sigma)^r.$$

由于 $(\alpha+\delta)\sigma<1$，泰勒级数在区间 I 上一致收敛到 $f(x+h)$.　□

定理 26　若 f 可以表示成收敛的幂级数 $f(x+h)=\sum c_k h^k$ 且收敛半径 $R>\sigma$，那么 f 在 I 上具有有界的导数增长率.

定理 26 的证明用到了两个关于阶乘增长率的估计. 如果你知道斯特林公式，那么它们是很简单的，但是我们将直接证明它们.

$$(23) \qquad\qquad \lim_{r\to\infty} \sqrt[r]{\frac{r^r}{r!}} = e$$

$$(24) \qquad 0<\lambda<1 \quad\Rightarrow\quad \limsup_{r\to\infty} \sqrt[r]{\sum_{k=r}^{\infty} \binom{k}{r} \lambda^k} < \infty.$$

取对数，应用积分审敛法，忽略掉当 $r\to\infty$ 时趋近于零的项，可以得到

$$\frac{1}{r}(\log r^r - \log r!) = \log r - \frac{1}{r}(\log r + \log(r-1) + \cdots + \log 1)$$

$$\sim \log r - \frac{1}{r}\int_1^r \log x\,\mathrm{d}x = \log r - \frac{1}{r}(x\log x - x)\Big|_1^r$$

$$= 1 - \frac{1}{r}.$$

于是当 $r\to\infty$ 时，此式趋近于 1. 故（23）得证.

为证（24），记 $\lambda = e^{-\mu}$，其中 $\mu>0$，则类似于（23）的证明：

$$\sum_{k=r}^{\infty} \binom{k}{r} \lambda^k = \sum_{k=r}^{\infty} \frac{k(k-1)(k-2)\cdots(k-r+1)}{r!} e^{-k\mu}$$

$$\leqslant \frac{1}{r!} \sum_{k=r}^{\infty} k^r e^{-k\mu} \sim \frac{1}{r!} \int_r^{\infty} x^r e^{-\mu x}\,\mathrm{d}x$$

$$= \frac{-1}{r!} e^{-\mu x} \left(\frac{x^r}{\mu} + \frac{rx^{r-1}}{\mu^2} + \frac{r(r-1)x^{r-2}}{\mu^3} + \cdots + \frac{r!}{\mu^{r+1}} \right) \Big|_r^{\infty}$$

$$\leqslant \frac{1}{r!} e^{-\mu r} (r+1) r^r \left(\frac{1}{\min\{1,\mu\}} \right)^{r+1}.$$

由（23）可知，当 $r\to\infty$ 时，上式中最后一个量的 r 次根趋近于 $e^{1-\mu}/\min\{1,\mu\}$，这样就证明了（24）.

定理 26 的证明：由假设幂级数 $\sum c_k h^k$ 的收敛半径为 R，并且 $\sigma<$

R. 由于当 $k \to \infty$ 时, $1/R$ 等于 $\sqrt[k]{|c_k|}$ 的上极限, 故存在一个数 $\lambda < 1$, 使得对所有充分大的 k, $|c_k \sigma^k| \le \lambda^k$. 当 $|h| \le \sigma$ 时, 对级数逐项求导可知, 对充分大的 r,

$$|f^{(r)}(x+h)| \le \sum_{k=r}^{\infty} k(k-1)(k-2)\cdots(k-r+1)|c_k h^{k-r}|$$

$$\le \frac{r!}{\sigma^r} \sum_{k=r}^{\infty} \binom{k}{r} |c_k \sigma^k| \le \frac{r!}{\sigma^r} \sum_{k=r}^{\infty} \binom{k}{r} \lambda^k.$$

这样,

$$M_r = \sup_{|h| \le \sigma} |f^{(r)}(x+h)| \le \frac{r!}{\sigma^r} \sum_{k=r}^{\infty} \binom{k}{r} \lambda^k.$$

再由 (24),

$$\alpha = \limsup_{r \to \infty} \sqrt[r]{\frac{M_r}{r!}} \le \frac{1}{\sigma} \limsup_{r \to \infty} \sqrt[r]{\sum_{k=r}^{\infty} \binom{k}{r} \lambda^k} < \infty,$$

于是在 I 上 f 具有有界的导数增长率. □

由定理 25 和定理 26, 我们可以推断出本节主要结果.

解析性定理 27 一个光滑函数是解析的, 当且仅当它有局部有界导数增长率.

证明 假设 $f: (a, b) \to \mathbb{R}$ 是光滑的, 且有局部有界导数增长率. 那么对每个 $x \in (a, b)$ 存在一个邻域 N, 使得在其上导数增长率 α 是有限的. 选取 $\sigma > 0$, 使得 $I = [x-\sigma, x+\sigma] \subset N$ 且 $\alpha\sigma < 1$. 由定理 25 可知, f 在 x 点展开的泰勒级数在区间 I 上一致收敛于 f. 因此 f 是解析的.

反之, 假设 f 是解析的且令 $x \in (a, b)$ 给定. 那么存在幂级数 $\sum c_k h^k$ 和 $R > 0$, 使得对区间 $(-R, R)$ 内的所有 h, $\sum c_k h^k$ 收敛于 $f(x+h)$. 选取 σ, 满足 $0 < \sigma < R$. 由定理 26 可知 f 在 I 上具有有界导数增长率. □

推论 28 若一个光滑函数的所有阶导函数是一致有界的, 那么它是解析的.

举一个这种函数的例子 $f(x) = \sin x$.

证明 若 $|f^{(r)}(\theta)| \le M$ 对所有的 r 和 θ 成立, 那么 f 的导数增长率是有界的, 事实上 $\alpha = 0$, 于是 $R = \infty$. □

泰勒 (Taylor) 定理 29 若 $f(x) = \sum c_k x^k$ 且幂级数有收敛半径

R，那么 f 在 $(-R, R)$ 上解析.

证明 f 是光滑函数，由定理 26，它在 $I \subset (-R, R)$ 上具有有界增长率，因此它是解析函数. □

泰勒定理表明 f 不仅在 $x = 0$ 处可以展成收敛的幂级数，在其余任意点 $x_0 \in (-R, R)$ 也可以办到. 而泰勒公式的另一种证明则严重依赖于对级数的运算以及梅尔滕斯（Mertens）定理.

可以将解析的概念立刻推广到复值函数上. 设 D 是 $\mathbb{C}$ 中的开子集，若函数 $f: D \to \mathbb{C}$ 满足对每个 $z \in D$，存在一个幂级数

$$\sum c_k \xi^k$$

使得对靠近 z 的所有的 $z + \xi$，

$$f(z+\xi) = \sum_{k=0}^{\infty} c_k \xi^k,$$

则称函数 f 是**复解析的**. 系数 c_k 是复数，变量 ξ 也自然是复的. 收敛性将在以 R 为半径的圆盘上体现. 于是可以定义复值 z 的函数 e^z，$\log z$，$\sin z$，$\cos z$ 分别为

$$e^z = \sum_{k=0}^{\infty} \frac{z^k}{k!}, \log(1+z) = \sum_{k=1}^{\infty} \frac{(-1)^{k+1} z^k}{k}, \text{其中} |z| < 1;$$

$$\sin z = \sum_{k=0}^{\infty} \frac{(-1)^k z^{2k+1}}{(2k+1)!}, \cos z = \sum_{k=0}^{\infty} \frac{(-1)^k z^{2k}}{(2k)!}.$$

这也就启发并鼓励我们直接用定义去证明形如

$$e^{i\theta} = \cos\theta + i\sin\theta$$

的公式.（直接代入 $z = i\theta$，并利用 $i^2 = -1$，$i^3 = -i$，$i^4 = 1$ 等）需要验证的一个重要公式是 $e^{z+\omega} = e^z e^\omega$. 一种证明涉及级数乘积的运算，另一种证明仅仅依赖解析性. 另一个公式是 $\log(e^z) = z$.

有很多关于实解析函数的结果可以通过幂级数的方法直接给出证明；例如，解析函数的和、积、倒数、复合以及反函数都是解析函数. 直接证明，就像前面解析性定理的证明一样，主要涉及级数的运算. 而复变量的使用将大大化简这些实变量定理的证明过程，原因在于下面的事实：

实解析性可衍生出复解析性，而复解析性等价于复可导性[⊖].

⊖ 设 D 是 $\mathbb{C}$ 中的开子集，若函数 $f: D \to \mathbb{C}$ 满足对每个 $z \in D$，当 $\Delta z \to 0$ 时，

$$\frac{\Delta f}{\Delta z} = \frac{f(z+\Delta z) - f(z)}{\Delta z}$$

的极限在 $\mathbb{C}$ 中存在，则称 f 是**复可导**的或**全纯函数**. 若极限存在，此极限是复数.

这是因为，验证复可导函数的复合等运算还是复可导的相对来说要简单一些.

解析的概念甚至可以扩展到 $\mathbb{C}$ 之外. 当你学习微积分中向量值线性 ODE

$$x' = Ax$$

的时候，你可能就已经见过这种扩展了. A 是一个给定的 $m \times m$ 矩阵而未知解 $x = x(t)$ 是一个以 t 为自变量的向量值函数，通常附加初始条件 $x(0) = x_0$. 一个向量值 ODE 等价于 m 个联立的、标量、线性 ODE. 解 $x(t)$ 可以表示成

$$x(t) = e^{tA} x_0$$

其中，

$$e^{tA} = \lim_{n \to \infty} \left(I + tA + \frac{1}{2!}(tA)^2 + \cdots + \frac{1}{n!}(tA)^n + \cdots \right) = \sum_{k=0}^{\infty} \frac{t^k}{k!} A^k,$$

I 为 $m \times m$ 恒等矩阵. 把此级数看成是第 k 项系数为 $t^k/k!$、变量为 A 的级数.（A 是一个矩阵变量!）在由 $m \times m$ 矩阵组成的空间中，此极限存在且它与常值向量 x_0 的乘积确实是满足初始线性 ODE 的、以 t 为自变量的向量值函数.

上述级数定义了一个矩阵的指数函数 $e^A = \sum A^k / k!$. 你可能会问——存在矩阵的对数吗？存在把矩阵映成其对数的函数吗？矩阵对数可以表示成幂级数吗？其他解析函数如何？存在矩阵的正弦函数吗？矩阵的求逆运算又如何？存在表示矩阵逆运算的幂级数吗？有没有类似 $\log A^2 = 2 \log A$ 的公式？这些问题将会在非线性泛函分析中得以研究.

从术语的观点我们坚持用"局部幂级数展开"来定义"解析". 在复数情形，一些数学家用复可导来定义复解析，而且作为 $\mathbb{C}$ 的一个很特殊的特征，复可导和复解析也确实是等价的. 事实上有责任区分出实分析和复分析的差别. 从交叉理论一致性角度，人们应该用"解析"表明局部可以幂级数展开，而用"可导"表示导数存在. 为何要混淆这两种观点呢？

7* 无处可导的连续函数

虽然有很多连续函数，如 $|x|$、$\sqrt[3]{x}$ 以及 $x \sin 1/x$ 等，仅在一些点

是不可导的，但令人惊奇的是存在处处连续但处处不可导的函数.

定理 30 存在一个在任何点都不可导的连续函数 $f: \mathbb{R} \to \mathbb{R}$.

证明 构造来源于魏尔斯特拉斯. 我们用 k, m, n 表示整数. 首先考虑**锯齿函数** $\sigma_0: \mathbb{R} \to \mathbb{R}$, 定义如下:

$$\sigma_0(x) = \begin{cases} x - 2n & \text{若 } 2n \leq x \leq 2n+1, \\ 2n+2-x & \text{若 } 2n+1 \leq x \leq 2n+2. \end{cases}$$

这样 σ_0 是一个以 2 为周期的函数; 若 $t = x + 2m$, 那么 $\sigma_0(t) = \sigma_0(x)$. 压缩的锯齿函数

$$\sigma_k(x) = \left(\frac{3}{4}\right)^k \sigma_0(4^k x)$$

以 $\pi_k = 2/4^k$ 为周期. 若 $t = x + m\pi_k$, 那么 $\sigma_k(t) = \sigma_k(x)$. 如图 100 所示.

根据 M 审敛法, 级数 $\sum \sigma_k(x)$ 一致收敛于极限 f, 且

$$f(x) = \sum_{k=0}^{n} \sigma_k(x)$$

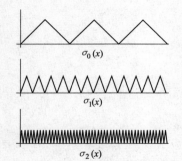

是连续函数. 我们将证明 f 是无处可导的. 固定任意一个点 x, 令 $\delta_n = 1/(2 \cdot 4^n)$. 我们将证明, 当 $\delta_n \to 0$ 时,

$$\frac{\Delta f}{\Delta x} = \frac{f(x \pm \delta_n) - f(x)}{\delta_n}$$

图 100 锯齿函数和两个压缩的锯齿函数的图形

不收敛, 这样 $f'(x)$ 就不存在了. 上式中的商为

$$\frac{\Delta f}{\Delta x} = \sum_{k=0}^{\infty} \frac{\sigma_k(x \pm \delta_n) - \sigma_k(x)}{\delta_n}.$$

在级数中项有三种, $k > n$, $k = n$ 和 $k < n$. 若 $k > n$, 由于

$$\delta_n = \frac{1}{2 \cdot 4^n} = 4^{k-(n+1)} \cdot \frac{2}{4^k} = 4^{k-(n+1)} \cdot \pi_k,$$

故 σ_n 是 σ_k 周期的整数倍. 那么 $\sigma_k(x \pm \delta_n) - \sigma_k(x) = 0$. 这样 $\Delta f/\Delta x$ 的无穷级数就退化成 $n+1$ 项的有限和

$$\frac{\Delta f}{\Delta x} = \frac{\sigma_n(x \pm \delta_n) - \sigma_n(x)}{\delta_n} + \sum_{k=0}^{n-1} \frac{\sigma_k(x \pm \delta_k) - \sigma_k(x)}{\delta_k}.$$

函数 δ_n 的单调区间是一些长度为 4^{-n} 的区间, 且 x 点处的相邻区间 $[x - \delta_n, x, x + \delta_n]$ 的长度为 4^{-n}, 故 σ_n 要么在 $[x - \delta_n, x]$ 上单调, 要么在 $[x, x + \delta_n]$ 上单调. σ_n 的斜率是 $\pm 3^n$. 这样,

要么 $\left|\dfrac{\sigma_n(x+\delta_n)-\sigma_n(x)}{\delta_n}\right|=3^n$，要么 $\left|\dfrac{\sigma_n(x-\delta_n)-\sigma_n(x)}{\delta_n}\right|=3^n$.

而对于 $k<n$ 的项可粗略地用 σ_k 的斜率 $\pm 3^k$ 来估算：

$$\left|\frac{\sigma_k(x\pm\delta_k)-\sigma_k(x)}{\delta_k}\right|\leqslant 3^k.$$

这样

$$\left|\frac{\Delta f}{\Delta x}\right|\geqslant 3^n-(3^{n-1}+\cdots+1)=3^n-\frac{3^n-1}{3-1}=\frac{1}{2}(3^n+1).$$

而显然当 $\delta_n\to 0$ 时，它趋近于 ∞，故 $f'(x)$ 不存在.

　　寥寥几笔写下上面提到的锯齿级数，魏尔斯特拉斯证明了存在一个无处可导的连续函数. 然而更让人震惊的是绝**大多数的**连续函数（后面会给出此表述的定义）都是无处可导的. 如果你随机地拿出一个连续函数，那么它将是无处可导的.

　　回顾一下，如果集合 D 与 M 中的每个非空开集 W 都相交，$D\cap W\neq\varnothing$，则称集合 D 在 M 中稠密. 两个稠子集的交不一定是稠子集，甚至可以是空集，如 $\mathbb{R}$ 中的 $\mathbb{Q}$ 和 $\mathbb{Q}^{\,c}$. 另一方面，如果 U 和 V 是 M 中的开稠密，那么 $U\cap V$ 是 M 中的开稠密. 因为如果 W 是 M 中非空开集，那么 $U\cap W$ 是 M 中非空开集，再由 V 的稠密性，V 与 $U\cap W$ 相交，即 $U\cap V\cap W$ 是非空的，于是 $U\cap V$ 与 W 相交.

　　心得 作为稠密集，开稠密集很棒.

　　可数个开稠密集的交 $G=\cap G_n$ 称为 M 的**厚的**（或**剩余的**[⊖]）子集. 此称谓来源于下面的结果，而我们也将把这个结果应用到 $C^0([a,b],\mathbb{R})$ 中去. 按照扩充词汇的一般方式，我们定义厚集合的补集为**薄的**（或**贫的**）. 一个 M 的子集 H 是薄的，当且仅当它是无处稠密闭子集的可数并，$H=\cup H_n$. 显然，厚性和薄性都是拓扑性质. 薄集是零集（外测度为零的集合）的拓扑相似.

贝尔定理 31 　完备的度量空间 M 的每个厚子集在 M 中稠. 一个非空的完备的度量空间不是薄的：若 M 可以写成可数个闭子集的并，那么至少有一个闭子集包含内点.

　　如果 M 的一个厚子集的所有点都满足某种条件，我们称此条件为**一般的**，我们也称 M 中**大多数**点满足此条件. 作为贝尔定理的一

⊖ "剩余的" 是词汇中不成功的选择. 它暗示小，但它本身应该暗示相反的意思.

个推论和魏尔斯特拉斯构造的改进，我们将证明：

定理 32 　一般地，$f \in C^0 = C^0([a,b], \mathbb{R})$ 在 $[a,b]$ 上都没有可导点，而且在 $[a,b]$ 的子区间上也不单调.

利用勒贝格单调可导定理（单调性可推得几乎处处可导），第二个论断可由第一个直接得到，但下面我们将给出一个直接的证明.

在证明贝尔定理和定理 32 之前，我们先进一步讨论一下厚性、薄性和一般性. 空集总是薄的，全空间总是厚的，单个开稠子集是厚的同时单个闭无处稠密集是薄的. $\mathbb{R} \setminus \mathbb{Z}$ 是 $\mathbb{R}$ 的厚子集，而康托尔集是 $\mathbb{R}$ 的薄子集. 同样地，$\mathbb{R}$ 是 $\mathbb{R}^2$ 的薄子集. $\mathbb{R}$ 中的一般点不落在康托尔集中. $\mathbb{R}^2$ 中的一般点不落在 x 轴上. 虽然 $\mathbb{R}/\mathbb{Z}$ 是 $\mathbb{R}$ 的厚子集，但它不是 $\mathbb{R}^2$ 的厚子集. $\mathbb{Q}$ 是 $\mathbb{R}$ 的薄子集. 它是可数个点的并集，每个点都是无处稠密闭子集. $\mathbb{Q}^c$ 是 $\mathbb{R}$ 的厚子集. 一般地，实数是无理数. 以同样的道理：

（a）一般的方阵行列式 $\neq 0$；

（b）一般的线性变换 $\mathbb{R}^m \to \mathbb{R}^m$ 都是线性同构的；

（c）一般的线性变换 $\mathbb{R}^m \to \mathbb{R}^{m-k}$ 都是到上的；

（d）一般的线性变换 $\mathbb{R}^m \to \mathbb{R}^{m+k}$ 都是一一的；

（e）$\mathbb{R}^3$ 中的直线对一般都是异面的（非平行和相交）；

（f）$\mathbb{R}^3$ 中的平面一般都与三个坐标轴交于三个互异点；

（g）一般 n 次多项式都有 n 个互异的根.

在不完备度量空间，如 $\mathbb{Q}$ 中，厚性与薄性却不冲突：每个 $\mathbb{Q}$ 的子集，即使是空集，在 $\mathbb{Q}$ 中也是厚的.

贝尔定理的证明：若 $M = \varnothing$，结论显然成立，因此假设 $M \neq \varnothing$. 令 $G = \cap G_n$ 为 M 的厚子集；每个 G_n 为 M 的开稠密子集. 令 $p_0 \in M$ 且 $\varepsilon > 0$ 给定. 选取由点 $p_n \in M$ 组成的序列和半径 $r_n > 0$，使得 $r_n < 1/n$ 并且

$$M_{2r_1}(p_1) \subset M_\varepsilon(p_0),$$
$$M_{2r_2}(p_2) \subset M_{r_1}(p_1) \cap G_1,$$
$$\vdots$$
$$M_{2r_{n+1}}(p_{n+1}) \subset M_{r_n}(p_n) \cap G_1 \cap \cdots \cap G_n.$$

如图 101 所示. 那么，

$$M_\varepsilon(p_0) \supset \overline{M}_{r_1}(p_1) \supset \overline{M}_{r_2}(p_2) \supset \cdots.$$

当 $n \to \infty$ 时，这些集合的直径趋于 0. 因此 (p_n) 为柯西列，由完备性它趋于某个 $p \in M$. 此点属于每个集合 $\overline{M}_{r_n}(p_n)$，故也属于每个 G_n. 这样 $p \in G \cap M_\varepsilon(p_0)$，于是 G 在 M 中稠密.

为验证 M 不是薄的，我们取补集. 假设 $M = \cup K_n$ 且 K_n 是闭的. 若每个 K_n 都不包含内点，那么每个 $G_n = K_n^c$ 是开稠密的，且

$$G = \cap G_n = (\cup K_n)^c = \varnothing,$$

这与 G 在 M 中稠密相矛盾. $\qquad\square$

推论 33 完备的非空度量空间没有既厚又薄的子集.

证明 如果 S 是 M 的既厚又薄子集，那么 $M \setminus S$ 也是既厚又薄的. M 中两个厚子集的交还是厚子集，因此 $\varnothing = S \cap (M \setminus S)$ 是 M 的厚子集. 由贝尔定理，此空集在 M 中稠密，因此 M 只能是空集. $\qquad\square$

为证明定理 32，我们需要两个引理.

引理 34 逐段线性函数全体组成的集合 PL 在 C^0 中稠密.

证明 若 $\phi: [a, b] \to \mathbb{R}$ 为连续函数，且它的图形由 $\mathbb{R}^2$ 中有限段直线段组成，则称 ϕ 是**逐段线性**函数. 令 $f \in C^0$ 且 $\varepsilon > 0$ 给定. 由于 $[a, b]$ 是紧集，f 是一致连续函数，于是存在一个 $\delta > 0$ 使得当 $|t - s| < \delta$ 时，可推得 $|f(t) - f(s)| < \varepsilon$. 选取 $n > (b - a)/\delta$，并且把 $[a, b]$ 分割成相等的 n 个区间 $I_i = [x_{i-1}, x_i]$，每个区间的长度都 $< \delta$. 取 $\phi: [a, b] \to \mathbb{R}$ 为逐段线性函数使得它的图形由连接 f 图形中点 $(x_{i+1}, f(x_{i-1}))$ 和点 $(x_i, f(x_i))$ 的线段组成. 如图 102 所示.

对 $t \in I_i$，$\phi(t)$ 的值介于 $f(x_{i-1})$ 和 $f(x_i)$ 之间. 而这些值与 $f(t)$ 的差值小于 ε. 因此，对所有的 $t \in [a, b]$，

$$|f(t) - \phi(t)| < \varepsilon.$$

换言之，$d(f, \phi) < \varepsilon$，即 PL 在 C^0 中稠密. $\qquad\square$

引理 35 若 $\phi \in PL$ 且 $\varepsilon > 0$ 给定，那么存在一个锯齿函数 σ 使得 $\|\sigma\| \leqslant \varepsilon$，$\sigma$ 的周期 $\leqslant \varepsilon$，且

$$\min\{|\text{slope } \sigma|\} > \max\{|\text{slope } \phi|\} + \frac{1}{\varepsilon}. \ \ominus$$

证明 令 $\theta = \max\{|\text{slope } \phi|\}$ 且 c 为足够大的常数. 压缩的锯齿函数 $\sigma(x) = \varepsilon\sigma_0(cx)$ 满足 $\|\sigma\| = \varepsilon$，周期 $\pi = 1/c$，且斜率 $s = \pm \varepsilon c$. 当 c 充分

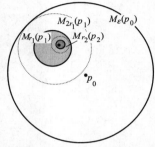

图 101 $M_{r_n}(p_n)$ 的闭邻域嵌套收缩为单点集

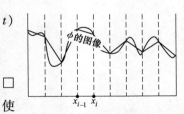

图 102 逐段线性函数 ϕ 逼近连续函数 f

$\ominus$ 这里 slope σ 表示逐段线性函数 σ 各段斜率组成的集合. ——译者注

大时，$\pi \le \varepsilon$，且 $|s| > \theta + 1/\varepsilon$.

定理 32 的证明：对 $n \in \mathbb{N}$ 定义，

$$R_n = \left\{ f \in C^0 : \forall x \in \left[a, b - \frac{1}{n} \right], \exists h > 0 \text{ 使得 } \left| \frac{\Delta f}{h} \right| > n \right\},$$

$$L_n = \left\{ f \in C^0 : \forall x \in \left[a + \frac{1}{n}, b \right], \exists h < 0 \text{ 使得 } \left| \frac{\Delta f}{h} \right| > n \right\},$$

$$G_n = \left\{ f \in C^0 : f \text{ 限制在任何长度为 } \frac{1}{n} \text{ 的区间上都是不单调的} \right\},$$

其中 $\Delta f = f(x+h) - f(x)$. 我们将证明这些集合在 C^0 中既开又稠.

由引理 34 可知，PL 在 C^0 中稠密，故为证稠密性，只需证这些集合的闭包包含 PL. 令 $\phi \in PL$ 且 $\varepsilon > 0$ 给定. 由引理 35，存在一个锯齿函数 σ 使得 $\| \sigma \| \le \varepsilon$，$\sigma$ 的周期 $\le 1/n$，且

$$\min\{ | \text{slope } \sigma | \} > \max\{ | \text{slope } \phi | \} + n.$$

考虑逐段线性函数 $f = \phi + \sigma$. 组成 f 这些线段的斜率主要受 σ 的斜率影响，因此这些斜率的符号按照小于 $1/2n$ 的周期改变. 对于任意的点 $x \in [a, b-1/n]$，存在一个右向斜率，要么 $>n$ 要么 $<-n$. 这样 $f \in R_n$. 类似可证 $f \in L_n$. 任何一个长度为 $1/n$ 的区间在其内部取到 σ 的最大值或最小值，因此其包含一个小区间，在此区间上 f 严格递增，在另一个小区间上 f 严格递减. 这样，$f \in G_n$. 由于 $d(f, \phi) = \varepsilon$ 可以任意小，此示 R_n，L_n，G_n 在 C^0 中稠密.

下面假设 $f \in R_n$ 给定. 对每个 $x \in [a, b-1/n]$ 存在 $h = h(x) > 0$ 使得

$$\left| \frac{f(x+h) - f(x)}{h} \right| > n.$$

由于 f 是连续函数，存在 x 在 $[a, b]$ 中的邻域 T_x 以及常数 $v = v(x) > 0$ 使得对同样的 h 有

$$\left| \frac{f(t+h) - f(t)}{h} \right| > n + v$$

对所有的 $t \in T_x$ 都成立. 由于 $[a, b-1/n]$ 是紧集，有限个这种邻域 T_x 就能覆盖它，记这有限个邻域为 $T_{x_1}, \cdots, T_{x_m}$. 由 f 的连续性可知，对所有的 $t \in \overline{T_{x_i}}$，

$$(25) \qquad \left| \frac{f(t+h_i) - f(t)}{h_i} \right| \ge n + v_i,$$

其中 $h_i = h(x_i)$，$v_i = v(x_i)$. 如果把 f 替换成使得 $d(f,g)$ 充分小的函数 g，那么对 m 个集合 T_{x_i} 中的点 t，这 m 个不等式仍然基本成立；这样（25）变成了

$$(26) \qquad \left| \frac{g(t+h_i) - g(t)}{h_i} \right| > n,$$

此示 $g \in R_n$，因此 R_n 在 C^0 中为开集. 类似可证 L_n 在 C^0 中也为开集.

验证 G_n 为开集就简单一些. 若 (f_k) 为 G_n^c 中的序列且 $f_k \rightrightarrows f$，我们将证明 $f \in G_n^c$. 每个 f_k 在某个长度为 $1/n$ 的区间 I_k 上单调. 那么这个区间序列存在一个收敛于某极限区间 I 的子序列. 它的长度为 $1/n$ 且由一致收敛性，f 在 I 上是单调的. 这样 G_n^c 是闭集从而 G_n 是开集. 每个 R_n，L_n，G_n 在 C^0 中稠密.

最后，若 f 属于厚集合

$$\bigcap R_n \cap L_n \cap G_n$$

那么对每个 $x \in [a,b]$，存在一个序列 $h_n \neq 0$ 使得

$$\left| \frac{f(x+h_n) - f(x)}{h_n} \right| > n.$$

此分式的分母不超过 $2 \| f \|$，因此当 $n \to \infty$ 时，$h_n \to 0$. 这样 f 在 x 点处不可导. 同时 f 在每个长度为 $1/n$ 的区间内都不是单调的. 而当 n 充分大时，每个区间 J 都会含有长度为 $1/n$ 的区间，因此 f 不会在 J 上单调. □

关于连续函数一般性的研究有进一步的结果. 你可以在下列书籍中找到它们：拉尔夫·博尔思的《实变函数初论》、安德鲁·布鲁纳克的《实变函数的微分》或者范·罗伊的《实变函数第二教程》.

8* 无界函数空间

在我们接触的函数中，有界性或者定义域为 $[a,b]$、目标域为 $\mathbb{R}$ 究竟有多重要？为做一些扩展，我们把定义域 $[a,b]$ 换为度量空间 X，把 $\mathbb{R}$ 换成完备度量空间 Y. 用 $\mathcal{F}$ 表示全体函数 $f: X \to Y$ 的集合. 回忆在习题 2.84 中，Y 中的度量 d_Y 可以诱导成一个有界度量

$$\rho(y, y') = \frac{d_Y(y, y')}{1 + d_Y(y, y')},$$

其中 y, $y' \in Y$. 注意到 $\rho < 1$. 关于 ρ 和 d_Y 的收敛性与柯西性是等价的. 这样 Y 关于 d_Y 的完备性可推出其关于 ρ 的完备性. 同样道理, 我们可以给出 $\mathcal{F}$ 上的度量

$$d(f, g) = \sup_{x \in X} \frac{d_Y(f(x), g(x))}{1 + d_Y(f(x), g(x))}.$$

函数 $f \in \mathcal{F}$ 关于 d_Y 是**有界的**当且仅当对任意的常值函数 c, $\sup_x d_Y(f(x), c) < \infty$, 即 $d(f, c) < 1$. 无界函数定义为 $d(f, c) = 1$.

定理 36 在赋予了度量 d 的空间 $\mathcal{F}$ 上,

（a）(f_n) 的一致收敛性等价于它是 d-收敛的;

（b）Y 的完备性可推得 $\mathcal{F}$ 的完备性;

（c）有界函数集合 $\mathcal{F}_b$ 在 $\mathcal{F}$ 中是闭的;

（d）连续函数集合 $C^0(X, Y)$ 在 $\mathcal{F}$ 中是闭的.

证明 （a）$f = \operatorname*{uniflim}_{n \to \infty} f_n$ 意味着 $d_Y(f_n(x), f(x)) \rightrightarrows 0$, 由此可知 $d(f_n, f) \to 0$. 反之亦然.

（b）若 (f_n) 为 $\mathcal{F}$ 中的柯西列, Y 是完备的, 那么就像在第 1 节那样, 对每个 $x \in X$, $f(x) = \lim_{n \to \infty} f_n(x)$ 存在. 由 (f_n) 关于度量 d 是柯西的, 故它是一致收敛的, 这样 $d(f_n, f) \to 0$.

（c）若 $f_n \in \mathcal{F}_b$ 且 $d(f_n, f) \to 0$, 那么 $\sup_x d_Y(f_n(x), f(x)) \to 0$. 由于 f_n 是有界的, 那么 f 是有界的.

（d）C^0 在 $\mathcal{F}$ 中是闭的, 其证明与第 1 节相同. □

阿尔采拉-阿斯可利定理是很微妙的. 设函数簇 $\mathcal{E} \subset \mathcal{F}$, 若对每个 $\varepsilon > 0$, 存在一个 $\delta > 0$, 使得由 $f \in \mathcal{E}$ 及 $d_X(x, t) < \delta$ 就能推得 $d_Y(f(x), f(t)) < \varepsilon$, 则称 $\mathcal{E}$ 为**一致等度连续的**. 若 δ 依赖于 x 但不依赖于 $f \in \mathcal{E}$, 则称 $\mathcal{E}$ 为**逐点等度连续的**.

定理 37 若 X 是紧集, 则逐点等度连续可推得一致等度连续.

证明 若否, 那么存在 $\varepsilon > 0$, 使得对每个 $\delta = 1/n$, 我们可以找到两个点 x_n, $t_n \in X$ 及函数 $f_n \in \mathcal{E}$, 使得 $d_X(x_n, t_n) < 1/n$, 但是 $d_Y(f_n(x_n), f_n(t_n)) \geqslant \varepsilon$. 由于 X 是紧集, 我们可以假设 $x_n \to x_0$, 于是 $t_n \to x_0$, 而这与 x_0 点处的逐点等度连续性相矛盾. □

定理 38 如果函数 $f_n: X \to Y$ 组成的序列是一致等度连续的, X 是紧的, 且对每个 $x \in X$, $(f_n(x))$ 位于 Y 的一个紧子集中, 那么 (f_n) 有一个一致收敛的子序列.

证明   由紧性，X 有一个可数稠子集 D，那么第 3 节关于阿尔采拉-阿斯可利定理的证明就可以证明定理 38.   □

若空间 X 是由可数个紧子集的并组成，即 $X = \cup X_i$，则称 X 是 σ-紧的．例如 $\mathbb{Z}$，$\mathbb{Q}$，$\mathbb{R}$ 和 $\mathbb{R}^m$ 都是 σ-紧的，而任一不可数集赋予离散度量之后都不是 σ-紧的．

定理 39   如果 X 是 σ-紧集，序列 (f_n) 由逐点等度连续函数组成，且对每个 $x \in X$，$(f_n(x))$ 位于 Y 的一个紧子集中，那么 (f_n) 存在一个子序列在每个 X 的紧子集上一致收敛于某极限．

证明   把 X 表示成 $\cup X_i$，其中 X_i 是紧集．由定理 37，$(f_n|_{X_i})$ 是一致等度连续的且由定理 38，存在子序列 $f_{1,n}$ 在 X_1 上一致收敛，且它有一个子子列 $f_{2,n}$ 在 X_2 上一致收敛，以此类推．于是对角子序列 (g_m) 在每个 X_i 上一致收敛．因此序列 (g_m) 是逐点收敛的．若 $A \subset X$ 是紧的，那么 $(g_m|_A)$ 是一致等度连续的，且逐点收敛．由阿尔采拉-阿斯可利扩张定理的证明，$(g_m|_A)$ 是一致收敛的．   □

推论 40   设序列 (f_n) 由逐点等度连续函数 $\mathbb{R} \to \mathbb{R}$ 组成，且对某个 $x_0 \in \mathbb{R}$，$(f_n(x_0))$ 是有界的，那么 (f_n) 有一个子序列在每个 $\mathbb{R}$ 的紧子集上一致收敛．

证明   令 $[a,b]$ 为包含 x_0 的任一闭区间．由定理 37，f_n 在 $[a,b]$ 上的限制是一致等度连续的，于是存在 $\delta > 0$，使得当 $|t-s| < \delta$ 时，可推得 $|f_n(t) - f_n(s)| < 1$. 对每个点 $x \in [a,b]$，从 x_0 处出发，经过步长为 δ 的至多 N 步后，即可到达，其中 $N > (b-a)/\delta$. 这样 $|f_n(x)| \leqslant |f_n(x_0)| + N$，于是对每个 $x \in \mathbb{R}$，$(f_n(x))$ 都是有界的．而 $\mathbb{R}$ 的有界子集的闭包都是紧的．于是由定理 39 可知推论成立．   □

练习

在本章习题中，$C^0 = C^0([a,b], \mathbb{R})$ 表示闭区间 $[a,b]$ 上的实值连续函数构成的空间，并赋予这个空间上确界范数：$\|f\| = \sup \{|f(x)| : x \in [a,b]\}$.

1. 设 M，N 是度量空间．

（a）给出函数列 $f_n : M \to N$ 逐点收敛和一致收敛的定义．

（b）在什么度量空间上，二种收敛性等价？

2. 假设 f_n，f 是度量空间 M 到度量空间 N 的函数且 $f_n \rightrightarrows f$（这里

对度量空间并没有特殊要求，如紧性、完备性等）．若每一个 f_n 都是连续函数，证明 f 是连续函数．

3. 设 $f_n:[a,b]\rightarrow\mathbb{R}$ 是一列逐段连续函数，且每一个函数都在 $x_0\in[a,b]$ 处连续．假设当 $N\rightarrow\infty$ 时 $f_n\rightrightarrows f$.

（a）证明 f 在 x_0 处连续．［提示：回顾定理 1 的证明．］

（b）f 是否逐段连续？给出证明或者举出反例．

4. （a）假设 $f_n:\mathbb{R}\rightarrow\mathbb{R}$ 是一致连续函数（$\forall n$），并且当 $n\rightarrow\infty$ 时 $f_n\rightrightarrows f$，f 是否为一致连续函数？给出证明或者予以反驳．

（b）把 $\mathbb{R}$ 到 $\mathbb{R}$ 的函数替换为度量空间到度量空间的函数，会得到什么结论？

5. 考虑函数 $f_n:[a,b]\rightarrow\mathbb{R}$．若当 $n\rightarrow\infty$ 时 $f_n\rightrightarrows f$，则 f_n 与如下不连续有关的性质中（参第 3 章习题 37），哪些性质对于极限函数依然保留？（给出证明或者举出反例．）

（a）没有间断点．

（b）至多有十个间断点．

（c）至少有十个间断点．

（d）有限多个间断点．

（e）可数多个间断点，且均为跳跃间断点．

（f）不存在跳跃间断点．

（g）不存在振荡间断点．

**6. （a）证明 C^0 和 $\mathbb{R}$ 的基数相等．［由于 C^0 包含常函数，C^0 的基数显然大于或者等于 $\mathbb{R}$ 的基数，因此证明的关键在于证明连续函数不会比实数更多．］

（b）如果把闭区间 $[a,b]$ 换成 $\mathbb{R}$ 或者其他可分度量空间，结论是否还成立？

（c）类似地，证明 $\mathbb{R}$ 的开集全体构成的集合，其基数和 $\mathbb{R}$ 的基数相等．

7. 考虑 C^0 中的函数列 f_n．f_n 的图像 G_n 是 $\mathbb{R}^2$ 中的一个紧集．

（a）证明当 $n\rightarrow\infty$ 时 f_n 一致收敛的充分必要条件是 $\mathcal{K}(\mathbb{R}^2)$ 中的集合列 (G_n) 收敛于 C^0 中某个函数 f 的图像．（空间 $\mathcal{K}$ 由习题 2.124 给出．）

（b）使用图像刻画函数的等度连续．

8. 定义 $\mathbb{R}$ 到 $\mathbb{R}$ 的函数列 f_n 如下：

$$f_n(x) = \cos(n+x) + \log\left(1 + \frac{1}{\sqrt{n+2}} \sin^2(n^n x)\right),$$

那么 $\{f_n\}$ 是等度连续的吗? 给出证明或者予以反驳.

9. 设 $f: \mathbb{R} \to \mathbb{R}$ 是连续函数, 若函数列 $f_n(x) = f(nx)$ 是等度连续的, 则 f 具有什么性质?

10. 通过例子说明, 定义在非紧集合 M 上的一列函数, 即便它们是一致连续且逐点等度连续, 也推不出一致的等度连续.

11. 若定义在 M 上的逐点等度连续的函数列都是一致等度连续的, 是否能推知 M 是紧集?

12. 证明 $C^0(M, N)$ 中等度连续集合的闭包还是等度连续的.

13. 设 (f_n) 是 $\mathbb{R}$ 到 $\mathbb{R}$ 的函数列, 并且对于每一个紧集 $K \subset \mathbb{R}$, 限制函数构成的函数列 $(f_n|_K)$ 是逐点有界以及逐点等度连续的.

(a) (f_n) 是否存在一个逐点收敛于 $\mathbb{R}$ 到 $\mathbb{R}$ 的连续函数的子序列?

(b) 如果是一致收敛呢?

14. 设 M 是度量空间. 如果对于每一个 $\varepsilon > 0$ 以及任意的 $p, q \in M$, 在 M 中存在元素链 $p = p_0, \cdots, p_n = q$ 满足

$$d(p_{k-1}, p_k) < \varepsilon \quad (1 \le k \le n),$$

则称 M 链连通 (可参见第 2 章习题 78). 设 $\mathcal{F}$ 是 M 上函数 $f: M \to \mathbb{R}$ 构成的簇, $p \in M$. 如果 $\{f(p) : f \in \mathcal{F}\}$ 是 $\mathbb{R}$ 中的有界集合, 则称 $\mathcal{F}$ 在 p 点有界. 证明度量空间 M 是链连通度量空间的充分必要条件是, 对于任意等度连续的函数簇, 若在 M 中的某一点有界, 则在 M 中的任意一点都有界.

15. 设 $\mu: (0, +\infty) \to (0, +\infty)$ 是连续的、严格单调递增函数. 若当 $s \to 0$ 时, $\mu(s) \to 0$, 则称 μ 是**连续模**. 若函数 $f: [a, b] \to \mathbb{R}$ 满足 $|f(s) - f(t)| \le \mu(|s-t|)$, 则称此函数具有连续模 μ.

(a) 证明函数一致连续的充分必要条件是它具有连续模.

(b) 证明一簇函数是等度连续函数的充分必要条件是其成员具有共同的连续模.

16. 考虑连续模 $\mu(s) = Ls$, 其中 L 是正的常数.

(a) 集合 C^μ 和李普希兹常数不超过 L 的李普希兹函数集合之间的关系是什么?

(b) 把区间 $[a, b]$ 换成 $\mathbb{R}$, 然后回答上述问题.

(c) 把区间 $[a, b]$ 换成 $\mathbb{N}$, 然后回答上述问题.

（d）给出（a）的一般形式，并加以证明.

17. 考虑连续模 $\mu(s)=Hs^\alpha$，其中 $0<\alpha\leqslant 1$，$0<H<+\infty$. 具有这种连续模的函数称为 α-**赫尔德函数**，H 为赫尔德常数. 可参考第 3 章习题 2.

（a）用 $C^\alpha(H)$ 表示闭区间 $[a,b]$ 上的满足 α-赫尔德条件的连续函数全体，其中赫尔德常数不超过 H. 证明 $C^\alpha(H)$ 是等度连续的.

（b）把闭区间 $[a,b]$ 换成开区间 (a,b)，结论是否成立？

（c）把闭区间 $[a,b]$ 换成 $\mathbb{R}$，结论是否成立？

（d）换成 $\mathbb{Q}$ 呢？

（e）换成 $\mathbb{N}$ 呢？

18. 假设 (f_n) 是 C^0 中一列等度连续函数，给定 $p\in[a,b]$.

（a）若 $f_n(p)$ 构成有界实数列，则 (f_n) 一致有界.

（b）用一个更弱的有界性条件重新阐述阿尔采拉-阿斯可利定理.

（c）能否把区间 $[a,b]$ 换成 (a,b)？$\mathbb{R}$？$\mathbb{Q}$？$\mathbb{N}$？

（d）怎样才是正确的推广呢？

19. 设 M 是紧集，A 在 M 中稠密. 证明对于每一个 $\delta>0$，M 存在 δ-稠密的有限子集合 $\{a_1,\cdots,a_k\}$. 也就是说，任给 $x\in M$，存在 a_j，$j=1,2,\cdots,k$，使得 x 和 a_j 的距离不超过 δ.

20. 举例说明存在一列光滑的等度连续函数 $f_n:[a,b]\to\mathbb{R}$，其导函数构成无界集合.

*21. 给定常数 α，$\beta>0$，定义
$$f_{\alpha,\beta}(x)=x^\alpha\sin(x^\beta)\ (x>0).$$

（a）α，β 满足什么条件时，$f_{\alpha,\beta}$ 是一致连续函数？

（b）$(0,\infty)^2$ 中的子集 $\{(\alpha,\beta)\}$ 满足什么条件时，$(f_{\alpha,\beta})$ 构成等度连续函数簇？

22. 设 $E\subset C^0$ 等度连续且有界.

（a）证明 $\sup\{f(x):f\in E\}$ 是以 x 为自变量的连续函数.

（b）证明如果没有等度连续条件，则结论（a）不成立.

（c）证明由上述连续的上确界性质并不能推导出等度连续.

（d）假设对于任意子集 $F\subset E$，上确界函数都是连续函数. E 是等度连续吗？给出证明或者举出反例.

23. 假设 M 是紧度量空间，$i_n:M\to M$ 是一列等距映射.

（a）证明存在子列 (i_{n_k})，当 $k\to\infty$ 时，i_{n_k} 收敛于某个等距映射 i.

（b）映射 i_{n_k} 的逆等距映射 $i_{n_k}^{-1}$ 收敛于 i^{-1} 吗？（给出证明或者举出反例．）

（c）推断 3×3 的正交矩阵群是紧群．［提示：通过 3×3 的正交矩阵可定义单位二维球面到自身的等距映射．］

（d）$m×m$ 的正交矩阵群呢？

24. 设 $f：M→M$ 是压缩映射，但 M 未必是完备度量空间.

（a）证明 f 是一致连续函数.

（b）由（a）可知可以把 f 唯一延拓为 $\hat{M}$ 到 $\hat{M}$ 的连续映射 $\hat{f}$，其中 $\hat{M}$ 是 M 的完备化空间，这是为什么？

（c）$\hat{f}$ 还是压缩映射吗？

25. 通过例子说明不完备度量空间上的压缩映射未必存在不动点.

26. 设 $f：M→M$ 是映射．若对于任意的 x，$y \in M$，$x \neq y$ 意味着 $d(f(x),f(y))<d(x,y)$，则称 f 是**弱压缩映射**.

（a）弱压缩映射是压缩映射吗？给出证明或者举出反例.

（b）如果 M 是紧集，弱压缩映射是压缩映射吗？给出证明或者举出反例.

（c）如果 M 是紧集，证明弱压缩映射存在唯一的不动点.

27. 设 $f：\mathbb{R} →\mathbb{R}$ 是可导函数，且导函数满足不等式 $|f'(x)| <1$（$\forall x \in \mathbb{R}$）.

（a）f 是压缩映射吗？

（b）f 是弱压缩映射吗？

（c）f 存在不动点吗？

28. 通过例子说明布劳威尔定理中的不动点未必是唯一的.

29. 前面已证明：若 $b_n \int_{-1}^{1} (1-t^2)^n dt = 1$，则存在常数 c 使得对于任意的 $n \in \mathbb{N}$，$b_n \leqslant c\sqrt{n}$. 你能给出 c 的最佳估计（即最小的 c）吗？（允许使用计算器．）

30. 设 M 是紧度量空间，C^{Lip} 表示满足李普希兹条件的连续函数 $f：M→\mathbb{R}$ 集合，即存在常数 L 使得对于所有的 p，$q \in M$，

$$|f(p)-f(q)| \leqslant Ld(p,q)$$

*（a）证明 C^{Lip} 在 $C^0(M,\mathbb{R})$ 中稠密．［提示：使用斯通-魏尔斯特拉斯定理．］

***（b）若 $M=[a,b]$，把 $\mathbb{R}$ 换成其他的完备度量空间，上述结论还成立吗？

***（c）若 M 是紧度量空间，Y 是完备度量空间，则 $C^{\mathrm{Lip}}(M,Y)$ 在 $C^0(M,Y)$ 中稠密吗？（作为测试用例，先假设 M 是康托尔集．）

31．考虑 $\mathbb{R}$ 上的常微分方程 $x'=x$．证明在初始条件 x_0 下，微分方程的解为 $t\mapsto e^t x_0$．使用流体性质解释等式 $e^{t+s}=e^t e^s$．

32．考虑常微分方程 $y'=2\sqrt{|y|}$，其中 $y\in\mathbb{R}$．

（a）证明在初始条件 $y(0)=0$ 下，方程有多个解．事实上，不仅 $y(t)=0$ 是方程的解，$y(t)=t^2$（$t\geqslant 0$）也是方程的解．

（b）方程还有一些其他解，如 $y(t)=\begin{cases} 0 & t\leqslant c \\ (t-c)^2 & t\geqslant c>0. \end{cases}$ 找出这些解并画出其图形．

（c）上述方程的解并不唯一，这与皮卡德定理矛盾吗？请给出解释．

*（d）找出所有满足初始条件 $y(0)=0$ 的解．

33．考虑 $\mathbb{R}$ 上的常微分方程 $x'=x^2$．给出初始条件 x_0 下方程的解．这个方程的解对任意的时间 t 都有意义吗？或者说，方程的解在有限时间区间内能趋于无穷吗？

34．考虑 $\mathbb{R}$ 上的有界常微分方程 $x'=f(x)$，即 $|f(x)|\leqslant M$（$\forall x\in\mathbb{R}$）．

（a）证明该方程的解在有限时间范围内不会趋于无穷．

（b）如果 f 满足李普希兹条件或者更一般地，存在常数 C，K 使得对于任意的 x，都有 $|f(x)|\leqslant C|x|+K$，则结论（a）同样成立．

（c）用 $\mathbb{R}^m$ 替代 $\mathbb{R}$，重复结论（a）和（b）．

（d）若 $f: \mathbb{R}^m\to\mathbb{R}^m$ 是一致连续函数，则（b）中给出的条件成立．由此推断 $\mathbb{R}^m$ 上一致连续的常微分方程的解，在有限时间范围内不会趋于无穷．

35．（a）证明博雷尔（Borel）引理**：任意给定一个实数序列 (a_r)，一定存在光滑函数 $f: \mathbb{R}\to\mathbb{R}$ 使得 $f^{(r)}(0)=a_r$．［提示：令 $f=\sum\beta_k(x)a_k x^k/k!$，其中 β_k 是精心挑选的冲击函数．]

（b）证明存在足够多的收敛半径 $R=0$ 的泰勒级数.

（c）构造光滑函数，它的泰勒级数在每一个 x 点处的收敛半径 $R=0$.

［提示：考虑函数 $\sum \beta_k(x)e(x+q_k)$，其中 $\{q_1,q_2,\cdots\}=\mathbb{Q}$.］

*36. 假设集合 $T \subset (a,b)$ 以 (a,b) 中的某一点为聚点，且 f, $g:(a,b)\to\mathbb{R}$ 是解析函数. 若对于任意的 $t\in T$，$f(t)=g(t)$.

（a）证明在区间 (a,b) 上 $f=g$.

（b）如果 f 和 g 仅是 C^∞ 类函数呢？

（c）若 T 是无限集合，其聚点仅有 a，b 两个点，会得到什么结论？

（d）设 $Z \subset (a,b)$. 给出 Z 是 (a,b) 上的某个解析函数 f 的零位点集** （即 $Z=\{x\in(a,b):f(x)=0\}$ ）的充分必要条件.
［提示：考虑泰勒级数. 结论（a）被称为**恒等定理**，也就是说，如果两个解析函数在 T 中的点相等，则在每一点处都相等，即为**恒等**.］

37. 设 (M,d) 为度量空间. 固定 $p\in M$，对于每一点 $q\in M$，定义函数 $f_q(x)=d(q,x)-d(p,x)$.

（a）证明 f_q 是以 x 为自变量的有界连续函数，且映射 $q\mapsto f_q$ 将 M 等距嵌入到 $C^0(M,\mathbb{R})$ 的子集合 M_0 上.

（b）由于 $C^0(M,\mathbb{R})$ 是完备度量空间，由此可以证明 M 的等距映射像在完备度量空间的闭包 M_0 中稠密. 由此可以给出完备定理（定理 2.76）新的证明.

38. 如同第 8 节所述，如果度量空间 M 能够表示为可列多个紧子集的闭集，即 $M=\cup M_i$，其中 $M_i\subset M$ 是紧集，则称 M 是 σ-**紧集**.

（a）上述定义等价于：M 可以表示为一列单调递增的紧集的并集，即

$$M=\overset{\cdot}{\cup}M_i,$$

其中 $M_1\subset M_2\subset\cdots$. 这是为什么？

（b）证明 σ-紧的度量空间是可分的度量空间.

（c）证明 $\mathbb{Z}$，$\mathbb{Q}$，$\mathbb{R}$，$\mathbb{R}^m$ 都是 σ-紧的度量空间.

*（d）证明 C^0 不是 σ-紧的度量空间. ［提示：考虑贝尔纲定理.］

*(e) 设 M_i 是紧集. 若 $M = \overset{\cdot}{\bigcup} \operatorname{int}(M_i)$, 则称 M 是 σ^*-**紧集**. 证明 M 是 σ^*-紧集的充分必要条件是 M 为可分的局部紧集. 由此推断 $\mathbb{Z}$, $\mathbb{R}$, $\mathbb{R}^m$ 是 σ^*-紧集, 但 $\mathbb{Q}$ 不是 σ^*-紧集.

(f) 假设 M 是 σ^*-紧集, 即 $M = \overset{\cdot}{\bigcup} \operatorname{int}(M_i)$, 其中 M_i 是紧集. 证明这种单调递增的集合列的并集能够**吞没** M 的任意紧子集, 即若 $A \subset M$ 是紧集, 则存在 i 使得 $A \subset M_i$.

(g) 假设 $M = \overset{\cdot}{\bigcup} M_i$, 其中 M_i 是紧集. 通过例子说明, 即便 M 是紧集, "吞没性质" 也不一定成立.

**(h) 完备的 σ-紧度量空间是 σ^*-紧的. 给出证明或者进行反驳.

39. (a) 给出函数 $f : [0,1] \times [0,1] \to \mathbb{R}$, 使得对于任意 x, $y \mapsto f(x,y)$ 是以 y 为自变量的函数, 以及对于任意 y, $x \mapsto f(x,y)$ 是以 x 为自变量的函数, 但 f 不是连续函数.

(b) 若另外还假设集合
$$\mathcal{E} = \{ x \mapsto f(x,y) : y \in [0,1] \}$$
是等度连续的, 则 f 是连续函数.

40. 证明 $\mathbb{R}$ 不能表示为可数多个康托尔集的并集.

41. 下面的图形有趣吗?

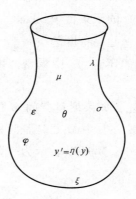

模拟测试题

1. 设 f, $f_n (n \in \mathbb{N})$ 是 $\mathbb{R}$ 到 $\mathbb{R}$ 的函数. 若只要 $\lim\limits_{n \to \infty} x_n = x$, 就能推出 $\lim\limits_{n \to \infty} f_n(x_n) = f(x)$, 则 f 是连续函数. [提示: 由于 f_n 未必是连续函

数，因此无法使用等度连续性质．］

2．假设 $f_n \in C^0$．若对于任意的 $x \in [a,b]$，
$$f_1(x) \geqslant f_2(x) \geqslant \cdots,$$
且 $\lim\limits_{n \to \infty} f_n(x) = 0$，函数列是等度连续的吗？给出证明或者举出反例．［提示：函数列是否一致收敛于 0？］

3．设函数 $u: [0,1] \to \mathbb{R}$ 满足条件 $u(0) = 0$，以及常数等于 1 的李普希兹条件．用 E 表示满足上述条件的函数全体．通过等式
$$\phi(u) = \int_0^1 (u(x)^2 - u(x)) \, \mathrm{d}x$$
定义函数 $\phi: E \to \mathbb{R}$．证明存在 $u \in E$ 使得 $\phi(u)$ 的绝对值达到最大值．

4．设 (g_n) 是区间 $[0,1]$ 上的一列二次可导函数，且假设对于所有的 n，$g_n(0) = g'_n(0)$．若对于所有的 $n \in \mathbb{N}$ 以及 $x \in [0,1]$，$|g''_n(x)| \leqslant 1$，证明 (g_n) 存在在 $[0,1]$ 上一致收敛的子列．

5．设 (P_n) 是一列阶数不超过 10 的实多项式．若对于任意的 $x \in [0,1]$，当 $n \to \infty$ 时，$P_n(x)$ 收敛于 0，则 $P_n(x)$ 一致收敛于 0．

6．设 (a_n) 是非零实数列．证明函数列
$$f_n(x) = \frac{1}{a_n} \sin(a_n x) + \cos(x + a_n)$$
存在收敛于连续函数的子列．

7．设 $f: \mathbb{R} \to \mathbb{R}$ 是可导函数，且 $f(0) = 0$ 以及对于任意的 $x \in \mathbb{R}$，$f'(x) > f(x)$．证明对于任意的 $x \in \mathbb{R}$，$f(x) > 0$．

8．考虑函数 $f: [a,b] \to \mathbb{R}$．若对于 $[a,b]$ 中任意一点，$f(x)$ 的左、右极限都存在，证明 f 黎曼可积．

9．设 $h: [0,1) \to \mathbb{R}$ 是一致连续函数，其中 $[0,1)$ 是半开区间．证明存在唯一的连续函数 $g: [0,1] \to \mathbb{R}$ 使得对任意的 $x \in [0,1)$，$g(x) = h(x)$．

10．设 $f: \mathbb{R} \to \mathbb{R}$ 是一致连续函数．证明存在常数 A，B，使得对于任意的 $x \in \mathbb{R}$，$|f(x)| \leqslant A + B|x|$．

11．假设 f 定义在区间 $[-1,1]$ 上，并且存在连续的三阶导函数．（也就是说，f 是 C^3 类函数．）证明级数
$$\sum_{n=0}^{\infty} \left(n \left(f\left(\frac{1}{n}\right) - f\left(-\frac{1}{n}\right) \right) - 2f'(0) \right)$$
是收敛级数．

12. 设 $A \subset \mathbb{R}^m$ 是紧集，$x \in A$. 设 (x_n) 是 A 中的序列，且 (x_n) 的每一个收敛子列都收敛于 x.

（a）证明 (x_n) 为收敛列.

（b）通过例子说明，若 A 不是紧集，则结论（a）未必成立.

13. 设函数 $f: [0,1] \to \mathbb{R}$ 具有连续的导函数，并且 $f(0) = 0$. 证明

$$\|f\|^2 \le \int_0^1 (f'(x))^2 \mathrm{d}x,$$

其中 $\|f\| = \sup\{|f(t)| : 0 \le t \le 1\}$.

14. 设 $f_n: \mathbb{R} \to \mathbb{R} \ (n=1,2,\cdots)$ 是可导函数，且满足 $f_n(0) = 0$ 以及对于任意的 n，x，$|f_n'(x)| \le 2$. 若对于任意的 x，

$$\lim_{n \to \infty} f_n(x) = g(x),$$

证明 g 是连续函数.

15. 设 X 是非空连通的实数集. 若 X 由有理数组成，则 X 是单点集.

16. 给定整数 $k \ge 0$，定义函数列 $f_n: \mathbb{R} \to \mathbb{R}$:

$$f_n(x) = \frac{x^k}{x^2+n} (n=1,2,\cdots).$$

则当 k 取何值时，函数列在 $\mathbb{R}$ 上一致收敛？k 取何值时，函数列在 $\mathbb{R}$ 的任意有界子集上一致收敛？

17. 设函数 $f: [0,1] \to \mathbb{R}$ 在 $[0,1]$ 的任意子区间 $[b,1]$ 上黎曼可积，其中 $0 < b \le 1$.

（a）若 f 是有界函数，证明 f 在 $[0,1]$ 上黎曼可积.

（b）若 f 是无界函数，结论还成立吗？

18. （a）设 S，T 是 $\mathbb{R}^2$ 平面中的具有公共点的连通子集，证明 $S \cup T$ 是连通集合.

（b）设 $\{S_\alpha\}$ 是 $\mathbb{R}^2$ 平面中一簇都包含原点的连通集合，证明 $\cup S_\alpha$ 是连通集合.

19. 设 $f: \mathbb{R} \to \mathbb{R}$ 是连续函数. 若 $\mathbb{R}$ 包含一个可列无限集合 S，使得若 p，$q \notin S$，则

$$\int_p^q f(x) \mathrm{d}x = 0.$$

证明 f 恒等于 0.

20. 设 $f: \mathbb{R} \to \mathbb{R}$ 是单调函数，即若 $x \le y$，则 $f(x) \le f(y)$. 证明 f 的间断点集合是有限集合或者可数无限集合.

21. 设 (g_n) 是 $[0,1]$ 上的一列黎曼可积函数，且对所有的 n，x，$|g_n(x)| \leq 1$. 定义

$$G_n(x) = \int_0^x g_n(t)\,\mathrm{d}t$$

证明 (G_n) 存在一致收敛的子序列.

22. 证明紧度量空间存在可数稠密子集.

23. 设 f：$[0,1] \to \mathbb{R}$ 是连续函数. 证明对于任意给定的 $\varepsilon > 0$，存在形如

$$g(x) = \sum_{k=0}^n C_k x^k$$

的函数，其中 $n \in \mathbb{N}$，且对于任意的 $x \in [0,1]$，$|g(x) - f(x)| < \varepsilon$.

24. 给出满足下述所有三个性质的函数 f：$\mathbb{R} \to \mathbb{R}$：

（a）当 $x < 0$ 和 $x > 2$ 时，$f(x) = 0$；

（b）$f'(1) = 1$；

（c）f 有任意阶的导函数.

25. （a）给出可导但导函数不连续的函数 f：$\mathbb{R} \to \mathbb{R}$ 的例子.

（b）设 f 是（a）所给函数. 若 $f'(0) < 2 < f'(1)$，则存在 $x \in [0,1]$ 使得 $f'(x) = 2$.

26. 设 $U \subset \mathbb{R}^m$ 是开集. 若映射 h：$U \to \mathbb{R}^m$ 是 U 到 $\mathbb{R}^m$ 的一致连续的同胚映射，则 $U = \mathbb{R}^m$.

27. 设 f_n：$[0,1] \to \mathbb{R}$ 是一列连续函数，且对于任意的 n，

$$\int_0^1 (f_n(y))^2 \mathrm{d}y \leq 5.$$

定义函数 g_n：$[0,1] \to \mathbb{R}$ 如下：

$$g_n(x) = \int_0^1 \sqrt{x+y}\, f_n(y)\,\mathrm{d}y.$$

（a）找出常数 $K \geq 0$，使得对于任意的 n，$|g_n(x)| \leq K$.

（b）证明 (g_n) 存在一致收敛的子序列.

28. 考虑映射 f：$\mathbb{R}^m \to \mathbb{R}$ 的如下性质：

（a）f 连续.

（b）f 的图像在 $\mathbb{R}^m \times \mathbb{R}$ 中连通.

证明或者驳斥论断（a）$\Rightarrow$（b）和（b）$\Rightarrow$（a）.

29. 设 (P_n) 是一列阶数不超过 10 的实多项式. 若对于所有的

$x \in [0, 1]$，$\lim\limits_{n \to \infty} P_n(x) = 0$，证明 P_n 在 $[0, 1]$ 上一致收敛于 0. 在区间 $[4, 5]$ 上呢？

30. 在 $\mathbb{R}$ 中给出具有不可数多个连通分支的集合的例子. 这样的集合是开集吗？是闭集吗？如果用 $\mathbb{R}^2$ 替换 $\mathbb{R}$，结论又有什么变化？

31. 给定 $(a, b, c) \in \mathbb{R}^3$，考虑级数

$$\sum_{n=3}^{\infty} \frac{a^n}{n^b (\log n)^c}.$$

当 a，b，c 分别取何值时，级数绝对收敛、条件收敛和发散？

32. 设 X 是紧度量空间，$f: X \to X$ 是等距映射.（即 $\forall x, y \in X$，$d(f(x), f(y)) = d(x, y)$.）证明 $f(X) = X$.

33. $\mathbb{Q}$ 能够表示为 $\mathbb{R}$ 中可数多个开集的交集吗？证明或者驳斥这一论断.

34. 设 $f: \mathbb{R} \to \mathbb{R}$ 是连续函数，且

$$\int_{-\infty}^{\infty} |f(x)| \, \mathrm{d}x < \infty.$$

证明 $\mathbb{R}$ 中存在点列 (x_n) 使得当 $n \to \infty$ 时，有 $x_n \to \infty$，$x_n f(x_n) \to 0$，同时 $x_n f(-x_n) \to 0$.

35. 设 $f: [0, 1] \to \mathbb{R}$ 是连续函数. 比较下面两个极限的大小（给出过程）：

（a）$\lim\limits_{n \to \infty} \int_0^1 x^n f(x) \, \mathrm{d}x$；　　（b）$\lim\limits_{n \to \infty} n \int_0^1 x^n f(x) \, \mathrm{d}x$.

36. 设 K 是 $\mathbb{R}^m$ 中的不可数子集. 证明 K 中存在点点互异的收敛子列.

37. 设 (g_n) 是定义在 $[0, 1]$ 上的一列二次可导函数，并且对于任意的 n，$g_n(0) = 0$，$g_n'(0) = 0$. 若对于所有的 n, x，$|g_n''(x)| \leqslant 1$，证明 (g_n) 存在 $[0, 1]$ 上一致收敛的子列.

38. 给出证明或者举出反例：$\mathbb{R}^m$ 中的连通且局部道路连通的集合一定是道路连通集合.

39. 设 (f_n) 是定义在 $[0, 1]$ 上的一列连续函数，且对于任意的 $x \in [0, 1]$，$f_n(x) \to 0$. 假设存在常数 K 使得对于每一个 n，

$$\left| \int_0^1 f_n(x) \, \mathrm{d}x \right| \leqslant K.$$

则当 $n \to \infty$ 时，$\int_0^1 f_n(x) \, \mathrm{d}x$ 是否收敛于 0？给出证明或者举出反例.

40. 设 E 是 $\mathbb{R}^m$ 中非空有界闭子集，映射 $f: E \to E$ 满足：对于任意的 x，$y \in E$ 且 $x \neq y$，有 $|f(x)-f(y)| < |x-y|$. 证明存在唯一的 $x_0 \in E$ 使得 $f(x_0) = x_0$.

41. 设 $f: [0, 2\pi] \to \mathbb{R}$ 是连续函数. 若对于所有的整数 $n \geq 1$，

$$\int_0^{2\pi} f(x) \sin nx \, dx = 0,$$

则 f 恒等于 0.

42. 设 E 是所有满足条件 $u(0) = 0$ 和 $|u(x)-u(y)| \leq |x-y|$（$\forall x$，$y \in [0,1]$）的函数 $u: [0,1] \to \mathbb{R}$ 的集合. 证明函数

$$\phi(u) = \int_0^1 (u(x)^2 - u(x)) \, dx$$

在 E 中的某一点达到最大值.

43. 设 $f_1, f_2, \cdots$ 是 $[0,1]$ 上的一列实值连续函数，且对于任意的 $x \in [0,1]$，$f_1(x) \geq f_2(x) \geq \cdots$. 若对于每一个 x，$\lim_{n \to \infty} f_n(x) = 0$，则 $n \to \infty$ 时 f_n 是否一致收敛于 0？给出证明或者举出反例.

44. 设 $f: [0, \infty) \to [0, \infty)$ 是单调递减函数，且

$$\int_0^\infty f(x) \, dx < \infty.$$

证明 $\lim_{x \to \infty} xf(x) = 0$.

45. 设 $F: \mathbb{R}^m \to \mathbb{R}^m$ 是连续映射且存在常数 $\lambda > 0$，对于任意的 x，$y \in \mathbb{R}^m$，

$$|F(x)-F(y)| \geq \lambda |x-y|.$$

证明 F 既是单射又是满射，并且逆映射是连续的.

46. 证明闭区间 $[0,1]$ 不能表示为可数无穷多个互不相交的闭子区间的并集.

47. 设 $f: \mathbb{R} \to \mathbb{R}$ 是连续函数. 若 f 将开集映为开集，则 f 是单调函数.

48. 设 $f: [0, \infty) \to \mathbb{R}$ 是一致连续函数. 若

$$\lim_{b \to \infty} \int_0^b f(x) \, dx$$

存在且有限，则 $\lim_{x \to \infty} f(x) = 0$.

49. 给出证明或者举出反例：设 f，g 是 $(0,1)$ 上的函数，且具有连续导函数. 若 f，g 满足条件：

$$\lim_{x \to 0} f(x) = 0 = \lim_{x \to 0} g(x) \quad 和 \quad \lim_{x \to 0} \frac{f(x)}{g(x)} = c,$$

以及 g 和 g' 恒不等于 0，则 $\lim_{x \to 0} \dfrac{f'(x)}{g'(x)} = c$．（洛必达法则的逆命题．）

50. 给出证明或者举出反例：若函数 $f\colon \mathbb{R} \to \mathbb{R}$ 在 $\mathbb{R}$ 中的每一点都存在左极限和右极限，则间断点集合是至多可数集合．

51. 给出证明或者举出反例：设 f 是 $[0,1]$ 上的单调不减实值函数，则 $[0,1]$ 上存在一列连续函数 f_n，$n = 1$，2，$\cdots$，使得 $\lim\limits_{n \to \infty} f_n(x) = f(x)$（$\forall x \in [0,1]$）．

52. 若 f 是 $[0,1]$ 到自身的同胚映射，证明存在一列多项式 $P_n(x)$，$n = 1$，2，$\cdots$，使得 P_n 在 $[0,1]$ 上一致收敛于 f，并且每一个 P_n 都是 $[0,1]$ 到自身的同胚映射．［提示：首先假设 f 是 C^1 类函数．］

53. 设 f 是 $\mathbb{R}$ 上的 C^2 类函数．假设 f 有界并且它的二阶导函数也有界．令 $A = \sup_x |f(x)|$，$B = \sup_x |f''(x)|$，证明

$$\sup_x |f'(x)| \leqslant 2\sqrt{AB}.$$

54. 设 f 是 $\mathbb{R}$ 上的连续函数，令

$$f_n(x) = \frac{1}{n} \sum_{k=0}^{n-1} f\left(x + \frac{k}{n}\right).$$

证明在任意的有限闭区间 $[a,b]$ 上，f_n 一致收敛．

55. 设 f 是紧区间 $[a,b]$ 上的实值连续函数．给定 $\varepsilon > 0$，证明存在多项式 p 使得 $p(a) = f(a)$，$p'(a) = 0$ 以及对任意的 $x \in [a,b]$，

$$|p(x) - f(x)| < \varepsilon.$$

56. 设 $f\colon [0,1] \to \mathbb{R}$ 是函数．如果对任意的 $x \in [0,1]$ 以及任意的 $\varepsilon > 0$，存在 $\delta > 0$，只要 $|y - x| < \delta$，就有 $f(y) < f(x) + \varepsilon$，则称 f 是**上半连续函数**．证明 $[0,1]$ 上的上半连续函数一定有上界，并且在 $[0,1]$ 上有最大值．

57. 设 f 和 f_n 是 $\mathbb{R}$ 到 $\mathbb{R}$ 的函数．证明若只要 $\lim\limits_{n \to \infty} x_n = x$，就有 $\lim\limits_{n \to \infty} f_n(x_n) = f(x)$，则 f 是连续函数．（注意：并没有要求 f_n 是连续函数．）

58. 设 $f(x)$，$0 \leqslant x \leqslant 1$ 是实值连续函数，且存在连续的导函数 $f'(x)$．设 $M = \sup\limits_{0 \leqslant x \leqslant 1} |f'(x)|$．证明对于 $n = 1$，2，$\cdots$，

$$\left| \frac{1}{n} \sum_{k=0}^{n-1} f\left(\frac{k}{n}\right) - \int_0^1 f(x)\,\mathrm{d}x \right| \leqslant \frac{M}{2n}.$$

59. 设 K 是 $\mathbb{R}^m$ 中的紧子集，(B_j) 是覆盖 K 的一列开球．证明存在 $\varepsilon > 0$ 使得，任意以 K 中的点为球心的 ε-球一定包含于某个 B_j 中．

60. 设 f 是定义在 $[0, \infty)$ 上的实值连续函数．若

$$\lim_{x \to \infty} \left(f(x) + \int_0^x f(t)\,\mathrm{d}t \right)$$

存在且有限，则 $\lim\limits_{x \to \infty} f(x) = 0$.

61. 紧集上的实值连续函数一定是有界函数．证明其逆命题：设 $K \subset \mathbb{R}^m$．若 K 上任意实值连续函数都有界，证明 K 是紧集．

62. 设 $\mathfrak{F}$ 是定义在度量空间 X 上的一簇一致有界且等度连续的实值函数．证明

$$g(x) = \sup\{f(x) : f \in \mathfrak{F}\}$$

是连续函数．

63. 设 (f_n) 是一列将单位区间映射到自身中的单调不减函数．若 f 是连续函数且 $\lim\limits_{n \to \infty} f_n(x) = f(x)$，证明在 $n \to \infty$ 时，f_n 一致收敛于 f．（注意 f_n 不一定是连续函数．）

64. 是否存在满足条件

$$\int_0^1 x f(x)\,\mathrm{d}x = 1, \text{ 以及 } \int_0^1 x^n f(x)\,\mathrm{d}x = 0 (n = 0, 2, 3, 4, 5, \cdots)$$

的实值连续函数 $f(x)$，$0 \leqslant x \leqslant 1$？给出证明或者举出反例．

65. 设 $f: [0, \infty) \to [0, \infty)$ 是严格单调递增的连续函数，令 $g = f^{-1}$（逆映射，而不是倒数）．证明对于任意的正数 a，b，

$$\int_0^a f(x)\,\mathrm{d}x + \int_0^b g(y)\,\mathrm{d}y \geqslant ab$$

在什么时候等号成立？

66. 设函数 $f: [0, 1] \to \mathbb{R}$ 的图像 $\{(x, f(x)) : x \in [0, 1]\}$ 是单位正方形的闭子集，证明 f 是连续函数．

67. 设 (a_n) 是一列正数．若级数 $\sum a_n$ 收敛，证明存在数列 (c_n) 使得 $\lim\limits_{n \to \infty} c_n = \infty$，并且 $\sum c_n a_n$ 收敛．

68. 设 $f(x, y)$ 是定义在单位正方形 $[0,1] \times [0,1]$ 上的实值连续函数．证明 $g(x) = \max\{f(x, y) : y \in [0, 1]\}$ 是连续函数．

69. 设函数 $f: [0,1] \to [0,1]$ 满足：C^1 类函数，$f(0) = 0 = f(1)$ 以

及 f' 单调不增（即 f 是凹函数.）证明 f 图像的弧长不超过 3.

70. 设 A 是十进制展开式中不包含数字 9 的正整数集合. 证明

$$\sum_{a \in A} \frac{1}{a} < \infty.$$

也就是说，通过 A 可以定义调和级数的收敛子级数.

本章将展示 n 维空间中的微积分学的几何理论.

1 线性代数

我们假设你已熟悉线性代数的有关概念——向量空间、线性变换、矩阵、行列式以及空间维数. 特别地, 你应该认识到如下事实: 以 a_{ij} 为矩阵元的 $m \times n$ 矩阵 A 不仅仅是 mn 个数字的静态排列, 它还是一个动态的映射. 通过矩阵可以定义**线性变换** T_A: $\mathbb{R}^n \rightarrow \mathbb{R}^m$, 即通过公式

$$T_A(\boldsymbol{v}) = \sum_{i=1}^m \sum_{j=1}^n a_{ij} v_j \boldsymbol{e}_i$$

可以定义 n 维空间到 m 维空间的线性变换, 其中 $\boldsymbol{v} = \sum v_j \boldsymbol{e}_j \in \mathbb{R}^n$, $\boldsymbol{e}_1$, $\cdots$, $\boldsymbol{e}_n$ 是 $\mathbb{R}^n$ 的标准基. (同样地, $\boldsymbol{e}_1$, $\cdots$, $\boldsymbol{e}_m$ 是 $\mathbb{R}^m$ 的标准基.)

用 $\mathfrak{M} = \mathfrak{M}(m, n)$ 表示以实数 a_{ij} 为矩阵元的 $m \times n$ 矩阵的全体, 它构成向量空间, 其中矩阵作为向量. 通过相应矩阵元的和, 可以定义矩阵的和, 即 $\boldsymbol{C} = \boldsymbol{A} + \boldsymbol{B}$, 其中 $c_{ij} = a_{ij} + b_{ij}$. 类似地, 若 $\lambda \in \mathbb{R}$ 是标量, 则 λA 是以 λa_{ij} 为矩阵元的矩阵. $\mathfrak{M}$ 是 mn 维向量空间, 这是因为任意矩阵 A 均可以表示为 $\sum a_{ij} \boldsymbol{E}_{ij}$, 这里 $\boldsymbol{E}_{ij}$ 表示第 ij 项为 1、其余项为 0 的矩阵. 因此, 作为向量空间, $\mathfrak{M} = \mathbb{R}^{mn}$. 由此可在 $\mathfrak{M}$ 上自然地诱导一个拓扑.

线性变换 T: $\mathbb{R}^n \rightarrow \mathbb{R}^m$ 构成的集合 $\mathfrak{L} = \mathfrak{L}(\mathbb{R}^n, \mathbb{R}^m)$ 也是向量空间. 类似于函数运算, 可以定义线性变换的加法, 即通过 $U(\boldsymbol{v}) = T(\boldsymbol{v}) + S(\boldsymbol{v})$ 定义 $U = T + S$, 通过 $(\lambda T)(\boldsymbol{v}) = \lambda T(\boldsymbol{v})$ 定义 λT. $\mathfrak{L}$ 中的向量都是

线性变换. 则通过映射 $A \mapsto T_A$ 可得到线性空间同构 $\mathfrak{L}: \mathfrak{M} \rightarrow \mathfrak{L}$. 一般来说, 分析时用线性变换, 计算时用矩阵.

依照第 1 章所给定义, 向量空间 V 上的范数是指满足如下三条性质的函数 $| \ |: V \rightarrow \mathbb{R}$:

(a) 对于任意的 $v \in V$, $|v| \geqslant 0$; $|v| = 0$ 当且仅当 $v = \mathbf{0}$.

(b) $|\lambda v| = |\lambda| \ |v|$.

(c) $|v + w| \leqslant |v| + |w|$.

(请注意, 在 (b) 中出现记号的滥用: $|\lambda|$ 表示标量 λ 的大小, 而 $|v|$ 表示向量 v 的模.) 范数用于向量的计算, 进而构成多元微积分的基础.

具有范数的向量空间称为**赋范空间**. 通过范数可以依照如下方式可诱导距离:

$$d(v, v') = |v - v'|.$$

因此, 赋范空间是特殊的度量空间.

假设 V, W 是赋范空间, $T: V \rightarrow W$ 的**算子范数**是

$$\| T \| = \sup \left\{ \frac{|Tv|_W}{|v|_V} : v \neq \mathbf{0} \right\}$$

T 的算子范数是映射 T 在 V 中的向量作用的**最大伸展**. 范数的下标代表所考虑的空间, 为方便起见, 经常把下标略去.[⊖]

定理 1 设 $T: V \rightarrow W$ 是赋范空间 V 到赋范空间 W 的线性变换. 则以下论断等价:

(a) $\| T \| < \infty$.

(b) T 是一致连续映射.

(c) T 是连续映射.

(d) T 在零点连续.

证明 假设 (a) 成立, 即 $\| T \| < \infty$. 任给 $v, v' \in V$, T 的线性性质意味着

$$|Tv - Tv'| \leqslant \| T \| \ |v - v'|,$$

因此 T 是一致连续映射. 由 (b) 推导 (c), 由 (c) 推导 (d) 是显然成立的.

⊖ 若 $\| T \|$ 是有限的, 则称 T 是**有界线性变换**, 遗憾的是, 这个术语与 "T 作为度量空间 V 到度量空间 W 的映射, 是有界的" 产生冲突. 在后者的意义下, 唯一的有界的线性变换是零变换.

下面假设（d）成立. 取 $\varepsilon=1$, 则存在 $\delta>0$, 当 $u\in V$ 且 $|u|<\delta$, 有
$$|Tu|<1.$$

对于任意的非零向量 $v\in V$, 令 $u=\lambda v$, 其中 $\lambda=\dfrac{\delta}{2|v|}$, 则 $|u|=\dfrac{\delta}{2}<\delta$, 并且

$$\frac{|Tv|}{|v|}=\frac{|Tu|}{|u|}<\frac{1}{|u|}=\frac{2}{\delta},$$

从而结论（a）成立.　　　　　　　　　　　　　　　　　　　□

定理 2　　$\mathbb{R}^n$ 到赋范空间 W 的任意线性变换 T 都是连续的, 并且若 T 是同构映射, 则是同胚映射.

证明　　$\mathbb{R}^n$ 上的范数是欧几里得范数
$$|v|=\sqrt{v_1^2+\cdots+v_n^2},$$

记 W 上的范数为 $\|\ \|_W$. 令 $M=\max\{|T(e_1)|_W,\cdots,|T(e_n)|_W\}$. 将 $v\in\mathbb{R}^n$ 表示为 $v=\sum\limits_{j=1}^n v_j e_j$. 则 $|v_j|\leqslant|v|$ 且

$$|Tv|_W\leqslant\sum_{j=1}^n|T(v_je_j)|_W=\sum_{j=1}^n|v_j||T(e_j)|_W\leqslant n|v|M,$$

因此 $\|T\|\leqslant nM<\infty$. 由定理1, T 是连续映射.

下面假设 T 是同构映射. T 的连续性意味着单位球面 S^{n-1} 的像 $T(S^{n-1})$ 是 W 中的紧集. 由于 T 是单射, W 的原点不属于 $T(S^{n-1})$, 因此存在常数 $c>0$ 使得
$$|w|<c\Rightarrow w\notin T(S^{n-1})\Rightarrow|T^{-1}(w)|\neq1.$$

注意到 $\tau=|T^{-1}(w)|<1$. 这是因为, 若 $\tau\geqslant1$, 则 $t=\dfrac{1}{\tau}<1$, 于是 $|T^{-1}(tw)|=t\tau=1$, 这与 $|tw|<c$ 矛盾. 因此 $\|T^{-1}\|\leqslant\dfrac{1}{c}$. 进而由定理1, T^{-1} 是连续映射. 由于双连续的双射是同胚映射, 因此结论成立.　　　　　　　　　　　　　　　　　　　□

推论 3　　在有限维赋范空间的世界里, 所有的线性变换都是连续的, 所有的同构映射都是同胚映射. 特别地, $\mathfrak{T}:\mathfrak{M}\to\mathfrak{L}$ 是同胚映射.

证明　　设 V 是 n 维赋范空间. 由线性代数的知识可以知道, 存在同构映射 $H:\mathbb{R}^n\to V$. 线性变换 $T:V\to W$ 可以分解为
$$T=(T\circ H)\circ H^{-1}.$$

由于 $T \circ H$ 是 $\mathbb{R}^n$ 上的线性变换，由定理 2，$T \circ H$ 是连续映射，而 H 是同胚映射，因此 T 是连续映射. 若 T 还是同构映射，则由 T 和 T^{-1} 的连续性，T 是同胚映射. $\qquad \square$

范数的第四条性质与复合映射有关. 即对于任意的线性变换 S: $U \to V$ 和 $T : V \to W$，

(d) $\quad \| T \circ S \| \leqslant \| T \| \; \| S \|$.

使用伸展的语言，(d) 显然成立：S 将 $u \in U$ 最多伸展 $\| S \|$ 倍，T 将 $S(u) \in V$ 最多伸展 $\| T \|$ 倍，则复合后 u 最多伸展 $\| T \| \cdot \| S \|$ 倍.

矩阵的乘积与线性变换的复合映射相对应. 假设 A 是 $m \times k$ 矩阵，B 是 $k \times n$ 矩阵，则乘积矩阵 $P = AB$ 是 $m \times n$ 矩阵，其第 (ij) 项矩阵元是

$$p_{ij} = a_{i1}b_{1j} + \cdots + a_{ik}b_{kj} = \sum_{r=1}^{k} a_{ir}b_{rj},$$

定理 4 $\quad T_A \circ T_B = T_{AB}$.

证明 对于任意的 $\boldsymbol{e}_r \in \mathbb{R}^k$，$\boldsymbol{e}_j \in \mathbb{R}^n$，有

$$T_A(\boldsymbol{e}_r) = \sum_{i=1}^{m} a_{ir}\boldsymbol{e}_i, T_B(\boldsymbol{e}_j) = \sum_{r=1}^{k} b_{rj}\boldsymbol{e}_r.$$

因此，

$$T_A(T_B(\boldsymbol{e}_j)) = T_A\left(\sum_{r=1}^{k} b_{rj}\boldsymbol{e}_r\right) = \sum_{r=1}^{k} b_{rj} \sum_{i=1}^{m} a_{ir}\boldsymbol{e}_i$$

$$= \sum_{i=1}^{m} \sum_{r=1}^{k} a_{ir}b_{rj}\boldsymbol{e}_i = T_{AB}(\boldsymbol{e}_j).$$

在线性基上相等的两个线性变换必然相等，因此结论成立. $\qquad \square$

定理 4 给出了一个令人愉悦的结果：矩阵的乘法与线性变换的复合映射存在自然对应. 参看习题 6.

2 导数

回忆单变量实值函数 $y = f(x)$ 在 x 点有导数 $f'(x)$，是指

(1) $$\lim_{h \to 0} \frac{f(x+h) - f(x)}{h} = f'(x).$$

然而，若 x 是向量值变量，(1) 将失去意义. 这是由于暂时还不清楚"除以向量的增量 h"的具体含义. 与 (1) 等价的是

$$f(x+h) = f(x) + f'(x)h + R(h) \Rightarrow \lim_{h \to 0} \frac{R(h)}{|h|} = 0.$$

由此，容易给出向量值变量导数的定义．

定义 给定 $f: U \to \mathbb{R}^m$，其中 U 是 $\mathbb{R}^n$ 中的开子集．假如 $T: \mathbb{R}^n \to \mathbb{R}^m$ 是线性变换，且

（2） $\qquad f(p+v) = f(p) + T(v) + R(v) \Rightarrow \lim_{|v| \to 0} \dfrac{R(v)}{|v|} = 0.$

则称函数 f 在 $p \in U$ **可导**且**导数**为 $(Df)_p = T$．我们称泰勒余项 R 是**次线性**的，这是由于它收敛于 0 的速度要快于 $|v|$ 收敛于 0 的速度．在本节我们始终假设 U 是 $\mathbb{R}^n$ 中的开子集．

当 $n = m = 1$，则上述多维的定义退化为标准的定义．这是因为，$\mathbb{R} \to \mathbb{R}$ 的线性变换恰好是乘以某个实数，在这种情形下，等于乘以 $f'(x)$．

下面将给出 Df 的直观描述．选取 $m = n = 2$．映射 $f: U \to \mathbb{R}^2$ 非线性地扭曲图形，其导函数描述了被扭曲图形的线性部分．f 将圆周变形为不规则的卵形线，而 $(Df)_p$ 将圆周变形为椭圆．f 将直线变形为曲线，而 $(Df)_p$ 将直线变成了整齐的直线．参看图 103 以及附录 A．

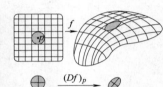

图 103 $(Df)_p$ 是 f 在 p 点的线性部分

这种考察可导性的方法在概念上非常简单．在 p 点附近，f 是三项的和：常数项 $f(p)$、线性项 $(Df)_p v$，以及具有次线性性质的余项 $R(v)$．我们务必要明确导数是什么．$(Df)_p$ 不是一个数，也不是向量．$(Df)_p$ 若存在，则是定义域空间到目标域空间的线性变换．

定理 5 若 f 在 p 点可导，则 $(Df)_p$ 由下述极限公式唯一地确定：对于任意 $u \in \mathbb{R}^n$，

（3） $\qquad (Df)_p(u) = \lim_{t \to 0} \dfrac{f(p+tu) - f(p)}{t}.$

证明 设 T 是满足（2）的线性变换．固定 $u \in \mathbb{R}^n$，令 $v = tu$．则

$$\frac{f(p+tu) - f(p)}{t} = \frac{T(tu) + R(tu)}{t} = T(u) + \frac{R(tu)}{t\,|u|}\,|u|.$$

当 $t \to 0$ 时，最后一项收敛于 0，这证明了（3）．而极限若存在，则是唯一的，因此若 T' 是满足（2）的另一个线性变换，则 $T(u) = T'(u)$，故 $T = T'$．

定理 6 可导则连续．

证明 在 p 点可导意味着当 $p+v \to p$ 时，

$$|f(p+v) - f(p)| = |(Df)_p(v) + R(v)| \leqslant \|(Df)_p\|\,|v| + |R(v)| \to 0. \qquad \square$$

称 Df 为 f 的**全导数**或者**弗雷歇（Fréchet）导数**．与之相应的，若如下极限存在，

$$\frac{\partial f_i(p)}{\partial x_j} = \lim_{t \to 0} \frac{f_i(p+te_j) - f_i(p)}{t},$$

则称之为 f 在 p 点的**第 (ij) 阶偏导数**.

推论 7 若 f 的全导数存在，则偏导数也存在，且恰好为表示全导数的矩阵的矩阵元.

证明 在（3）中，将 u 替换为 e_j，在导出的方程两边同时选取第 i 个分量. □

如同习题 15 所示，单纯由偏导数的存在性并不能推出可导性. 最简单的充分条件也超越了偏导数的存在性. 下述定理是认识可导性的最直接途径.

定理 8 假设 $f: U \to \mathbb{R}^m$ 的偏导数都存在且连续，则 f 可导.

证明 设 A 是 p 点处的偏导数矩阵，$A = \left[\dfrac{\partial f_i(p)}{\partial x_j}\right]$，设 $T: \mathbb{R}^n \to \mathbb{R}^m$ 为 A 所对应的线性变换. 我们将证明 $(Df)_p = T$ 成立. 为证明这个等式，需要证明泰勒余项

$$R(v) = f(p+v) - f(p) - Av$$

是次线性的. 从 p 点到 $q = p+v$ 点画一条由 n 条线段组成的折线 $\sigma = [\sigma_1, \cdots, \sigma_n]$，且每一条线段恰好与 v 的一个分量平行. 这样 $v = \sum v_j e_j$，且

$$\sigma_j(t) = p_{j-1} + tv_j e_j, \quad 0 \leqslant t \leqslant 1$$

是从 $p_{j-1} = p + \sum_{k<j} v_k e_k$ 到 $p_j = p_{j-1} + v_j e_j$ 的线段. 参看图 104.

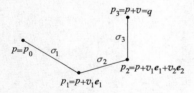

图 104 由 p 到 q 的折线

将一维链式法则以及中值定理用于可导的一元实值函数 $g(t) = f_i \circ \sigma_j(t)$，则存在 $t_{ij} \in (0,1)$，使得

$$f_i(p_j) - f_i(p_{j-1}) = g(1) - g(0) = g'(t_{ij}) = \frac{\partial f_i(p_{ij})}{\partial x_j} v_j,$$

其中，$p_{ij} = \sigma_j(t_{ij})$. 将 $f_i(p+v) - f_i(p)$ 沿着 σ 进行叠加，则有

$$R_i(v) = f_i(p+v) - f_i(p) - (Av)_i$$

$$= \sum_{j=1}^{n} \left(f_i(p_j) - f_i(p_{j-1}) - \frac{\partial f_i(p)}{\partial x_j} v_j \right)$$

$$= \sum_{j=1}^{n} \left[\frac{\partial f_i(p_{ji})}{\partial x_j} - \frac{\partial f_i(p)}{\partial x_j} \right] v_j.$$

由偏导数的连续性，当 $|t| \to 0$ 时，括号中的每一项都收敛于 0. 因

此 R 是次线性的, 且 f 在 p 点可导. □

下面叙述并证明多变量求导的基本运算法则.

定理 9　假设 f, g 可导. 则

(a) $D(f+cg) = Df+cDg$;

(b) D (常函数) $= 0$, $D(T(x)) = T$.

(c) $D(g \circ f) = Dg \circ Df$. (**链式法则**)

(d) $D(f \cdot g) = Df \cdot g + f \cdot Dg$. (**莱布尼兹法则**)

下述第 5 条法则给出非线性的反演算子 Inv: $T \to T^{-1}$ 的求导运算法则, 这条法则是公式

$$\frac{\mathrm{d} x^{-1}}{\mathrm{d} x} = -x^{-2}$$

的进一步深化. 相关性质在习题 32～习题 36 中予以讨论.

证明　(a) 写出 f 和 g 的泰勒估计, 进而得出 $f+cg$ 的泰勒估计.

$$f(p+v) = f(p) + (Df)_p(v) + R_f,$$

$$g(p+v) = g(p) + (Dg)_p(v) + R_g,$$

$$(f+cg)(p+v) = (f+cg)(p) + ((Df)_p + c(Dg)_p)(v) + R_f + cR_g.$$

由于 $R_f + cR_g$ 具有次线性性质, $(Df)_p + c(Dg)_p$ 是 $f+cg$ 在 p 点的导数.

(b) 若 $f: \mathbb{R}^n \to \mathbb{R}^m$ 是常函数, 设 $f(x) = c(x \in \mathbb{R}^n)$, 用 $O: \mathbb{R}^n \to \mathbb{R}^m$ 表示零线性变换, 则泰勒余项 $R(v) = f(p+v) - f(p) - O(v)$ 恒等于 0, 因此 $D(常函数)_p = O$.

设 $T: \mathbb{R}^n \to \mathbb{R}^m$ 是线性变换. 若 $f(x) = T(x)$, 则在泰勒表达式中, 替换 T 自身, 可得到恒等于 0 的泰勒余项 $R(v) = f(p+v) - f(p) - T(v)$. 因此 $(Df)_p = T$.

特别地, 若 $n = m = 1$, 线性变换的一般形式是 $f(x) = ax$. 上述公式意味着 $(ax)' = a$.

(c) 当 x 取值于 $p \in U$ 的某邻域时, 我们不妨假定复合函数 $g \circ f(x) = g(f(x))$ 有意义. 记号 $Dg \circ Df$ 指的是线性变换的复合, 可用如下式子表示:

$$D(g \circ f)_p = D(g)_q \circ D(f)_p,$$

其中 $q = f(p)$. 这样一个链式法则表明, 复合函数的导数是导数的复合. 这个优美而又自然的公式必然是正确的. 参看附录 A. 下面是证明:

为方便起见, 将余项 $R(v) = f(p+v) - f(p) - T(v)$ 表示为另一种形

式，定义数量值函数 $e(v)$ 如下：

$$e(v)=\begin{cases} \dfrac{|R(v)|}{|v|} & \text{若 } v\neq 0, \\ 0 & \text{若 } v=0. \end{cases}$$

则次线性性质等价于 $\lim\limits_{v\to 0}e(v)=0$. 称 e 为**误差因子**.

f 在 p 点和 g 在 $q=f(p)$ 点的泰勒表达式为

$$f(p+v)=f(p)+Av+R_f,$$
$$g(q+w)=g(q)+Bw+R_g,$$

其中，作为矩阵，$A=(Df)_p$，$B=(Dg)_q$. 则复合映射可表示为

$$g\circ f(p+v)=g(q+Av+R_f(v))=g(q)+BAv+BR_f(v)+R_g(w),$$

这里 $w=Av+R_f(v)$. 下面只需要证明余项关于 v 是次线性的. 首先，

$$|BR_f(v)|\leqslant \|B\|\,|R_f(v)|$$

是次线性映射. 其次，

$$|w|=|Av+R_f(v)|\leqslant \|A\|\,|v|+e_f(v)\,|v|.$$

因此，

$$|R_g(w)|\leqslant e_g(w)\,|w|\leqslant e_g(w)(\|A\|+e_f(v))\,|v|.$$

由于当 $w\to 0$ 时，$e_g(w)\to 0$，以及若 $v\to 0$ 则必然有 $w\to 0$，因此 $R_g(w)$ 关于 v 是次线性映射. 故 $(D(g\circ f))_p=BA$.

（d）为了证明莱布尼兹法则，首先需要解释 $v\cdot w$ 这个记号. 在 $\mathbb{R}$ 中仅有一种乘法运算，即通常的实数相乘. 在多维向量空间中，存在着多种乘积运算. 双线性映射是研究乘法运算最常用的工具.

假如 V，W，Z 是向量空间，$\beta:V\times W\to Z$ 为一个映射，若对于任意固定的 $v\in V$，映射 $\beta(v,\cdot):W\to Z$ 是线性映射，以及对于任意固定的 $w\in W$，映射 $\beta(\cdot,w):V\to Z$ 是线性映射，则称映射 $\beta:V\times W\to Z$ 是**双线性**的. 例子如下：

（i）通常的实数乘法 $(x,y)\mapsto xy$ 是 $\mathbb{R}\times\mathbb{R}\to\mathbb{R}$ 的双线性映射.

（ii）点乘是 $\mathbb{R}^n\times\mathbb{R}^n\to\mathbb{R}$ 的双线性映射.

（iii）矩阵相乘是 $\mathfrak{M}(m\times k)\times\mathfrak{M}(k\times n)\to\mathfrak{M}(m\times n)$ 的双线性映射.

结论（d）的准确表述是：若 $\beta:\mathbb{R}^k\times\mathbb{R}^l\to\mathbb{R}^m$ 是双线性映射，而 $f:U\to\mathbb{R}^k$ 以及 $g:U\to\mathbb{R}^l$ 均在 p 点可导，则映射 $x\mapsto\beta(f(x),g(x))$ 在 p 点可导，且

$$(D\beta(f,g))_p(v)=\beta((Df)_p(v),g(p))+\beta(f(p),(Dg)_p(v)).$$

这里 $v\in U$. 我们知道，有限维向量空间之间的线性算子的范数是有

限的，双线性映射也有类似的性质：

$$\| \beta \| = \sup\left\{ \frac{| \beta(v,w) |}{| v || w |} : v, w \neq 0 \right\} < \infty .$$

为了验证上式，将 β 看作线性映射 $T_\beta : \mathbb{R}^k \rightarrow \mathfrak{L}(\mathbb{R}^l, \mathbb{R}^m)$. 根据定理 1 和定理 2，有限维赋范空间到另一个有限维赋范空间的线性变换是连续的，从而算子范数有限. 因此 T_β 的算子范数有限. 即，

$$\| T_\beta \| = \max\left\{ \frac{\| T_\beta(v) \|}{| v |} : v \neq 0 \right\} < \infty .$$

但是，$\| T_\beta(v) \| = \max\left\{ \dfrac{| \beta(v,w) |}{| w |} : w \neq 0 \right\}$，这意味着 $\| \beta \| < \infty$.

下面回到莱布尼兹法则的证明. 写出 f 和 g 的泰勒估计式，并且将它们代入到 β 中. 使用记号 $A = (Df)_p$，$B = (Dg)_p$，由双线性性质，

$$\begin{aligned}
\beta(f(p+v), g(p+v)) &= \beta(f(p)+Av+R_f, g(p)+Bv+R_g) \\
&= \beta(f(p), g(p)) + \beta(Av, g(p)) + \beta(f(p), Bv) + \\
&\quad \beta(f(p), R_g) + \beta(Av, Bv+R_g) + \beta(R_f, g(p)+Bv+R_g) .
\end{aligned}$$

上式中最后三项具有次线性性质，这是由于

$$| \beta(f(p), R_g) | \leq \| \beta \| | f(p) | | R_g | ,$$
$$| \beta (Av, Bv+R_g) | \leq \| \beta \| \| A \| | v | | Bv+R_g | ,$$
$$| \beta (R_f, g(p)+Bv+R_g) | \leq \| \beta \| | R_f | | g(p)+Bv+R_g | .$$

因此 $\beta(f,g)$ 可导，且 $D\beta(f,g) = \beta(Df,g) + \beta(f,Dg)$，结论成立.

下面给出上述求导法则的一些应用.

定理 10 函数 $f : U \rightarrow \mathbb{R}^m$ 在 $p \in U$ 点可导，当且仅当它的每一个分量 f_i 在 p 点都可导. 进而，f 的第 i 个分量的导数恰好等于其导数的第 i 个分量.

证明 假设 f 在 p 点可导，将 f 的第 i 个分量表示为 $f_i = \pi_i \circ f$，其中 $\pi_i : \mathbb{R}^m \rightarrow \mathbb{R}$ 是将 $w = (w_1, \cdots, w_m)$ 映射为 w_i 的投影算子. 由于 π_i 是线性映射，因此是可导映射. 由链式法则，f_i 在 p 点可导，且

$$(Df_i)_p = (D\pi_i) \circ (Df)_p = \pi_i \circ (Df)_p .$$

同样可以给出充分性的证明.

定理 10 意味着即使假设 $m = 1$，结论的一般性也几乎不受影响，即这里考虑的函数都是实值函数. 定义域的多维性，而不是目标域的多维性，是区分多变量微积分和单变量微积分的标志.

中值定理 11　设 $f : U \to \mathbb{R}^m$ 在 U 上可导，且区间 $[p,q]$ 包含在 U 中，则

$$|f(q) - f(p)| \leq M |q - p|,$$

其中，$M = \sup \{ \| (Df)_x \| : x \in U \}$.

　　证明　固定一个单位向量 $u \in \mathbb{R}^n$. 函数

$$g(t) = \langle u, f(p + t(q - p)) \rangle$$

可导，并且可以计算出其导数，其中 $<, >$ 表示点乘. 由一维的中值定理，存在 $\theta \in (0,1)$ 使得 $g(1) - g(0) = g'(\theta)$. 也就是说，

$$\langle u, f(q) - f(p) \rangle = g'(\theta) = \langle u, (Df)_{p + \theta(q-p)}(q - p) \rangle \leq M |q - p|.$$

给定一个向量，若它与任意单位向量的点乘都不超过 $M|q-p|$，则这个向量的范数也不超过 $M|q-p|$. □

　　注　一维的中值定理是等式

$$f(q) - f(p) = f'(\theta)(q - p).$$

假如用 $(Df)_\theta$ 替代 $f'(\theta)$，你或许希望向量值函数的中值定理也是一个等式. 遗憾的是结论并不成立. 参看习题 17. 在多变量的中值定理中，下述结论和等式最为接近.

C^1 中值定理 12　设 $f : U \to \mathbb{R}^m$ 是 C^1 类映射（其导数存在且连续）. 若区间 $[p,q]$ 包含于 U 中，则

$$(4) \qquad f(q) - f(p) = T(q - p),$$

其中 T 是 f 在区间 $[p,q]$ 上的**平均导数**：

$$T = \int_0^1 (Df)_{p + t(q-p)} \, \mathrm{d}t.$$

反之，若存在一簇满足（4）的连续线性映射 $T_{qp} \in \mathcal{L}$，则 f 是 C^1 类映射，且 $(Df)_p = T_{pp}$.

　　证明　上述积分被积函数取值于赋范空间 $\mathcal{L}(\mathbb{R}^n, \mathbb{R}^m)$，且是以 t 为自变量的连续函数. 积分值等于属于 $\mathcal{L}$ 的如下黎曼和：

$$\sum_k (Df)_{p + t_k(q-p)} \Delta t_k$$

的极限. 由于积分值也是 $\mathcal{L}$ 中的元素，则在向量 $q-p$ 上有作用. 另外，沿着给定区间段对表示 Df 的矩阵的矩阵元进行积分，则所得到的矩阵恰好表示 T. 固定一个下标 i，将微积分基本定理应用于单变量 C^1 实值函数

$$g(t) = f_i \circ \sigma(t),$$

其中 $\sigma(t) = p + t(q - p)$ 是区间 $[p,q]$ 的参数表达式. 于是得到

$$f_i(q) - f_i(p) = g(1) - g(0) = \int_0^1 g'(t)\,\mathrm{d}t$$

$$= \int_0^1 \sum_{j=1}^n \frac{\partial f_i(\sigma(t))}{\partial x_j}(q_j - p_j)\,\mathrm{d}t$$

$$= \sum_{j=1}^n \int_0^1 \frac{\partial f_i(\sigma(t))}{\partial x_j}\,\mathrm{d}t\,(q_j - p_j),$$

这恰好是 $T(q-p)$ 的第 i 个分量.

反之,假设式(4)对一簇连续的线性映射 T_{pq} 均成立. 取 $q = p+v$. 在 p 点的一阶泰勒余项是

$$R(v) = f(p+v) - f(p) - T_{pp}(v) = (T_{pq} - T_{pp})(v),$$

这是关于 v 的次线性映射. 因此 $(Df)_p = T_{pp}$. □

推论 13 设 U 是连通集. 若 $f: U \to \mathbb{R}^m$ 可导,且对任意的 $x \in U$,$(Df)_x = 0$,则 f 是常函数.

证明 可以分别就 U 是开集和闭集给予讨论,具体过程留作习题 20. □

下面是本节另一个有意义的结果——积分的导数. 也可参看习题 23.

定理 14 假设 $f: [a,b] \times (c,d) \to \mathbb{R}$ 是连续函数. 若 $\dfrac{\partial f(x,y)}{\partial y}$ 存在且连续,则

$$F(y) = \int_a^b f(x,y)\,\mathrm{d}x$$

是 C^1 类函数,且

$$(5) \qquad \frac{\mathrm{d}F}{\mathrm{d}y} = \int_a^b \frac{\partial f(x,y)}{\partial y}\,\mathrm{d}x.$$

证明 由 C^1 中值定理,对于充分小的 h,

$$\frac{F(y+h) - F(y)}{h} = \frac{1}{h}\int_a^b \left(\int_0^1 \frac{\partial f(x,y+th)}{\partial y}\,\mathrm{d}t\right) \cdot h\,\mathrm{d}x.$$

在上式中,里层的积分值是沿着从 y 到 $y+h$ 的线段,f 关于变量 y 的偏导数的平均值. 由偏导数的连续性,当 $h \to 0$ 时,上述平均值收敛于 $\dfrac{\partial f(x,y)}{\partial y}$,这证明了(5). 而 $\dfrac{\mathrm{d}F}{\mathrm{d}y}$ 的连续性可由 $\dfrac{\partial f}{\partial y}$ 的连续性推出. 参看习题 22. □

3　高阶导数

本节将定义高阶的多变量导数. 在本节我们始终假设 U 是 $\mathbb{R}^n$ 中的开子集. 我们将沿用上一节的思想: 二阶导数自然地看作一阶导数的导数. 假设 $f: U \to \mathbb{R}^m$ 在 U 上可导, 则对任意的 $x \in U$ 导数 $(Df)_x$ 都存在, 且通过映射 $x \mapsto (Df)_x$ 可定义函数

$$Df: U \to \mathfrak{L}(\mathbb{R}^n, \mathbb{R}^m).$$

导数 Df 和 f 具有类似的映射方式, 即都是从向量空间中的开子集到另一个向量空间的函数. 至于 Df 的情形, 目标域空间不再是 $\mathbb{R}^m$, 而是 mn 维向量空间 $\mathfrak{L}$. 若 Df 在 $p \in U$ 点可导, 则由定义,

$$(D(Df))_p = (D^2 f)_p = f \text{ 在 } p \text{ 点的二阶导数},$$

此时称 f 在 p 点**二阶可导**. 二阶导数是 $\mathbb{R}^n$ 到 $\mathfrak{L}$ 的线性映射. 对于任意的 $v \in \mathbb{R}^n$, $(D^2 f)_p(v) \in \mathfrak{L}$, 因此是 $\mathbb{R}^n \to \mathbb{R}^m$ 的线性变换, 故 $(D^2 f)_p(v)(w)$ 是双线性映射, 将之记为

$$(D^2 f)_p(v, w).$$

(要注意, 双线性映射意味着对于每一个变量, 也都是线性的.)

可以类似地定义三阶或者更高阶的导数. 若 f 在 U 上二阶可导, 则由 $x \mapsto (D^2 f)_x$ 可定义映射

$$D^2 f: U \to \mathfrak{L}^2,$$

其中, $\mathfrak{L}^2$ 是 $\mathbb{R}^n \times \mathbb{R}^n \to \mathbb{R}^m$ 的双线性映射全体构成的向量空间. 若 $D^2 f$ 在 p 点可导, 则 f 是三阶可导的, 它的三阶导数为三线性映射 $(D^3 f)_p = (D(D^2 f))_p$.

如同一阶导数情形, 需要考察二阶导数与二阶偏导数的关系. 将 $f: U \to \mathbb{R}^m$ 表示为分量形式: $f(x) = (f_1(x), \cdots, f_m(x))$, 其中 $x \in U$.

定理 15　若 $(D^2 f)_p$ 存在, 则 $(D^2 f_k)_p$ 存在, 在 p 点的二阶偏导数也存在, 且

$$(D^2 f_k)_p(e_i, e_j) = \frac{\partial^2 f_k(p)}{\partial x_i \partial x_j}.$$

反之, 若对于任意靠近 p 点的 $x \in U$, 二阶偏导数存在且在 p 点连续, 则 $(D^2 f)_p$ 存在.

证明　假设 $(D^2 f)_p$ 存在, 则映射 $x \mapsto (Df)_x$ 在 $x = p$ 点可导. 类似地, 表示上述映射的矩阵

$$M_x = \begin{pmatrix} \dfrac{\partial f_1}{\partial x_1} & \cdots & \dfrac{\partial f_1}{\partial x_n} \\ \vdots & & \vdots \\ \dfrac{\partial f_m}{\partial x_1} & \cdots & \dfrac{\partial f_m}{\partial x_n} \end{pmatrix}$$

也在 $x=p$ 点可导；$x \mapsto M_x$ 在 $x=p$ 点是可导映射，这是因为，由定理 10，向量值函数是可导的当且仅当它的每一个分量都是可导的，并且第 k 个分量的导数等于导数的第 k 个分量. 矩阵是这种类型向量的特例，它的分量是其矩阵元. 因此 M_x 的矩阵元在 $x=p$ 点可导，且二阶偏导数存在. 进而，M_x 的第 k 行是以 x 为自变量、在 $x=p$ 处可导的向量值函数，且

$$\left(D(Df_k) \right)_p (e_i)(e_j) = (D^2 f_k)_p(e_i, e_j) = \lim_{t \to 0} \frac{(Df_k)_{p+te_i}(e_j) - (Df_k)_p(e_j)}{t}.$$

出现在上述分式中的一阶导数是 f_k 在 $p+te_i$ 和 p 点的第 j 个偏导数. 因此，

$$\frac{\partial^2 f_k(p)}{\partial x_i \partial x_j} = (D^2 f_k)_p(e_i, e_j).$$

反之，假设对于任意靠近 p 点的 x，二阶偏导数存在且在 p 点连续，则 M_x 的矩阵元在任意靠近 p 点的 q 点处都有偏导数，且在 p 点连续. 由定理 8，映射；$x \mapsto M_x$ 在 $x=p$ 点可导，即 f 在 p 点二阶可导.

二阶导数最重要、也是令人最惊奇的性质在于其对称性.

定理 16 若 $(D^2 f)_p$ 存在，则具有对称性：对任意的 $v, w \in \mathbb{R}^n$，

$$(D^2 f)_p(v, w) = (D^2 f)_p(w, v).$$

证明 关于对称性的断言仅涉及 f 的定义域，而与 f 的取值无关，因此假设 f 是实值函数，即假设 $m=1$. 对于变量 $t \in [0, 1]$，画出由向量 tv 和 tw 确定的平行四边形 P，用 ± 1 标出顶点，如图 105 所示.

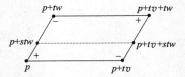

图 105 具有符号顶点的
平行四边形 P

数值

$$\Delta = \Delta(t, v, w) = f(p+tv+tw) - f(p+tv) - f(p+tw) + f(p)$$

是 f 在 P 的顶点的带符号的和. 显然，Δ 关于 v, w 对称，即

$$\Delta(t, v, w) = \Delta(t, w, v).$$

我们将证明

$$(6) \qquad (D^2f)_p(v,w) = \lim_{t \to 0} \frac{\Delta(t,v,w)}{t^2},$$

从而可以推知 D^2f 的对称性.

固定 t, v, w, 记 $\Delta = g(1) - g(0)$, 其中

$$g(s) = f(p+tv+stw) - f(p+stw).$$

由于 f 可导, 则 g 也可导. 由一维中值定理, 存在 $\theta \in (0,1)$ 使得 $\Delta = g'(\theta)$. 由链式法则, $g'(\theta)$ 可以用 Df 表达, 则有

$$\Delta = g'(\theta) = (Df)_{p+tv+\theta tw}(tw) - (Df)_{p+\theta tw}(tw).$$

考虑可导函数 $u \mapsto (Df)_u$ 在 $u=p$ 处的泰勒估计式, 则得到

$$(Df)_{p+x} = (Df)_p + (D^2f)_p(x, \cdot) + R(x, \cdot),$$

其中, $R(x, \cdot) \in \mathfrak{L}(\mathbb{R}^n, \mathbb{R}^m)$ 关于 x 是次线性的. 先后在 $x=tv+\theta tw$ 和 $x=\theta tw$ 处将 $(Df)_{p+x}$ 的估计式写出来, 则有

$$\frac{\Delta}{t^2} = \frac{1}{t} \{ [(Df)_p(w) + (D^2f)_p(tv+\theta tw, w) + R(tv+\theta tw, w)] -$$

$$[(Df)_p(w) + (D^2f)_p(\theta tw, w) + R(\theta tw, w)] \}$$

$$= (D^2f)_p(v,w) + \frac{R(tv+\theta tw, w)}{t} - \frac{R(\theta tw, w)}{t}.$$

其中, 合并二阶导数项时用到了双线性性质. 由 $R(x, w)$ 关于 x 的次线性性质, 当 $t \to 0$ 时, 最后两项收敛于 0, 从而 (6) 成立. 由于 $(D^2f)_p$ 是以 v, w 为自变量的对称函数 (未必线性) 的极限, 因此 $(D^2f)_p$ 是对称函数. □

注 D^2f 可以直接表示为 f 的函数值的极限, 这一事实自身也很有意义. 你应当知道, 这一结论在一维空间的情形是

$$f''(x) = \lim_{h \to 0} \frac{f(x+h) + f(x-h) - 2f(x)}{h^2}.$$

推论 17 二阶可导函数的二阶混合偏导数相等, 即

$$\frac{\partial^2 f_k(p)}{\partial x_i \partial x_j} = \frac{\partial^2 f_k(p)}{\partial x_j \partial x_i}$$

证明 由定理 15 以及 D^2f 的对称性, 等式

$$\frac{\partial^2 f_k(p)}{\partial x_i \partial x_j} = (D^2 f_k)_p(e_i, e_j) = (D^2 f_k)_p(e_j, e_i) = \frac{\partial^2 f_k(p)}{\partial x_j \partial x_i}$$

成立. □

二阶偏导数的存在并不能确保二阶可导性, 也不能确保相应的

混合偏导数相等. 参看习题 24.

推论 18 第 r 阶导数若存在，则具有对称性质：即对向量 $v_1,\cdots,v_r$ 进行置换，并不改变 $(D^r f)_p(v_1,\cdots,v_r)$ 的值. 相应地，高阶混合偏导数也相等.

证明 使用归纳法证明，留作习题 29. □

在我看来，尽管定理 16 的证明需要有很强的技巧，但结论非常自然. 定理 16 通过逐点的假设推得逐点的结论：只要二阶导数存在，则二阶导数满足对称性. 没有牵涉到偏导数的连续性的假设条件. 习题 25 告诉我们，存在仅在 p 点处二阶可导的函数. 尽管如此，在更强条件下，即假设 $D^2 f$ 连续，则可以证明混合偏导数相等. 参看习题 27.

本节最后简要给出高阶求导运算法则. 容易证明 $f+cg$ 的 r 阶导数是 $D^r f + c D^r g$. 若 β 是 k-线性且 $k<r$，则 $f(x)=\beta(x,\cdots,x)$ 满足等式 $D^r f=0$. 另一方面，若 $k=r$，则 $(D^r f)_p = r!\,\mathrm{Symm}(\beta)$，其中 $\mathrm{Symm}(\beta)$ 表示 β 的对称化子. 参看习题 28.

r 阶导数的链式法则有点复杂. 这是由于在一阶链式法则 $(Dg\circ f)_x = (Dg)_{f(x)}\circ(Df)_x$ 中，x 出现在两个地方. 对上式右端求导，得到

$$(D^2 g)_{f(x)}\circ(Df)_x^2 + (Dg)_{f(x)}\circ(D^2 f)_x.$$

（这里需要明确 $(Df)_x^2$ 的含义.）再次求导可以得到四项，可以合并其中的两项. 一般的公式为

$$(D^r g\circ f)_x = \sum_{k=1}^{r}\sum_{\mu}(D^k g)_{f(x)}\circ(D^\mu f)_x,$$

其中在对 μ 求和时，μ 取遍集合 $\{1,2,\cdots,r\}$ 的所有 k 块分割. 参看习题 41.

高阶导数的莱布尼兹法则留作习题 42.

4 光滑类

假如 f 在任意的 $p\in U$ 点都是 r 阶可导，且 r 阶导数关于 p 点连续，则称映射 $f:U\to\mathbb{R}^m$ 是 C^r 类映射.（由于可导意味着连续，所有的低于 r 阶的导数自然也是连续的；因此仅需要考虑第 r 阶导数的连续性.）若对于任意的自然数 r，f 都是 C^r 类的，则称 f 是**光滑**的，或者说是 C^∞ 类映射. 根据求导运算法则，光滑函数类在线性组合、乘

积以及复合运算下是封闭的. 下面将讨论光滑函数类是否对于极限运算封闭.

假设 (f_k) 是一列 C^r 类函数, 其中 $f_k : U \to \mathbb{R}^m$. 称 (f_k) 为

(a) **一致 C^r 收敛**: 假如存在 C^r 类函数 $f : U \to \mathbb{R}^m$, 当 $k \to \infty$ 时,

$$f_k \rightrightarrows f,$$
$$Df_k \rightrightarrows Df,$$
$$\vdots$$
$$D^r f_k \rightrightarrows D^r f.$$

(b) **一致 C^r 柯西列**: 假如对于任意的 $\varepsilon > 0$, 存在自然数 N, 对于任意的 $k, l \geq N$ 以及对于任意的 $x \in U$,

$$|f_k(x) - f_l(x)| < \varepsilon,$$
$$\|(Df_k)_x - (Df_l)_x\| < \varepsilon,$$
$$\|(D^r f_k)_x - (D^r f_l)_x\| < \varepsilon.$$

定理 19　一致 C^r 收敛与一致 C^r 柯西列是等价的.

证明　收敛列必然是柯西列. 反之, 首先假设 $r = 1$. 我们知道, 此时 f_k 一致收敛于连续函数 f, 且导数序列一致收敛于一个连续函数

$$Df_k \rightrightarrows G.$$

我们将证明 $Df = G$. 事实上, 给定 $p \in U$, 设 q 属于 p 的充分小的凸邻域, 由 C^1 中值定理以及一致收敛性, 当 $k \to \infty$ 时,

$$f_k(q) - f_k(p) = \int_0^1 (Df_k)_{p+t(q-p)} \, dt(q - p)$$
$$\Downarrow \qquad\qquad\qquad \Downarrow$$
$$f(q) - f(p) = \int_0^1 G(p + t(q - p)) \, dt(q - p).$$

G 的积分是以 q 为自变量的连续函数, 且当 $p = q$ 时, 退化为 $G(p)$. 由 C^1 中值定理的逆过程, f 可导且 $Df = G$. 因此 f 是 C^1 类函数, 且当 $k \to \infty$ 时, f_k 一致 C^1 收敛于 f. 因此当 $r = 1$ 时结论成立.

现在假设 $r \geq 2$. 映射 $Df_k : U \to \mathcal{L}$ 构成一个一致 C^{r-1} 柯西列. 由数学归纳法, 其极限是一致 C^{r-1} 极限, 即当 $k \to \infty$ 时, 对于任意的 $s \leq r-1$,

$$D^s(Df_k) \rightrightarrows D^s G.$$

因此当 $k \to \infty$ 时, f_k 一致 C^r 地收敛于 f. 因此由归纳法, 结论成立. □

C^r 类函数 $f: U \to \mathbb{R}^m$ 的 C^r **范数**是

$$\|f\|_r = \max\left\{\sup_{x \in U} |f(x)|, \cdots, \sup_{x \in U} \|(D^r f)_x\|\right\}.$$

用 $C^r(U, \mathbb{R}^m)$ 表示满足 $\|f\|_r < \infty$ 的 C^r 类函数全体.

推论 20 $C^r(U, \mathbb{R}^m)$ 在范数 $\| \ \|_r$ 下构成**巴拿赫空间**——完备的赋范向量空间.

证明 容易验证范数公理. 完备性由定理 19 得到. □

C^r 的 M 审敛法 21 设 $\sum M_k$ 是常数项收敛级数. 若对于任意的 k, $\|f_k\|_r \leqslant M_k$, 则函数项级数 $\sum f_k$ 在 $C^r(U, \mathbb{R}^m)$ 中收敛于函数 f. 至多 r 阶的逐项求导运算也保持收敛性, 即 $D^r f = \sum_k D^r f_k$.

证明 由上述推论结论显然成立. □

5 隐函数与反函数

在本节我们总假定 U 是 $\mathbb{R}^n \times \mathbb{R}^m$ 中的开集, 给定 $f: U \to \mathbb{R}^m$. 固定点 $(x_0, y_0) \in U$, 记 $f(x_0, y_0) = z_0$. 我们的目的是在 (x_0, y_0) 邻域中解方程

(7) $$f(x, y) = z_0.$$

精确地说, 我们希望能够证明: 在 (x_0, y_0) 附近, 满足 $f(x, y) = z_0$ 的点 (x, y) 的集合, 即 f 的 z_0-**轨道**, 是某个函数 $y = g(x)$ 的图像. 如果结论成立, 称 g 是由 (7) 确定的**隐函数**. 参看图 106.

我们将在不同的假设条件下证明 g 的存在性、唯一性以及可导性. 在本节中, 将主要考虑如下假设: 即 $m \times m$ 矩阵

$$B = \left(\frac{\partial f_i(x_0, y_0)}{\partial y_j}\right)$$

是可逆矩阵. 等价地, B 所对应的线性变换是 $\mathbb{R}^m$ 到 $\mathbb{R}^m$ 的同构.

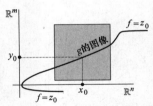

图 106 在 (x_0, y_0) 附近, f 的 z_0-轨道是函数 $y = g(x)$ 的图像

隐函数定理 22 若上述 f 是 C^r 类函数 $(1 \leqslant r \leqslant \infty)$, 则在 (x_0, y_0) 附近, 存在唯一的函数 $y = g(x)$, 使得 f 的 z_0-轨道是 g 的图像. 此外, g 是 C^r 类函数.

证明 不失一般性, 假设 (x_0, y_0) 是空间 $\mathbb{R}^n \times \mathbb{R}^m$ 的原点 $(0, 0)$, 以及 $z_0 = 0 \in \mathbb{R}^m$. f 的泰勒展开式是

$$f(x, y) = Ax + By + R,$$

其中 A 是 $m \times n$ 矩阵

$$A = \left(\frac{\partial f_i(x_0, y_0)}{\partial x_j}\right),$$

而 R 满足次线性性质. 因此对于 $y = g(x)$, 求方程 $f(x,y) = 0$ 的解, 等价于求解方程

$$(8) \qquad y = -B^{-1}(Ax + R(x,y)).$$

在一些特殊的情形下, R 不依赖于 y 的选取, (8) 是 $g(x)$ 的显函数表达式, 则隐函数变成显函数. 一般地, 若余项 R 较弱地依赖于 y 的选取, 则可以将 R 移到 (8) 的左侧, 并且与含有 y 的项合并.

求解在 (8) 中表示成 x 的函数 y, 等价于求映射

$$K_x : y \mapsto -B^{-1}(Ax + R(x,y))$$

的不动点. 因此我们希望 K_x 是压缩映射. 由于余项 R 是 C^1 类函数, 以及 $(DR)_{(0,0)} = 0$, 因此若 r 充分小, 以及 $|x|, |y| \leqslant r$, 则

$$\| B^{-1} \| \left\| \frac{\partial R(x,y)}{\partial y} \right\| \leqslant \frac{1}{2}.$$

由中值定理, 当 $|x|, |y_1|, |y_2| \leqslant r$ 时,

$$| K_x(y_1) - K_x(y_2) | \leqslant \| B^{-1} \| \, | R(x,y_1) - R(x,y_2) |$$

$$\leqslant \| B^{-1} \| \left\| \frac{\partial R}{\partial y} \right\| | y_1 - y_2 | \leqslant \frac{1}{2} | y_1 - y_2 |.$$

由原点处的连续性可以知道, 若 $|x| \leqslant \tau \ll r$, 则

$$| K_x(0) | \leqslant \frac{1}{2}.$$

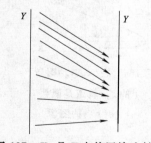

Y Y

图 107 K_x 是 Y 上的压缩映射

因此, 对于任意的 $x \in X$, K_x 是 Y 到自身的压缩映射, 其中, X 表示 $\mathbb{R}^n$ 中 0 的 τ-邻域, Y 是 $\mathbb{R}^m$ 中 0 的 r-邻域的闭包. 参看图 107.

由压缩映射原理, K_x 在 Y 中有唯一的不动点 $g(x)$. 这意味着在原点附近, f 的零轨道是函数 $y = g(x)$ 的图像.

下面需要证明 g 是 C^r 类函数. 首先验证 g 在零点满足李普希兹条件. 我们有

$$| g(x) | = | K_x(g(x)) - K_x(0) + K_x(0) | \leqslant \mathrm{Lip}(K_x) | g(x) - 0 | + | K_x(0) |$$

$$\leqslant \frac{1}{2} g(x) + | B^{-1}(Ax + R(x,0)) | \leqslant \frac{1}{2} | g(x) | + 2L | x |,$$

其中 $L = \| B^{-1} \| \| A \|$, 以及 $|x|$ 充分的小. 因此 g 满足李普希兹条件:

$$| g(x) | \leqslant 4L | x |.$$

特别地, g 在 $x = 0$ 处连续.

有意思的是, 不等式的两边都出现 $| g(x) |$, 但是, 它在右侧的系数小于在左侧的系数, 因此得到的是非平凡的不等式.

由链式法则，g 在原点的导数若存在，则必满足等式 $A+B(Dg)_0=0$. 因此我们需要证明等式 $(Dg)_0=-B^{-1}A$ 成立. 由于 $g(x)$ 是 K_x 的不动点，则有 $g(x)=-B^{-1}A(x+R)$，且 g 在原点的泰勒估计为

$$|g(x)-g(0)-(-B^{-1}Ax)| = |B^{-1}R(x,g(x))| \leqslant \|B^{-1}\| |R(x,g(x))|$$
$$\leqslant \|B^{-1}\| e(x,g(x))(|x|+|g(x)|)$$
$$\leqslant \|B^{-1}\| e(x,g(x))(1+4L)|x|,$$

其中，当 $(x,y)\to(0,0)$ 时，$e(x,y)\to0$. 由于当 $x\to0$ 时 $g(x)\to0$，以及当 $x\to0$ 时，误差因子 $e(x,g(x))\to0$. 因此余项关于 x 是次线性的，于是 g 在 0 点可导，$(Dg)_0=-B^{-1}A$.

和其他的点比较，原点并没有什么特别之处，在原点处所得到的结论，在原点附近的零轨道上的 (x,y) 点自然也成立. 因此 g 在 x 点可导，且 $(Dg)_x=-B_x^{-1}\circ A_x$，其中，

$$A_x=\frac{\partial f(x,g(x))}{\partial x}, \quad B_x=\frac{\partial f(x,g(x))}{\partial y}.$$

由 $g(x)$ 的连续性（由于可导）以及 f 是 C^1 类函数，A_x 和 B_x 都是以 x 为自变量的连续函数. 根据求逆矩阵的克拉默（Cramer）法则，B_x^{-1} 的矩阵元都是 B_x 矩阵元的显式代数函数，因此它们是 x 的连续函数，从而 g 是 C^1 类函数.

下面使用数学归纳法证明 g 是 C^r 类函数. 对于 $2\leqslant r<\infty$，假设定理对于 $r-1$ 成立. 若 f 是 C^r 类函数，则 g 是 C^{r-1} 类函数. 由于 A_x 和 B_x 是 C^{r-1} 类函数的复合，因此也是 C^{r-1} 类函数. 而 B_x^{-1} 的矩阵元依赖于 B_x 的矩阵元的代数表达式，B_x^{-1} 是 C^{r-1} 类函数. 因此 $(Dg)_x$ 是 C^{r-1} 类函数，故 g 是 C^r 类函数. 若 f 是 C^∞ 类函数，我们已经证明对于任意自然数 r，g 是 C^r 类函数. 因此 g 是 C^∞ 类函数. □

不使用克拉默法则和有限维空间的性质，也可以研究逆矩阵的性质，参看习题 35 和习题 36.

下面由隐函数定理推导反函数定理. 一个值得思考的问题是：既然隐函数定理和反函数定理之间等价，为什么不由反函数定理推导隐函数定理呢？根据我的经验，隐函数定理更加基础和灵活. 我曾经用过如下的隐函数定理，即 x 满足的可导性条件弱于 y 所满足的可导性条件，且该定理并不能从反函数定理推导出. 例如，要求 $B=\dfrac{\partial f(x_0,y_0)}{\partial y}$ 可逆，$\dfrac{\partial f(x,y)}{\partial x}$ 关于 (x,y) 连续，以及 f 连续（或者满

足李普希兹条件），则 f 的局部隐函数是连续的（或者满足李普希兹条件）．此时，并不要求 f 满足 C^1 条件.

正如同胚映射是具有连续逆映射的连续双射一样，C^r 微分同胚是具有 C^r 逆映射的 C^r 双射．（我们假设 $1 \leqslant r \leqslant \infty$．）逆映射是 C^r 映射，这一结果并不是自动成立．需要记住的例子是 $f(x) = x^3$，这是 $\mathbb{R} \to \mathbb{R}$ 的 C^∞ 双射并且是同胚映射，但它并不是微分同胚，这是因为它的逆映射在原点并不可导．由于可导则连续，微分同胚都是同胚映射.

微分同胚在研究 C^r 性质中的作用，与同构在研究代数性质时起到的作用类似．球体与椭球体在 $\mathbb{R}^3 \to \mathbb{R}^3$ 的微分同胚映射下是微分同胚的，但是球面和立方体的表面仅仅是同胚，而不是微分同胚.

反函数定理 23　设 $m = n$，$f : U \to \mathbb{R}^m$ 是 C^r 类函数，$1 \leqslant r \leqslant \infty$．若存在 $p \in U$ 使得 $(Df)_p$ 是同构映射，则 f 是从 p 的一个邻域到 $f(p)$ 的某一邻域的微分同胚.

证明　令 $F(x, y) = f(x) - y$．显然 F 是 C^r 类函数，$F(p, f(p)) = 0$，且 F 关于 x 的导数在 $(p, f(p))$ 点的值为 $(Df)_p$．由于 $(Df)_p$ 是同构的，对 F 使用隐函数定理（交换 x，y 位置！），则存在 p 的邻域 U_0，$f(p)$ 的邻域 V 以及由等式

$$F(h(y), y) = 0$$

唯一确定的 C^r 类隐函数 $h : V \to U_0$．于是 $f(h(y)) = y$，即 $f \circ h = \mathrm{id}_V$，$h$ 是 f 的右逆.

为了完成该定理的证明，下面还需要考虑有点令人头疼的集合关系：f 将集合 $U_1 = \{x \in U_0 : f(x) \in V\}$ 一一到上的映射为 V，其逆映射是 C^r 映射 h．准确地说，我们将验证如下三件事情：

（a）U_1 是 p 的邻域.

（b）h 是 $f|_{U_1}$ 的右逆，即 $f|_{U_1} \circ h = \mathrm{id}_V$.

（c）h 是 $f|_{U_1}$ 的左逆，即 $h \circ f|_{U_1} = \mathrm{id}_{U_1}$.

参看图 108.

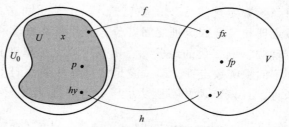

图 108　f 是局部微分同胚

（a）由于 f 是连续映射，U_1 是开集．由于 $p \in U_0$，$f(p) \in V$，则有 $p \in U_1$．

（b）任给 $y \in V$．由于 $h(y) \in U_0, f(h(y)) = y$，则有 $h(y) \in U_1$．因此 $f|_{U_1} \circ h$ 定义合理，且 $f|_{U_1} \circ h(y) = f \circ h(y) = y$．

（c）任给 $x \in U_1$．由 U_1 的定义，$f(x) \in V$，且存在唯一的点 $h(f(x)) \in U_0$，使得 $F(h(f(x)), f(x)) = 0$．注意到 x 自身也满足上述等式以及 $x \in U_1$，则 $x \in U_0$，并且由于 $F(x, f(x)) = f(x) - f(x)$，有 $F(x, f(x)) = 0$．由 h 的唯一性，$h(f(x)) = x$． □

结论 若 $(Df)_p$ 是同构映射，则 f 在 p 点是局部微分同胚．

6* 秩定理

线性变换 $T: \mathbb{R}^n \to \mathbb{R}^m$ 的**秩**是指 T 的值域的维数．使用矩阵论的语言，秩是行列式不等于零的最高阶子式的阶数．若 T 是满射，则它的秩是 m．若 T 是单射，则它的秩是 n．在线性代数中，关于秩的标准公式是：

$$\operatorname{rank} T + \operatorname{nullity} T = n,$$

其中 $\operatorname{nullity} T$ 表示 T 的核空间的维数．设 $f: U \to \mathbb{R}^m$ 是可导函数，假如对于任意的 $p \in U$，$(Df)_p$ 的秩等于 k，则称 $f: U \to \mathbb{R}^m$ 具有**常数秩** k．

秩有一个重要的性质：若 T 的秩为 k 且 $\|S - T\|$ 充分的小，则 S 的秩大于等于 k．也就是说，在细微的扰动下，T 的秩只可能增加，不会减少．因此，若 f 是 C^1 类函数且 $(Df)_p$ 的秩等于 k，则当 x 靠近 p 时，$(Df)_x$ 的秩大于或者等于 k．参看习题 43．

秩定理刻画了具有常数秩的映射．从局部来看，具有常数秩的映射和线性投影性质类似．为了给出其表达形式，对于函数 $f: A \to B$ 和 $g: C \to D$，假如存在双射 $\alpha: A \to C$ 和 $\beta: B \to D$ 使得 $g = \beta \circ f \circ \alpha^{-1}$，我们称映射数 $f: A \to B$ 和 $g: C \to D$ 是等价的（尽力使用一个更准确的词语）．可以使用如下交换图表优雅地表述上述等式：

$$
\begin{array}{ccc}
A & \xrightarrow{f} & B \\
\alpha \downarrow & & \downarrow \beta \\
C & \xrightarrow{g} & D
\end{array}
$$

交换性指的是，对于任意 $a \in A$，$\beta(f(a)) = g(\alpha(a))$．在上面的矩形

图表上，分别沿着顺时针和逆时针方向从 A 到 D，得到的结果相同．称 α,β 为"变量的改变"．若 f,g 是 C^r 类函数，α,β 是 C^r 微分同胚，$1\leqslant r\leqslant\infty$，则称 f 和 g 是 C^r **等价**，并记为 $f\approx_r g$．这时，作为 C^r 映射，对 f 和 g 不加区分．

引理 24 C^r 等价是等价关系，C^r 等价的函数具有相同的秩．

证明   由于微分同胚映射全体构成群，$\approx_r$ 是等价关系．进而，若 $g=\beta\circ f\circ\alpha^{-1}$，由链式法则，

$$Dg=D\beta\circ Df\circ D\alpha^{-1}.$$

由于 $D\beta$ 和 $D\alpha^{-1}$ 是同构映射，Df 与 Dg 具有相同的秩．   □

线性投影 $P:\mathbb{R}^n\to\mathbb{R}^m$

$$P(x_1,\cdots,x_n)=(x_1,\cdots,x_k,0,\cdots,0)$$

的秩为 k，它将 $\mathbb{R}^n$ 投射为 k 维子空间 $\mathbb{R}^k\times\mathbf{0}$．$P$ 对应的矩阵为

$$\begin{pmatrix} I_{k\times k} & \mathbf{0} \\ \mathbf{0} & \mathbf{0} \end{pmatrix}.$$

秩定理 25   局部来看，具有常数秩 k 的 C^r 类函数和投射到 k 维子空间上的线性投影等价．

作为例子，考虑径向投影 $\pi:\mathbb{R}^3\setminus\{0\}\to S^2$，其中 $\pi(v)=\dfrac{v}{|v|}$．则 π 具有常数秩 2，且在局部上，它与 $\mathbb{R}^3$ 到 (x,y) 平面的线性投影等价．

证明   设 $f:U\to\mathbb{R}^m$ 具有常数秩 k，给定 $p\in U$．我们将证明在 p 的某邻域上，有 $f\approx_r P$．

第 1 步，分别定义 $\mathbb{R}^n$ 和 $\mathbb{R}^m$ 的平移变换：

$$\tau:\mathbb{R}^n\to\mathbb{R}^n,\quad \tau':\mathbb{R}^m\to\mathbb{R}^m$$
$$z\to z+p,\quad z'\to z'-f(p)$$

平移变换 τ 和 τ' 分别是 $\mathbb{R}^n$ 和 $\mathbb{R}^m$ 上的微分同胚，且 f 与 $\tau'\circ f\circ\tau$ 是 C^r 等价，其中 $\tau'\circ f\circ\tau$ 是具有常数秩 k、将 0 映为 0 的 C^r 映射．因此不失一般性，首先我们可以假设 p 是 $\mathbb{R}^n$ 的原点，$f(p)$ 是 $\mathbb{R}^m$ 的原点．

第 2 步，令 $T:\mathbb{R}^n\to\mathbb{R}^m$ 是将 $0\times\mathbb{R}^{n-k}$ 映射为 $(Df)_0$ 的核的同构映射．由于核空间是 $n-k$ 维，这样的 T 的确存在．设 $T':\mathbb{R}^m\to\mathbb{R}^m$ 是将 $(Df)_0$ 的像映射为 $\mathbb{R}^k\times\mathbf{0}$ 的同构映射．由于 $(Df)_0$ 的秩等于 k，这样的 T' 的确存在．则 $f\approx_r T'\circ f\circ T$，后者将 $\mathbb{R}^n$ 的原点映射为 $\mathbb{R}^m$ 的原点，它在原点处导数的核空间为 $0\times\mathbb{R}^{n-k}$、像空间为 $\mathbb{R}^k\times\mathbf{0}$．因此不失一般性，

我们可以假设 f 具有这些性质.

第 3 步，记

$$(x,y) \in \mathbb{R}^k \times \mathbb{R}^{n-k}, \quad f(x,y) = (f_X(x,y), f_Y(x,y)) \in \mathbb{R}^k \times \mathbb{R}^{m-k}.$$

我们将寻找 g 使得 $g \approx_r f$，满足

$$g(x,0) = (x,0).$$

$(Df)_0$ 对应的矩阵为

$$\begin{pmatrix} A & 0 \\ 0 & 0 \end{pmatrix},$$

其中 A 是 $k \times k$ 可逆矩阵. 因此由反函数定理，映射

$$\sigma : x \mapsto f_X(x,0)$$

是 $X \to X'$ 的微分同胚，这里 X, X' 分别是 $\mathbb{R}^k$ 中原点的小邻域. 对于 $x' \in X'$，令

$$h(x') = f_Y(\sigma^{-1}(x'),0),$$

则 $h : X' \to \mathbb{R}^{m-k}$ 是 C^r 映射，且

$$h(\sigma(x)) = f_Y(x,0).$$

由于

$$f(X \times 0) = \{f(x,0) : x \in X\} = \{(f_X(x,0), f_Y(x,0)) : x \in X\}$$

$$= \{(f_X(\sigma^{-1}(x'),0), f_Y(\sigma^{-1}(x'),0)) : x' \in X'\}$$

$$= \{(x', h(x')) : x' \in X'\},$$

$X \times 0$ 在 f 下的像恰好是 h 的图像. 参看图 109.

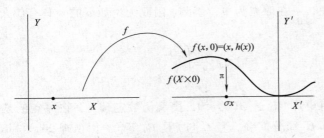

图 109 $X \times 0$ 在 f 下的像等于 h 的图像

对于 $(x',y') \in X' \times \mathbb{R}^{m-k}$，定义

$$\psi(x',y') = (\sigma^{-1}(x'), y'-h(x')).$$

由于 ψ 是如下的 C^r 微分同胚的复合：

$$(x',y') \mapsto (x', y'-h(x')) \mapsto (\sigma^{-1}(x'), y'-h(x')),$$

ψ 也是 C^r 微分同胚. (此外, 你可以通过计算 ψ 在原点的导数且应用反函数定理.) 注意到 $g=\psi\circ f\approx rf$ 满足等式

$$g(x,0)=\psi\circ(f_X(x,0),f_Y(x,0))$$
$$=(\sigma^{-1}\circ f_X(x,0),f_Y(x,0)-h(f_X(x,0)))=(x,0).$$

因此不失一般性, 我们可以假设 $f(x,0)=(x,0)$.

第 4 步, 最后, 我们在 $0\in\mathbb{R}^n$ 的邻域中寻找局部微分同胚 φ, 使得 $f\circ\varphi$ 与投影映射 $P(x,y)=(x,0)$ 相等.

方程

$$f_X(\xi,y)-x=0$$

在原点的邻域中确定了隐函数 $\xi=\xi(x,y)$. 由于在原点处, 映射 $f_X(\xi,y)-x$ 关于 ξ 的导数是可逆矩阵 $I_{k\times k}$, 于是 ξ 是 $\mathbb{R}^n$ 到 $\mathbb{R}^k$ 的 C^r 映射, 且 $\xi(0,0)=0$. 我们将证明

$$\varphi(x,y)=(\xi(x,y),y)$$

是 $\mathbb{R}^n$ 上的局部微分同胚, 且 $G=f\circ\varphi$ 恰好是 P.

通过链式法则可以计算出 $\xi(x,y)$ 关于 x 的导数在原点处的值 (这通常由隐函数定理得到), 它满足

$$0=\frac{\mathrm{d}F(\xi(x,y),x,y)}{\mathrm{d}x}=\frac{\partial F}{\partial\xi}\frac{\partial\xi}{\partial x}+\frac{\partial F}{\partial x}=I_{k\times k}\frac{\partial\xi}{\partial x}-I_{k\times k}.$$

也就是说, $\dfrac{\partial\xi}{\partial x}$ 在原点为单位矩阵. 因此无论如下的 $*$ 具有什么形式,

$$(D\varphi)_0=\begin{pmatrix} I_{k\times k} & * \\ 0 & I_{(n-k)\times(n-k)} \end{pmatrix}$$

总是可逆矩阵. 显然 $\varphi(0)=0$, 由反函数定理, φ 在原点的某个邻域中是局部 C^r 微分同胚, 且 G 与 f 是 C^r 等价. 由引理 24, G 具有常数秩 k.

我们有

$$G(x,y)=f\circ\varphi(x,y)=f(\xi(x,y),y)$$
$$=(f_X(\xi,y),f_Y(\xi,y))=(x,G_Y(x,y)).$$

因此 $G_X(x,y)=x$ 且

$$DG = \begin{pmatrix} I_{k\times k} & \mathbf{0} \\ * & \dfrac{\partial G_Y}{\partial y} \end{pmatrix}.$$

我们最后利用常数秩这一前提条件.（直到现在，仅要求 Df 的秩大于或者等于 k.）如果具有这种形式的矩阵的秩为 k，那么只有一种可能，即

$$\frac{\partial G_Y}{\partial y} \equiv 0.$$

参看习题 43. 由中值定理的推论 13，在原点的某个邻域中，G_Y 不依赖于 y 的选取. 因此

$$G_Y(x, y) = G_Y(x, 0) = f_Y(\xi(x, 0), 0),$$

由于在 $\mathbb{R}^k \times 0$ 上 $f_Y = 0$，上式等于 0，这导致 $G \approx rf$ 且 $G(x, y) = (x, 0)$，即 $G = P$. 参看习题 31.

结合第 1 步到第 4 步的过程，则由引理 24，可以证明最初给出的常数秩映射 f 和线性投影 P 间存在 C^r 等价. □

推论 26　设 $f: U \to \mathbb{R}^m$ 在 p 点的秩为 k，则 f 与形如 $G(x, y) = (x, g(x, y))$ 的映射局部 C^r 等价，其中 $g: \mathbb{R}^n \to \mathbb{R}^{m-k}$ 是 C^r 类映射，$x \in \mathbb{R}^k$.

证明　由秩定理的证明过程（在使用 f 具有常数秩 k 这一假设之前）直接得到. □

推论 27　设 $f: U \to \mathbb{R}$ 是 C^r 类映射. 若 $(Df)_p$ 的秩为 1，则在 p 的某一邻域中，水平集合 $\{x \in U : f(x) = c\}$ 构成一簇 $n-1$ 维的 C^r 类非线性圆盘.

证明　在 p 点附近，秩不可能减少，因此 f 在 p 点附近具有常数秩 1. 投影映射 $\mathbb{R}^n \to \mathbb{R}$ 的水平集合构成一簇平面. 秩定理给出了等价的微分同胚，而 f 的水平集合恰好是这些平面在微分同胚下的像. 参看图 110.

推论 28　若 $f: U \to \mathbb{R}^m$ 在 p 点的秩为 n，则 U 在 f 下的像与 n 维圆盘局部微分同胚.

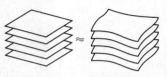

图 110　在秩为 1 的点附近，$f: U \to \mathbb{R}$ 的水平集合与一簇平面微分同胚

证明　在 p 点附近，秩不可能减少，因此 f 在 p 点附近具有常数秩 n. 由秩定理，f 与映射 $x \mapsto (x, 0)$ 局部 C^r 等价.（由于 $k = n$，不存在 y 坐标.）因此，U 的局部像与 0 在 $\mathbb{R}^n \times 0$ 中的一个邻域微分同胚，

而这个邻域是 n 维圆盘.

图 111 和图 112 给出了微分同胚 ψ 和 φ 的几何意义.

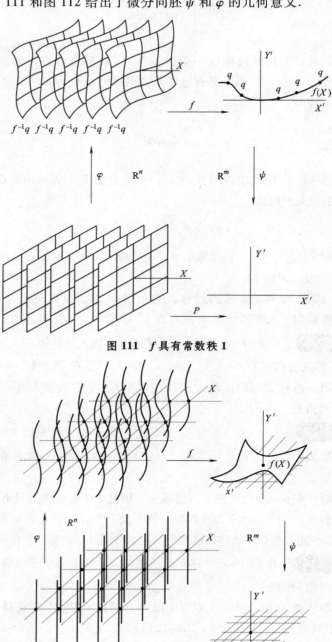

图 111　f 具有常数秩 1

图 112　f 具有常数秩 2

7* 拉格朗日乘子

在大学二年级的微积分中，你已经学习过如何利用拉格朗日乘子法，在"约束条件"或者"边界条件"$g(x,y,z) = \text{const}$ 下求 $f(x,y,z)$ 的最大值. 即，最大值仅可能出现在满足如下条件的 p 点：f 的梯度与 g 的梯度成比例，

$$\text{grad}_p f = \lambda \, \text{grad}_p g.$$

称因子 λ 为 **拉格朗日乘子**. 本节将借助于合适的图形，给出拉格朗日乘子法自然的、数学的上完整的解释.

首先，如下假设是自然的：

（a）f 和 g 是定义在 $\mathbb{R}^3$ 中某区域 U 上的 C^1 实值函数.

（b）存在常数 c，$S = g^{\text{pre}}(c)$ 是非空紧集，且对于任意的 $q \in S$，$\text{grad}_q g \neq 0$.

结论是：

（c）函数 f 在 S 上的限制，$f|_S$ 具有最大值 M，且若 $p \in S$ 为最大值点，则存在 λ 使得

$$\text{grad}_p f = \lambda \, \text{grad}_p g.$$

通常使用如下步骤：给定$^\ominus$ f, g，要找出点 $p \in S$ 使得在该点 $f|_S$ 取得最大值. 紧性意味着存在最大值点，而你的任务是把最大值点找出来. 首先确定所有的 $q \in S$，使得在 q 点处 f 的梯度与 g 的梯度线性相关，即一个梯度是另一个梯度的数量倍. 它们是最大值点的"候选点". 然后计算出 f 在每一个候选点的值，使 f 取到最大值的候选点就是最大值点. 大功告成！

当然，你可以同样地找到最小值点. 最小值点也在上述候选点中，使得 f 取到最小值的候选点就是最小值点. 事实上，候选点恰好是 $f|_S$ 的 **临界点**，即 $x \in S$ 满足：当 $y \in S$ 且 $y \to x$ 时，有

$$\frac{f(y) - f(x)}{y - x} \to 0.$$

现在我们解释拉格朗日乘子法的原理. 函数 $h(x,y,z)$ 在 $p \in U$ 处的 **梯度** 为向量

$\ominus$ 有时仅仅给出 f 和 S，则必须找出满足条件（b）的函数 g.

$$\operatorname{grad}_p h = \left(\frac{\partial h(p)}{\partial x}, \frac{\partial h(p)}{\partial y}, \frac{\partial h(p)}{\partial z} \right) \in \mathbb{R}^3.$$

假设条件（a）、（b）成立，并且 $f|_S$ 在 $p \in S$ 达到最大值 M. 我们将证明（c），即 f 在 p 点的梯度是 g 在 p 点的梯度的数量倍. 若 $\operatorname{grad}_p f = 0$，则 $\operatorname{grad}_p f = 0 \cdot \operatorname{grad}_p g$，从而在退化的情形下证明（c）. 因此不妨设 $\operatorname{grad}_p f \neq 0$.

由秩定理，若 f 在某一点的梯度非零，则在该点的邻域中，f-平面类似于一叠煎饼.（这些煎饼是无限地薄，还可能弯曲. 换而言之，你可以将这些水平表面层描绘为一层层的洋葱皮，或者一堆透明金属箔.）

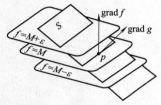

图 113 S 切割 p 附近的 f-水平表面

为了导出矛盾，假设 $\operatorname{grad}_p f$ 不是 $\operatorname{grad}_p g$ 的标量倍数，即两个向量的夹角非零. 对于充分小的 ε，仔细观察 f-平面 $f = M \pm \varepsilon$. f-平面与 g-平面 S 相交的方式如图 113 所示.

面 S 像刀刃一样截断 f-煎饼. 刀刃和 $\operatorname{grad} g$ 垂直，而煎饼与 $\operatorname{grad} f$ 垂直. 由于这些梯度向量的夹角大于 0，因此刀刃和煎饼不可能相切. 相反地，在 p 点附近，S 横向切割每一个 f-平面，且 $S \cap \{f = M + \varepsilon\}$ 是从 p 点附近经过的曲线. f 在这条曲线上的值是 $M + \varepsilon$，这与 $f|_S$ 在 $p \in S$ 达到最大值 M 产生矛盾. 因此，$\operatorname{grad}_p f$ 是 $\operatorname{grad}_p g$ 的标量倍数，从而（c）成立.

在多维空间中，拉格朗日乘子法有相应的表述形式. 定义在开集 $U \subset \mathbb{R}^n$ 上的 C^1 类函数 $f: U \to \mathbb{R}$，将 f 限制在 U 的紧"表面" S 上，其中 S 是通过如下 k 个联立齐次方程组给出：

$$g_1(x_1, \cdots, x_n) = c_1$$
$$\vdots$$
$$g_k(x_1, \cdots, x_n) = c_k.$$

假设这些 g_i 都是 C^1 类函数，其梯度都是线性无关的. 多维拉格朗日乘子法告诉我们，若 $f|_S$ 在 p 点达到最大值，则 $\operatorname{grad}_p f$ 是 $\operatorname{grad}_p g_1, \cdots, \operatorname{grad}_p g_k$ 的线性组合. 与普洛特（Protter）和莫里（Morrey）在《实分析初等教程》（A First Course in Real Analysis）第 369～372 页中的证明不同，这里的证明非常简单：只需要考虑在 p 的邻域中构造合适的坐标系.

不失一般性，假设 p 是 $\mathbb{R}^n$ 的原点，且 $c_1, \cdots, c_k, f(p)$ 均为 0. 若 $\operatorname{grad}_p f = 0$，则 $\operatorname{grad}_p f$ 是 $\operatorname{grad}_p g_i$ 平凡的线性组合，因此我们还可以假设 $\operatorname{grad}_p f \neq 0$. 选取向量 $w_{k+2}, \cdots, w_n$ 使得

$$\mathrm{grad}_0 g_1, \cdots, \mathrm{grad}_0 g_k, \mathrm{grad}_0 f, w_{k+2}, \cdots, w_n$$

构成 $\mathbb{R}^n$ 的一组线性基. 对于 $k+2 \leqslant i \leqslant n$, 定义

$$h_i(x) = \langle w_i, x \rangle.$$

定义映射 $x \mapsto F(x) = (g_1(x), \cdots, g_k(x), f(x), h_{k+2}(x), \cdots, h_n(x))$, 由于 F 的导数在原点的值是由线性无关的列向量构成的 $n \times n$ 矩阵:

$$(DF)_0 = (\mathrm{grad}_0 g_1 \quad \cdots \quad \mathrm{grad}_0 g_k \quad \mathrm{grad}_0 f \quad w_{k+2} \quad \cdots \quad w_n),$$

因此 $x \mapsto F(x)$ 是 $\mathbb{R}^n$ 到自身的局部微分同胚. 把 $y_i = F_i(x)$ 看作 $\mathbb{R}^n$ 中原点邻域中点的新坐标, 在新的坐标系下, 曲面 S 是坐标平面 $0 \times \mathbb{R}^{n-1}$, 在这个坐标平面上, 坐标分量 $y_1, \cdots, y_k$ 均为 0, 而 f 是第 $k+1$ 个坐标函数 y_{k+1}. 显然, 这个坐标函数在坐标面 $0 \times \mathbb{R}^{n-k}$ 上达不到最大值, 因此 $f|_s$ 在 p 点达不到最大值.

8   多重积分

本节将第 3 章的单变量黎曼积分理论推广到 n 个变量的情形. 为方便起见, 本节总是假设被积函数是实值函数, 而不是向量值函数. 我们首先假设 f 是二元函数.

考虑 $\mathbb{R}^2$ 中的矩形 $R = [a, b] \times [c, d]$, 设 P 和 Q 分别是 $[a, b]$ 和 $[c, d]$ 的分割:

$$P: a = x_0 < x_1 < \cdots < x_m = b, \quad Q: c = y_0 < y_1 < \cdots < y_n = d,$$

由此可以得到由矩形簇

$$R_{ij} = I_i \times J_j$$

构成的**网格** $G = P \times Q$, 其中 $I_i = [x_{i-1}, x_i]$, $J_j = [y_{j-1}, y_j]$. 令 $\Delta x_i = x_i - x_{i-1}$, $\Delta y_j = y_j - y_{j-1}$, 记 R_{ij} 的面积为

$$|R_{ij}| = \Delta x_i \Delta y_j.$$

设 S 为选自 R_{ij} 的样本点 (s_{ij}, t_{ij}). 参看图 114.

给定函数 $f: R \to \mathbb{R}$, 相应的**黎曼和**为

$$R(f, G, S) = \sum_{i=1}^{m} \sum_{j=1}^{n} f(s_{ij}, t_{ij}) |R_{ij}|.$$

当网格的目径 (最大的矩形的直径) 收敛于 0 时, 上述黎曼和收敛于某一常数, 则称 f **黎曼可积**, 称极限值为**黎曼积分**, 即

$$\int_R f = \lim_{G\text{的目径} \to 0} R(f, G, S).$$

有界函数 f 关于网格 G 的下和与上和是

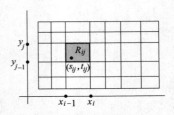

图 114   网格与样本点

$$L(f,G) = \sum m_{ij}\,|\,R_{ij}\,|\;,\;U(f,G) = \sum M_{ij}\,|\,R_{ij}\,|\;,$$

其中 m_{ij} 和 M_{ij} 分别表示 (s,t) 取遍 R_{ij} 时，$f(s,t)$ 的下确界和上确界. 下积分是下和的上确界，上积分是上和的下确界.

下述结论的证明过程与第 3 章中一维情形的相应结论的证明过程相同:

（a）若 f 是黎曼可积函数，则 f 是有界函数.

（b）集合 R 上的实值黎曼可积函数全体构成向量空间，记为 $\mathfrak{R} = \mathfrak{R}(R)$，积分运算是 $\mathfrak{R}$ 到 $\mathbb{R}$ 的线性函数.

（c）常函数 $f = k$ 是可积函数，积分值是 $k\,|\,R\,|$.

（d）若 $f, g \in \mathfrak{R}$，且 $f \leqslant g$，则

$$\int_R f \leqslant \int_R g.$$

（e）任意的下和都不超过任意的上和，相应地，下积分不超过上积分，即

$$\underline{\int_R} f \leqslant \overline{\int_R} f.$$

（f）对于有界函数，黎曼可积性等价于下积分和上积分相等. 这时，黎曼积分、下积分和上积分三者相等.

黎曼-勒贝格定理告诉我们，有界函数是黎曼可积的充分必要条件是它的间断点为零集. 这个结论可以自然地推广到多重积分的情形.

首先，设集合 $Z \subset \mathbb{R}^2$，若对于任意的 $\varepsilon > 0$，存在 Z 的可列开矩形覆盖 S_k，其全面积小于 ε，即

$$\sum_k |\,S_k\,| < \varepsilon,$$

则称集合 Z 为**零集**. 借助 $\dfrac{\varepsilon}{2^k}$ 技巧可以知道，可列多个零集的并集还是零集.

如同一维的情形，将函数 $f: R \to \mathbb{R}$ 的间断点集合表示为并集:

$$D = \bigcup_{\kappa > 0} D_\kappa.$$

这里 $D_\kappa \subset R$ 由振幅 $\geqslant \kappa$ 的点 $z \in R$ 构成. 即

$$\operatorname{osc}_z f = \lim_{r \to 0} \operatorname{diam}(f(R_r(z))) \geqslant \kappa,$$

其中 $R_r(z)$ 是 z 在 R 中的 r 邻域. D_κ 是紧集.

假设 $f: R \to \mathbb{R}$ 是黎曼可积函数，则 f 是有界函数，且上积分等

于下积分. 固定 $\kappa>0$. 给定 $\varepsilon>0$，存在 $\delta>0$，若网格 G 的目径小于 δ，则

$$U(f,G)-L(f,G)<\varepsilon.$$

固定上述网格 G. 对于网格中任意的 R_{ij}，若它的内部包含 D_κ 中的点，则 $M_{ij}-m_{ij}\geqslant\kappa$，其中 m_{ij} 和 M_{ij} 分别表示 f 在 R_{ij} 的下确界和上确界. D_κ 的其他点位于由网格线 $x_i\times[c,d]$ 和 $[a,b]\times y_j$ 构成的零集中.

由于 $U-L<\varepsilon$，振幅超过 κ 的矩形的全面积不超过 $\dfrac{\varepsilon}{\kappa}$. 注意到 κ 是定值，由 ε 的任意性，D_κ 是零集. 分别选取 $\kappa=\dfrac{1}{2},\dfrac{1}{3},\cdots$，则可以证明 $D=\cup D_\kappa$ 是零集.

　　反之，假设 f 是有界函数，D 是零集. 固定 $\kappa>0$. 则对于任意的 $z\in R\backslash D_\kappa$，存在邻域 $W=W_z$ 使得

$$\sup\{f(w):w\in W\}-\inf\{f(w):w\in W\}<\kappa.$$

由于 D_κ 是零集，它可以被全面积充分小的一列开矩形 S_k 覆盖，记作

$$\sum|S_k|<\sigma.$$

设 $\mathfrak{V}$ 是由具有充分小振幅的邻域 W 以及矩形 S_k 构成的 R 的覆盖. 由于 R 是紧集，$\mathfrak{V}$ 具有正的勒贝格常数 λ. 选取目径小于 λ 的网格，则可以将和式

$$U-L=\sum(M_{ij}-m_{ij})|R_{ij}|$$

分成两部分之和：使得 R_{ij} 包含于具有充分小振幅的邻域 W 的项之和，以及使得 R_{ij} 包含于某一个矩形 S_k 的项之和. 后者之和小于 $2M\sigma$，而前者小于 $\kappa|R|$. 因此当 κ,σ 充分小，则 $U-L$ 也充分小，从而证明 f 是黎曼可积函数. 总之，

　　对于多变量函数，黎曼-勒贝格定理依然成立.

　　接下来我们就要给出多重积分的新性质了. 假设 $f:R\to\mathbb{R}$ 是有界函数，定义

$$\underline{F}(y)=\int_{\underline{a}}^{b}f(x,y)\,\mathrm{d}x,\quad \overline{F}(y)=\int_{a}^{\overline{b}}f(x,y)\,\mathrm{d}x.$$

对于固定的 $y\in[c,d]$，上述两个式子是单变量函数 $f_y:[a,b]\to\mathbb{R}$ 的下积分和上积分，其中 $f_y(x)=f(x,y)$. 它们实际上是 $f(x,y)$ 在截面 $y=$ 常数上的积分. 参看图 115.

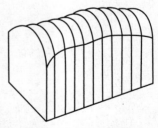

图 115　富比尼定理就像切片面包

富比尼（Fubini）定理 29 假设 f 是黎曼可积函数，则 $\underline{F}$ 和 $\overline{F}$ 也是黎曼可积函数，进而

$$\int_R f = \int_c^d \underline{F} \mathrm{d}y = \int_c^d \overline{F} \mathrm{d}y.$$

由于 $\underline{F} \leqslant \overline{F}$，以及两个积分值的差为 0，由一维的黎曼-勒贝格定理，存在一维的零集 $Y \subset [c,d]$，使得若 $y \notin Y$，则 $\underline{F}(y) = \overline{F}(y)$. 也就是说，对于几乎所有的 y，$f(x,y)$ 关于 x 的积分存在，因此我们可以用一个更常见的方式表述富比尼公式：

$$\iint_R f \mathrm{d}x \mathrm{d}y = \int_c^d \left[\int_a^b f(x,y)\,\mathrm{d}x \right]\,\mathrm{d}y.$$

然而，上述等式会出现歧义. 当 $y \in Y$ 时，如何定义被积函数 $\int_a^b f(x,y)\,\mathrm{d}x$ 的值？对于这样的 y，若 $\underline{F}(y) < \overline{F}(y)$，此时 $f(x,y)$ 关于 x 的积分并不存在. 答案是：我们可以选择介于 $\underline{F}(y)$ 和 $\overline{F}(y)$ 中的任一值，关于 y 的积分并不受任何影响. 参看习题 47.

证明 首先我们将证明若 P 和 Q 分别是 $[a,b]$ 和 $[c,d]$ 的分割，则

（9）　　　　　　　$L(f,G) \leqslant L(\underline{F},Q)$,

这里 G 表示网格 $P \times Q$. 任意固定一个分割区间 $J_j \subset [c,d]$. 若 $y \in J_j$，则

$$m_{ij} = \inf\{f(s,t) : (s,t) \in R_{ij}\} \leqslant \inf\{f(s,y) : s \in I_i\} = m_i(f_y).$$

因此，

$$\sum_{i=1}^m m_{ij} \Delta x_i \leqslant \sum_{i=1}^m m_i(f_y) \Delta x_i = L(f_y, P) \leqslant \underline{F}(y),$$

于是得到

$$\sum_{i=1}^m m_{ij} \Delta x_i \leqslant m_j(\underline{F}).$$

因此，

$$\sum_{j=1}^n \sum_{i=1}^m m_{ij} \Delta x_i \Delta y_j \leqslant \sum_{j=1}^n m_j(\underline{F}) \Delta y_j = L(\underline{F}, Q),$$

由此可知（9）成立. 类似地，$U(\overline{F},Q) \leqslant U(f,G)$. 故

$$L(f,G) \leqslant L(\underline{F},Q) \leqslant U(\underline{F},Q) \leqslant U(\overline{F},Q) \leqslant U(f,G).$$

由于 f 是可积函数，当网格 G 的目径充分小时，上述不等式的外项之差充分的小. 分别对所有的网格 $G = P \times Q$ 取下确界和上确界，得到

$$\int_R f = \sup L(f, G) \leqslant \sup L(\underline{F}, Q) \leqslant \inf U(\underline{F}, Q)$$

$$\leqslant \inf U(f, G) = \int_R f.$$

这导致上述 5 个量相等，进而推导出 $\underline{F}$ 是黎曼可积函数，且 $\underline{F}$ 在 $[c, d]$ 上的积分等于 f 在 R 上的积分. 关于上积分的情形同理可以证明. □

推论 30　若 f 是黎曼可积函数，则积分的次序——先对 x 积分，然后对 y 积分，或者先对 y 积分，然后对 x 积分——与累次积分的值无关，即

$$\int_c^d \left[\int_a^b f(x, y) \, dx \right] dy = \int_a^b \left[\int_c^d f(x, y) \, dy \right] dx.$$

证明　每一个累次积分都等于 f 在 R 上的积分. □

几何形式的富比尼定理需要利用截面法计算平面区域的面积. 相应地，截面法对于三维或者更高维的空间也成立.

推论 31　**卡瓦列里（Cavalieri）原理**　设 $S \subset R$ 为区域. 若 S 的边界为零集，则 S 的面积等于 S 在竖直方向截面长度关于 x 的积分，即

$$S \text{ 的面积} = \int_a^b \text{length}(S_x) \, dx.$$

附录 B 介绍了卡瓦列里原理有趣的历史渊源. 如何给出合适的定义，这是证明卡瓦列里原理的关键. 当我们将 $\mathbb{R}$ 中集合的长度以及 $\mathbb{R}^2$ 中集合的面积定义为它们特征函数的积分时，为确保特征函数 χ_S 可积，必须要求 ∂S 是零集. 若 S 的边界是光滑，或者分段光滑时，显然满足要求. 第 6 章利用外测度给出了长度和面积的更几何直观的定义.

多重积分的第二个新性质给出了变量替换公式. 假设 $\varphi : U \to W$ 是 $\mathbb{R}^2$ 中开集间的 C^1 微分同胚，$R \subset U$，并给定黎曼可积函数 $f : W \to \mathbb{R}$. φ 在 $z \in U$ 的**雅可比行列式**是如下导数的行列式：

$$\text{Jac}_z \varphi = \det(D\varphi)_z.$$

变量替换公式 32　在上述假设下，

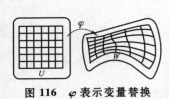

图 116 φ 表示变量替换

$$\int_R f\circ\varphi \mid \mathrm{Jac}\,\varphi\mid = \int_{\varphi(R)} f.$$

参看图 116.

设 S 是 $\mathbb{R}^2$ 中的有界集合，由定义，它的**面积**（或者**约当容量**）是特征函数 χ_S 的积分（假如积分存在）；当积分的确存在时，我们称 S 是**黎曼可测**. 也可参看第 6 章附录 B. 根据黎曼-勒贝格定理，S 黎曼可测当且仅当它的边界是零集. 这是因为，χ_S 在 z 点不连续当且仅当 z 是 S 的边界点. 参看习题 44. 矩形 R 的特征函数是黎曼可积函数，其积分值是 $|R|$. 因此对于一般集合 S，我们可以使用同样的记号表示其面积，即

$$|S| = S \text{ 的面积} = \int\chi_S.$$

命题 33 设 $T:\mathbb{R}^2\to\mathbb{R}^2$ 是同构映射，则对于任意黎曼可测集合 $S\subset\mathbb{R}^2$，$T(S)$ 是黎曼可测的，且

$$|T(S)| = |\det T|\,|S|.$$

命题 33 是在 $\varphi=T$，$R=S$，以及 $f=1$ 这种特殊情形下的变量替换公式. 对于 n 维情形，结论依然成立，这需要将线性变换的行列式定义为 "容量乘子".

证明 在线性代数中我们已经知道，表示线性变换 T 的矩阵 A 可以分解为初等矩阵的乘积：

$$A = E_1\cdots E_k.$$

初等的 2×2 矩阵必然为下列矩阵之一：

$$\begin{pmatrix}\lambda & 0 \\ 0 & 1\end{pmatrix},\quad \begin{pmatrix}1 & 0 \\ 0 & \lambda\end{pmatrix},\quad \begin{pmatrix}0 & 1 \\ 1 & 0\end{pmatrix},\quad \begin{pmatrix}1 & \sigma \\ 0 & 1\end{pmatrix},$$

其中 $\lambda>0$. 前面三个矩阵表示同构映射，它们在 I^2 上的作用显而易见：分别将 I^2 转化为矩阵 $\lambda I\times I$，$I\times\lambda I$ 和 I^2，此时面积和行列式的绝对值相等. 第四种同构映射将 I^2 变为平行四边形

$$\Pi = \{(x,y)\in\mathbb{R}^2 : \sigma y\leq x\leq 1+\sigma y, 0\leq y\leq 1\}.$$

由于 Π 的边界是零集，Π 是黎曼可测集合. 由富比尼定理，

$$|\Pi| = \int\chi_\Pi = \int_0^1\left[\int_{x=\sigma y}^{x=1+\sigma y}1\mathrm{d}x\right]\mathrm{d}y = 1 = \det E.$$

同样的思路不仅适应于单位正方形，同样也适应于任意的矩形，

$$(10)\qquad\qquad |E(R)| = |\det E|\,|R|.$$

我们将通过（10）证明：对于任意黎曼可测集合 S，$E(S)$ 是黎曼可测集，且

(11) $$|E(S)| = |\det E| \, |S|.$$

给定 $\varepsilon > 0$. 选取 S 的网格 G, 使得当 G 的目径充分小时, 网格 G 中的矩形 R 满足

(12) $$|S| - \varepsilon \leq \sum_{R \subset S} |R| \leq \sum_{R \cap S \neq \varnothing} |R| \leq |S| + \varepsilon.$$

其中, 里面的矩形, 即满足 $R \subset S$ 的矩形, 其内部互不相交, 因此对于任意的 $z \in \mathbb{R}^2$,

$$\sum_{R \subset S} \chi_{\mathrm{int} R}(z) \leq \chi_S(z).$$

将 E 作用在 S 上结论同样成立, 即

$$\sum_{R \subset S} \chi_{\mathrm{int}(E(R))}(z) \leq \chi_{E(S)}(z).$$

由积分的线性性质和单调性质, 以及由集合 $E(R)$ 的黎曼可测性质, 有

(13) $$\sum_{R \subset S} |E(R)| \leq \sum_{R \subset S} \underline{\int} \chi_{\mathrm{int}(E(R))} = \sum_{R \subset S} \underline{\int} \chi_{\mathrm{int}(E(R))} \leq \underline{\int} \chi_{E(S)}.$$

类似地,

$$\chi_{E(S)}(z) \leq \sum_{R \cap S \neq \varnothing} \chi_{E(R)}(z),$$

由此可推得

(14) $$\overline{\int} \chi_{E(S)} \leq \sum_{R \cap S \neq \varnothing} \overline{\int} \chi_{E(R)}$$

$$= \sum_{R \cap S \neq \varnothing} \int \chi_{E(R)} = \sum_{R \cap S \neq \varnothing} |E(R)|.$$

由 (10) 和 (12), (13) 和 (14) 变形为

$$|\det E| \, (|S| - \varepsilon) \leq |\det E| \sum_{R \subset S} |R|$$

$$\leq \underline{\int} \chi_{E(S)} \leq \overline{\int} \chi_{E(S)} \leq |\det E| \sum_{R \cap S \neq \varnothing} |R|$$

$$\leq |\det E| \, (|S| + \varepsilon).$$

由于上述上积分和下积分不依赖于 ε 的选取, 由 ε 的任意性, 它们都等于 $|\det E| \, |S|$, 从而证明了 (11) 成立.

乘积矩阵的行列式等于矩阵行列式的乘积. 由于 T 所对应的矩

阵是初等矩阵 E_1，$\cdots$，E_k 的乘积，由（11），若 S 是黎曼可测集，则 $T(S)$ 也是黎曼可测集，且

$$|T(S)| = |E_1 \cdots E_k(S)|$$
$$= |\det E_1| \cdots |\det E_k| \, |S| = |\det T| \, |S|.$$

为了证明变量替换公式，我们首先单独给出两个重要的结论.

引理 34　假设 $\psi: U \to \mathbb{R}^2$ 是 C^1 函数，$0 \in U$，$\psi(0) = 0$，且对于任意的 $u \in U$，

$$\|(D\psi)_u - \mathrm{Id}\| \leqslant \varepsilon.$$

若 $U_r(0) \subset U$，则

$$\psi(U_r(0)) \subset U_{(1+\varepsilon)r}(0).$$

证明　用 $U_r(p)$ 表示 p 在 U 中的 r 邻域. 由 C^1 中值定理，

$$\psi(u) = \psi(u) - \psi(0) = \int_0^1 (D\psi)_{tu} \mathrm{d}t(u)$$
$$= \int_0^1 ((D\psi)_{tu} - \mathrm{Id}) \mathrm{d}t(u) + u.$$

若 $|u| \leqslant r$，则有 $|\psi(u)| \leqslant (1+\varepsilon)r$，即 $\psi(U_r(0)) \subset U_{(1+\varepsilon)r}(0)$.

对于 $\mathbb{R}^2$ 中的任意范数，特别地，对于最大坐标分量范数，引理 34 依然成立. 此时，包含指的是正方形的包含：ψ 将边长为 r 的正方形映到边长为 $(1+\varepsilon)r$ 的正方形内部.

引理 35　零集的李普希兹像还是零集.

证明　假设 Z 是零集，函数 $h: Z \to \mathbb{R}^2$ 满足李普希兹条件

$$|h(z) - h(z')| \leqslant L|z - z'|.$$

给定 $\varepsilon > 0$，Z 存在可列正方形覆盖 S_k 使得

$$\sum_k |S_k| < \varepsilon.$$

参看习题 45. 集合 $S_k \cap Z$ 的直径不超过 S_k 的直径，因此 $h(Z \cap S_k)$ 的直径不超过 $L \cdot \mathrm{diam} S_k$. 因此，$h(Z \cap S_k)$ 包含于一个边长为 $L \cdot \mathrm{diam} S_k$ 的正方形 S_k' 中. 这些 S_k' 构成 $h(Z)$ 的覆盖，且

$$\sum_k |S_k'| \leqslant L^2 \sum_k (\mathrm{diam} S_k)^2 = 2L^2 \sum_k |S_k| \leqslant 2L^2 \varepsilon.$$

因此，$h(Z)$ 是零集.　　　　　　　　　　　　　　　　□

变量替换公式的证明　先回忆相关结论. 若 $\varphi: U \to W$ 是 C^1 微

分同胚，$f: W \to \mathbb{R}$ 是黎曼可积函数，R 为 U 中的矩形，则有

(15) $$\int_R f \circ \varphi \cdot |\mathrm{Jac}\varphi| = \int_{\varphi(R)} f.$$

用 D' 表示 f 的间断点集合，则 D' 是零集. 于是

$$D = \varphi^{-1}(D')$$

是 $f \circ \varphi$ 的间断点集合. 由 C^1 中值定理，φ^{-1} 满足李普希兹条件. 由引理 35，D 是零集. 再由黎曼-勒贝格定理，$f \circ \varphi$ 是黎曼可积函数. 由于 $|\mathrm{Jac}\varphi|$ 是连续函数，$|\mathrm{Jac}\varphi|$ 是黎曼可积的. 因此乘积函数 $f \circ \varphi |\mathrm{Jac}\varphi|$ 也是黎曼可积函数. 简而言之，(15) 的左端有意义.

由于 φ 是微分同胚，它也是同胚映射，且将 R 的边界映射为 $\varphi(R)$ 的边界. 前者的边界为零集，因此由引理 35，后者的边界也是零集. 因此特征函数 $\chi_{\varphi(R)}$ 是黎曼可积函数. 选取包含 $\varphi(R)$ 的矩形 R'. 则 (15) 的右端变为

$$\int_{\varphi(R)} f = \int_{R'} f \cdot \chi_{\varphi(R)},$$

这同样有意义. 下面需要证明 (15) 的两端不仅有意义，而且还相等.

赋予 $\mathbb{R}^2$ 最大坐标分量范数，赋予 $\mathcal{L}(\mathbb{R}^2, \mathbb{R}^2)$ 相应的算子范数

$$\|T\| = \max\{|T(v)|_{\max} : |v|_{\max} \le 1\}.$$

给定 $\varepsilon > 0$. 选取将 R 分割为具有半径为 r 的正方形 R_{ij} 的网格 G. (下文将指明 r 的足够小性.) 设 z_{ij} 为 R_{ij} 的中心点，记

$$A_{ij} = (D\varphi)_{z_{ij}}, \quad \varphi(z_{ij}) = w_{ij}, \quad \varphi(R_{ij}) = W_{ij}.$$

函数 φ 在 R_{ij} 上的泰勒逼近是

$$\phi_{ij}(z) = w_{ij} + A_{ij}(z - z_{ij}).$$

复合函数 $\psi = \phi_{ij}^{-1} \circ \varphi$ 将 z_{ij} 映射为自身，它的导数 z_{ij} 处的值等于恒同变换. 由于 $(D\varphi)_z$ 在 R 上一致连续，当 r 充分小时，对于任意的 $z \in R_{ij}$ 以及对于所有的 ij，$\|(D\psi)_z - \mathrm{Id}\| < \varepsilon$. 由引理 34，

(16) $$\phi_{ij}^{-1} \circ \varphi(R_{ij}) \subset (1+\varepsilon) R_{ij},$$

其中 $(1+\varepsilon) R_{ij}$ 表示 R_{ij} 以 z_{ij} 为中心的 $(1+\varepsilon)$-扩张. 类似地，将引理 34 应用于复合函数 $\varphi^{-1} \circ \phi_{ij}$，并且用半径 $\dfrac{r}{1+\varepsilon}$ 替代 r，有

(17) $$\varphi^{-1} \circ \phi_{ij}((1+\varepsilon)^{-1} R_{ij}) \subset R_{ij}.$$

参看图 117. 则 (16) 和 (17) 可推得

图 117 放大图形，使得两个平行四边形夹住非线性平行四边形

$$\phi_{ij}((1+\varepsilon)^{-1}R_{ij}) \subset \varphi(R_{ij}) = W_{ij} \subset \phi_{ij}((1+\varepsilon)R_{ij}).$$

由命题 33，可以得到 W_{ij} 的面积估计式：

$$\frac{J_{ij}|R_{ij}|}{(1+\varepsilon)^2} \leqslant |W_{ij}| \leqslant (1+\varepsilon)^2 J_{ij}|R_{ij}|,$$

其中 $J_{ij} = |\mathrm{Jac}_{z_{ij}}\varphi|$. 等价地，

$$(18) \qquad \frac{1}{(1+\varepsilon)^2} \leqslant \frac{|W_{ij}|}{J_{ij}|R_{ij}|} \leqslant (1+\varepsilon)^2.$$

若对于 $0 \leqslant \varepsilon \leqslant 1$，$a, b > 0$ 形如

$$\frac{1}{(1+\varepsilon)^2} \leqslant \frac{a}{b} \leqslant (1+\varepsilon)^2$$

的不等式意味着（留作习题 40）

$$|a-b| \leqslant 16\varepsilon b.$$

因此（18）意味着

$$(19) \qquad \| |W_{ij}| - J_{ij}|R_{ij}| \| \leqslant 16\varepsilon J|R_{ij}|,$$

其中 $J = \sup\{|\mathrm{Jac}_z\varphi| : z \in R\}$.

分别用 m_{ij} 和 M_{ij} 表示 $f \circ \varphi$ 在 R_{ij} 上的下确界和上确界. 则对于任意的 $w \in \varphi(R)$，

$$\sum m_{ij}\chi_{\mathrm{int}W_{ij}}(w) \leqslant f(w) \leqslant \sum M_{ij}\chi_{W_{ij}}(w),$$

同时进行积分，有

$$\sum m_{ij}|W_{ij}| \leqslant \int_{\varphi(R)} f \leqslant \sum M_{ij}|W_{ij}|.$$

由（19）可以知道，若使用 $J_{ij}|R_{ij}|$ 替代 $|W_{ij}|$，则引起的误差不超过 $16\varepsilon J|R_{ij}|$. 因此，

$$\sum m_{ij}J_{ij}|R_{ij}| - 16\varepsilon MJ|R| \leqslant \int_{\varphi(R)} f \leqslant \sum M_{ij}J_{ij}|R_{ij}| + 16\varepsilon MJ|R|,$$

其中 $M = \sup|f|$. 上式两端分别是可积函数 $f \circ \varphi \cdot |\mathrm{Jac}\varphi|$ 的下和与上和. 因此

$$\int_R f \circ \varphi \cdot |\mathrm{Jac}\varphi| - 16\varepsilon MJ|R| \leqslant$$

$$\int_{\varphi(R)} f \leqslant \int_R f \circ \varphi \cdot |\mathrm{Jac}\varphi| + 16\varepsilon MJ|R|$$

由 ε 的任意性，上式等号成立，从而完成定理的证明. □

最后给出 n 维理论证明的梗概. 我们使用框

$$R = [a_1, b_1] \times \cdots \times [a_n, b_n]$$

替代二维矩形，可类似定义函数 $f: R \to \mathbb{R}$ 的黎曼和：选取由充分小的框 R_l 构成的网格 G，在每一个 R_l 中选取一个样本点 s_l，令

$$R(f, G, S) = \sum f(s_l) |R_l|,$$

其中 $|R_l|$ 等于框 R_l 边长的乘积，S 是样本点的集合. 若黎曼和存在极限，其极限即为积分值. 积分的一般理论包括黎曼-勒贝格定理等，和二维情形一致.

通过对维数 n 使用数学归纳法，可以知道富比尼定理仍然成立，并且有同样含义：对于定义在框上的积分，其积分值可以通过逐项积分得到，并且累次积分的次序不影响积分值.

变量替换公式也有相同的结论，只不过在这里雅可比行列式是 $n \times n$ 矩阵的行列式. 我们使用容量替代面积，这里将集合 $S \subset \mathbb{R}^n$ 的 n 维容量定义为其特征函数的积分. 而在证明容量乘法公式，即命题 33 的过程中，虽然初等矩阵概念更为复杂些，但本质上是相同的. （下述三种类型的初等行运算足以满足行约化的需要：交换相邻两行，第一行乘以系数 λ，将第二行加到第一行.）而在变量替换公式的证明中，除了将 16 变成 4^n，其余都相同.

9　微分形式

黎曼积分的符号

$$\sum_{i=1}^{n} f(t_i) \Delta x_i \approx \int_a^b f(x) \, dx$$

或许会启发我们，可以将积分想象为 "无限小的量 $f(x) \, dx$ 的无限和." 尽管这种想法自身不会导致什么结果，但是它点出一个问题——如何独立地给出 $f dx$ 这个记号的数学含义？答案是：微分形式. 微分形式理论不仅能够为 $f dx$，dx，dy，df，$dx dy$ 提供连贯的、独立的含义，甚至也能解释 d 和 x 的内在含义，它还能统一处理向量值微积分. 仅仅如下一个等式，微分形式的一般斯托克斯（Stokes）公式

$$\int_M d\omega = \int_{\partial M} \omega$$

就概述了积分中关于散度、梯度和旋度的所有定理.

在本节将自然地展现 n 维空间中的微分形式，这将不可避免地

出现复杂的指标记号——大量的 i, j、双重下标、多重指标等. 这将挑战你的忍耐力.

首先, 考虑函数 $y = F(x)$. 我们通常将 F 视作函数, 将 x 视作输入变量, 将 y 视作输出变量. 我们也可以对偶地看待问题: 将 x 视作函数, 将 F 视作输入变量, 将 y 视作输出变量. 归根结底, 为什么不这样呢? 这是数学中的阴和阳.

现在考虑如下方式定义的路径积分:

$$\int_C f\mathrm{d}x + g\mathrm{d}y = \int_0^1 f(x(t), y(t)) \frac{\mathrm{d}x(t)}{\mathrm{d}t}\mathrm{d}t + \int_0^1 g(x(t), y(t)) \frac{\mathrm{d}y(t)}{\mathrm{d}t}\mathrm{d}t.$$

f, g 是以 (x, y) 为自变量的光滑的实值函数, C 是以 $(x(t), y(t))$ 为参数表达式的光滑路径, 其中 $t \in [0, 1]$. 通常的, 积分是依赖于 f 和 g 的数值. 对偶的, 也可以把积分看作依赖于路径 C 的数值. 这就是我们的主要观点. 它也可以在鲁丁 (Rudin) 的《数学分析原理》中找到.

定义 微分 1-形式是指把路径映射为实数的函数, 同时还可以表示为如上所述的路径积分的函数. 这种特定的微分 1-形式的**名字**是 $f\mathrm{d}x + g\mathrm{d}y$.

在某种程度上, 这个定义回避了一个问题. 定义仅仅告诉我们, 应该按照新的方式解读路径积分的标准微积分计算公式——它是积分域的函数. 然而, 这样做很有启迪性, 因为可以自然产生一个新的问题: 微分 1-形式 $f\mathrm{d}x + g\mathrm{d}y$ 衡量了 C 的什么性质?

首先考虑 $f(x, y) = 1$ 以及 $g(x, y) = 0$ 这种特殊情形. 则路径积分为

$$\int_C \mathrm{d}x = \int_a^b \frac{\mathrm{d}x(t)}{\mathrm{d}t}\mathrm{d}t = x(b) - x(a),$$

这是路径 C 的**纯 x-增量**, 可以使用泛函的语言进行表达:

$$\mathrm{d}x : C \to x(b) - x(a).$$

这意味着 $\mathrm{d}x$ 将路径 C 映射为纯 x-增量. 类似地, $\mathrm{d}y$ 将任意一个路径 C 映射为纯 y-增量. "纯" 这个形容词非常重要. 负的 x-增量可以抵消正的 x-增量, 类似地, 负的 y-增量可以抵消正的 y-增量. 在微分形式的世界中, 存在定向问题.

而 $f\mathrm{d}x$ 又将怎么样? 函数 f 刻画了 x-增量的 "权重". 假如路径 C 从一个区域经过, 而 f 在该区域取值较大, 则 x-增量要相应地增

大，因此积分值 $\int_C f\mathrm{d}x$ 反映了 C 上的加权 f 的纯 x-增量. 使用泛函的语言

$$f\mathrm{d}x : C \mapsto C \text{ 上的加权 } f \text{ 的纯 } x\text{-增量}.$$

类似地，$g\mathrm{d}y$ 赋予一条路径一个加权 g 的纯 y-增量，而 1-形式 $f\mathrm{d}x + g\mathrm{d}y$ 赋予 C 两个**增量**之和.

术语　空间 X 上的**泛函**是指 X 到 $\mathbb{R}$ 的函数.

微分 1-形式是路径空间上的泛函. 但路径空间上的泛函有的是微分形式，而有的不是微分形式. 例如，赋予每个路径其弧长，这个泛函不是微分形式. 这是因为，设 C 的参数表达式为 $(x(t), y(t))$，则 $(x^*(t), y^*(t)) = (x(a+b-t), y(a+b-t))$ 是 C 沿着相反方向的参数表达式. 变换方向时弧长保持不变，但是 1-形式作用在路径上要变换符号，因此弧长不是 1-形式. 更为平凡的例子是赋予每一个路径数值 1. 这样的泛函在逆转参数时不具有合适的对称性，因此不是 1-形式.

当 $k \geqslant 2$ 时，需要利用雅可比行列式定义 k-形式. 为了简化记号，记 $\dfrac{\partial F_I}{\partial x_J} = \dfrac{\partial (F_{i_1}, \cdots, F_{i_k})}{\partial (x_{j_1}, \cdots, x_{j_k})}$，其中 $I = (i_1, \cdots, i_k)$，$J = (j_1, \cdots, j_k)$ 是 k-重整数，$F : \mathbb{R}^n \to \mathbb{R}^m$ 是光滑函数. 因此，

$$\frac{\partial F_I}{\partial x_J} = \det \begin{pmatrix} \dfrac{\partial F_{i_1}}{\partial x_{j_1}} & \cdots & \dfrac{\partial F_{i_1}}{\partial x_{j_k}} \\ \vdots & & \vdots \\ \dfrac{\partial F_{i_k}}{\partial x_{j_1}} & \cdots & \dfrac{\partial F_{i_k}}{\partial x_{j_k}} \end{pmatrix}.$$

若 $k = 1$，则 $I = (i)$，$J = (j)$，$\dfrac{\partial F_I}{\partial x_J}$ 即为 $\dfrac{\partial f_i}{\partial x_j}$.

定义　$\mathbb{R}^n$ 中的 k-**胞腔**是指光滑映射 $\varphi : I^k \to \mathbb{R}^n$，其中 I^k 表示 k-方体. 若 $I = (i_1, \cdots, i_k)$ 是取值于 $\{1, \cdots, n\}$ 的 k-重指标，则 $\mathrm{d}x_I$ 是一个泛函，它将 k-胞腔 φ 映射为其 x_I-**面积**：

$$\mathrm{d}x_I : \varphi \mapsto \int_{I^k} \frac{\partial \varphi_I}{\partial u} \mathrm{d}u.$$

这里的积分记号是表达式

$$\int_0^1 \cdots \int_0^1 \frac{\partial(\varphi_{i_1}, \cdots, \varphi_{i_k})}{\partial(u_1, \cdots, u_k)} du_1 \cdots du_k$$

的缩写. 若 f 是 $\mathbb{R}^n$ 上的光滑函数, 则 $f dx_I$ 表示泛函:

$$f dx_I : \varphi \mapsto \int_{I^k} f(\varphi(u)) \frac{\partial \varphi_I}{\partial u} du.$$

函数 f 为 x_I-面积**加权**. 称泛函 $\mathrm{d}x_I$ 为**基本 k-形式**, 称 $f dx_I$ 为**简单 k-形式**, 而简单 k-形式的和

$$\omega = \sum_I f_I dx_I : \varphi \mapsto \sum_I (f_I dx_I)(\varphi)$$

称为 (**一般**) k-**形式**.

细心的读者将会察觉到记号的混乱. 这里 I 表示一簇标量系数函数 $\{f_I\}$ 的下标, 而 I 还表示将 m 维向量 $(F_1, \cdots, F_m)$ 约化为 k 维向量 $F_I = (F_{i_1}, \cdots, F_{i_k})$. 除此之外, I 还表示单位区间. 请坚持住!

为了强调 k-形式是积分这一事实, 我们记

$$\omega(\varphi) = \int_\varphi \omega.$$

记号 $C_k(\mathbb{R}^n)$ 表示 $\mathbb{R}^n$ 中所有 k-**胞腔**的集合, $C^k(\mathbb{R}^n)$ 表示 $C_k(\mathbb{R}^n)$ 上所有泛函的集合, $\Omega^k(\mathbb{R}^n)$ 表示 $\mathbb{R}^n$ 上所有 k-形式的集合.

由于行变换改变行列式的符号, k-形式具有**符号交错**性质: 若 π 将 I 置换为 πI, 则

$$\mathrm{d}x_{\pi_I} = \mathrm{sgn}(\pi) \mathrm{d}x_I.$$

特别地, $\mathrm{d}x_{(1,2)} = -\mathrm{d}x_{(2,1)}$. 假如出现重复的行, 则行列式等于 0, 因此若 I 有重复项, 则 $\mathrm{d}x_I = 0$. 特别地, $\mathrm{d}x_{(1,1)} = 0$.

使用平面上线积分的语言, 路径是 1-胞腔, $x_{(1)} = x$, $x_{(2)} = y$, $\mathrm{d}x_{(1)}$-面积是纯 x-增量, $\mathrm{d}x_{(2)}$-面积是纯 y-增量. 类似地, 参数化的曲面积分 (在大学二年级微积分教程中讨论过) 和 2-胞腔上的 2-形式的积分相对应. 曲面的 $x_{(1,2)}$-面积是到 xy 平面投影的纯面积. 等式 $\mathrm{d}x_{(1,2)} = -\mathrm{d}x_{(2,1)}$ 表示 xy 面积等于 yx 面积的相反数.

自然形式

大家很容易把胞腔的定义即光滑映射, 与它的映射像即点集产生混淆. 但这个错误是完全无害的.

定理 36　　在具有不同参数表达式的 k-胞腔上对 k-形式积分，在相差±1因子的前提下，积分值唯一. ±1 的选择取决于参数化时是保持还是反转方向.

证明　　设 T 是保持方向的 I^k 到自身的微分同胚，$\omega = f\mathrm{d}x_I$，则雅可比行列式 $\dfrac{\partial T}{\partial u}$ 是正值. 由行列式乘积公式和多重积分的变量替换公式，

$$\int_{\varphi \circ T} \omega = \int_{I^k} f(\varphi \circ T(u)) \frac{\partial(\varphi \circ T)_I}{\partial u}\mathrm{d}u$$

$$= \int_{I^k} f(\varphi \circ T(u)) \left(\frac{\partial \varphi_I}{\partial \nu}\right)_{\nu = T(u)} \frac{\partial T}{\partial u}\mathrm{d}u$$

$$= \int_{I^k} f(\varphi(\nu)) \frac{\partial \varphi_I}{\partial \nu}\mathrm{d}\nu = \int_{\varphi} \omega.$$

通过求和可以知道，对于任意 $\omega \in \Omega^k$，等式 $\int_{\varphi \circ T} \omega = \int_{\varphi} \omega$ 依然成立. 假如 T 反转方向，则雅可比行列式取负号. 由于变量替换公式中出现的是雅可比行列式的绝对值，这导致 $\int_{\varphi \circ T} \omega$ 变换符号.　　□

平面上的线积分是上述定理的特例. 1-形式在曲线 C 上的积分并不依赖 C 的参数表达形式. 假如我们首先使用 $t \in [0,1]$ 作为 C 的参数，然后通过弧长 $s \in [0,L]$ 重新对 C 参数化，其中 L 表示 C 的弧长，且 C 的方向保持不变，则 1-形式的积分值保持不变，

$$\int_0^1 f(x(t), y(t)) \frac{\mathrm{d}x(t)}{\mathrm{d}t}\mathrm{d}t = \int_0^L f(x(s), y(s)) \frac{\mathrm{d}x(s)}{\mathrm{d}s}\mathrm{d}s,$$

$$\int_0^1 g(x(t), y(t)) \frac{\mathrm{d}y(t)}{\mathrm{d}t}\mathrm{d}t = \int_0^L g(x(s), y(s)) \frac{\mathrm{d}y(s)}{\mathrm{d}s}\mathrm{d}s.$$

微分形式表达式

若 k-元组 $I = (i_1, \cdots, i_k)$ 满足 $i_1 < \cdots < i_k$，则称其为**升序**的.

命题 37　　任意 k-形式 ω 都可以唯一地表示为具有提升的 k-元指标的简单 k-形式之和，即

$$\omega = \sum f_A \mathrm{d}x_A.$$

进而，在 ω 的上述**升序展示**（或者"**名字**"）中，系数 $f_A(x)$ 取决于 ω 在 x 处的充分小的 k-胞腔上的值.

证明 由于微分形式具有符号交错性质，可以将简单微分形式的和式进行重组，使得其指标满足提升性质．因此得到 ω 的升序展示 $\omega = \sum f_A \mathrm{d}x_A$．

固定一个升序的 k-元组 A，固定 $p \in \mathbb{R}^n$．对于 $r > 0$，考虑融合胞腔

$$\iota = \iota_{r,p} : u \mapsto p + rL(u),$$

其中 L 是将 $\mathbb{R}^k$ 映射为 x_A-平面的线性嵌入映射，ι 将 I^k 映射入 p 点处的 x_A-平面中的方体．当 $r \to 0$ 时，方体收缩为 p 点．若 I 是升序指标，则 ι 的雅可比行列式为

$$\frac{\partial \iota_I}{\partial u} = \begin{cases} r^k & \text{若 } I = A \\ 0 & \text{若 } I \neq A. \end{cases}$$

因此，若 $I \neq A$，则 $f_I \mathrm{d}x_I(\iota) = 0$，且

$$\omega(\iota) = f_A \mathrm{d}x_A(\iota) = r^k \int_{I^k} f_A(\iota(u)) \, \mathrm{d}u.$$

由 f_A 的连续性，

$$(20) \qquad f_A(p) = \lim_{r \to 0} \frac{1}{r^k} \omega(\iota),$$

这说明，ω 在 p 点处充分小的 k-胞腔上的值确定了系数 $f_A(p)$．

推论 38 若 $k > n$，则 $\Omega^k(\mathbb{R}^n) = 0$．

证明 若 $k > n$，则不存在取值于 $\{1, \cdots, n\}$ 提升 k-元组．

心得 给定微分形式，它或许有很多表达式，但提升表达式是唯一的．因此，我们在讨论微分形式的定义或者性质时，为避免歧义，通常使用升序展示．

楔积

设 α 为 k-形式，β 为 ι-形式．分别将 α，β 表示为提升表达式：$\alpha = \sum_I a_I \mathrm{d}x_I$，$\beta = \sum_J b_J \mathrm{d}x_J$，它们的**楔积**是 $(k+l)$-形式：

$$\alpha \wedge \beta = \sum_{I,J} a_I b_J \mathrm{d}x_{IJ},$$

其中，$I = (i_1, \cdots, i_k)$，$J = (j_1, \cdots, j_l)$，$IJ = (i_1, \cdots, i_k, j_1, \cdots, j_l)$，等式右侧是对所有的升序多元组 I，J 进行求和．使用升序展示可以避免表达式的混乱，尽管定理 39 可确保不会出现歧义．上述定义的特例是

$$\mathrm{d}x_1 \wedge \mathrm{d}x_2 = \mathrm{d}x_{(1,2)}.$$

定理 39 楔积 $\wedge$：$\Omega^k \times \Omega^l \to \Omega^{k+l}$ 满足如下四条性质：

（a）分配律：$(\alpha+\beta) \wedge \gamma = \alpha \wedge \gamma + \beta \wedge \gamma$，以及 $\gamma \wedge (\alpha+\beta) = \gamma \wedge \alpha + \gamma \wedge \beta$.

（b）表达式的钝性：给定表达式 $\alpha = \sum a_I dx_I$ 以及 $\beta = \sum b_J dx_J$，则 $\alpha \wedge \beta = \sum_{I,J} a_I b_J dx_{IJ}$.

（c）结合律：$\alpha \wedge (\beta \wedge \gamma) = (\alpha \wedge \beta) \wedge \gamma$.

（d）符号交换律：若 α 是 k-形式，β 是 l-形式，则 $\beta \wedge \alpha = (-1)^{kl} \alpha \wedge \beta$. 特别地，$dx \wedge dy = -dy \wedge dx$.

引理 40 基本形式的楔积满足等式

$$dx_I \wedge dx_J = dx_{IJ}.$$

证明#1 参看习题 54. □

证明#2 若 I 和 J 是升序多元组，则重复楔积的定义即知结论成立. 否则，设 π 和 ρ 是使得 πI 和 ρJ 为非递减多元组的置换. 用 σ 表示 IJ 上的置换，它在前 k 项上的作用和 π 相等，在后 l 项的作用和 ρ 相等. 则 σ 的符号等于 $\mathrm{sgn}(\pi) \cdot \mathrm{sgn}(\rho)$，且

$$dx_I \wedge dx_J = \mathrm{sgn}(\pi)\mathrm{sgn}(\rho) dx_{\pi I} \wedge dx_{\rho J} = \mathrm{sgn}(\sigma) dx_{\sigma(IJ)} = dx_{IJ}. \quad \square$$

定理 39 的证明 （a）为了证明分配律，假设 $\alpha = \sum a_I dx_I$ 以及 $\beta = \sum b_I dx_I$ 是 k-形式. 而 $\gamma = \sum c_J dx_J$ 是 l-形式，且上述和式中出现的表达式均为升序展示. 则

$$\sum (a_I + b_I) dx_I$$

是 $\alpha + \beta$ 的升序展示（这是证明中用到的唯一技巧），以及

$$(\alpha + \beta) \wedge \gamma = \sum_{I,J} (a_I + b_I) c_J dx_{IJ} = \sum_{I,J} a_I c_J dx_{IJ} + \sum_{I,J} b_I c_J dx_{IJ},$$

等式右端为 $\alpha \wedge \gamma + \beta \wedge \gamma$，这证明了楔积满足左分配律. 可以类似证明楔积满足右分配律.

（b）设 $\sum a_I dx_I$ 和 $\sum b_J dx_J$ 分别是 α 和 β 的一般的、非升序展示. 由分配律和引理 40，

$$\left(\sum a_I dx_I \right) \wedge \left(\sum b_J dx_J \right) = \sum_{I,J} a_I b_J dx_I \wedge dx_J = \sum_{I,J} a_I b_J dx_{IJ}.$$

（c）由（b）可以知道，当证明结合律时，并不需要使用提升表达式. 因此，若 $\alpha = \sum a_I dx_I$，$\beta = \sum b_J dx_J$，$\gamma = \sum c_K dx_K$，则

$$\alpha \wedge (\beta \wedge \gamma) = \left(\sum_I a_I dx_I \right) \wedge \left(\sum_{J,K} b_J c_K dx_{JK} \right) = \sum_{I,J,K} a_I b_J c_K dx_{IJK},$$

右端恰好等于 $(\alpha \wedge \beta) \wedge \gamma$.

（d）由结合律，可以分别将 dx_I 和 dx_J 表示为 $dx_{i_1} \wedge \cdots \wedge dx_{i_k}$ 和 $dx_{j_1} \wedge \cdots \wedge dx_{j_l}$. 因此

$$dx_I \wedge dx_J = dx_{i_1} \wedge \cdots \wedge dx_{i_k} \wedge dx_{j_1} \cdots \wedge dx_{j_l}.$$

通过 kl 次两两对换位置，可以将每一个 dx_i 推移到 dx_j 的后面，这意味着

$$dx_J \wedge dx_I = (-1)^{kl} dx_I \wedge dx_J.$$

对于一般的 α 和 β，由分配律可以证明符号交换律的交错性质. □

外导数

对微分形式求导是一件微妙的事情. 其基本思想，如同所有的求导运算一样，是赋有数值的点有小的扰动时，微分形式如何相应的变化.

称光滑函数 $f(x)$ 为 0-形式. 由定义，它的外导数是指关于路径 $\varphi: [0,1] \to \mathbb{R}^n$ 的泛函：

$$df: \varphi \mapsto f(\varphi(1)) - f(\varphi(0)).$$

命题 41 df 是 1-形式. 当 $n = 2$ 时，df 可以表示为

$$df = \frac{\partial f}{\partial x} dx + \frac{\partial f}{\partial y} dy.$$

特别地，$d(x) = dx$.

证明 在不引起记号混淆的前提下，我们使用微积分中常用的速记符号，记 $f_x = \dfrac{\partial f}{\partial x}$，$f_y = \dfrac{\partial f}{\partial y}$. 将微分形式 $\omega = f_x dx + f_y dy$ 作用于 φ，可以得到一个数

$$\omega(\varphi) = \int_0^1 \left(f_x(\varphi(t)) \frac{dx(t)}{dt} + f_y(\varphi(t)) \frac{dy(t)}{dt} \right) dt.$$

由链式法则，被积函数是 $f \circ (t)\varphi$ 的导数. 由微积分基本定理，$\omega(\varphi) = f(\varphi(1)) - f(\varphi(0))$. 因此，$df = \omega$，证明完毕.

定义 固定 $k \geqslant 1$. 设 $\sum f_I dx_I$ 是 k-形式 ω 的升序展示，ω 的**外导数**是 $(k+1)$-形式

$$d\omega = \sum_I df_I \wedge dx_I.$$

其中，上式是对所有的升序 k-元组 I 求和.

使用升序展示可以使得外导数的定义是明确的，然而由定理 42 可知不用升序展示也没有问题. 由于 df_I 是 1-形式，dx_I 是 k-形式，

因此 $\mathrm{d}\omega$ 确是 $(k+1)$-形式.

例如, 我们可以得到
$$\mathrm{d}(f\mathrm{d}x+g\mathrm{d}y) = (g_x-f_y)\,\mathrm{d}x \wedge \mathrm{d}y.$$

定理 42 外微分运算 $\mathrm{d}: \Omega^k \to \Omega^{k+1}$ 满足如下四条性质.

(a) 线性性质: $\mathrm{d}(\alpha+c\beta) = \mathrm{d}\alpha + c\mathrm{d}\beta$.

(b) 表达式的钝性: 设 $\sum f_I\mathrm{d}x_I$ 是 ω 的一般表达式, 则 $\mathrm{d}\omega = \sum \mathrm{d}f_I \wedge \mathrm{d}x_I$.

(c) 乘积法则: 设 α 是 k-形式, β 是 l-形式, 则
$$\mathrm{d}(\alpha \wedge \beta) = \mathrm{d}\alpha \wedge \beta + (-1)^k \alpha \wedge \mathrm{d}\beta.$$

(d) $\mathrm{d}^2 = 0$. 即对于任意的 $\omega \in \Omega^k$, $\mathrm{d}(\mathrm{d}\omega) = 0$

证明 (a) 线性性质容易证明, 留给读者作为习题 55.

(b) 设 π 为使得 πI 构成升序多元组的置换. 由 d 的线性性质以及楔积满足结合律, 有
$$\mathrm{d}(f_I\mathrm{d}x_I) = \mathrm{sgn}(\pi)\mathrm{d}(f_I\mathrm{d}x_{\pi_I}) = \mathrm{sgn}(\pi)\mathrm{d}(f_I) \wedge \mathrm{d}x_{\pi I} = \mathrm{d}(f_I) \wedge \mathrm{d}x_I.$$
这里, d 的线性性质可以确保结论不仅对简单形式成立, 对一般形式也成立.

(c) 由二元函数求导运算的莱布尼兹法则, 有

$$\mathrm{d}(fg) = \frac{\partial fg}{\partial x}\mathrm{d}x + \frac{\partial fg}{\partial y}\mathrm{d}y$$

$$= f_x g\mathrm{d}x + f_y g\mathrm{d}y + fg_x\mathrm{d}x + fg_y\mathrm{d}y,$$

上式右端等于 $g\mathrm{d}f + f\mathrm{d}g$. 因此, 对于 $\mathbb{R}^2$ 上的 0-形式, (c) 成立. 可以类似证明多维情形. 下面考察简单微分形式 $\alpha = f\mathrm{d}x_I$, $\beta = g\mathrm{d}x_J$. 则
$$\mathrm{d}(\alpha \wedge \beta) = \mathrm{d}(fg\mathrm{d}x_{IJ}) = (g\mathrm{d}f + f\mathrm{d}g) \wedge \mathrm{d}x_{IJ}$$
$$= (\mathrm{d}f \wedge \mathrm{d}x_I) \wedge (g\mathrm{d}x_J) + (-1)^k(f\mathrm{d}x_I) \wedge (\mathrm{d}g \wedge \mathrm{d}x_J)$$
$$= \mathrm{d}\alpha \wedge \beta + (-1)^k \alpha \wedge \mathrm{d}\beta.$$
对于一般的 α 和 β, 由分配律可知结论成立.

结论 (d) 的证明非常有趣. 我们首先考虑特殊的 0-形式 x. 由命题 41, x 的外导数是 $\mathrm{d}x$, 进而 $\mathrm{d}x$ 的外导数是 0. 这是由于 $\mathrm{d}x = 1\mathrm{d}x$, $\mathrm{d}1 = 0$, 由定义, $\mathrm{d}(1\mathrm{d}x) = \mathrm{d}(1) \wedge \mathrm{d}x = 0$. 同理有 $\mathrm{d}(\mathrm{d}x_I) = 0$

下面考虑光滑函数 $f: \mathbb{R}^2 \to \mathbb{R}$, 我们将证明 $\mathrm{d}^2 f = 0$. 由于 $\mathrm{d}^2 x = \mathrm{d}^2 y = 0$, 有

$$d^2f = d(f_x dx + f_y dy) = d(f_x) \wedge dx + d(f_y) \wedge dy$$
$$= (f_{xx} dx + f_{xy} dy) \wedge dx + (f_{yx} dx + f_{yy} dy) \wedge dy$$
$$= 0.$$

借助于函数满足 $d^2 = 0$ 这一事实，可容易知道微分形式也满足这一等式. 多维情形类似. □

推进和拉回

根据定理 36，微分形式在它的右侧作复合运算时，其作用为自然的作用. 如果在左侧复合呢？设 $T: \mathbb{R}^n \to \mathbb{R}^m$ 是光滑的变换，则 T 能够自然地诱导变换 $T_*: C_k(\mathbb{R}^n) \to C_k(\mathbb{R}^m)$，即 T 的**推进**. 其定义为

$$T_*: \varphi \to T \circ \varphi.$$

与推进这一概念对偶的是拉回 $T^*: C^k(\mathbb{R}^m) \to C^k(\mathbb{R}^n)$，其定义为

$$T^*: Y \to Y \circ T.$$

因此，$Y \in C^k(\mathbb{R}^m)$ 的拉回是 $C_k(\mathbb{R}^n)$ 上的泛函

$$T^*Y: \varphi \mapsto Y(\varphi \circ T).$$

T 的推进 T_* 和 T 具有相同的方向，从 $\mathbb{R}^n$ 到 $\mathbb{R}^m$；而 T 的拉回 T^* 与 T 的方向相反. 推进和拉回的对偶性可由如下等式体现：

$$(T^*Y)(\varphi) = Y(T_*\varphi).$$

定理 43 拉回映射满足如下四条性质.

（a）拉回变换满足线性性质，且 $(S \circ T)^* = T^* \circ S^*$.

（b）微分形式的拉回还是微分形式；特别地，$T^*(dy_I) = dT_I$，$T^*(f dy_I) = T^*f dT_I$，其中

$$dT_I = dT_{i_1} \wedge \cdots \wedge dT_{i_k}.$$

（c）拉回保持楔积，即 $T^*(\alpha \wedge \beta) = T^*\alpha \wedge T^*\beta$.

（d）拉回与外导数运算可交换次序，即 $dT^* = T^* d$.

证明 （a）留作习题 56.

（b）为证明（b），我们需要利用线性代数中的柯西-比奈（Cauchy-Binet）公式，该公式考察了乘积矩阵 $AB = C$ 的行列式的性质，其中 A 是 $k \times n$ 矩阵，B 是 $n \times k$ 矩阵. 参看附录 E.

使用雅可比行列式的语言，柯西-比奈公式告诉我们，若映射 $\varphi: \mathbb{R}^k \to \mathbb{R}^n$ 和 $\psi: \mathbb{R}^n \to \mathbb{R}^k$ 是光滑映射，则复合映射 $\phi = \psi \circ \varphi: \mathbb{R}^k \to \mathbb{R}^k$ 满足

$$\frac{\partial \phi}{\partial u} = \sum_J \frac{\partial \psi}{\partial x_J} \frac{\partial \varphi_J}{\partial u},$$

其中，雅可比行列式 $\dfrac{\partial \psi}{\partial x_J}$ 在 $x = \varphi(u)$ 处赋值，J 取遍取值 $\{1, \cdots, n\}$ 的所有提升 k-元组.

则 $\mathbb{R}^m$ 上的简单 k-形式的拉回是 $C_k(\mathbb{R}^n)$ 上的泛函

$$T^*(f\mathrm{d}y_I) : \varphi \mapsto f\mathrm{d}y_I(T \circ \varphi)$$

$$= \int_{I^k} f(T \circ \varphi(u)) \frac{\partial (T \circ \varphi)_I}{\partial u} \mathrm{d}u$$

$$= \sum_J \int_{I^k} f(T \circ \varphi(u)) \left(\frac{\partial T_I}{\partial x_J} \right)_{x = \varphi(u)} \frac{\partial \varphi_J}{\partial u} \mathrm{d}u,$$

这意味着

$$T^*(f\mathrm{d}y_I) = \sum_J T^*f \frac{\partial T_I}{\partial x_J} \mathrm{d}x_J$$

是 k-形式. 由于拉回映射满足线性性质，上述等式对一般的 k-形式也成立，因此微分形式的拉回映射还是微分形式. 下面只需要证明 $T^*(\mathrm{d}y_I) = \mathrm{d}T_I$. 对于 $I = (i_1, \cdots, i_k)$，由楔积满足分配律以及函数的外导数定义可以知道

$$\mathrm{d}T_I = \mathrm{d}T_{i_1} \wedge \cdots \wedge \mathrm{d}T_{i_k} = \left(\sum_{s_1 = 1}^n \frac{\partial T_{i_1}}{\partial x_{s_1}} \mathrm{d}x_{s_1} \right) \wedge \cdots \wedge \left(\sum_{s_k = 1}^n \frac{\partial T_{i_k}}{\partial x_{s_k}} \mathrm{d}x_{s_k} \right)$$

$$= \sum_{s_1, \cdots, s_k = 1}^n \frac{\partial T_{i_1}}{\partial x_{s_1}} \cdots \frac{\partial T_{i_k}}{\partial x_{s_k}} \mathrm{d}x_{s_1} \wedge \cdots \wedge \mathrm{d}x_{s_k}.$$

上述 $i_1, \cdots, i_k$ 是固定的指标. 在求和项中，具有重复伪指标 $(s_1, \cdots, s_k)$ 的项均等于 0. 因此，上式是对所有的没有重复项的 k-元组 $(s_1, \cdots, s_k)$ 求和. 由于 $(s_1, \cdots, s_k)$ 可以唯一地表示为 πJ，其中 $J = (j_1, \cdots, j_k)$ 为提升多元组，π 为置换. 进而，$\mathrm{d}x_{s_1} \wedge \cdots \wedge \mathrm{d}x_{s_k} = \mathrm{sgn}(\pi) \mathrm{d}x_J$，因此

$$\mathrm{d}T_I = \sum_J \left(\sum_\pi \mathrm{sgn}(\pi) \frac{\partial T_{i_1}}{\partial x_{\pi(j_1)}} \cdots \frac{\partial T_{i_k}}{\partial x_{\pi(j_k)}} \right) \mathrm{d}x_J = \sum_J \frac{\partial T_I}{\partial x_J} \mathrm{d}x_J,$$

从而 $T^*(\mathrm{d}y_I) = \mathrm{d}T_I$. 我们在这里使用了附录 E 给出的行列式定义.

（c）容易证明 0-形式乘积的拉回等于拉回的乘积，即 $T^*(fg) = T^*f T^*g$. 设 $\alpha = f\mathrm{d}y_I$，$\beta = g\mathrm{d}y_J$ 是简单的微分形式，则 $\alpha \wedge \beta = fg\mathrm{d}y_{IJ}$，

由（b），

$$T^{*}(\alpha \wedge \beta) = T^{*}(fg)\,\mathrm{d}T_{IJ} = T^{*}fT^{*}g\,\mathrm{d}T_I \wedge \mathrm{d}T_J = T^{*}\alpha \wedge T^{*}\beta.$$

由于楔积满足分配律，以及拉回映射具有线性性质，可以完成（c）的证明.

（d）若 ω 是 0 阶的微分形式，即 $\omega = f \in \Omega^0(\mathbb{R}^m)$，则

$$T^{*}(\mathrm{d}f)(x) = T^{*}\left(\sum_{i=1}^{m} \frac{\partial f}{\partial y_i}\mathrm{d}y_i\right)$$

$$= \sum_{i=1}^{m} T^{*}\left(\frac{\partial f}{\partial y_i}\right) T^{*}(\mathrm{d}y_i)$$

$$= \sum_{i=1}^{m} \left(\frac{\partial f(y)}{\partial y_i}\right)_{y=T(x)} \mathrm{d}T_i$$

$$= \sum_{i=1}^{m} \sum_{j=1}^{n} \left(\frac{\partial f(y)}{\partial y_i}\right)_{y=T(x)} \left(\frac{\partial T_i}{\partial x_j}\right) \mathrm{d}x_j,$$

由 $\mathrm{d}(f \circ T) = \mathrm{d}(T^{*}f)$ 的链式法则表达式可知

$$\mathrm{d}(f \circ T) = \sum_{j=1}^{n} \left(\frac{\partial f(T(x))}{\partial x_j}\right) \mathrm{d}x_j.$$

因此对于 0-形式，有 $T^{*}\mathrm{d}\omega = \mathrm{d}T^{*}\omega$.

下面设 $k \geqslant 1$，考察简单 k-形式 $\omega = f\mathrm{d}y_I$. 利用结论（b）、0-阶形式的结论以及楔积微分公式，可以得到

$$\mathrm{d}(T^{*}\omega) = \mathrm{d}(T^{*}f\mathrm{d}T_I)$$

$$= \mathrm{d}(T^{*}f) \wedge \mathrm{d}T_I + (-1)^0 T^{*}f \wedge \mathrm{d}(\mathrm{d}T_I)$$

$$= T^{*}(\mathrm{d}f) \wedge \mathrm{d}T_I$$

$$= T^{*}(\mathrm{d}f \wedge \mathrm{d}y_I)$$

$$= T^{*}(\mathrm{d}\omega).$$

由线性性质，结论（d）对于一般的 k-形式也成立. 结论（d）证明完毕. □

10 斯托克斯公式

本节将给出斯托克斯公式：

$$\int_{\varphi} \mathrm{d}\omega = \int_{\partial\varphi} \omega,$$

其中 $\omega \in \Omega^k(\mathbb{R}^n)$，$\varphi \in C_{k+1}(\mathbb{R}^n)$. 进而作为特例，我们直接给出向量微积分的标准公式. 最后将讨论微分形式的反导数并且简要介绍德拉姆上同调理论.

首先在方体上验证斯托克斯公式，然后利用拉回得到一般情形下的斯托克斯公式.

定义 ***k-链*** 是指 k-胞腔的形式线性组合，

$$\Phi = \sum_{j=1}^{N} a_j \varphi_j,$$

其中 $a_1, \cdots, a_N$ 是实常数. k-形式 ω 在 Φ 上的积分是

$$\int_{\Phi} \omega = \sum_{j=1}^{N} a_j \int_{\varphi_j} \omega.$$

定义 k-胞腔 φ 的**边界**是指 k-链

$$\partial_{\varphi} = \sum_{j=1}^{k+1} (-1)^{j+1} (\varphi \circ \iota^{j,1} - \varphi \circ \iota^{j,0}),$$

其中，

$$\iota^{j,0} : (u_1, \cdots, u_k) \mapsto (u_1, \cdots, u_{j-1}, 0, u_j, \cdots, u_k),$$
$$\iota^{j,1} : (u_1, \cdots, u_k) \mapsto (u_1, \cdots, u_{j-1}, 1, u_j, \cdots, u_k)$$

分别是 I^{k+1} 的第 j 个**融合** k-胞腔和第 j 个**前融合** k-胞腔. 为简便起见，可将 $\partial\varphi$ 记为

$$\partial \varphi = \sum_{j=1}^{k+1} (-1)^{j+1} \delta^j,$$

其中 $\delta^j = \varphi \circ \iota^{j,1} - \varphi \circ \iota^{j,0}$ 是 φ 的第 j 个**偶极子**.

方体上的斯托克斯定理 44　假设 $k+1=n$. 若 $\omega \in \Omega^k(\mathbb{R}^n)$，且 $\iota: I^n \to \mathbb{R}^n$ 是 $\mathbb{R}^n$ 中的恒同**融合** n-胞腔，则

$$\int_{\iota} \mathrm{d}\omega = \int_{\partial\iota} \omega.$$

证明　记 ω 为

$$\omega = \sum_{i=1}^{n} f_i(x) \, \mathrm{d}x_1 \wedge \cdots \wedge \overset{\wedge}{\mathrm{d}x_i} \wedge \cdots \wedge \mathrm{d}x_n,$$

其中，在 $\mathrm{d}x_i$ 上面加上符号 "$\wedge$" 表示该项不存在. ω 的外导数是

$$\mathrm{d}\omega = \sum_{i=1}^{n} \mathrm{d}f_i \wedge \mathrm{d}x_1 \wedge \cdots \wedge \overset{\wedge}{\mathrm{d}x_i} \wedge \cdots \wedge \mathrm{d}x_n$$

$$= \sum_{i=1}^{n} (-1)^{i-1} \frac{\partial f_i}{\partial x_i} \mathrm{d}x_1 \wedge \cdots \wedge \mathrm{d}x_n,$$

这意味着

$$\int_\iota \mathrm{d}\omega = \sum_{i=1}^n (-1)^{i+1} \int_{I^k} \frac{\partial f_i}{\partial x_i} \mathrm{d}u.$$

删去第 j 个后方 $\iota^{j,0}(u)$ 的第 j 个分量，可以得到 k-元组 $(u_1,\cdots,u_k)$，而删去其他分量得到的 k-元组在 u 变化时有一个分量保持不变。对于第 j 个前方面，结论同样成立。因此雅可比行列式是

$$\frac{\partial (\iota^{j,0\text{或}1})_I}{\partial u} = \begin{cases} 1 & \text{若 } I = (1,\cdots,\hat{j},\cdots,n), \\ 0 & \text{其他.} \end{cases}$$

因此当 $i \neq j$ 时，ω 的第 j 个偶极子积分是 0. 而当 $i=j$ 时，

$$\int_{\delta^j} \omega = \int_0^1 \cdots \int_0^1 (f_j(u_1,\cdots,u_{j-1},1,u_j,\cdots,u_k) -$$
$$f_j(u_1,\cdots,u_{j-1},0,u_j,\cdots,u_k)) \mathrm{d}u_1 \cdots \mathrm{d}u_k.$$

由微积分基本定理，我们可以使用导数的积分来替代 f_j 的差式。再由富比尼定理，在通常多重积分中，积分与积分的次序无关，则有

$$\int_{\delta^j} \omega = \int_0^1 \cdots \int_0^1 \frac{\partial f_j(x)}{\partial x_j} \mathrm{d}x_1 \cdots \mathrm{d}x_n,$$

因此，偶极的交错和 $\sum (-1)^{j+1} \int_{\delta^j} \omega = \int_\iota \mathrm{d}\omega.$ □

推论 45 一般 k-胞腔上的斯托克斯公式 若 $\omega \in \Omega^k(\mathbb{R}^n)$ 且 $\varphi \in C_{k+1}(\mathbb{R}^n)$，则

$$\int_\varphi \mathrm{d}\omega = \int_{\partial\varphi} \omega.$$

证明 当 $T = \varphi: I^{k+1} \to \mathbb{R}^n$ 以及 $\iota: I^{k+1} \to \mathbb{R}^{k+1}$ 是恒同融合映射时，由拉回的定义以及定理 43（d），

$$\int_\varphi \mathrm{d}\omega = \int_{\varphi \circ \iota} \mathrm{d}\omega = \int_\iota \varphi^* \mathrm{d}\omega = \int_\iota \mathrm{d}\varphi^* \omega = \int_{\partial\iota} \varphi^* \omega = \int_{\partial\varphi} \omega.$$

流形上的斯托克斯公式

如图 118 所示，若 $M \subset \mathbb{R}^n$ 能够分解为 $(k+1)$-胞腔的并，并且其边界分解为 k-胞腔的并，则 M 上也存在斯托克斯公式。即，若 ω 是 k-形式，则

$$\int_M \mathrm{d}\omega = \int_{\partial M} \omega,$$

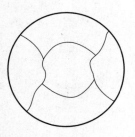
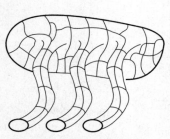

图 118 $(k+1)$-胞腔流形.
其边界可能有多个连通分支

其中对 M 有如下要求：边界 k-胞腔若位于 M 的内部，则能够相互抵消. 其目的在于将莫比乌斯带以及其他的不可定向集合排除在外. $(k+1)$-胞腔**平铺** M. 当覆盖 M 时，要注意光滑胞腔有可能是奇异的（即不是一一的），其像有可能是单形（三角形等）.

向量微积分

首先，若令 $M=[a,b]\subset\mathbb{R}^1$ 以及 $\omega=f$，则微积分基本定理可以看作斯托克斯公式

$$\int_M \mathrm{d}\omega = \int_{\partial M} \omega$$

的特例. ω 在 0-链 $\partial M = b-a$ 上的积分是 $f(b)-f(a)$，而 $\mathrm{d}\omega$ 在 M 上的积分是 $\int_a^b f'(x)\,\mathrm{d}x$.

其次，若令 $\omega = f\mathrm{d}x+g\mathrm{d}y$，平面上的格林公式

$$\iint_D (g_x - f_y)\,\mathrm{d}x\mathrm{d}y = \int_C f\mathrm{d}x + g\mathrm{d}y$$

也是斯托克斯公式的特例，这里区域 D 的边界为曲线 C. 它是平面中的 2-胞腔流形.

再次，高斯散度定理

$$\iiint_D \mathrm{div}F = \iint_S \mathrm{flux}F$$

也是斯托克斯公式的推论. 这里，$F=(f,g,h)$ 是定义在 $U\subset\mathbb{R}^3$ 上的光滑向量场.（此记号表示，f 是 F 的 x-分量，g 是 y-分量，h 是 z-分量.）F 的**散度**是标量函数

$$\mathrm{div}F = f_x + g_y + h_z.$$

若 φ 是 U 中的 2-胞腔，则积分

$$\int_\varphi f\mathrm{d}y \wedge \mathrm{d}z + g\mathrm{d}z \wedge \mathrm{d}x + h\mathrm{d}x \wedge \mathrm{d}y$$

表示 F 通过 φ 的**通量**. 设 S 是紧致 2-胞腔流形，则通过 S 的全通量是通过它的 2-胞腔通量之和. 若 S 是区域 $D\subset U$ 的边界，则高斯散度定理恰好是斯托克斯公式，其中

$$\omega = f\mathrm{d}y \wedge \mathrm{d}z + g\mathrm{d}z \wedge \mathrm{d}x + h\mathrm{d}x \wedge \mathrm{d}y.$$

这是因为 $\mathrm{d}\omega = \mathrm{div}F\mathrm{d}x \wedge \mathrm{d}y \wedge \mathrm{d}z$.

最后，向量场 $F=(f,\ g,\ h)$ 的**旋度**是指向量场

$$(h_y - g_z, f_z - h_x, g_x - f_y).$$

对 $\omega = f\mathrm{d}x + g\mathrm{d}y + h\mathrm{d}z$ 使用斯托克斯公式，得到

$$\int_S (h_y - g_z)\mathrm{d}y \wedge \mathrm{d}z + (f_z - h_x)\mathrm{d}z \wedge \mathrm{d}x + (g_x - f_y)\mathrm{d}x \wedge \mathrm{d}y$$

$$= \int_C f\mathrm{d}x + g\mathrm{d}y + h\mathrm{d}z,$$

其中 S 是以封闭曲线 C 为边界的曲面. 第一个积分表示通过 S 的全旋度，而第二个积分表示 F 在边界上的循环量，上述等式即为斯托克斯旋度定理.

闭形式与正合形式

若一个微分形式的外导数为 0，则称其为**闭**的，若一个微分形式是某个微分形式的外导数，则称其为**正合**的. 由于 $\mathrm{d}^2 = 0$，正合微分形式都是闭的：

$$\omega = \mathrm{d}\alpha \Rightarrow \mathrm{d}\omega = \mathrm{d}(\mathrm{d}\alpha) = 0.$$

逆命题何时成立？即，在什么条件下可以对闭形式求不定积分？若微分形式定义在 $\mathbb{R}^n$ 上，答案即为庞加莱（Poincaré）引理，可参见下文. 但是若微分形式是定义在 $\mathbb{R}^n$ 的子集 U 上，并且该微分形式不能延拓为 $\mathbb{R}^n$ 上的光滑微分形式，则答案要依赖于 U 上的拓扑结构.

有一个来自微积分中的熟知情形. 设 U 是以简单封闭曲线为边界的平面区域，令 $\omega = f\mathrm{d}x + g\mathrm{d}y$ 是 U 上的闭 1-形式，则 ω 是正合的. 这是因为，我们可以证明 ω 沿着路径 $C \subset U$ 的积分仅依赖于 C 的端点，而与路径的选取无关. 固定 $p \in U$，令

$$h(q) = \int_C \omega,$$

其中 $q \in U$，C 是 U 中任意一条从 p 到 q 的路径. 则由于积分仅依赖于端点的选取，函数 h 定义合理. 我们可以验证 $\dfrac{\partial h}{\partial x} = f$, $\dfrac{\partial h}{\partial y} = g$, 于是 $\mathrm{d}h = \omega$，从而 ω 是正合微分形式.

若开集 $U \subset \mathbb{R}^n$ 中的任意封闭曲线可以收缩为 U 中的一个点，并且在收缩过程中曲线始终是闭的，且完全属于 U，则称 U 是**单连通**的. 平面中以简单封闭曲线为边界的区域是单连通的.（事实上，这样的区域与开圆盘同胚.）进而，n-维球是单连通的，$\mathbb{R}^3$ 中的球壳，即与原点距离介于 a, b 之间的点构成的集合，也是单连通的，其中 $0 < a < b$. 上述结论中，f 的构造方式对于 n 维情形同样成立，这意味着 $\mathbb{R}^n$ 中单连通区域上的 1-微分形式是闭的，当且仅当它是正合的.

若 $U \subset \mathbb{R}^2$ 不是单连通区域，则在 U 上存在闭的但不是正合的 1-形式. 经典的例子是

$$\omega = \frac{-y}{r^2}\mathrm{d}x + \frac{x}{r^2}\mathrm{d}y,$$

其中 $r = \sqrt{x^2 + y^2}$. 参看习题 61.

在 $\mathbb{R}^3$ 中可以探讨 2-形式

$$\omega = \frac{x}{r^3}\mathrm{d}y \wedge \mathrm{d}z + \frac{y}{r^3}\mathrm{d}z \wedge \mathrm{d}x + \frac{z}{r^3}\mathrm{d}x \wedge \mathrm{d}y.$$

这里，ω 定义在 $U = \mathbb{R}^3 - \{0\}$ 上. U 可以看作内径为 0，外径为 $+\infty$ 的球壳. 则尽管 U 是单连通区域，ω 是闭的但不是正合的微分形式.

庞加莱引理 46 设 ω 是 $\mathbb{R}^n$ 上的闭的 k-形式，则 ω 是正合的.

证明 实际上，可以得到一个更强的结论. 存在具有性质 $L\mathrm{d} + \mathrm{d}L = \mathrm{id}$ 的**积分算子**

$$L_k : \Omega^k(\mathbb{R}^n) \rightarrow \Omega^{k-1}(\mathbb{R}^n).$$

也就是说，对于任意 $\omega \in \Omega^k(\mathbb{R}^n)$，

$$(L_{k-1}\mathrm{d} + \mathrm{d}L_k)(\omega) = \omega.$$

借助于上述积分算子的存在性，庞加莱引理显然成立. 这是因为，若 $\mathrm{d}\omega = 0$，则

$$\omega = L(\mathrm{d}\omega) + \mathrm{d}L(\omega) = \mathrm{d}L(\omega),$$

因此 ω 是正合微分形式.

构造上述积分算子 L 需要很强的技巧. 我们首先考虑 $\mathbb{R}^{n+1}$（而不是 $\mathbb{R}^n$）上的 k-形式 β. β 可以唯一地表示为

(21) $$\beta = \sum_I f_I \mathrm{d}x_I + \sum_J g_J \mathrm{d}t \wedge \mathrm{d}x_J.$$

其中 $f_I = f_I(x,t)$，$g_J = g_J(x,t)$ 以及 $(x,t) \in \mathbb{R}^{n+1} = \mathbb{R}^n \times \mathbb{R}$. 上式第一项是对取值 $\{1, 2, \cdots, n\}$ 的所有 k-重升序指标 I 求和，而第二项是对取值 $\{1, 2, \cdots, n\}$ 的所有 $(k-1)$-重升序指标 J 求和. 定义算子

$$N : \Omega^k(\mathbb{R}^{n+1}) \rightarrow \Omega^{k-1}(\mathbb{R}^n),$$

定义方式如下：

$$N(\beta) = \sum_J \left(\int_0^1 g_J(x,t)\,\mathrm{d}t \right) \mathrm{d}x_J.$$

则有如下结论成立：对于任意 $\beta \in \Omega^k(\mathbb{R}^{n+1})$，

$$(22) \quad (\mathrm{d}N + N\mathrm{d})(\beta) = \sum_I (f_I(x,1) - f_I(x,0))\mathrm{d}x_I,$$

其中，系数 f_I 取意于式（21）. 为证明上述等式，由定理 14，可越过积分符号，直接进行求导. 因此

$$\mathrm{d}\beta = \sum_{I,l} \frac{\partial f_I}{\partial x_l} \wedge \mathrm{d}x_I + \sum_I \frac{\partial f_I}{\partial t}\mathrm{d}t \wedge \mathrm{d}x_I + \sum_{J,l} \frac{\partial g_J}{\partial x_l}\mathrm{d}x_l \wedge \mathrm{d}t \wedge \mathrm{d}x_J,$$

$$N(\mathrm{d}\beta) = \sum_I \left(\int_0^1 \frac{\partial f_I}{\partial t}\mathrm{d}t\right)\mathrm{d}x_I - \sum_{J,l} \left(\int_0^1 \frac{\partial g_J}{\partial x_l}\mathrm{d}t\right)\mathrm{d}x_l \wedge \mathrm{d}x_J,$$

$$\mathrm{d}N(\beta) = \sum_{J,l} \left(\int_0^1 \frac{\partial g_J}{\partial x_l}\mathrm{d}t\right)\mathrm{d}x_l \wedge \mathrm{d}x_J,$$

因此，

$$(\mathrm{d}N + N\mathrm{d})(\beta) = \sum_{I,l} \left(\int_0^1 \frac{\partial f_I}{\partial t}\mathrm{d}t\right)\mathrm{d}x_I = \sum_I (f_I(x,1) - f_I(x,0))\mathrm{d}x_I,$$

从而（22）成立.

下面定义"锥映射" $\rho: \mathbb{R}^{n+1} \to \mathbb{R}^n$ 如下：

$$\rho(x,t) = tx,$$

且令 $L = N \circ \rho^*$. 由于拉回映射与微分算子"d"可交换，

$$L\mathrm{d} + \mathrm{d}L = N\rho^*\mathrm{d} + N\mathrm{d}\rho^* = (N\mathrm{d} + \mathrm{d}N)\rho^*,$$

因此，有必要求解出 $\rho^*(\omega)$. 首先假设 ω 是单的，即 $\omega = h\mathrm{d}x_I \in \Omega^k(\mathbb{R}^n)$ 由于 $\rho(x,t) = (tx_1, \cdots, tx_n)$，则有

$$\rho^*(h\mathrm{d}x_I) = (\rho^* h)(\rho^*(\mathrm{d}x_I)) = h(tx)\mathrm{d}\rho_I$$

$$= h(tx)(\mathrm{d}(tx_{i_1}) \wedge \cdots \wedge \mathrm{d}(tx_{i_k}))$$

$$= h(tx)((t\mathrm{d}x_{i_1} + x_{i_1}\mathrm{d}t) \wedge \cdots \wedge (t\mathrm{d}x_{i_k} + x_{i_k}\mathrm{d}t))$$

$$= h(tx)(t^k\mathrm{d}x_I) + 包含 \mathrm{d}t 的项.$$

由（22），可以得到

$$(N\mathrm{d} + \mathrm{d}N) \circ \rho^*(h\mathrm{d}x_I) = (h(1x)1^k - h(0x)0^k)\mathrm{d}x_I = h\mathrm{d}x_I.$$

由 L 和 d 的线性性质，上述等式对于一般的 k-形式也成立，即有

$$(L\mathrm{d} + \mathrm{d}L)\omega = \omega,$$

这就是在证明起始阶段给出的等式. 因此存在积分算子 L，从而可以确保 $\mathbb{R}^n$ 上的闭的微分形式是正合的.

推论 47 若 U 和 $\mathbb{R}^n$ 微分同胚，则 U 上的闭的微分形式是正合的.

证明 设 $T: U \to \mathbb{R}^n$ 是微分同胚，ω 是 U 上的闭的 k-形式. 令 $\alpha = (T^{-1})^* \omega$. 由于拉回映射和"d"可交换，$\alpha$ 是 $\mathbb{R}^n$ 上的闭微分形

式，且存在 $\mathbb{R}^n$ 上的 $(k-1)$-形式 μ 使得 $d\mu = \alpha$. 又由于
$$dT^*\mu = T^*d\mu = T^*(T^{-1})^*\omega = \omega,$$
因此 ω 是正合微分形式.

推论 48 定义在 $\mathbb{R}^n$ 中开子集上的闭的微分形式在局部上是正合的.

证明 $\mathbb{R}^n$ 中的开子集与 $\mathbb{R}^n$ 局部微分同胚.

推论 49 若 $U \subset \mathbb{R}^n$ 是开的星型集（特别地，U 是凸集），则 U 上的闭形式是正合的.

证明 一个**星型集合** $U \subset \mathbb{R}^n$ 包含点 p，使得对于任意的 $q \in U$，q 到 p 的线段均包含于 U 中. 不难构造 U 到 $\mathbb{R}^n$ 的微分同胚.

推论 50 $\mathbb{R}^3$（或者与 $\mathbb{R}^3$ 微分同胚的开集）上光滑的向量场 F 是标量函数的梯度向量当且仅当它的旋度处处为 0.

证明 若 $F = \mathrm{grad}f$，则
$$F = (f_x, f_y, f_z) \Rightarrow \mathrm{curl}F = (f_{zy}-f_{yz}, f_{xz}-f_{zx}, f_{yx}-f_{xy}) = 0.$$
另一方面，若 $F = (f, g, h)$，则
$$\mathrm{curl}F = 0 \quad \Rightarrow \quad \omega = f\mathrm{d}x + g\mathrm{d}y + h\mathrm{d}z$$
是闭的，因此它是正合的. 满足条件 $df = \omega$ 的函数 f，其梯度向量为 F. $\square$

推论 51 $\mathbb{R}^3$（或者与 $\mathbb{R}^3$ 微分同胚的开集）上光滑的向量场的散度处处为 0 当且仅当它是其他某个向量场的旋度.

证明 若 $F = (f, g, h)$，$G = \mathrm{curl}F$，则
$$G = (h_y - g_z, f_z - h_x, g_x - f_y),$$
于是 G 的散度为 0. 另一方面，若 $G = (A, B, C)$ 的散度为 0，则微分形式
$$\omega = A\mathrm{d}y \wedge \mathrm{d}z + B\mathrm{d}z \wedge \mathrm{d}x + C\mathrm{d}x \wedge \mathrm{d}y$$
是闭的，进而是正合的. 若微分形式 $\alpha = f\mathrm{d}x + g\mathrm{d}y + h\mathrm{d}z$ 满足条件 $d\alpha = \omega$，则 $F = (f, g, h)$ 的旋度 $\mathrm{curl}F = G$. $\square$

上同调

通常把 U 上的所有正合 k-形式构成的集合记为 $B^k(U)$，而把闭的 k-形式构成的集合记为 $Z^k(U)$. （"B" 表示边界，而 "Z" 表示循环.） 它们都是 $\Omega^k(U)$ 的向量子空间，且
$$B^k(U) \subset Z^k(U).$$

商向量空间

$$H^k(U) = Z^k(U)/B^k(U)$$

称为 U 的 k 次德拉姆（de Rham）**上同调群**. 群中的元素表示 U 的上**同调类**. 如前文所示，若 U 是单连通集合，则 $H^1(U) = 0$. 若 U 是三维球壳，则 $H^2(U) \neq 0$. 若 U 是星型集，则对于所有的 $k > 0$，$H^k(U) = 0$，以及 $H^0(U) = \mathbb{R}$. 上同调必然反映了 U 的整体拓扑结构. 这是因为从局部来看，闭形式都是正合的. U 的上同调和它的拓扑之间的关系是代数拓扑学研究的内容，但是基本思想在于，集合 U 的结构越复杂（想想瑞士奶酪的形状），则其上同调也就越复杂，反之亦然. 马德森（Madsen）和托尔讷（Tornehave）在《从微积分到上同调》（From Calculus to Cohomology）一书中对于该专题给予了精准的阐述.

11* 布劳威尔不动点定理

设 $B = B^n$ 是闭的 n 维单位球，

$$B = \{x \in \mathbb{R}^n : |x| \leq 1\}.$$

下面是拓扑和分析学中一个深刻的结论：

> **布劳威尔不动点定理 52** 若 $F: B \to B$ 连续，则它存在**不动点**，即存在 $p \in B$ 满足 $F(p) = p$.

使用斯托克斯定理可以给出布劳威尔不动点定理的一个相对简洁的证明. 注意到当 $n = 0$ 时，B^0 是单点集，自然是 F 的不动点，此时布劳威尔定理是平凡的. 若 $n = 1$，则由 $B^1 = [-1, 1]$ 上的中值定理可知结论成立. 这是因为，连续函数 $F(x) - x$ 在 $x = -1$ 处取非负数值，而在 $x = +1$ 处取非正数值，因此存在 $p \in [-1, 1]$ 使得 $F(p) - p = 0$，即 $F(p) = p$.

对于多维情形，其证明思路是首先假设存在没有不动点的连续映射 $F: B \to B$，然后由此推导出矛盾，即推导出 B 的容积为 0. 证明的第一步非常经典.

第 1 步，若存在没有不动点的连续映射 $F: B \to B$，则必然存在从 B 的邻域 U 到 ∂B 的光滑的**收缩映射** T. 映射 T 将 U 映为 ∂B，且 ∂B 中每一点都是不动点.

假设 x 取遍 B 中所有点时，F 没有不动点. 由于 B 是紧集，存在 $\mu > 0$ 使得对于任意 $x \in B$，

$$|F(x) - x| > \mu.$$

由斯通-魏尔斯特拉斯定理，在 B 上存在 $\frac{\mu}{2}$-逼近 F 的多元多项式 $\widetilde{F}$：$\mathbb{R}^n \to \mathbb{R}^n$. 则映射

$$G(x) = \frac{1}{1+\mu/2}\widetilde{F}(x)$$

是光滑映射，且将 B 映射到 B 的内部. 由于 G 在 B 上 μ-逼近 F，因此也不存在不动点. 映射 G 在 B 的充分小的邻域 U 上的限制也将 U 映到 B 中，因此不存在不动点.

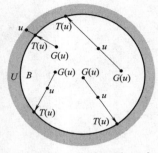

图 119 T 将 U 缩回到 ∂B 上. T 将 $u \in U$ 映射为 $u' = T(u)$，线段 $[u, G(u)]$ 通过 u 点的延长线与球面 ∂B 的交点即为 u'

图 119 告诉我们如何从 G 出发构造收缩映射 T. 由于 G 是光滑映射，T 也是光滑映射.

第 2 步，T^* 将所有 n-形式映射为 0. 由于 T 的值域是 ∂B，它不包含 n 维非空开集. 由反函数定理，导数矩阵 $(DT)_u$ 处处不可逆，因此，雅可比行列式 $\frac{\partial T}{\partial u}$ 处处为 0，且 $T^*: \Omega^n(\mathbb{R}^n) \to \Omega^n(U)$ 是零映射.

第 3 步，存在将 B 表示成 n-胞腔的映射 $\varphi: I^n \to B$，且满足：

（a）φ 是光滑映射.

（b）$\varphi(I^n) = B$ 且 $\varphi(\partial I^n) = \partial B$.

（c）$\int_{I^n} \frac{\partial \varphi}{\partial u} du > 0$.

为了构造满足条件的 φ，首先定义满足如下条件的光滑函数 $\sigma: \mathbb{R} \to \mathbb{R}$：当 $r \leq \frac{1}{2}$ 时，$\sigma(r) = 0$；当 $\frac{1}{2} < r < 1$ 时，$\sigma'(r) > 0$；当 $r \geq 1$ 时，$\sigma(r) = 1$. 再定义 $\psi: [-1, 1]^n \to \mathbb{R}^n$ 如下：

$$\psi(v) = \begin{cases} v + \sigma(|v|)\left(\dfrac{v}{|v|} - v\right) & \text{若 } v \neq 0, \\ 0 & \text{若 } v = 0. \end{cases}$$

事实上，上式在全空间 $\mathbb{R}^n$ 上定义了 ψ，ψ 将半径为 r 的球 S_r 映射进半径为

$$\rho(r) = r + \sigma(r)(1-r)$$

的球，将射线映射为自身. 令 $\varphi = \psi \cdot \kappa$，其中 κ 通过仿射映射 $u \mapsto v = (2u_1 - 1, \cdots, 2u_n - 1)$ 将 I^n 映射为 $[-1, 1]^n$. 则有：

（a）φ 是光滑映射，这是因为在远离 $u_0 = \left(\dfrac{1}{2}, \cdots, \dfrac{1}{2}\right)$ 的点处，φ 是光滑映射的复合，在 u_0 的某邻域中，φ 与 $\kappa(u)$ 恒等.

（b）由于对任意的 r，$0 \leq \rho(r) \leq 1$，ψ 将 $\mathbb{R}^n$ 映到 B 中. 由于对于

任意的 $r \geqslant 1$，$\rho(r) = 1$，φ 将 ∂I^n 映入 ∂B.

（c）由习题 65 可以知道，当 $r = |\nu|$ 时，ψ 的雅可比行列式等于 $\rho'(r) \rho(r)^{n-1} / r^{n-1}$. 因此，雅可比行列式 $\dfrac{\partial \varphi}{\partial u}$ 取值非负，且在以 u_0 为球心、$\dfrac{1}{4}$ 为半径的球上恒等于 2^n，因此在 I^n 上的积分值为正.

第 4 步，考虑 $(n-1)$-微分形式 α. 若 $\beta: I^{n-1} \to \mathbb{R}^n$ 是 $(n-1)$-胞腔，且其像包含于 ∂B 中，则

$$\int_\beta \alpha = \int_{T \circ \beta} \alpha = \int_\beta T^* \alpha.$$

则 $\varphi: I^n \to B$ 的 $n-1$ 维表面包含于 ∂B 中. 因此，

$$(23) \qquad \int_{\partial \varphi} \alpha = \int_{\partial \varphi} T^* \alpha.$$

第 5 步，下面将推导出矛盾. 考虑特殊的 $(n-1)$-微分形式

$$\alpha = x_1 \, \mathrm{d}x_2 \wedge \cdots \wedge \mathrm{d}x_n.$$

注意到 $\mathrm{d}\alpha = \mathrm{d}x_1 \wedge \cdots \wedge \mathrm{d}x_n$ 表示 n 维容积，以及

$$\int_\varphi \mathrm{d}\alpha = \int_{I^n} \frac{\partial \varphi}{\partial u} \mathrm{d}u > 0.$$

事实上，上述积分表示 B 的容积. 然而，我们还可以得到胞腔上的斯托克斯定理

$$\int_\varphi \mathrm{d}\alpha = \int_{\partial \varphi} \alpha \qquad \text{由胞腔上的斯托克斯定理}$$

$$= \int_{\partial \varphi} T^* \alpha \qquad \text{由方程（23）}$$

$$= \int_\varphi \mathrm{d}T^* \alpha \qquad \text{由胞腔上的斯托克斯定理}$$

$$= \int_\varphi T^* \mathrm{d}\alpha \qquad \text{由定理 43（d）}$$

$$= 0 \qquad \text{由第 2 步.}$$

这推导出矛盾：积分值不可能同时等于 0 和大于 0. 这说明，"存在没有不动点的连续映射 $F: B \to B$" 这一假设是错误的. 因此假设不成立，即 F 存在不动点.

附录 A：迪厄多内的结束语

布尔巴基学派的基恩·迪厄多内（Jean Dieudonné）在他的经典

教材《分析学基础》中，写道：

"本章的主题内容（第 8 章，微分）关注的是微积分基本结论，这部分内容的基本思想是将一般几何直观贯穿于分析学之中，其目的是尽可能地近距离把握微积分基本思想，即由线性函数局部地逼近给定函数. 然而，这种处理方法上对于绝大多数学生来说，都是新颖的. 在传统的微积分教学中，由于一维向量空间中"线性变换"与"数"之间存在一一对应，因此在某点处的导数被定义为一个数，而不是线性变换，这种特殊情形使得上述基本思想变得模糊不清. 当考虑多变量函数时，这种不惜一切代价，对数值解释近乎奴性般的崇拜将会变得更加糟糕：例如，可以得到经典公式"……"给出复合函数的偏导，将失去直观意义的所有踪迹，而这个定理可以自然地陈述为，复合函数的全导数是导函数的复合"……"当我们考虑使用线性逼近的语言时，这是一个非常明智的表述."

"这种关于微积分的'固有的'表述，很大程度上归因于它的'抽象性'，而且一再归因于这一原因，我们因此不得不离开最初的空间，而努力攀登越来越高的'函数空间'（特别地，当考虑高阶导数理论时），这必然要求某种程度的脑力劳动，这与传统的套路形成鲜明的对比. 但是，这可以为读者提供关于微分流形上的微积分更一般的思想，因而这种付出是值得的；如果读者仅想大致了解该理论以及相关问题，可以查阅舍瓦利（Chevalley）和德拉姆（de Rham）的书. 当然，读者还将会注意到在这些应用中，给我们带来阻碍的向量空间都是有限维的；假如需要额外的安全感，他或许会给本章所有的定理增加前提条件. 但是他将不可避免地认识到，这并不能使证明过程缩短，甚至连缩短一行都不可能；换而言之，有限维的假设与下文内容完全无关；我们因此认为摈除这一假设是最好的选择，尽管无论在数量上还是在重要性上，微积分在有限维空间上的应用远远超过其他情形."

在这里，我和大家分享迪厄多内的主要观点. 你还能在什么地方读到"不惜一切代价，对数值解释近乎奴性般的崇拜"这样的措辞呢？

附录 B：卡瓦列里原理溯源

下文来源于马斯登（Marsden）和韦恩斯坦（Weinstein）的《微

积分》.

薄片法所蕴含的思想，出现在微积分的发明之前，它起源于卡瓦列里（Cavalieri，1598—1647）. 卡瓦列里师承于伽利略，后来是博洛尼亚大学教授. 导致卡瓦列里提出卡瓦列里原理的原因已经无从考证，所以我们凭空臆测了一段.

卡瓦列里的副食品店通常生产圆柱形腊肠，圆柱体体积的计算公式为 $\pi \cdot r^2 \cdot h$，其中 r 表示半径，h 表示高. 有一天模具外壳出现偏差，生产出的腊肠出现奇怪的突起，因此无法正常测量其体积，当然，计算腊肠价格的唯一依据是其体积.

卡瓦列里拿出他最好的刀子，将腊肠切成 n 个薄片，每一片厚度均为 x，经测量可知，薄片的半径分别是 r_1，r_2，$\cdots$，r_n（幸运的是，每一片都是圆形的）. 于是他估计腊肠的体积为 $\sum\limits_{i=1}^{n} \pi r_i^2 x$，即每一片的体积之和.

卡瓦列里作为博洛尼亚大学教授，工作之余从事着兼职. 那天下午他回到他的办公桌，开始了他的著作《用新方法促进新的连续量的不可分量的几何学》，在该书中，他给出了所谓的卡瓦列里原理：若两个物体被一簇平行的平面分割，若相对应的部分面积相同，则这两个物体的体积相同.

这本书取得了巨大的成功，他因此卖掉了副食品店，在退休之前继续从事着偶然的教学工作，并享受着永恒的荣耀.

附录 C：复数域的简短回顾

复数域 $\mathbb{C}$ 与 $\mathbb{R}^2$ 存在一一对应. 复数 $z = x + iy \in \mathbb{C}$ 与 $(x, y) \in \mathbb{R}^2$ 对应. 若对于任意的 λ，z，$w \in \mathbb{C}$，函数 $T: \mathbb{C} \to \mathbb{C}$ 满足

$$T(z+w) = T(z) + T(w), T(\lambda z) = \lambda T(z).$$

则称函数 $T: \mathbb{C} \to \mathbb{C}$ 是**复线性**的. 由于 $\mathbb{C}$ 是一维复向量空间，$\mu = T(1)$ 的值决定了 $T: T(z) \equiv \mu z$. 若 $z = x + iy$，$\mu = \alpha + i\beta$，则 $\mu z = (\alpha x - \beta y) + i(\beta x + \alpha y)$. 使用 $\mathbb{R}^2$ 的术语，映射 $T: (x, y) \mapsto ((\alpha x - \beta y), (\beta x + \alpha y))$ 确定了 T 是一个 $\mathbb{R}^2 \to \mathbb{R}^2$ 的线性变换，对应的矩阵为

$$\begin{pmatrix} \alpha & -\beta \\ \beta & \alpha \end{pmatrix}.$$

这个矩阵的形式比较特殊. 例如, 它不可能为 $\begin{pmatrix} 2 & 0 \\ 0 & 1 \end{pmatrix}$.

假如复变量的复值函数 $f(z)$ 当复数 h 趋于 0 时, 复的比值 $\dfrac{f(z+h)-f(z)}{h}$ 收敛于 $f'(z)$, 则称 $f(z)$ 具有**复导数** $f'(z)$. 等价地, 当 $h \to 0$ 时,

$$\frac{f(z+h)-f(z)-f'(z)h}{h} \to 0.$$

记 $f(z) = u(x,y) + iv(x,y)$, 其中 $z = x+iy$, 以及 u, ν 都是实值函数. 定义 $F: \mathbb{R}^2 \to \mathbb{R}^2$ 如下: $F(x,y) = (u(x,y), \nu(x,y))$, 则 F 是 $\mathbb{R}$-可微, 导数矩阵为

$$DF = \begin{pmatrix} \dfrac{\partial u}{\partial x} & \dfrac{\partial u}{\partial y} \\[2mm] \dfrac{\partial \nu}{\partial x} & \dfrac{\partial \nu}{\partial y} \end{pmatrix}.$$

由于上述导数矩阵是数乘复数 $f'(z)$ 这一运算在 $\mathbb{R}^2$ 上的表达式, 因此必然形如 $\begin{pmatrix} \alpha & -\beta \\ \beta & \alpha \end{pmatrix}$. 于是得到一个关于复可导函数的基本事实——它们的实部 u 和虚部 ν 满足:

柯西—黎曼 (Cauchy-Riemann) 等式 53

$$\frac{\partial u}{\partial x} = \frac{\partial \nu}{\partial y}, \frac{\partial u}{\partial y} = -\frac{\partial \nu}{\partial x}.$$

附录 D: 极坐标形式

单位球在线性变换 T 下的图像的形状, 与我们在第 5 章中所关注的问题并没有直接关系, 它更多的是强调线性代数中的几何直观.

问题: $(n-1)$-球面 S^{n-1} 的形状是什么?

答案: 圆.

问题: $T(S^{n-1})$ 的形状是什么?

答案: 椭圆.

设 $z = x+iy$ 是非零复数. 它的极坐标形式为 $z = re^{i\theta}$, 其中 $r > 0$, $0 \le \theta < 2\pi$, 以及 $x = r\cos\theta$, $y = r\sin\theta$. 可以将数乘复数 z 这个运算分解

为 2 步：乘以 r，即 r 伸缩变换；乘以 $e^{i\theta}$，即将平面旋转 θ 角度. 旋转对应的矩阵为

$$\begin{pmatrix} \cos\theta & -\sin\theta \\ \sin\theta & \cos\theta \end{pmatrix}.$$

点 (x,y) 的极坐标是 (r,θ).

类似地，考虑同构映射 $T: \mathbb{R}^n \to \mathbb{R}^n$. 它的**极坐标**为

$$T = OP,$$

其中 O 和 P 都是 $\mathbb{R}^n \to \mathbb{R}^n$ 的同构映射，且满足

（a）O 与 $e^{i\theta}$ 性质类似，是正交同构.

（b）P 与 r 性质类似，是正定对称（PDS）同构.

若对于任意的 $\nu, w \in \mathbb{R}^n$，

$$\langle O\nu, Ow \rangle = \langle \nu, w \rangle,$$

称 O 是**正交**的；而 P 是**正定对称**的，意味着对于任意非零向量 $\nu, w \in \mathbb{R}^n$，

$$\langle P\nu, \nu \rangle > 0, \text{且} \langle P\nu, w \rangle = \langle \nu, Pw \rangle.$$

这里，记号 $\langle \nu, w \rangle$ 表示通常意义下的点乘运算.

$T = OP$ 这一极坐标形式揭示了 T 的所有几何性质：O 没有展现太多的几何效应，它仅是一个等距，并不改变距离和形状，即 O 是刚体运动；正定对称算子 P 的几何效应也很容易描述. 由线性代数知识可以知道，存在一组由正交向量（向量的长度为 1，且相互垂直）构成的线性基 $\mathfrak{B} = \{u_1, \cdots, u_n\}$，在这组基下，

$$P = \begin{pmatrix} \lambda_1 & 0 & \cdots & & \\ 0 & \lambda_2 & 0 & \cdots & \\ & & 0 & \lambda_{n-1} & 0 \\ & & & 0 & \lambda_n \end{pmatrix},$$

其中，对角线元素 λ_i 为正数. P 作用在 u_i 上等于 u_i 乘以因子 λ_i. 因此，P 将单位球拉伸为 n 维椭球，若将 u_i 看作坐标轴，则 P 的范数，进而 T 的范数，等于最大的 λ_i，而余范数等于最小的 λ_i. 范数和余范数的比值，即**制约数**，称为椭球的离心率.

结论　除去正交因子 O 之外，同构映射并不比矩阵元大于 0 的对角阵的几何结构更复杂.

极坐标分解定理 54　同构映射 $T: \mathbb{R}^n \to \mathbb{R}^n$ 可以分解为 $T = OP$，其中 O 是正交映射，P 是正定对称映射.

证明 首先，对于映射 T：$\mathbb{R}^n \to \mathbb{R}^n$，存在唯一的转置映射 T^t 满足如下关系式：对于任意的 ν，$w \in \mathbb{R}^n$，

$$\langle T\nu, w \rangle = \langle \nu, T^t w \rangle.$$

因此，在正定对称矩阵的条件中，$\langle P\nu, w \rangle = \langle \nu, Pw \rangle$ 意味着 $P^t = P$。

给定同构映射 T：$\mathbb{R}^n \to \mathbb{R}^n$，我们需要找出因子 O 和 P。下面给出它们具体的构造。考虑复合映射 $T^t \circ T$，则它是正定对称映射。这是因为，

$$(T^t T)^t = (T^t)(T^t)^t = T^t T，以及 \langle T^t T\nu, \nu \rangle = \langle T\nu, T\nu \rangle > 0.$$

如同正实数一样，每一个正定对称变换都存在唯一的正定对称的平方根。（为了得到这个结论，在对角矩阵中，使用 $\sqrt{\lambda_i}$ 替代 λ_i 表示矩阵元。）因此，$T^t T$ 具有正定对称的平方根矩阵，这就是我们要寻找的因子 P，即

$$P^2 = T^t T.$$

这里，P^2 表示复合映射 $P \circ P$。对于这个 P，为了使得等式 $T = OP$ 成立，必须有 $O = TP^{-1}$。因此，下面只需要证明 TP^{-1} 是正交变换。非常奇妙的，

$$
\begin{aligned}
\langle O\nu, Ow \rangle &= \langle TP^{-1}\nu, TP^{-1}w \rangle = \langle P^{-1}\nu, T^t TP^{-1}w \rangle \\
&= \langle P^{-1}\nu, Pw \rangle = \langle P^t P^{-1}\nu, w \rangle = \langle PP^{-1}\nu, w \rangle \\
&= \langle \nu, w \rangle.
\end{aligned}
$$
□

推论 55 可逆变换 T：$\mathbb{R}^n \to \mathbb{R}^n$ 将单位球映射为椭球。

证明 将 T 进行极分解为 $T = OP$。单位球在 P 下的像是椭球。正交因子 O 仅仅表示将椭球进行旋转。□

附录 E：行列式

集合 S 的**置换**指的是双射 π：$S \to S$。即，π 是一个双射。假设 S 是有限集，$S = \{1, 2, \cdots, k\}$。定义 π 的**符号**为

$$\mathrm{sgn}(\pi) = (-1)^r,$$

其中 r 为逆转的个数——即满足条件

$$i < j 且 \pi(i) > \pi(j)$$

的 ij 数对的个数。

命题 任意置换都可以表示为对换的复合；复合置换的符号等

于它的因子符号的乘积；对换的符号等于 -1.

这一组命题的证明留给读者完成. 尽管将置换 π 分解为对换的复合的分解方式不唯一，但因子的个数，记作 t，满足恒等式 $(-1)^t = \operatorname{sgn}(\pi)$.

定义 $k\times k$ 矩阵 A 的**行列式**等于如下和式：

$$\det A = \sum_{\pi} \operatorname{sgn}(\pi) a_{1\pi(1)} a_{2\pi(2)} \cdots a_{k\pi(k)},$$

其中 π 取遍 $\{1,2,\cdots,k\}$ 上的所有置换.

经典的线性代数课程给出了行列式的等价定义. 与行列式有关的重要结论之一是它的乘法法则：对于 $k\times k$ 矩阵，

$$\det AB = \det A \cdot \det B$$

可以将上述结论推广到非方阵.

柯西-比内（Cauchy-Binet）公式 56 假设 $k \le n$. 若 A 是 $k\times n$ 矩阵，B 是 $n\times k$ 矩阵，则 $k\times k$ 矩阵 $C = AB$ 的行列式由下述公式给出：

$$\det C = \sum_{J} \det A^J \det B_J,$$

其中 J 取遍取值于 $\{1,\ 2,\ \cdots,\ n\}$ 的所有升序 k-元组，A^J 是 A 的 $k\times k$ 阶子式且列指标 $j \in J$，而 B_J 是 B 的 $k\times k$ 阶子式且行指标 $i \in J$. 参看图 120.

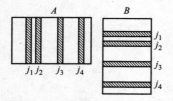

图 120 由 4 元组 $J = (j_1, j_2, j_3, j_4)$ 确定的 A 和 B 的 4×4 子式

证明 注意到 $k=1$ 或者 $k=n$ 时，柯西-比内公式成立. 当 $k=1$ 时，C 作为 n 维行向量 A 和 n 维列向量 B 的点乘，是 1×1 矩阵. 取值于 $\{1,2,\cdots,n\}$ 的 1-元组 J 恰好为单个整数，即 $J=(1),\cdots,J=(n)$，这时由乘法公式结论显然成立. 在 $k=n$ 时，由于 $\{1,2,\cdots,k\}$ 中仅有一组升序 k-元组，即 $J=\{1,2,\cdots,k\}$，即为通常的行列式乘积公式.

对于一般情形，类似上文可定义和式

$$S(A,B) = \sum_{J} \det A^J \det B_J.$$

考虑 $n\times n$ 初等矩阵 E，我们将证明如下结论成立：

$$S(A,B) = S(AE, E^{-1}B).$$

这时由于仅有两种类型的初等矩阵，上式不难验证成立. 具体计算过程留给读者. 于是，对 A 进行一系列初等列变换，可以将 A 变成下三角矩阵

$$A' = AE_1 \cdots E_r = \begin{pmatrix} \alpha_{11} & 0 & \cdots & 0 & 0 & \cdots & 0 \\ \alpha_{21} & \alpha_{22} & \cdots & 0 & 0 & \cdots & 0 \\ \vdots & \vdots & & \vdots & \vdots & & \vdots \\ \alpha_{k1} & \alpha_{k2} & \cdots & \alpha_{kk} & 0 & \cdots & 0 \end{pmatrix}.$$

关于 $B' = E_r^{-1} \cdots E_1^{-1} B$，我们只需要注意到

$$AB = A'B' = A'^{J_0} B'_{J_0},$$

其中 $J_0 = (1, \cdots, k)$. 由于 S 在初等列变换下保持不变，

$$S(A, B) = S(AE_1, E_1^{-1} B) = S(AE_1 E_2, E_2^{-1} E_1^{-1} B) = \cdots = S(A', B').$$

在构成 $S(A', B')$ 的和式中，除了第 J_0 项之外，其他项均为 0，因此

$$\det(AB) = \det A'^{J_0} \det B'_{J_0} = S(A', B') = S(A, B),$$

从而结论成立. $\square$

练习

1. 设 $T: V \to W$ 是线性变换，给定 $p \in V$. 证明下述等价.

（a）T 在原点连续.

（b）T 在 p 点连续.

（c）T 在 V 中的某一个点连续.

2. 设 $\mathfrak{L}$ 是赋范空间 V 到赋范空间 W 的连续线性变换全体构成的向量空间. 证明在算子范数下，$\mathfrak{L}$ 构成赋范空间.

3. 设 $T: V \to W$ 是赋范空间的线性变换. 证明

$$\|T\| = \sup\{|Tv| : |v| < 1\}$$
$$= \sup\{|Tv| : |v| \le 1\}$$
$$= \sup\{|Tv| : |v| = 1\}$$
$$= \inf\{M : v \in V \Rightarrow |Tv| \le M|v|\}.$$

4. 定义线性变换 $T: \mathbb{R}^m \to \mathbb{R}^n$ 的**余范数**为

$$\nu(T) = \inf\left\{\frac{|Tv|}{|v|} : v \ne 0\right\}.$$

它表示 T 将 $\mathbb{R}^n$ 中的向量映射后的**最低伸展度**. 设 U 是 $\mathbb{R}^n$ 中的单位球.

（a）证明 T 的范数和余范数分别表示包含 TU 的最小球的半径和包含于 TU 中的最大球的半径.

（b）对于赋范空间，结论是否也成立？

（c）若 T 是同构的，证明余范数大于 0.

（d）结论（c）的逆命题是否成立？

（e）若 T：$\mathbb{R}^m \rightarrow \mathbb{R}^n$ 的余范数大于 0，为什么说 T 是同构的？

（f）若 T 的范数和余范数相等，T 具有什么性质？

5. 用公式表述复合映射满足结合律，并给出证明过程. 由此可以知道矩阵乘法也满足结合律，这是为什么？

6. 分别用 $\mathfrak{M}_n$ 和 $\mathfrak{L}_n$ 表示 $n \times n$ 矩阵和 $\mathbb{R}^n \rightarrow \mathbb{R}^n$ 的线性变换构成的向量空间.

（a）在代数教材中查找"环"的定义.

（b）证明分别在矩阵乘法和复合映射的意义下，$\mathfrak{M}_n$ 和 $\mathfrak{L}_n$ 构成环.

（c）证明 T：$\mathfrak{M}_n \rightarrow \mathfrak{L}_n$ 是环同构.

7. 给定向量空间 V 上的两个范数 $| \ |_1$ 和 $| \ |_2$，假如存在正的常数 c，C，使得对于 V 中任意的非零向量，

$$c \leqslant \frac{|v|_1}{|v|_2} \leqslant C.$$

则 $| \ |_1$ 和 $| \ |_2$ 可比较$^{\ominus}$.

（a）证明范数的可比较性是等价关系.

（b）证明有限维空间上的任意两个范数都可以比较.

（c）在连续函数 f：$[0,1] \rightarrow \mathbb{R}$ 构成的无限维向量空间 C^0 上，考虑范数

$$|f|_{L_1} = \int_0^1 |f(t)| \, \mathrm{d}t \quad \text{以及} \quad |f|_{C^0} = \max\{|f(t)：t \in [0,1]|\}.$$

通过构造积分范数充分小，但是 C^0 范数为 1 的连续函数 $f \in C^0$，证明这两个范数不可比较.

*8. 令 $| \ | = | \ |_{C^0}$ 为上题给出的 C^0 上的上确界范数. 定义积分变换 T：$C^0 \rightarrow C^0$ 如下：

$$T(f)(x) = \int_0^x f(t) \, \mathrm{d}t.$$

（a）证明 T 是连续映射，并求出其范数.

（b）令 $f_n(t) = \cos(nt)$，$n = 1$，2，$\cdots$. 则 $T(f_n)$ 是什么？

（c）集合 $K = \{T(f_n)：n \in \mathbb{N}\}$ 是否闭集？是否为有界集合？

$\ominus$ 从分析学的观点，对可比较范数无须进行区分，它们最多影响一些常数的大小.

是否为紧致集合?

（d）$T(K)$ 是紧致集合吗？它的闭包呢？

9. 给出 2 个 2×2 的矩阵的例子，使得矩阵乘积的范数小于范数的乘积.

10. 在定理 2 的证明中，我们使用了欧几里得范数的性质，即向量的长度至少等于它分量的长度. 通过例子说明对于 $\mathbb{R}^2$ 中的一般范数，这个结论未必成立. [提示：考虑矩阵

$$A = \begin{pmatrix} 3 & -2 \\ -2 & 2 \end{pmatrix}.$$

通过 A 定义 $\mathbb{R}^2$ 上内积：$\langle \nu, w \rangle_A = \sum \nu_i a_{ij} w_j$，使用这个内积定义范数

$$|\nu|_A = \sqrt{\langle \nu, \nu \rangle_A}.$$

（为了得到内积，A 应该具有什么性质？A 满足这些条件吗？）在这个新范数下，e_1，e_2 的长度是多少？$\nu = e_1 + e_2$ 的长度呢？]

11. 考虑剪切矩阵

$$S = \begin{pmatrix} 1 & s \\ 0 & 1 \end{pmatrix}$$

以及相应的线性变换 $S: \mathbb{R}^2 \to \mathbb{R}^2$. 计算 S 的范数和余范数. [提示：使用极分解形式，需要计算 S 的正定对称部分的范数和余范数. 由线性代数知识还可以知道，矩阵 A 的平方矩阵，其特征值等于 A 的特征值的平方.]

12. 若 V 是有限维赋范空间，如何仅用一行的篇幅证明 V 的单位球面 $\{\nu: |\nu| = 1\}$ 是紧集？

13. 可逆的 $n \times n$ 矩阵构成的集合在 $\mathfrak{M}$ 中是开集. 它稠密吗？

14. 假如存在一组基，在这组基下一个 $n \times n$ 矩阵为对角矩阵，称该矩阵可对角化.

（a）可对角化的矩阵全体在 $\mathfrak{M}(n \times n)$ 中是开集吗？

（b）闭吗？

（c）稠密吗？

15. 证明在原点处函数

$$f(x, y) = \begin{cases} \dfrac{xy}{x^2 + y^2} & 若 (x, y) \neq (0, 0), \\ 0 & 若 (x, y) = (0, 0) \end{cases}$$

的两个偏导数都存在，但是在原点处不可导.

16. 将 $f: \mathbb{R}^2 \to \mathbb{R}^3$ 和 $g: \mathbb{R}^3 \to \mathbb{R}$ 定义为 $f = (x, y, z)$, $g = w$, 其中

$$w = w(x, y, z) = xy + yz + zx,$$

$$x = x(s, t) = st, y = y(s, t) = s\cos t, z = z(s, t) = s\sin t.$$

（a）构造出表示线性变换 $(Df)_p$ 和 $(Dg)_q$ 的矩阵，其中，$p = (s_0, t_0) = (0, 1)$, $q = f(p)$.

（b）使用链式法则求出计算表示 $(D(g \circ f))_p$ 的 1×2 矩阵 $\left(\dfrac{\partial w}{\partial s}, \dfrac{\partial w}{\partial t} \right)$.

（c）把函数 $x = x(s, t)$, $y = y(s, t)$ 以及 $z = z(s, t)$ 代入到 $w = w(x, y, z)$, 重新计算矩阵 $\left(\dfrac{\partial w}{\partial s}, \dfrac{\partial w}{\partial t} \right)$, 并验证（b）给出的答案.

（d）验证其他微积分教材中给出的多变量链式法则，会发现它们只不过是不同的乘积矩阵的组成部分.

17. 设 $f: U \to \mathbb{R}^m$ 是可微映射，$[p, q] \subset U \subset \mathbb{R}^n$，是否可以直接推广一维中值定理？即，是否存在点 $\theta \in [p, q]$ 使得

$$(24) \qquad f(q) - f(p) = (Df)_\theta (q - p)?$$

（a）选取 $n = 1$, $m = 2$, 验证函数

$$f(t) = (\cos t, \sin t),$$

其中，$\pi \le t \le 2\pi$. 令 $p = \pi$, $q = 2\pi$, 证明不存在满足（24）的 $\theta \in [p, q]$.

（b）假设导数集合

$$\{(Df)_x \in \mathfrak{L}(\mathbb{R}^n, \mathbb{R}^m) : x \in [p, q]\}$$

是凸集. 证明存在 $\theta \in [p, q]$ 满足（24）.

（c）如何由（b）推得一维中值定理？

18. 映射 $f: U \to \mathbb{R}^m$ 在 $p \in U$ 沿着 u 方向的**方向导数**，是指极限（假设极限存在）

$$\nabla_p f(u) = \lim_{t \to 0} \frac{f(p + tu) - f(p)}{t}.$$

（通常要求 $|u| = 1$）.

（a）若 f 在 p 点可导，为什么说在任意方向 u, 方向导数都显然存在？

（b）证明 $\mathbb{R}^2 \to \mathbb{R}$ 的函数

$$f(x,y) = \begin{cases} \dfrac{x^3 y}{x^4 + y^2} & \text{若}(x,y) \neq (0,0), \\ 0 & \text{若}(x,y) = (0,0) \end{cases}$$

对于任意的方向 u 都有 $\nabla_{(0,0)} f(u) = 0$，但是 f 在（0，0）点不可导.

*19. 使用习题 15 和习题 18 给出的函数，证明对于存在偏导数的函数，其复合函数的偏导数未必存在；证明对于存在方向导数的函数，复合函数的方向导数不一定存在.（即，满足相应性质的函数类在复合运算下不封闭，这也是使用泰勒逼近法，而不是利用偏导数或者方向导数，去定义多维可微性的深层次的原因.）

20. 假设 U 是 $\mathbb{R}^n$ 中的连通开集，$f: U \to \mathbb{R}^m$ 在 U 上处处可导. 若对于任意的 $p \in U$，有 $(Df)_p = 0$，证明 f 为常数.

21. 对于上述集合 U，假设 f 处处二阶可导，且对任意的 $p \in U$，$(D^2 f)_p = 0$. 从中可以得到 f 的什么性质？将这个结论推广到高阶可导的情形.

22. 设 Y 是度量空间，$f: [a,b] \times Y \to \mathbb{R}$ 为连续映射，证明

$$F(y) = \int_a^b f(x,y) \, \mathrm{d}x$$

是连续函数.

23. 假设 $f: [a,b] \times Y \to \mathbb{R}^m$ 是连续映射，Y 是 $\mathbb{R}^n$ 中的开集，偏导数 $\dfrac{\partial f_i(x,y)}{\partial y_j}$ 存在且连续. 用 $D_y f$ 表示与偏导数矩阵对应的线性变换 $\mathbb{R}^n \to \mathbb{R}^m$.

（a）证明

$$F(y) = \int_a^b f(x,y) \, \mathrm{d}x$$

是 C^1 类函数，且

$$(DF)_y = \int_a^b (D_y f) \, \mathrm{d}x.$$

这将定理 14 推广到多维情形.

（b）将结论（a）推广到高阶可导的情形.

24. 证明 $\mathbb{R}^2 \to \mathbb{R}$ 的函数

$$f(x,y) = \begin{cases} \dfrac{xy(x^2 - y^2)}{x^2 + y^2} & \text{若}(x,y) \neq (0,0), \\ 0 & \text{若}(x,y) = (0,0) \end{cases}$$

的二阶偏导数处处存在，但混合二阶偏导数在原点处不相等，即

$$\frac{\partial^2 f(0,\ 0)}{\partial x \partial y} \neq \frac{\partial^2 f(0,\ 0)}{\partial y \partial x}.$$

*25. 构造仅在原点二阶可导的 C^1 函数 $f: \mathbb{R} \to \mathbb{R}$. （推测类似的现象在多维情形下也会出现.）

26. 假设 $u \mapsto \beta_u$ 是 $U \subset \mathbb{R}^n$ 到 $\mathfrak{L}(\mathbb{R}^n, \mathbb{R}^m)$ 中的连续函数.

（a）若存在 $p \in U$ 使得 β_p 不具有对称性，证明它在 p 点处的充分小平行四边形上的平均值也不具有对称性.

（b）将 $\mathfrak{L}$ 替换为有限维向量空间 E，并将对称双线性映射的子集合替换为 E 的线性子空间，推广结论（a）. 假如连续函数的平均值始终位于该子空间中，则函数也取值于这个子空间.

*27. 假设 $f: U \to \mathbb{R}^m$ 是 C^2 类函数，通过下述积分法证明 $D^2 f$ 具有对称性. 考虑 f 在平行四边形 P 的顶点处的有向和 Δ（参看图 105），利用 c' 中值定理证明

$$\Delta = \int_0^1 \int_0^1 (D^2 f)_{p+s\nu+tw} \, ds \, dt(\nu, w).$$

由 Δ 的对称性以及习题 26 证明 $(D^2 f)_p$ 的对称性.

28. 设 $\beta: \mathbb{R}^n \times \cdots \times \mathbb{R}^n \to \mathbb{R}^m$ 为 r-线性. 定义 β 的**对称化子**为

$$\mathrm{symm}(\beta)(\nu_1, \cdots, \nu_r) = \frac{1}{r!} \sum_{\sigma \in P(r)} \beta(\nu_{\sigma(1)}, \cdots, \nu_{\sigma(r)}),$$

其中 $P(r)$ 表示集合 $\{1, 2, \cdots, r\}$ 的置换的全体.

（a）证明 $\mathrm{symm}(\beta)$ 具有对称性.

（b）若 β 具有对称性，则 $\mathrm{symm}(\beta) = \beta$.

（c）（b）的逆命题是否成立？

（d）证明 $\alpha = \beta - \mathrm{symm}(\beta)$ 具有反对称性，即，若 σ 是 $\{1, 2, \cdots, r\}$ 上的置换，则

$$\alpha(\nu_{\sigma(1)}, \cdots, \nu_{\sigma(r)}) = \mathrm{sign}(\sigma) \alpha(\nu_1, \cdots, \nu_r).$$

由此证明 $\mathfrak{L}^r = \mathfrak{L}^r_s \oplus \mathfrak{L}^r_a$，其中 $\mathfrak{L}^r_s$ 和 $\mathfrak{L}^r_a$ 分别表示对称和反对称 r-线性变换构成的子空间.

（e）定义 $\beta \in \mathfrak{L}^2(\mathbb{R}^2, \mathbb{R})$ 如下：

$$\beta((x,y), (x',y')) = xy'.$$

试将 β 表示为对称和反对称双线性变换之和.

*29. 使用下述两种方式之一证明推论 18，即证明第 r 阶可导性意味着 $D^r f(r \geq 3)$ 的对称性.

（a）使用归纳法证明 $(D^r f)_p(\nu_1,\cdots,\nu_r)$ 关于 $\nu_1,\cdots,\nu_{r-1}$ 以及关于 $\nu_2,\cdots,\nu_r$ 的置换具有对称性. 然后充分利用 $r>2$ 这一事实.

（b）给出 f 在由 $\nu_1,\cdots,\nu_r$ 张成的超平行体的顶点上的带符号和 Δ 的定义，证明它是 $D^r f$ 的平均值. 然后的过程与习题 27 类似.

30. 考虑方程

$$xe^y + ye^x = 0. \tag{25}$$

（a）注意到无法写出（25）在点 $(x_0,y_0)=(0,0)$ 的邻域上的精确解 $y=y(x)$.

（b）尽管如此，为何（25）在（0，0）点附近确实存在 C^∞ 解 $y=y(x)$？

（c）在 $x=0$ 处的导数是什么？

（d）在 $x=0$ 处的二阶导数是什么？

（e）由此可以知道方程解的函数图形？

（f）你能更深刻地体会隐函数定理的内在含义吗？

**31. 考虑满足如下条件的函数 f：$U\to\mathbb{R}$：

（i）$U\subset\mathbb{R}^2$ 是连通开集.

（ii）f 是 C^1 类函数.

（iii）对于任意的 $(x,y)\in U$，

$$\frac{\partial f(x,y)}{\partial y}=0.$$

（a）若 U 是圆盘，则 f 与 y 的选取无关.

（b）构造这样一个依赖于 y 的选取的 C^∞ 类函数.

（c）证明（b）中的函数不是解析函数.

（d）为什么（b）中的例子并不能说明秩定理的证明是无效的？

32. 用 G 表示 $n\times n$ 可逆矩阵的全体.

（a）证明 G 是 $\mathfrak{M}(n\times n)$ 的开子集.

（b）证明 G 是群.（称为**一般线性群**.）

（c）证明逆算子 Inv：$A\to A^{-1}$ 是 G 到 G 的同胚映射.

（d）证明 Inv 是微分同胚，并且它在 A 点的导数是如下定义的 $\mathfrak{M}\to\mathfrak{M}$ 的线性变换：

$$X\mapsto -A^{-1}\circ X\circ A^{-1}.$$

将这个公式与函数 $\dfrac{1}{x}$ 在 $x=a$ 处的通常的导数联系起来.

33. 观察到 $Y = \operatorname{Inv}(X)$ 可用于解决隐函数问题

$$F(X,Y) - I = 0,$$

其中 $F(X,Y) = X \circ Y$. 假设已经知道 $\operatorname{Inv}(X)$ 是光滑的，使用链式法则，通过这个方程推导出 Inv 的求导法则.

34. 使用高斯消元法证明矩阵 A^{-1} 的矩阵元是 A 的矩阵元的光滑函数（实际上是解析函数）.

*35. 按照如下思路证明逆算子 Inv 是解析的（即局部收敛的幂级数）：

（a）若 $T \in \mathcal{L}(\mathbb{R}^n, \mathbb{R}^n)$ 且 $\|T\| < 1$，则线性变换级数

$$I + T + T^2 + \cdots + T^k + \cdots$$

收敛于某个线性变换 S，且

$$S \circ (I - T) = I = (I - T) \circ S,$$

其中 I 是恒同变换.

（b）由（a）证明逆运算在 I 处解析.

（c）一般地，若 $T_0 \in G$ 且 $\|T\| \leqslant \dfrac{1}{\|T_0^{-1}\|}$，证明

$$\operatorname{Inv}(T_0 - T) = \operatorname{Inv}(I - T_0^{-1} \circ T) \circ T_0^{-1},$$

由此证明 Inv 在 T_0 处解析.

（d）由于解析性意味着光滑性，由此证明逆运算是光滑映射.（注意到上述证明既没有使用克拉默法则，也没有涉及有限维空间的性质.）

*36. 通过下面步骤给出逆运算 Inv 的光滑性的证明.

（a）使用等式

$$X^{-1} - Y^{-1} = X^{-1} \circ (Y - X) \circ Y^{-1}$$

给出 Inv 是连续映射的简单证明.

（b）证明 $Y = \operatorname{Inv}(X)$ 是 C^∞ 隐函数问题

$$F(X,Y) - I = 0$$

的连续解，这里和习题 33 的记号相同，$F(X,Y) = X \circ Y$. 由于 C^1 隐函数问题的证明过程仅依赖于 Inv 的连续性，证明 Inv 是 C^1 映射的过程并不那么烦琐.

（c）假设已经证明 C^r 隐函数定理，以及 Inv 是 C^{r-1} 映射. 证明 Inv 是 C^r 映射，且 C^{r+1} 隐函数定理成立.

(d) 从逻辑上归纳出 Inv 是光滑映射，且 C^∞ 隐函数定理成立. 注意到上述证明过程既没有使用克拉默法则，也没有涉及有限维空间的性质.

37. 画出 $T(S^2)$ 所有可能的图像，其中 $T: \mathbb{R}^3 \to \mathbb{R}^3$ 是线性变换，S^2 是 2-球面.（不要忘记 T 的秩小于 3 的情形.）

*38. 使用极分解给出容积乘法公式的新证明.

**39. 考虑 2×2 的矩阵全体 $\mathfrak{M}$ 中秩为 1 的矩阵 X 构成的集合 S.

(a) 证明在矩阵

$$X_0 = \begin{pmatrix} 1 & 0 \\ 0 & 0 \end{pmatrix}$$

的某一个邻域中，S 和二维圆盘微分同胚.

(b) 对于任意矩阵 $X \in S$，上述结论是否均成立（或者局部成立）？

(c) 描述集合 S 的整体性质.（它有多少个连通分支？是闭集吗？若不是闭集，它的极限点是什么？S 的元素如何逼近其极限点？S 和 $\mathfrak{M}$ 中的单位球的交集是什么？等等.）

40. 设 $0 \le \varepsilon \le 1$. 给定 a，$b > 0$.

(a) 证明

$$\left(\frac{1}{1+\varepsilon}\right)^2 \le \frac{a}{b} \le (1+\varepsilon)^2 \quad \Rightarrow \quad |a-b| \le 16\varepsilon b.$$

(b) 上述估计式能否再精准些？（即能否把 16 这个数字换成一个更小的数字？）

41. 假设 f 和 g 是 r-阶可导，且复合函数 $h = g \circ f$ 有定义. **分割是指将集合分解为不相交子集的并集. 证明高阶链式法则：

$$(D^r h)_p = \sum_{k=1}^{r} \sum_{\mu \in P(k,r)} (D^k g)_q \circ (D^\mu f)_p,$$

其中 μ 将 $\{1, \cdots, r\}$ 分割为 k 个子集，$q = f(p)$. 使用 r-线性变换的术语，上述等式意味着

$$(D^r h)_p(\nu_1, \cdots, \nu_r) = \sum_{k=1}^{r} \sum_{\mu} (D^k g)_q((D^{|\mu_1|}f)_p(\nu_{\mu_1}), \cdots,$$
$$(D^{|\mu_k|}f)_p(\nu_{\mu_k})),$$

其中 $|\mu_i| = \#\mu_i$，ν_{μ_i} 是向量 $\nu_j (j \in \mu_i)$ 组成的 $|\mu_i|$-元组.（由对称性可知和式与向量 v_j 在 $|\mu_i|$-元组 ν_{μ_i} 中的次序，以及分割块 $\mu_1, \cdots,$

μ_k 出现的次序都无关.)

42. 假设 β 具有双线性性质且 $\beta(f,g)$ 有意义. 若 f, g 在 p 点 r 阶可导, 给出 $D^r(\beta(f,g))_p$ 的高阶莱布尼兹公式. [提示: 首先推导出一维的高阶莱布尼兹公式.]

43. 假设映射 T: $\mathbb{R}^n \to \mathbb{R}^m$ 的秩为 k.

(a) 若存在 $\delta > 0$ 使得映射 S: $\mathbb{R}^n \to \mathbb{R}^m$ 满足 $\|S-T\| < \delta$, 则 S 的秩大于等于 k.

(b) 通过具体的例子说明, 无论正数 δ 多么的小, S 的秩都可以严格大于 T 的秩.

(c) 对于任意的满足 $0 \le k \le \min\{n, m\}$ 的 k, 给出秩为 k 的线性变换的例子.

44. 设 $S \subset M$.

(a) 给出特征函数 χ_S: $M \to \mathbb{R}$ 的定义.

(b) 若 M 是度量空间, 证明 χ_S 在 x 点处不连续当且仅当 x 是 S 的边界点.

45. 5.8 节使用开矩形给出 $Z \subset \mathbb{R}^2$ 为零集的定义.

(a) 若将原定义中覆盖 Z 的矩形改为正方形, 证明零集的定义不受影响.

(b) 若允许正方形或者矩形不是开集, 会出现什么结果?

(c) 若使用圆或者其他的图形替代正方形和矩形, 会得到什么结果?

46. 假设 $S \subset \mathbb{R}^2$ 是有界集合.

(a) 证明若 S 是黎曼可测集, 则它的内部和闭包也是黎曼可测集.

(b) 假设 S 的内部和闭包都是黎曼可测集且 $|\operatorname{int}(S)| = |\overline{S}|$, 则 S 是黎曼可测集.

(c) 证明在 $\mathbb{R}^2$ 中存在开的有界集合, 但不是黎曼可测集. 参看第 6 章附录 C.

47. 在富比尼定理的推导过程中, 可以看到, 对于任意的 $y \in [c,d] \setminus Y$, 其中 Y 是零集, 则关于 x 的上积分和下积分相等, 即 $\overline{F}(y) = \underline{F}(y)$. 你或许会认为 $\overline{F}$ 和 $\underline{F}$ 在 Y 上的值并不影响其积分. 事实并非如此! 考虑定义在单位正方形 $[0,1] \times [0,1]$ 上的函数:

$$f(x,y) = \begin{cases} 1 & \text{若 } y \text{ 是无理数}, \\ 1 & \text{若 } y \text{ 是有理数}, x \text{ 是无理数}, \\ 1 - \dfrac{1}{q} & \text{若 } y \text{ 是有理数}, x = \dfrac{p}{q} \text{ 是既约有理数}. \end{cases}$$

（a）证明 f 是黎曼可积函数，且积分值为 1.

（b）注意到若 Y 为零集 $\mathbb{Q} \cap [0,1]$，则对于任意的 $y \notin Y$，积分

$$\int_0^1 f(x,y)\,\mathrm{d}x$$

存在且等于 1.

（c）注意到对于任意的 $y \in Y$，按照完全任意的方式选定 $h(y)$

$$h(y) \in \left[\underline{F}(y), \overline{F}(y) \right],$$

并令

$$H(x) = \begin{cases} \overline{F}(y) = \underline{F}(y) & \text{若 } y \notin Y, \\ h(y) & \text{若 } y \in Y, \end{cases}$$

则 H 的积分存在且等于 1. 但是，若对于所有的 $y \in Y$，令 $g(x) = 0$，则函数

$$G(x) = \begin{cases} \overline{F}(y) = \underline{F}(y) & \text{若 } y \notin Y, \\ g(y) = 0 & \text{若 } y \in Y \end{cases}$$

的积分并不存在.

***48. 是否存在判别准则，用于判断习题 47 给出的零集 Y 上的黎曼积分的新定义的可行性？

49. 使用微积分基本定理，直接证明格林公式

$$- \iint_R f_y\,\mathrm{d}x\mathrm{d}y = \int_{\partial R} f\mathrm{d}x, \text{以及} \iint_R g_x\,\mathrm{d}x\mathrm{d}y = \int_{\partial R} g\mathrm{d}y,$$

其中 R 是平面上的正方形，f, $g: \mathbb{R}^2 \to \mathbb{R}$ 是光滑函数.（假设正方形的边界与坐标轴平行.）

50. 画出能够逼近对角线 $\Delta = \{(x,y) \in \mathbb{R}^2 : 0 \leq x = y \leq 1\}$，且误差不超过 $\dfrac{1}{n}$ 的阶梯曲线 S_n 的图形.（S_n 由踏板和立板组成.）假设 f, $g: \mathbb{R}^2 \to \mathbb{R}$ 是光滑函数.

（a）为什么 S_n 的长度不收敛于 Δ 的长度？

（b）尽管有（a）这一事实出现，证明 $\int_{S_n} f\,dx \to \int_{\Delta} f\,dx$ 以及 $\int_{S_n} g\,dy \to \int_{\Delta} g\,dy$.

（c）把 Δ 替换成任意光滑函数 $g:[a,b]\to\mathbb{R}$ 的图像，重复（b）.

（d）若 C 是平面上的光滑简单封闭曲线，证明 C 是有限多段弧 C_l 的并，其中每一段弧都是光滑函数 $y=g(x)$ 或者 $x=g(y)$ 的图像，且这些弧段仅在共同的端点处相交.

（e）证明若 (S_n) 是一列收敛于 C 的阶梯曲线，则 $\int_{S_n} f\,dx + g\,dy \to \int_C f\,dx + g\,dy$.

（f）利用（e）以及习题 49 给出以光滑简单封闭曲线 C 为边界的一般区域 $D\subset\mathbb{R}^2$ 上的格林公式的证明，其中证明过程依赖于从内部逼近$^{\ominus}C$ 的阶梯曲线 S_n，并且 S_n 是由小正方形组成的区域 R_n 的边界.（你可以想象 $R_1\subset R_2\subset\cdots$ 以及 $R_n\to D$.）

51. 假如存在光滑的函数 $g_1:[a,b]\to\mathbb{R}$ 和 $g_2:[a,b]\to\mathbb{R}$ 使得 $g_1(x)\leqslant g_2(x)$，并且

$$R = \{(x,y):a\leqslant x\leqslant b, g_1(x)\leqslant y\leqslant g_2(x)\}.$$

则称平面上的区域 R 为 **1 型区域**，假如上式中 x 和 y 可以互换位置，称区域 R 为 **2 型区域**，若区域 R 既是 1 型区域，又是 2 型区域. 称区域 R 为 **简单的**.

（a）给出是 1 型但不是 2 型的区域的例子.

（b）给出既不是 1 型也不是 2 型的区域的例子.

（c）简单区域是星型区域吗？是凸集吗？

（d）以光滑的简单封闭曲线为边界的凸区域是简单区域吗？

（e）给出一个能够分解为 3 个、而不是 2 个的简单子区域的区域例子.

*（f）假如一个区域是以光滑的简单封闭曲线 C 为边界，则不可将之分解为有限多个简单的子区域. 给出例子.

$\ominus$ 阶梯函数逼近的证明方法可推广到以分形、非可导的曲线为边界的区域，如冯·科赫（von Koch）雪花. 如同珍妮·哈里森（Jenny Harrison）所证明，它也可以延伸为多维情形.

（g）可以推断：不能直接将简单区域上格林公式的经典证明（如参看：斯图尔特的《微积分》）推广到一般的具有光滑边界的平面区域 R 上.

*（h）证明若（f）中的曲线 C 是解析的，则这样的例子不存在. [提示：称 C 是解析曲线，假如从局部来看，它是收敛的幂级数定义的函数的图像. 一个解析函数，若不是常函数，则对于给定的 x，存在 f 的某一阶导数非零，即 $f^{(r)}(x) \neq 0$.]

**52. 在布劳威尔定理的第 3 步证明中，构造的 2-胞腔 φ：$I^n \rightarrow B^n$ 是光滑的，但不是一一的.

（a）构造同胚映射 h：$I^2 \rightarrow B^2$，其中 I^2 是闭的单位正方形，B^2 是闭的单位圆.

（b）另外，要求（a）中的函数 h 是（闭正方形上的）C^1 函数，且是从 I^2 内部到 B^2 内部的微分同胚映射.（微分同胚的导函数处处非退化.）

（c）为什么 h 不是 I^2 到 B^2 上的微分同胚？

（d）将（b）中的 C^1 推广到 C^∞ 情形.

53. 设 K，$L \subset \mathbb{R}^n$ 且存在同胚映射 h：$K \rightarrow L$，若 h 能够延拓为同胚映射 H：$U \rightarrow V$，其中 U，$V \subset \mathbb{R}^n$ 为开集，且 H，H^{-1} 是 C^r 类映射，$1 \leqslant r \leqslant \infty$，则称 K 和 L 是环绕 C^r 微分同胚**.

（a）在平面中，证明闭的单位正方形与一般的矩形、平行四边形都是环绕微分同胚.

（b）若 K，L 是平面中环绕微分同胚的多边形，则证明 K 和 L 具有相同的顶点数.（不需要考虑内角为 $180°$ 的顶点.）

（c）证明闭的正方形和闭的圆之间不存在环绕微分同胚.

（d）若 K 是凸多边形，且和多边形 L 环绕微分同胚，则 L 是凸集.

（e）结论（b）的逆命题是否还成立？在凸的前提下呢？

（f）如图 121 所示，闭的圆可分解为与单位正方形环绕微分同胚的 5 部分. 证明分解数不可能比 5 更小.

（g）推广到维数 $n \geqslant 3$ 的情形，证明 n-球可以用 $2n+1$ 个与 n-方体环绕微分同胚的集合平铺. 是否能够用更少的集合来完成呢？

（h）证明可以使用 3 个与正方形环绕微分同胚的集合平铺一个三角形. 由此推断出，任意一个图形，若可以使用与三角形环绕微分同胚的图形平铺，则一定可以使用与正方形环绕微分同胚的图形

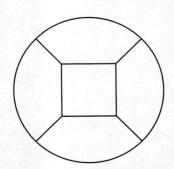

图 121 环绕微分同胚于单位正方形的 5 部分可平铺覆盖一个圆

平铺. 在多维空间中会出现什么情形呢?

54. 在取值于 1 到 9 的整数三元组中随机地选择两个, 记为 I, J. 验证它们满足等式 $\mathrm{d}x_I \wedge \mathrm{d}x_J = \mathrm{d}x_{IJ}$.

55. 证明 $d: \Omega^k \to \Omega^{k+1}$ 是向量空间之间的线性同态.

56. 证明拉回映射在微分形式上的作用是线性作用, 并且关于复合映射满足如下等式: $(T \circ S)^* = S^* \circ T^*$. 看看你给出的证明是否非常简洁?

57. 正确还是错误: 若 k 为奇数, ω 是 k-形式, 则 $\omega \wedge \omega = 0$. 若 k 为偶数且 ≥ 2 呢?

58. 圆盘上是否存在到自身的没有不动点的连续映射? 在 2-环面上呢? 2-球面呢?

59. 证明光滑映射 $T: U \to V$ 可以诱导上同调群 $H^k(V) \to H^k(U)$ 的线性映射, 定义方式如下:

$$T^*: [\omega] \to [T^*\omega].$$

这里 $[\omega]$ 表示 $\omega \in Z^k(V)$ 在 $H^k(V)$ 中的等价类. 则问题可归结为, 证明闭的微分形式 ω 的拉回还是闭的, 且其上同调类仅依赖于 ω 所在的等价类[⊖].

60. 证明微分同胚的开集具有同构的上同调群.

61. 证明定义在 $\mathbb{R}^2 \setminus \{(0,0)\}$ 上的 1-形式

$$\omega = \frac{-y}{r^2}\mathrm{d}x + \frac{x}{r^2}\mathrm{d}y$$

是闭的, 但不是正合的. 为什么经常把这种 1-形式当作是 $\mathrm{d}\theta$, 名称有疑义吗?

62. 证明定义在球壳上的 2-形式

$$\omega = \frac{x}{r^3}\mathrm{d}y \wedge \mathrm{d}z + \frac{y}{r^3}\mathrm{d}z \wedge \mathrm{d}x + \frac{z}{r^3}\mathrm{d}x \wedge \mathrm{d}y$$

是闭的, 但不是正合的.

63. 若 ω 是闭的, $f\omega$ 是否为闭的? 若 ω 是正合的, 结论又是什么?

⊖ 可以给出劳威尔不动点定理一个漂亮的证明: 如往常一样, 问题转化为证明不存在从 n-球到其边界的光滑的收缩映射 T. 否则, T 可以诱导上同调映射 T^*, $H^k(\partial B) \to H^k(B)$, 其中 ∂B 的上同调群也是球壳邻域的上同调群. 可以证明映射 T^* 是上同调群同构, 这是因为, $T \circ (\text{嵌入})_{\partial B} = (\text{嵌入})_{\partial B}$, 以及 $((\text{嵌入})_{\partial B})^* = $ 恒同. 但是当 $k = n-1 \geq 1$ 时, 上同调群并不同构, 进而计算可知, $H^{n-1}(\partial B) = \mathbb{R}$, $H^{n-1}(B) = 0$.

64. 闭形式的楔积是闭的吗？正合形式的楔积是正合的吗？闭形式和正合形式的乘积呢？这是否在上同调类上给出了环结构？

65. 如同 5.11 节所示，证明在布劳威尔不动点定理的证明中给出的 n-胞腔 $\psi:[-1,1]^n \to B^n$ 的雅可比行列式为 $\dfrac{\rho'(r)\rho(r)^{n-1}}{r^{n-1}}$，其中 $r=|\nu|$.

**66. 毛球定理告诉我们，若 $\mathbb{R}^3$ 中的连续向量场 X 处处和 2-球面 S 相切，则 X 在 S 的某一点处为 0. 下面是证明过程的提纲.（可以将这个向量场想象为在梳理在球上的头发，总有翘起的一绺头发.）

（a）证明毛球定理等价于不动点的断言：若 S 到自身的连续映射与 $S \to S$ 的恒同映射充分靠近，则一定存在不动点.（这是非常有趣的结论，尽管下文用不到它.）

（b）若 S 上连续向量场在一个充分小的封闭曲线 $C \subset S$ 上或者在其内部非 0，则证明当观测者沿着曲线 C 按照逆时针方向行走时，X 沿 C 的纯角度旋转量是 -2π.（从外部观察 S 时，观测者按照逆时针方向沿着 C 行走，他测量 X 和他自身的切向量形成的角度. 为了方便起见，顺时针方向角的变化量是负值.）类似地，证明沿着曲线 C 按照顺时针方向行进时，纯角度旋转量是 $+2\pi$.

（c）设 C_t 是 S 上的简单封闭曲线构成的连续簇，$a \leqslant t \leqslant b$. 若 X 在 C_t 上的点上恒不等于 0，证明 X 沿 C_t 的纯角度旋转量不依赖于 t 的选取.（此情形表明上面习题中提到的整数值函数若连续，必为常值函数.）

（d）想象如下一簇连续的简单封闭曲线 C_t. 对于 $t=0$，C_0 是北极圈. 对于 $0 \leqslant t \leqslant \dfrac{1}{2}$，$C_t$ 的纬度降低，而随着纬度慢慢下降，它的圆周增加，逐渐变成赤道，然后圆周渐渐变小，直到当 $t=\dfrac{1}{2}$ 时变成南极圈. 对于 $\dfrac{1}{2} \leqslant t \leqslant 1$，$C_t$ 保持自己的大小和形状，但是它新的中心南极沿着格林尼治子午线滑动直到 $t=1$ 时，C_t 恢复它最初的北极位置. 参看图 122. 它的方向发生了逆转. 确定北极圈 C_0 的正向，并且在连续依赖于 t 的 C_t 上进行定向. 为了得到矛盾，假设 X 在 S 上没有零点.

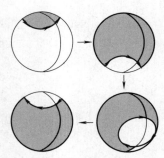

图 122　逆转方向的北极圈的变形

（i）为什么 X 沿 C_0 的纯角度旋转量等于 -2π.

（ii）为什么沿 C_1 的纯角度旋转量等于 $+2\pi$？

（iii）除非 X 在某点为 0，否则与（c）产生矛盾，这是为什么？

（iv）推断出你已经证明了毛球定理.

本章给出勒贝格测度与勒贝格积分的几何理论. 在微积分的学习中你已经了解到积分是曲线的下方图形面积. 预先给出本章的观点: 赋予面积一个好的定义, 则可以把推导勒贝格积分的基本理论可归结为考察合适图形的形态. 附录 C 给出了黎曼积分和勒贝格积分之间的关系.

1 外测度

如何测量直线上一个集合的长度呢? 假如待测量的集合比较简单, 则答案也容易: 区间 (a,b) 的长度等于 $b-a$. 但是有理数集合的长度呢? 康托尔集的长度呢? 我们在分析学中考虑不等式与极限等情形时, 经常会遇到上述例子. 事实上, 依据所使用的关系式是等式还是不等式, 就可以区分所研究领域属于代数学科还是属于分析学科.

定义 区间 $I=(a,b)$ 的**长度**是 $b-a$, 记作 $|I|$. 集合 $A\subset\mathbb{R}$ 的**勒贝格外测度**定义为

$$m^*A = \inf\left\{\sum_k |I_k| : \{I_k\} \text{ 是集合 } A \text{ 的开区间覆盖}\right\}.$$

我们默认覆盖是可数覆盖, 级数和 $\sum_k |I_k|$ 是覆盖的**全长度**. ("可数"包含有限和可列两种可能.) A 的外测度是 A 的所有开区间覆盖 $\{I_k\}$ 的全长度的下确界. 如果每一个级数和 $\sum_k |I_k|$ 都发散, 则由定义, $m^*A = \infty$.

对于任意集合 $A\subset\mathbb{R}$, 外测度都有定义. 外测度就像卡尺一样从外部测量 A. 与之对应的, 可以从内部测量 A, 即**内测度**, 记作

m_*A，这将在第 3 节予以讨论.

容易验证外测度的下述三条性质（**外测度公理**）.

（a）空集的外测度为 0，即 $m^* \varnothing = 0$.

（b）若 $A \subset B$，则 $m^* A \leqslant m^* B$.

（c）若 $A = \bigcup_{n=1}^{\infty} A_n$，则 $m^* A \leqslant \sum_{n=1}^{\infty} m^* A_n$.

分别称性质（b）和性质（c）为外测度的**单调性**和**次可数可加性**.

（a）显然成立，这是由于任意一个区间都是空集的覆盖.

（b）显然成立，这是由于 B 的覆盖也是 A 的覆盖.

为证明（c），需要使用 $\varepsilon/2^n$ 技巧. 给定 $\varepsilon > 0$，对于每一个自然数 n，存在 A_n 的覆盖 $\{I_{kn}: k \in \mathbb{N}\}$ 满足

$$\sum_{k=1}^{\infty} |I_{kn}| < m^* A_n + \frac{\varepsilon}{2^n}.$$

集合簇 $\{I_{kn}: k, n \in \mathbb{N}\}$ 构成 A 的覆盖，且

$$\sum_{k,n} |I_{kn}| = \sum_{n=1}^{\infty} \sum_{k=1}^{\infty} |I_{kn}| \leqslant \sum_{n=1}^{\infty} \left(m^* A_n + \frac{\varepsilon}{2^n} \right) = \sum_{n=1}^{\infty} m^* A_n + \varepsilon.$$

因此 A 的开区间覆盖的全长度的下确界不超过 $\sum_{n=1}^{\infty} m^* A_n + \varepsilon$. 由 $\varepsilon > 0$ 的任意性，下确界不超过 $\sum_{n=1}^{\infty} m^* A_n$，从而证明（c）.

假设集合 A 是平面的子集，如何测量它的"面积"？下面是一个常用的方法.

定义 矩形 $R = (a,b) \times (c,d)$ 的**面积** $|R| = (b-a) \times (d-c)$，$A \subset \mathbb{R}^2$ 的**（二维）外测度**是指 A 的可数开矩形覆盖 $\{R_k\}$ 的面积之和的下确界，

$$m^* A = \inf \Big\{ \sum_k |R_k| : \{R_k\} \text{是集合 } A \text{ 的开矩形覆盖} \Big\}.$$

如果有必要，我们将在 | | 和 m^* 上增加下标"1"和"2"以区分一维和二维的量.

外测度所具有的性质——单调性、次可列可加性，以及空集的外测度为 0——对于二维的外测度仍然成立. 参看习题 5.

次可加性的一个直接推论与**零集**有关，这里零集是指外测度为 0 的集合.

命题 1 可数多个零集的并集还是零集.

证明　若对任意的 n，$m^* Z_n = 0$，$Z = \bigcup Z_n$，则由（c）

$$m^* Z \leqslant \sum_n m^* Z_n = 0.$$ □

与外测度密切相关的另外两个性质留作练习，即习题 1 和习题 2.

（d）刚体平移不改变集合的外测度.

（e）对集合进行伸缩变换，其外测度的值也相应地进行伸缩变换.

下一个定理给出外测度的性质，结论似乎很显然. 参看习题 3 和习题 4.

定理 2　闭区间的一维外测度等于其长度；闭矩形的二维外测度等于其面积.

证明　设 $I = [a, b]$ 是闭区间. 对于任意的 $\varepsilon > 0$，开区间 $(a - \varepsilon, b + \varepsilon)$ 构成 I 的开覆盖，因此 $m^* I \leqslant |I| + 2\varepsilon$. 由 ε 的任意性，

$$m^* I \leqslant |I|.$$

为了得到反向不等式，设 $\{I_k\}$ 是 I 的可列开区间覆盖，由 I 的紧性，存在自然数 N，使得 $I \subset \bigcup_{k=1}^N I_k$. 构造分割

$$a = x_0 < x_1 < \cdots < x_n = b,$$

其中，出现在 I 中的区间 $I_k = (a_k, b_k)$ 的端点 a_k，b_k 是上述分割的分割点. 则每一个分割区间 $X_i = (x_{i-1}, x_i)$ 完全包含在某一个覆盖区间 I_k 中，这意味着，

$$|X_i| \leqslant \sum_{k=1}^N |X_i \cap I_k|.$$

这是因为，右端求和项中的其中某一项恰好是 $|X_i|$ 自身. 进一步地，对于每一个 k，I 的分割约化为区间 $I \cap I_k$ 的分割，故

$$|I \cap I_k| = \sum_{i=1}^n |X_i \cap I_k|.$$

进而

$$|I| = \sum_{i=1}^n |X_i| \leqslant \sum_{i=1}^n \left(\sum_{k=1}^N |X_i \cap I_k| \right) = \sum_{k=1}^N \left(\sum_{i=1}^n |X_i \cap I_k| \right)$$

$$= \sum_{k=1}^N |I \cap I_k| \leqslant \sum_{k=1}^N |I_k| \leqslant \sum_{k=1}^\infty |I_k|,$$

因此 $|I| \leqslant m^* I$，一维的情形证明完毕.

可类似证明矩阵 $R = [a, d] \times [c, d]$ 的情形. 与区间情形类似，只

需证明对于 R 的任意可数开矩形覆盖 $\{R_k=(a_k,d_k)\times(c_k,d_k)\}$，$|R|\leqslant\sum|R_k|$. 由于存在自然数 N 使得 R_1，$\cdots$，R_N 覆盖 R. 将矩形 R 的边进行分割：

$$a=x_0<\cdots<x_n=b,\quad c=y_0<\cdots<y_n=d,$$

其中，出现在 $[a,b]$ 和 $[c,d]$ 中的覆盖区间的端点 a_k，b_k，c_k，d_k 都出现在分割点中. 记 $X_i=(x_{i-1},x_i)$，$Y_j=(y_{j-1},y_j)$，以及 $G_{ij}=X_i\times Y_j$. 则对于每一个网格状矩形 G_{ij}，至少存在一个覆盖矩形 R_k 使得 $G_{ij}\subset R_k$，因此有 $|G_{ij}|\leqslant\sum\limits_{k=1}^{N}|G_{ij}\bigcap R_k|$. 进而，对于每一个 k，矩形 $R\bigcap R_k$ 被其包含的网格矩形所分割，因此 $|R\bigcap R_k|=\sum\limits_{ij}|G_{ij}\bigcap(R\bigcap R_k)|$，并且

$$|R|=\Big(\sum_{i=1}^{n}|X_i|\Big)\Big(\sum_{j=1}^{m}|Y_j|\Big)=\sum_{ij}|G_{ij}|\leqslant\sum_{ij}\Big(\sum_{k=1}^{N}|G_{ij}\bigcap R_k|\Big)$$

$$=\sum_{k=1}^{N}\Big(\sum_{ij}(|G_{ij}\bigcap(R\bigcap R_k)|)\Big)$$

$$=\sum_{k=1}^{N}|R\bigcap R_k|\leqslant\sum_{k=1}^{N}|R_k|\leqslant\sum_{k=1}^{\infty}|R_k|.$$

这说明 $|R|\leqslant m^*R$，从而完成证明. □

定理 3 对于区间和矩形，无论是开的还是部分开的，等式 $m^*I=|I|$ 和 $m^*R=|R|$ 恒成立.

证明 设 I 是区间，给定 $\varepsilon>0$，存在闭区间 J，J' 使得 $J\subset I\subset J'$，并且 $|J'|-|J|<\varepsilon$. 于是，

$$m^*J\leqslant m^*I\leqslant m^*J'$$

由于 $m^*J=|J|$，$m^*J'=|J'|$，$|J|\leqslant|I|\leqslant|J'|$. 由于对于 $\varepsilon>0$，$||I|-m^*I|<\varepsilon$，从而 $m^*I=|I|$. 这种"夹层法"对于二维情形同样适用. □

2 可测性

若 A 和 B 是 $\mathbb{R}$ 中互不相交区间的子集，容易证明

$$m^*(A\amalg B)=m^*A+m^*B.$$

如果 A 和 B 仅仅是不相交的集合呢？上述等式还成立吗？如果这些集

合满足另外的条件，即满足可测性，则答案仍然成立，而对于在附录 B 给出的一般情形，答案是否定的．常见的集合都具有可测性，而不可测性集合是例外集合：你在分析学中遇到的集合——开集、闭集、它们的并集、差集等都是可测集．参看第 3 节．

定义 设集合 $E \subset \mathbb{R}$．若 $\mathbb{R}$ 的分隔表达式 $E \mid E^c$ 是"彻底"的，即对于任意的"试验集合"$X \subset \mathbb{R}$，

$$(1) \qquad m^* X = m^*(X \bigcap E) + m^*(X \bigcap E^c),$$

则称 E 是 **（勒贝格）可测集**．用 $\mathfrak{M} = \mathfrak{M}(\mathbb{R})$ 表示 $\mathbb{R}$ 中的勒贝格可测集的全体．若 E 是可测集，则它的**勒贝格测度**为 $m^*(E)$，记为 mE．这里不再标注星号是为了强调 E 的可测性．

可类似定义平面上集合的可测性：设 $E \subset \mathbb{R}^2$．若对任意集合 $X \subset \mathbb{R}^2$，$E \mid E^c$ 能够彻底地分隔 X，即（1）对于二维的外测度依然成立，则称 $E \subset \mathbb{R}^2$ 是可测集合．

什么样的集合可测呢？显然空集是可测集．如果一个集合是可测集，则它的补集也是可测集，这是因为 $E \mid E^c$ 与 $E^c \mid E$ 以同样的方式将集合 X 分隔开．在本节中，我们将抽象地分析测度论．关于可测性的基本结果与 $\mathbb{R}$ 或者 $\mathbb{R}^2$ 无关．相关结果对任意"抽象的外测度"仍成立．

定义 设 M 是集合，M 的子集的全体记为 2^M．称满足外测度三条公理的函数 $\omega: 2^M \to [0, +\infty]$ 为 M 上的**抽象外测度**，即满足：$\omega(\varnothing) = 0$；ω 具有单调性；ω 满足次可数可加性．设 $E \subset M$．若 $M = E \mid E^c$ 是彻底的分隔，即对于任意试验集合 $X \subset M$，

$$\omega X = \omega(X \bigcap E) + \omega(X \bigcap E^c).$$

则称 E 关于 ω 是**可测集**．

定理 4 在集合 M 上给定一个外测度 ω，则关于 ω 可测的集合的全体 $\mathfrak{M}$ 构成 σ-代数，ω 在这个 σ-代数上的限制满足可数可加性．特别地，勒贝格测度具有可数可加性．

包含空集、关于补运算以及关于可数并运算下封闭的集合簇称为 **σ-代数**．若 E_1，E_2，…是关于 ω 的互不相交的可测集，且

$$E = \coprod_i E_i \Rightarrow \omega E = \sum_i \omega E_i,$$

则称 ω 具有**可列可加性**．

证明 用 $\mathfrak{M}$ 表示关于 M 上外测度 ω 可测的集合的全体，为了验证 $\mathfrak{M}$ 是 σ-代数，我们需要证明 $\mathfrak{M}$ 包含空集，并且在补运算以及

可数并运算下封闭.

显然空集将任意集合 X "彻底" 的分割, 因此 $\varnothing \in \mathfrak{M}$. 进而, 由于 $E \mid E^{c}$ 与 $E^{c} \mid E$ 以同样的方式分隔集合 X, $\mathfrak{M}$ 在补运算下封闭. 为了证明 $\mathfrak{M}$ 在可数并运算下封闭, 需要以下四步:

(a) $\mathfrak{M}$ 在差集运算下封闭.

(b) $\mathfrak{M}$ 在有限并运算下封闭.

(c) ω 在 $\mathfrak{M}$ 上满足有限可加性.

(d) ω 满足特定的可数可加性.

(a) 设 E_1, E_2 是可测集, 给定试验集合 X, 如图 123 所示, 画出文氏图, 其中用圆盘表示 X. 为了证明差集 $E_1 \backslash E_2$ 是可测集, 只需要验证如下等式:

$$2+134 = 1234$$

其中, $2 = \omega(X \bigcap (E_1 \backslash E_2))$, $134 = \omega(X \bigcap (E_1 \backslash E_2))^{c}$, $1234 = \omega X$, 等等. 由于 E_1 能够彻底地分隔任意集合, $134 = 1+34$. 而由于 E_2 能够彻底地分隔任意集合, $34 = 3+4$. 因此,

$$2+134 = 2+1+3+4 = 1+2+3+4.$$

同理, $1234 = 12+34 = 1+2+3+4$, 这完成 (a) 的证明.

(b) 假设 E_1, E_2 是可测集, $E = E_1 \bigcup E_2$. 由于 $E^{c} = E_1^{c} \backslash E_2$, 由 (a), $E^{c} \in \mathfrak{M}$, 进而有 $E \in \mathfrak{M}$. 对于多个集合的情形, 由数学归纳法可以证明: 若 E_1, $\cdots$, $E_n \in \mathfrak{M}$, 则 $E_1 \bigcup \cdots \bigcup E_n \in \mathfrak{M}$.

(c) 若 E_1, $E_2 \in \mathfrak{M}$ 且互不相交, 则 E_1 可以彻底地分隔 $E = E_1 \coprod E_2$, 因此

$$\omega E = \omega(E \bigcap E_1) + \omega(E \bigcap E_1^{c}) = \omega(E_1) + \omega(E_2),$$

这说明 ω 对于一对不相交的可测集满足可加性. 对于多个集合, 利用归纳法可以证明 ω 在 $\mathfrak{M}$ 上满足**有限可加性**: 即若 E_1, $\cdots$, $E_n \in \mathfrak{M}$ 且互不相交, 则

$$E = \coprod_{i=1}^{n} E_i \quad \Rightarrow \quad \omega E = \sum_{i=1}^{n} \omega E_i.$$

(d) 给定试验集合 $X \subset M$ 以及一列互不相交的可测集 E_i, 设 $E = \coprod E_i$, 则有下式成立:

$$(2) \qquad \omega(X \bigcap E) = \sum_{i} \omega(X \bigcap E_i).$$

(若 $X = M$, 即为可数可加性, 但一般地, X 未必是可测集.) 为证明 (2), 首先考虑分解式

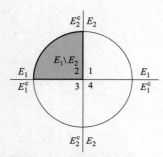

图 123 证明 $\mathfrak{M}$ 在差集运算下封闭的图形

$$X \bigcap (E_1 \coprod E_2) = (X \bigcap E_1) \coprod (X \bigcap E_2).$$

E_1 的可测性意味着两个外测度可以相加. 由归纳法, 对于任意的有限和, 结论同样成立, 即

$$\omega(X \bigcap (E_1 \coprod \cdots \coprod E_k)) = \omega(X \bigcap E_1) + \cdots + \omega(X \bigcap E_k).$$

由 ω 的单调性,

$$\omega(X \bigcap E) \geqslant \omega(X \bigcap (E_1 \coprod \cdots \coprod E_k)),$$

因此, 级数 $\sum \omega(X \bigcap E_i)$ 的任意部分和都被 $\omega(X \bigcap E)$ 控制. 进而 $\omega(X \bigcap E)$ 控制了级数和. 即,

$$\sum_{i=1}^{\infty} \omega(X \bigcap E_i) \leqslant \omega(X \bigcap E).$$

由于外测度具有次可数可加性, 反向不等式显然成立, 因此 (2) 成立.

我们最后证明, 若每一个 $E_i \in \mathfrak{M}$, 则 $E = \bigcup E_i \in \mathfrak{M}$. 令 $E'_i = E_i \setminus (E_1 \bigcup \cdots \bigcup E_{i-1})$, 则由 (a) 可以知道 E'_i 构成互不相交的可测集, 因此不妨设这些 E_i 是互不相交的集合. 令 $E = \coprod E_i$, 给定试验集合 $X \subset M$, 由 (c) (有限可加性) 以及 ω 的单调性, 对于任意自然数 k,

$$\omega(X \bigcap E_1) + \cdots + \omega(X \bigcap E_k) + \omega(X \bigcap E^c)$$
$$= \omega(X \bigcap (E_1 \coprod \cdots \coprod E_k)) + \omega(X \bigcap E^c)$$
$$\leqslant \omega(X \bigcap (E_1 \coprod \cdots \coprod E_k)) + \omega(X \bigcap (E_1 \coprod \cdots \coprod E_k)^c)$$
$$= \omega X.$$

由 k 的任意性, 上述不等式对级数和也成立, 即

$$\sum_{i=1}^{\infty} \omega(X \bigcap E_i) + \omega(X \bigcap E^c) \leqslant \omega X.$$

由 (2), 我们得到

$$\omega(X \bigcap E) + \omega(X \bigcap E^c) = \sum_{i=1}^{\infty} \omega(X \bigcap E_i) + \omega(X \bigcap E^c) \leqslant \omega X.$$

由于外测度满足次可数可加性, 反向不等式也成立, 故等号成立. 这说明 E 是可测集. 因此 $\mathfrak{M}$ 是 σ-代数, 且 ω 在 $\mathfrak{M}$ 上的限制具有可数可加性. $\qquad \square$

测度连续性定理 5 设 $\{E_k\}$ 和 $\{F_k\}$ 是可测集序列, 则

测度上连续 $E_k \nearrow E \implies \omega E_k \nearrow \omega E$;

测度下连续 $F_k \searrow F$ 且 $\omega F_1 < \infty \implies \omega F_k \searrow \omega F$.

证明 记号 $E_k \nearrow E$ 表示 $E_1 \subset E_2 \subset \cdots$ 以及 $E = \bigcup E_k$. 将 E 表示为不

相交集合的并集：$E = \coprod E'_k$，其中，$E'_k = E_k \setminus (E_1 \bigcup \cdots \bigcup E_{k-1})$. 由测度的可数可加性，

$$\omega E = \sum_{n=1}^{\infty} \omega E'_n.$$

进而，级数的前 k 项部分和等于 ωE_k，因此 ωE_k 单调递增收敛于 ωE. 记号 $F_k \searrow F$ 表示 $F_1 \supset F_2 \supset \cdots$ 以及 $F = \bigcap F_k$. 将 F_1 表示成不相交集合的并：

$$F_1 = \left(\coprod_{k=1}^{\infty} F'_k \right) \coprod F,$$

其中，$F'_k = F_k \setminus F_{k+1}$. 则 $F_k = \coprod_{n \geqslant k} F'_n \coprod F$. 由测度的可列可加性，

$$\omega F_1 = \omega F + \sum_{n=1}^{\infty} \omega F'_n,$$

再由于 ωF_1 的有限性，上式中的级数收敛于有限值，因此级数的余项收敛于 0. 也就是说，当 $k \to \infty$ 时，

$$\omega F_k = \sum_{n=k}^{\infty} \omega F'_n + \omega F$$

单调递减收敛于 ωF. □

3 正则性

本节将讨论与 $\mathbb{R}$ 和 $\mathbb{R}^2$ 上的拓扑结构相容的勒贝格测度及其性质.

定理 6 开集和闭集都是可测集.

为了证明定理 6，需要先做一些准备工作.

命题 7 增加或者减少零集不改变外测度值，也不改变集合可测性.

证明 设 Z 是零集，则有如下断言：$m^*(E \bigcup Z) = m^*(E) = m^*(E \setminus Z)$. 进一步地，若 E 是可测集，则 $E \bigcup Z$ 和 $E \setminus Z$ 也是可测集. 事实上，有

$$m^* E \leqslant m^*(E \bigcup Z) \leqslant m^*(E) + m^*(Z) = m^*(E),$$

因此 $m^*(E \bigcup Z) = m^*(E)$. 将 $E \setminus Z$ 替代 E，则有 $m^*(E \setminus Z) = m^*((E \setminus Z) \bigcup (E \bigcap Z))$，即有

$$m^*(E) = m^*(E \cup Z).$$

若 E 是可测集, 给定试验集合 X, 我们使用次可加性、单调性以及集合论中的公式 $(E \cup Z)^c = E^c \setminus Z$, 得到

$$m^*X \le m^*(X \cap (E \cup Z)) + m^*(X \cap (E^c \setminus Z))$$

$$\le m^*(X \cap E) + m^*(X \cap Z) + m^*(X \cap E^c) = m^*X.$$

因此, 上式中不等号可以取为等号, $E \cup Z$ 为可测集. 用 E^c 替代 E, 则 $E^c \cup Z = (E \setminus Z)^c$ 是可测集, 从而 $E \setminus Z$ 是可测集.

推论 8 零集是可测集.

证明 在命题 7 中, 选取 $Z = \varnothing \cup Z$, 即知结论成立.

命题 9 半直线 $H = [0, \infty) \subset \mathbb{R}$ 与半平面 $H \times \mathbb{R} \subset \mathbb{R}^2$ 是可测集.

证明 给定 $X \subset \mathbb{R}$, 则 $m^*X = m^*(X \cap H) + m^*(X \cap H^c)$. 事实上, 由于 X 和 $X \setminus \{0\}$ 相差零集 $\{0\}$, 由命题 7, 不妨设 $0 \notin X$. 于是

$$X = X^+ \coprod X^- = (X \cap H) \coprod (X \cap H^c).$$

给定 $\varepsilon > 0$, X 存在可数开区间覆盖 $\mathfrak{I} = \{I_k\}$, 其全长度为

$$\sum_k |I_k| \le m^*X + \varepsilon.$$

将包含零点的区间 I_k 分解为正和负的开子区间 $I_k^{\pm}$ 两部分, 于是得到 X 的新的开区间覆盖 $\mathfrak{L}$, 其全长度和 $\mathfrak{I}$ 的全长度相等. 由于 $\mathfrak{L}$ 中的每一个开区间或者全部位于正半轴, 或者全部位于负半轴, $\mathfrak{L}$ 分解为 $X^{\pm}$ 的互不相交的覆盖 $\mathfrak{L}^{\pm}$. 因此

$$m^*X \le m^*(X \cap H) + m^*(X \cap H^c)$$

$$\le \sum_{J \in \mathfrak{L}^+} |J| + \sum_{J \in \mathfrak{L}^-} |J| = \sum_k |I_k| \le m^*X + \varepsilon.$$

由 ε 的任意性, 可以得到 H 的可测性.

平面的情形类似. y 轴的二维外测度为 0, 这是因为对于任意的 $\varepsilon > 0$, y 轴被全面积为 4ε 的可列多个开矩形 $\left(-\dfrac{\varepsilon}{4^n}, \dfrac{\varepsilon}{4^n} \right) \times (-2^n, 2^n)$ 覆盖. 由命题 7, 我们选取试验集合 X 时, 可以不考虑 y 轴, 那么余下的推理过程和直线情形类似. $\square$

定理 6 的证明 考虑 $\mathbb{R}$. 根据命题 9, 半直线 $[0, +\infty)$ 与 $(-\infty, 0)$ 是可测集. 平移不改变集合的可测性, 因此 $[a, +\infty)$ 与 $(-\infty, b)$ 是可测集. 零集也不改变集合的可测性, 因此 (a, ∞) 是可测集, 进而,

$$(a,b)=(a,\infty)\bigcap(-\infty,b)$$

也是可测集.

考虑 $\mathbb{R}^2$. 平移后的半平面还是可测集, 减去零集后同样可测. 因此平面上的竖条 $(a,b)\times\mathbb{R}$ 是可测集. 互换 x 轴和 y 轴的位置, 可以知道, 平面上的水平条 $\mathbb{R}\times(c,d)$ 是可测集. 因此它们的交集 $(a,b)\times(c,d)$ 是可测集.

$\mathbb{R}$ 上的开集可以表示为可数多个开区间的并集, 平面中的开集可以表示为可数多个开矩形的并集. 由于 $\mathfrak{M}$ 是 σ-代数, 任意开集都可测. 由于可测集的补集仍是可测集, 每一个闭集都是可测集. □

推论 10　区间的勒贝格测度等于其长度, 矩形的勒贝格测度等于其面积.

证明　由定理 6, 区间与矩形都是可测集, 因此它们的测度和外测度相等, 这恰好分别是其长度和面积. □

自然要考虑比开集和闭集范围更宽的一类集合. 一列开集的交集称为 G_δ-集合, 一列闭集的交集称为 F_σ-集合. (δ 表示德语单词 durschnitt, σ 表示 "求和".) 由德摩根律, G_δ-集合的补集是 F_σ-集合, 反之亦然. 由于可测集全体构成的 σ-代数包含开集和闭集, 因此也包含 G_δ-集合和 F_σ-集合.

定理 11　勒贝格测度是**正则测度**, 即对于任意可测集 E, 存在 F_σ-集合 F 和 G_δ-集合 G, 使得 $F\subset E\subset G$ 并且 $m(G\backslash F)=0$.

证明　首先假设 $E\subset\mathbb{R}$ 是有界集合, 则存在包含 E 的闭区间 I. 由可测集合的性质,

$$mI=mE+m(I\backslash E).$$

存在单调递减的开集序列 $U_n\supset E$ 和 $V_n\supset(I\backslash E)$ 使得当 $n\to\infty$ 时, $mU_n\to mE$, 以及 $mV_n\to m(I\backslash E)$. 而集合列 $K_n=I\backslash V_n$ 构成了 E 中的单调递增的闭集序列, 并且

$$mK_n=mI-mV_n\to mI-m(I\backslash E)=mE.$$

因此 $F=\bigcup K_n$ 是 E 中的 F_σ-集合且 $mF=mE$. 同理, 存在包含 E 的 G_δ-集合 G 并且 $mG=mE$. 由于上述集合的测度值都是有限的, 等式 $mF=mE=mG$ 意味着 $m(G\backslash F)=0$. 同样的论证也适应于平面或者 $\mathbb{R}^n$ 中的任意有界集合. 对于无界的情形, 留作习题 9. □

推论 12　在模去零集的意义下, 勒贝格可测集都是 F_σ-集合, 同时也是 G_δ-集合. 特别地, 开集、闭集以及边界为零集的集合都是

可测集.

证明　对于零集 $Z = E \backslash F$ 和 $Z' = G \backslash E$，有等式 $E = F \bigcup Z = G \backslash Z'$ 成立. □

$\mathbb{R}$ 或者 $\mathbb{R}^n$ 中集合 A 的外测度是包含 A 的开集的测度的下确界，对偶的，A 中的闭集的测度的上确界称为 A 的**内测度**. 用记号 $m_* A$ 表示集合 A 的内测度，它表示从内部测量 A. 显然有 $m_* A \leqslant m^* A$，且内测度 m_* 具有单调性，即若 $A \subset B$，则 $m_* A \leqslant m_* B$.

等价地，$m^* A$ 是包含 A 的最小的可测集 H 的测度，而 $m_* A$ 是 A 中的最大的可测集 N 的测度.（称 H "最小" 是指对于任意的可测集 $H' \supset A$，$H \backslash H'$ 是零集. 类似地，若 $N' \subset A$ 是可测集，则 $N' \backslash N$ 是零集. 容易看出，在至多相差一个零集的意义下，H，N 都是唯一存在的. 分别称它们为 A 的**包**和**核**. 参看习题 8.）

定理 13　有界集合 $A \subset \mathbb{R}$（或者 $A \subset \mathbb{R}^n$）是勒贝格可测集，当且仅当它的内测度和外测度相等，$m_* A = m^* A$. 进而，若 B 是包含 A 的有界可测集，A 可测的充分必要条件是 A 可以彻底地分隔 B.

证明　若 A 是可测集，则 A 和包含它的最小可测集，以及被 A 包含的最大的可测集相等，因此 $m_* A = m^* A$.

另一方面，若 $m_* A = m^* A$，则 A 夹在具有相同有限测度的两个可测集合中间，因此 A 与它们相差至多零集，因而是可测集.

最后假设 $B \supset A$，其中 B 是有界可测集，则（参看习题 8）

$$m_* A + m^*(B \backslash A) = mB.$$

若 A 可以彻底地分隔 B，则

$$m^* A + m^*(B \backslash A) = mB.$$

所有的测度值都有限，意味着 $m_* A = m^* A$，即 A 是可测集. 反之，若 A 是可测集，则 A 可以彻底地分隔任意试验集合，因此结论成立. □

注　勒贝格把定理 13 作为可测的定义. 他说，有界集合可测的充分必要条件是内测度和外测度相等；对于无界集合，假如可以表示为可数多个有界可测集合的并集，则称为可测集. 而上文给出的定义，即使用试验集合验证集合是否具有好的分隔性能，是由卡拉里奥多利（Caratheodory）给出. 卡拉里奥多利的方法使用起来更便利，而且适应于无界集合，还可以将这种方法推广到"抽象的测度空间".

勒贝格测度的正则性有很多应用，如下面的结论，以及习题 32 和习题 33.

定理 14 可测集合的笛卡儿积是可测集，且笛卡儿积的测度等于测度的乘积.

证明 为方便起见，约定 $0 \cdot \infty = \infty \cdot 0 = 0$. 给定可测集 A，$B \subset \mathbb{R}$，我们将证明 $A \times B$ 是二维可测集，并且 $m_2(A \times B) = m_1(A) \cdot m_1(B)$.

情形 1：A 或者 B 是零集，不妨设 A 是零集. 给定 $\varepsilon > 0$ 以及开区间 (c, d)，则 A 存在全长度小于 $\dfrac{\varepsilon}{d - c}$ 的开区间覆盖 $\{I_k\}$，进而 $A \times (c, d)$ 被全面积小于 ε 的一列开矩形 $\{I_k \times (c, d)\}$ 覆盖，因此 $A \times (c, d)$ 是零集. 由于 $A \times \mathbb{R} = \bigcup_{n=1}^{\infty} A \times (-n, n)$，$A \times \mathbb{R}$ 是零集. 而 $A \times B \subset A \times \mathbb{R}$，故 $A \times B$ 也是零集. 零集是可测集，因此若 A 或者 B 是零集，定理得证.

情形 2：A 和 B 是开集. 设 $A = \coprod A_i$，$B = \coprod B_j$，其中 A_i 和 B_j 是开区间，则 $A \times B$ 为一列不相交的开矩形的并集，因此是可测集. 由测度的可数可加性，

$$m(A \times B) = \sum_{ij} |A_i \times B_j| = \sum_{ij} |A_i| |B_j|$$

$$= \left(\sum_i |A_i| \right) \left(\sum_j |B_j| \right) = m_1 A \cdot m_1 B.$$

情形 3：A 和 B 是有界的 G_δ-集合，则分别存在单调递减的开集列 $U_n \searrow A$ 和单调递减的开集列 $V_n \searrow B$，并且满足 $m_1 U_1 < \infty$ 和 $m_1 V_1 < \infty$. 则当 $n \to \infty$ 时，$U_n \times V_n \searrow A \times B$. 作为 G_δ-集合，$A \times B$ 是可测集合，而测度的下连续性意味着 $m_1 U_n \to m_1 A$，$m_1 V_n \to m_1 B$. 则由情形 2，当 $n \to \infty$ 时，

$$m_2(U_n \times V_n) = m_1 U_n \cdot m_1 V_n \to m_1 A \cdot m_1 B$$
$$\downarrow$$
$$m_2(A \times B)$$

情形 4：A 和 B 是有界的可测集. 由测度的正则性，$A(B)$ 与 G_δ-集合 $G(H)$ 相差零集 $X(Y)$. 因此 $A \times B$ 和 $G \times H$ 相差如下零集：

$$X \times H \bigcup G \times Y,$$

这说明 $A \times B$ 是可测集，并且

$$m_2(A \times B) = m_2(G \times H) = m_1 G \cdot m_1 H = m_1 A \cdot m_1 B.$$

情形 5：A 和 B 是（无界的）可测集. 证明留给读者完成. 参看习题 9. $\qquad \square$

习题 13 给出了 n 维情形下的定理 14.

4　勒贝格积分

遵循伯基尔 (J. C. Burkill) 的准则, 我们将证明 "函数的积分是其下方图形面积".

定义　给定函数 $f: \mathbb{R} \rightarrow [0, \infty)$. 称
$$\mathfrak{A}f = \{(x, y) \in \mathbb{R} \times [0, \infty) : 0 \le y < f(x)\}$$
为函数 f 的**下方图形**. 假如 $\mathfrak{A}f$ 是二维可测集合, 则称 f 是**勒贝格可测函数**. 若 f 是可测函数, 称 f 的下方图形的测度为 f 的**勒贝格积分**, 即
$$\int f = m_2(\mathfrak{A}f).$$

当 $X \subset \mathbb{R}$ 以及 $f: X \rightarrow [0, \infty)$ 时, 定义同样适用: 若下方图形 $\{(x, y) \in X \times [0, \infty) : 0 \le y < f(x)\}$ 是可测集, 则其测度称为 f 在 X 上的勒贝格积分, 即
$$\int_X f = m_2(\mathfrak{A}f).$$

可参看图 124.

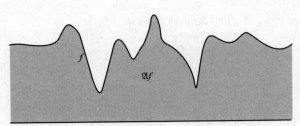

图 124　积分的几何定义: 下方图形的测度

伯基尔称 f 的下方图形为 f 的**纵标集合**. 在勒贝格积分的记号中, 我们有意地略去符号 "$\mathrm{d}x$" 以及积分上下限, 是为了提醒大家勒贝格积分并不仅仅是通常的黎曼积分 $\int_a^b f(x) \mathrm{d}x$ 或者广义黎曼积分 $\int_{-\infty}^{\infty} f(x) \mathrm{d}x$. 在测度中出现的下标 "2" 是为了说明测度是二维的, 下标也经常略去.

由于可测集的测度允许取值为 $+\infty$, 因此会出现 $\int f = \infty$ 的情形.

定义 设函数 $f: \mathbb{R} \to [0, \infty)$. 若 f 是可测函数，且它的积分值有限，则称 f 是**勒贝格可积**函数. 勒贝格可积函数的全体记为 L^1，$\mathfrak{L}^1$，或者 $\mathfrak{L}$.

勒贝格单调收敛定理 15 假设 $f_n: \mathbb{R} \to [0, \infty)$ 是一列可测函数，且当 $n \to \infty$ 时，f_n 单调递增收敛于 f，则

$$\int f_n \nearrow \int f.$$

证明 显然有 $\mathfrak{A}f_n \nearrow \mathfrak{A}f$，由测度的连续性（定理 5），$m(\mathfrak{A}f_n) \nearrow m(\mathfrak{A}f)$.

定理 16 设 f, $g: \mathbb{R} \to [0, \infty)$ 是可测函数.

（a）若 $f \leqslant g$，则 $\int f \leqslant \int g$.

（b）若 $\mathbb{R} = \coprod_{k=1}^{\infty} X_k$ 并且每一个 X_k 都是可测集，则

$$\int f = \sum_{k=1}^{\infty} \int_{X_k} f.$$

（c）若 $X \subset \mathbb{R}$ 是可测集，则 $mX = \int \chi_X$.

（d）若 $mX = 0$，则 $\int_X f = 0$.

（e）若 $f(x)$ 和 $g(x)$ 几乎处处相等，则 $\int f = \int g$.

（f）若 $a \geqslant 0$，则 $\int af = a \int f$.

（g）$\int (f + g) = \int f + \int g$.

证明 根据我们已经掌握的测度的性质，结论（a）~（f）不难证明.

（a）$f \leqslant g$ 意味着 $\mathfrak{A}f \subset \mathfrak{A}g$，因此 $m(\mathfrak{A}f) \leqslant m(\mathfrak{A}g)$.

（b）乘积空间 $X_k \times \mathbb{R}$ 是可测集，它与 $\mathfrak{A}f$ 的交集是 $\mathfrak{A}(f|_{X_k})$. 因此 $\mathfrak{A}f = \coprod_{k=1}^{\infty} \mathfrak{A}f|_{X_k}$，由平面测度的可数可加性，结论（b）成立.

（c）特征函数 χ_X 的下方图形 $\mathfrak{A}(\chi_X)$ 恰好是笛卡儿积 $X \times [0,1]$，其平面测度等于 mX.

（d）$\mathfrak{A}f \subset X \times \mathbb{R}$，由于 $X \times \mathbb{R}$ 的测度为 0，结论成立.

（e）f 和 g 几乎处处相等，则存在零集 $Z \subset \mathbb{R}$ 使得，若 $x \notin Z$，则 $f(x) = g(x)$. 将结论（b）和（d）应用于 $\mathbb{R} = Z \coprod (\mathbb{R} \setminus Z)$，可知结论

成立.

（f）将 y 轴以 a 为比例进行缩放，则平面测度也要相应进行缩放.

（g）为了证明这个结论，需要仔细观察图 125. 假设 f 是可积函数（若 f 是不可积函数，则由于 $\infty = \infty$，结论成立），定义 $\mathbb{R}^2 \to \mathbb{R}^2$ 的 f-平移 T_f 如下：

$$T_f : (x, y) \mapsto (x, f(x) + y).$$

则 T_f 是 $\mathbb{R}^2$ 到自身的双射，并且如图 125 所示，

（3） $$\mathfrak{A}(f+g) = \mathfrak{A}f \amalg T_f(\mathfrak{A}g),$$

通过如下断言，（g）可以立即得到.

（4）对于任意可测集合 $E \subset \mathbb{R}^2$，$T_f E$ 是可测集，并且 $m(T_f E) = mE$.

下面分情形证明断言（4）.

情形 1：E 是矩形 $R = (a, b) \times [0, h]$. 则 $R = \mathfrak{A}g$，其中 $g = h \cdot \chi_{(a,b)}$. 由（3）可以得到

（5） $$\mathfrak{A}f \amalg T_f R = \mathfrak{A}(f+g) = \mathfrak{A}(g+f) = R \amalg T_g(\mathfrak{A}f).$$

由于 $(a, b) \times \mathbb{R}$ 是可测集，$\mathfrak{A}f$ 可彻底地分隔为 $\mathfrak{A}f = U_1 \amalg U_2$，其中

$$U_1 = \{(x, y) \in \mathfrak{A}f : x \in (a, b)\}, \quad U_2 = \{(x, y) \in \mathfrak{A}f : x \notin (a, b)\}.$$

在 T_g 作用下，U_1 沿竖直方向平移 h，而 U_2 保持不变. 此时，测度均保持不变，且集合保持不相交. 因此 $m(T_g(\mathfrak{A}f)) = m(\mathfrak{A}f)$，（5）变为

（6） $$m(\mathfrak{A}f) + m(T_f R) = mR + m(\mathfrak{A}f).$$

由于 $\int f < \infty$，式（6）两端同时减去 $m(\mathfrak{A}f)$，则当 $E = R$ 时（4）成立.

情形 2：E 是矩形 $R = (a, b) \times [c, d]$. 则 $T_f R = T_g R'$，其中 $g = f + c \cdot \chi_{(a,b)}$，$R' = (a, b) \times [0, d-c]$. 将"情形 1"应用于函数 g，则当 $E = R$ 时（4）成立.

情形 3：E 是有界集合. 选取一个包含 E 的矩形 R. 给定 $\varepsilon > 0$，存在 E 的矩形覆盖 $\{R_k\}$ 使得

$$\sum_k |R_k| \leqslant mE + \varepsilon.$$

则 R_k 的 f-平移矩形 $T_f R_k$ 构成 $T_f E$ 的覆盖，且

$$m^*(T_f E) \leqslant \sum_k m(T_f R_k) = \sum_k |R_k| \leqslant mE + \varepsilon.$$

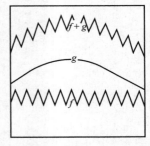

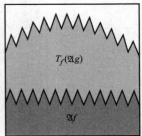

图 125　和函数的下方图形

由 ε 的任意性，$m^*(T_fE) \leqslant mE$. 对于集合 $R\backslash E$ 进行同样的推导，则

$$m^*(T_fE) + m^*(T_f(R\backslash E)) \leqslant mE + m(R\backslash E)$$

$$= |R| = m(T_fR)$$

$$\leqslant m^*(T_fE) + m^*(T_fR\backslash T_fE).$$

于是得到等式 $m(T_fR) = m^*(T_fE) + m^*(T_fR\backslash T_fE)$，因此 T_fE 可以彻底地分隔有界可测集合 T_fR. 由定理 13，T_fE 是可测集. 考虑等式

$$|R| = mE + m(R\backslash E),$$

$$m(T_fR) = m(T_fE) + m(T_f(R\backslash E)),$$

上述两式相减，得到

$$0 = (mE - m(T_fE)) + (m(R\backslash E) - m(T_f(R\backslash E))).$$

由于上式右端的两项都是非负数值，因此都为 0. 则当 E 是有界集合时结论（4）成立.

情形 4：E 是无界集合. 将 E 分解为可列多个有界、可测、互不相交的集合的并集. 将"情形 3"应用于每一个子集，可以证明在无界的情形下，结论（4）成立.从而（g）成立，定理证明完毕.

注 习题 28 列举了证明勒贝格积分的线性性质的经典过程，但是要比利用下方图形性质证明积分的线性性质复杂. 事实上，通过下方图形法可以给出直观的示意图.

定义 称下方图形和函数图像的并集，

$$\widehat{\mathfrak{A}}f = \mathfrak{A}f \bigcup \{(x,f(x)) : x \in \mathbb{R}\}$$

为完备的下方图形.

定理 17 用完备的下方图形替代下方图形，并不改变函数的可测性和勒贝格积分值.

证明 给定函数 $f: \mathbb{R} \to [0, \infty)$，对于自然数 n，令 $f_n(x) = (1 + \frac{1}{n})f(x)$，则 $\mathfrak{A}f_n$ 是单调递减集合列，其交集 $\bigcap(\mathfrak{A}f_n)$ 和 x 轴的并集即为 $\widehat{\mathfrak{A}}f$.

假设 $\mathfrak{A}f$ 是可测集，则 $\mathfrak{A}f_n$ 可测，从而 $\bigcap(\mathfrak{A}f_n)$ 可测. 由于 x 轴是零集，必然也是可测集，因此 $\widehat{\mathfrak{A}}f$ 是可测集. 进而，$m(\widehat{\mathfrak{A}}f) = m(\mathfrak{A}f)$. 这是因为：若 $m(\mathfrak{A}f) = \infty$，则由 $\mathfrak{A}f \subset \widehat{\mathfrak{A}}f$ 可知 $m(\widehat{\mathfrak{A}}f) = \infty$. 若 $m(\mathfrak{A}f) < \infty$，由测度的下连续性（定理 5）以及 x 轴是零集，即知结论成立.

反之可以类似论证. 令 $g_n(x) = \left(1 - \dfrac{1}{n}\right) f(x)$，则将 $\mathfrak{A}f$ 表示为单调递增的集合列 $\mathfrak{A}g_n$ 的并集，且模去 x-轴中的零集. 由于 $\widehat{\mathfrak{A}}f$ 是可测集，$\widehat{\mathfrak{A}}g_n$ 是可测集，从而 $\mathfrak{A}f$ 是可测集. 再由测度的上连续性，$m(\mathfrak{A}f) = m(\widehat{\mathfrak{A}}f)$.

定义 设 $f_n : \mathbb{R} \to [0, \infty)$ 是一列函数. 称

$$\underline{f}_n(x) = \inf\{f_k(x) : k \geqslant n\}, \quad \overline{f}_n(x) = \sup\{f_k(x) : k \geqslant n\}$$

为它的**下包络**和**上包络**序列. 显然，当 $n \to \infty$ 时，$\underline{f}_n$ 是单调递增列，而 $\overline{f}_n$ 是单调递减列，此外，下包络和上包络序列将最初的函数序列夹在中间.

定理 18 若 f_n 是可测函数，则其包络函数也是可测函数.

证明 两个函数的最大值函数的下方图形为各自下方图形的并集，而最小值函数的下方图形是各自下方图形的交集. 密切注意严格不等式，而非不严格不等式，从而得到如下关系式：

$$\widehat{\mathfrak{A}}\,\underline{f}_n = \bigcap_{k \geqslant n} \widehat{\mathfrak{A}}f_k, \quad \mathfrak{A}\,\overline{f}_n = \bigcup_{k \geqslant n} \mathfrak{A}f_k,$$

由定理 17，得到包络函数的可测性.

推论 19 可测函数的逐点极限函数是可测函数. □

证明 若对于任意的 x（或者对于几乎所有的 x），$f_n(x) \to f(x)$，则包络函数列也收敛于 f. 则 $\underline{f}_n \nearrow f$ 意味着 $\mathfrak{A}\,\underline{f}_n \nearrow \mathfrak{A}f$，因此 f 是可测函数.

勒贝格控制收敛定理 20 假设 $f_n : \mathbb{R} \to [0, \infty)$ 是一列可测函数，且逐点收敛于函数 f. 若存在可积函数 $g : \mathbb{R} \to [0, \infty)$ 使得 g 是所有 f_n 的上界，即 $0 \leqslant f_n(x) \leqslant g(x)$. 则 $\int f_n \to \int f$.

证明 参看图 126，结论显然成立. f_n 的上包络函数列和下包络函数列分别单调收敛于 f. 由于 $\mathfrak{A}\,\overline{f}_n \subset \mathfrak{A}g$，因此测度值均有限，这使得测度的上连续性和下连续性成立的条件均满足，故 $\mathfrak{A}\,\underline{f}_n$ 和 $\mathfrak{A}\,\overline{f}_n$ 的测度值均收敛于 $m(\mathfrak{A}f)$. 由于 $m(\mathfrak{A}f_n)$ 夹在 $m(\mathfrak{A}\,\underline{f}_n)$ 和 $m(\mathfrak{A}\,\overline{f}_n)$ 之间，因此当 $n \to \infty$ 时，$m(\mathfrak{A}f_n) \to m(\mathfrak{A}f)$. □

注 如果不存在具有有限积分的控制函数 g，则上述结论不成

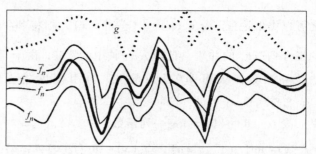

图 126　勒贝格控制收敛

立. 例如，考虑图 85 给出的"尖塔函数"列，其积分值为 n，并且在 $n \to \infty$ 时，在任意一点都收敛于零函数.

法图（Fatou）引理 21　　假设 $f_n : \mathbb{R} \to [0, \infty)$ 是一列可测函数，$f : \mathbb{R} \to [0, \infty)$ 是 f_n 的下极限函数，即 $f(x) = \liminf\limits_{n \to \infty} \{ f_k(x) : k \geq n \}$，则

$$\int f \leq \liminf_{n \to \infty} \int f_n.$$

证明　结论更多的是强调下极限而不是积分值. 在引理的条件中，f 是下包络函数 $\underline{f_n}$ 的极限. 由于 $\underline{f_n}(x) \leq f_n(x)$，则有

$$\int \underline{f_n} \leq \int f_n.$$

由勒贝格单调收敛定理，$\int \underline{f_n}$ 单调递增收敛于 $\int f$，因此积分值 $\int f_n$ 的下极限 $\liminf\limits_{n \to \infty} \int f_n$ 不小于 $\int f$. ☐

注　上述不等式中，等号未必成立. 尖塔函数列即是一个例子.

到目前为止，我们都假设被积函数 f 是非负的. 若 f 不满足非负性的要求，定义

$$f_+(x) = \begin{cases} f(x) & \text{若 } f(x) \geq 0, \\ 0 & \text{若 } f(x) < 0, \end{cases} \qquad f_-(x) = \begin{cases} -f(x) & \text{若 } f(x) < 0, \\ 0 & \text{若 } f(x) \geq 0. \end{cases}$$

则 $f_\pm \geq 0$ 且 $f = f_+ - f_-$. 容易看出函数 f 的**完全下方图形**，

$$\{ (x, y) \in \mathbb{R}^2 : y < f(x) \}$$

是可测集合，当且仅当 $f_\pm$ 都是可测函数. 参看习题 31. 若 $f_\pm$ 都是可积函数，则称 f 是可积函数，定义其积分值为

$$\int f = \int f_+ - \int f_-.$$

命题 22　　可测函数 $f : \mathbb{R} \to \mathbb{R}$ 的全体构成线性空间，可积函数

集合是其子空间. 勒贝格积分是可积函数集合到 $\mathbb{R}$ 的线性映射.

证明即是习题 21, 留给读者.

5 勒贝格积分的极限表达式

黎曼积分是黎曼和的极限. 类似地, 勒贝格积分可以表示成"勒贝格和"的极限.

给定函数 $f: \mathbb{R} \to [0, \infty)$, 在 y 轴上构造分割 Y: $0 = y_0 < y_1 < y_2 < \cdots$, 令

$$X_i = \{ x \in \mathbb{R} : y_{i-1} \leqslant f(x) < y_i \}.$$

(我们还要求当 $i \to \infty$ 时, $y_i \to \infty$.) 假设 X_i 是可测集, 定义**勒贝格下和与勒贝格上和**如下:

$$\underline{L}(f, Y) = \sum_{i=1}^{\infty} y_{i-1} \cdot mX_i, \quad \overline{L}(f, Y) = \sum_{i=1}^{\infty} y_i \cdot mX_i.$$

这些和式分别表示能够夹住 f 的下方图形的"勒贝格矩形" $X_i \times [0, y_{i-1})$ 与 $X_i \times [0, y_i)$ 的测度. 依照下文解释的可测性条件, 当分割 Y 的目径收敛于 0 时, 勒贝格下和与勒贝格上和收敛于勒贝格积分, 即

$$\underline{L}(f, Y) \nearrow \int f \quad \text{以及} \quad \overline{L}(f, Y) \searrow \int f.$$

心得 求勒贝格和时, 需要分割取值轴, 而求黎曼和时, 需要分割定义域数轴. 除此之外, 勒贝格和与黎曼和类似, 勒贝格积分和黎曼积分类似.

以下均假设 "X_i 是可测集".

定义 设函数 $f: \mathbb{R} \to \mathbb{R}$. 若对于任意的 $a \in \mathbb{R}$, $f^{\mathrm{pre}}[a, \infty) = \{ x \in \mathbb{R} : f(x) \geqslant a \}$ 是勒贝格可测集, 则称 f 是**原像可测函数**. (可以证明 $X_i = f^{\mathrm{pre}}[y_{i-1}, y_i)$ 是可测集.)

这是函数可测性的经典定义. 我们将证明上述定义和勒贝格可测函数的几何学定义, 即函数的下方图形是可测集, 是等价的, 然后讨论勒贝格和能够收敛于勒贝格积分的条件. 我们首先证明: 通过闭射线 $[a, \infty)$ 的原像的可测性判断函数的可测性具有普遍性.

命题 23 关于函数 $f: \mathbb{R} \to \mathbb{R}$ 原像可测性, 以下几条等价:

(a) 任意闭射线 $[a, \infty)$ 的原像是可测集.

(b) 任意开射线 (a, ∞) 的原像是可测集.

（c）任意闭射线$(-\infty,a]$的原像是可测集.

（d）任意开射线$(-\infty,a)$的原像是可测集.

（e）任意半开区间$[a,b)$的原像是可测集.

（f）任意开区间(a,b)的原像是可测集.

（g）任意半开区间$(a,b]$的原像是可测集.

（h）任意闭区间$[a,b]$的原像是可测集.

证明　我们将证明（a）$\Rightarrow$（b）$\Rightarrow\cdots\Rightarrow$（h）$\Rightarrow$（a）. 由于原像的并集、交集或者补集分别等于并集、交集或者补集的原像，因此只需要对如下集合取原像，即可得到定理证明.

（a）$\Rightarrow$（b）　$(a,\infty)=\bigcup\left[a+\dfrac{1}{n},\infty\right)$.

（b）$\Rightarrow$（c）　$(-\infty,a]=(a,\infty)^c$.

（c）$\Rightarrow$（d）　$(-\infty,a)=\bigcup\left(-\infty,a-\dfrac{1}{n}\right]$.

（d）$\Rightarrow$（e）　$[a,b)=(-\infty,a)^c\bigcap(-\infty,b)$.

（e）$\Rightarrow$（f）　$(a,b)=\bigcup\left[a+\dfrac{1}{n},b\right)$.

（f）$\Rightarrow$（g）　$(a,b]=\bigcap\left(a,b+\dfrac{1}{n}\right)$.

（g）$\Rightarrow$（h）　$[a,b]=\bigcap\left(a-\dfrac{1}{n},b\right]$.

（h）$\Rightarrow$（a）　$[a,\infty)=\bigcup[a,a+n)$.　　　　$\square$

注　你或许会直观地将可测函数定义为：若任意可测集合的原像是可测集，则称函数是可测函数. 通过习题 24 可以知道，这是错误的. 可测集合在可测函数下的原像未必是可测集合.

定理 24　函数$f:\mathbb{R}\to[0,\infty)$的原像可测性与下方图形$\mathfrak{A}f$的可测性是等价的.

由原像可测性推导下方图形可测性的证明：下方图形是
$$\mathfrak{A}f=\bigcup_{r\in\mathbb{Q}}f^{\text{pre}}[r,\infty)\times[0,r),$$
由定理 14 可以知道可测集的笛卡儿积还是可测集.

另一半的证明需要如下引理.

引理 25　若$f:\mathbb{R}\to[0,\infty)$是原像可测函数，并且$\int f=0$，则$f(x)=0$a. e.

证明 我们已经证明原像的可测意味着下方图形的可测，因此 $\int f$ 有意义. 集合的笛卡儿积 $f^{\mathrm{pre}}[r,\infty)\times[0,r)$ 是可测集，其测度为 $m(f^{\mathrm{pre}}[r,\infty))\cdot r=0$. 因此 $m(f^{\mathrm{pre}}[r,\infty))=0$，即有 $f(x)=0$ 几乎处处成立.

由下方图形可测性推导原像可测性的证明： 我们首先假设对于任意的 x，都有 $|f(x)|\leqslant M$，以及当 $x\notin[a,b]$ 时，$f(x)=0$. 由测度的正则性可以知道，存在一列单调递增的紧集 $\{K_n\}$，当 $n\to\infty$ 时，$K_n\nearrow F\subset\mathfrak{A}f$ 以及 $mF=m(\mathfrak{A}f)$. 定义

$$g_n(x)=\begin{cases}\max\{y:(x,y)\in K_n\} & \text{若 } K_n\bigcap(x\times\mathbb{R})\neq\varnothing,\\ 0 & \text{若 } K_n\bigcap(x\times\mathbb{R})=\varnothing,\end{cases}$$

则 $\{g_n\}$ 是单调递增函数列，设 $g_n\nearrow g$，则 $g\leqslant f$，$m(\mathfrak{A}g)=m(\mathfrak{A}f)$. 此外，函数 g_n 是上半连续函数. （参看习题 26.）即有，若 $\lim\limits_{k\to\infty}x_k=x$，则

$$\lim_{k\to\infty}\sup g_n(x_k)\leqslant g_n(x).$$

上半连续性与"每一开射线 $(-\infty,a)$ 的原像是开集"这一条件等价. （参看习题 25.）因此 g_n 是原像可测函数. 由于

$$g^{\mathrm{pre}}(-\infty,a)=\bigcup_n g_n^{\mathrm{pre}}(-\infty,a),$$

g_n 的上极限函数也是原像可测函数. 由于 f 是有界函数，且支撑集合包含于 $[a,b]$，我们可以通过同样的构造，得到原像可测函数 h 使得 $f\leqslant h$ 以及 $m(\mathfrak{A}h)=m(\mathfrak{A}f)$. 因此有 $g\leqslant f\leqslant h$ 以及 $\int g=\int f=\int h$. 由于 $h=g+(h-g)$，由积分的线性性质，$\int(h-g)=0$. 由引理 25 可以知道等式 $g(x)=h(x)$ 几乎处处成立. 由于 f 夹在 g 和 h 之间，等式 $f(x)=g(x)=h(x)$ 几乎处处成立. 即 f 和原像可测函数几乎处处相等，因此 f 是原像可测函数.

有界性这一假设是多余的. 读者可以参看习题 27. □

推论 26 若 $f:\mathbb{R}\to[0,\infty)$ 是可测函数，则 $\int f=0$ 的充分必要条件是 $f(x)=0$ 几乎处处成立.

证明 由定理 24，可测性意味着原像可测，由引理 25，结论成立.

现在我们回到勒贝格和. 假设 $f:\mathbb{R}\to[0,\infty)$ 是可测函数，定义

$$f_n(x) = \begin{cases} f(x) - \dfrac{1}{n} & 若 f(x) \geqslant \dfrac{1}{n}, \\ 0 & 若 f(x) < \dfrac{1}{n}. \end{cases}$$

则当 $n \to \infty$ 时, f_n 单调递增收敛于 f. 由单调收敛定理, $\int f_n \to \int f$. 假设 Y: $0 = y_0 < y_1 < \cdots$ 是 y 轴的分割, 则勒贝格下和 $\underline{L}(f, Y)$ 是函数

$$f_Y(x) = \sum_{i=1}^{\infty} y_{i-1} \chi_i(x)$$

的积分, 其中 χ_i 是原像集合 $f^{\mathrm{pre}}[y_{i-1}, y_i)$ 的特征函数. 若 Y 的目径小于 $\dfrac{1}{n}$, 则 $f_n \leqslant f_Y \leqslant f$, 因此当 Y 的目径趋于 0 时, $\underline{L}(f, Y)$ 收敛于 $\int f$. □

注 假如一个可测函数仅取有限多个数值, 则称为**简单函数**.

参看习题 28. 勒贝格下和函数 $\phi = \sum_{i=1}^{n} y_{i-1} \chi_{X_i}$ 是简单函数. 根据已经证明的结果可以知道, 对于非负可测函数 f,

$$\int f = \sup \left\{ \int \phi : \phi \text{ 是简单函数且 } 0 \leqslant \phi \leqslant f \right\}.$$

事实上, 这也是定义勒贝格积分的通常方法. 给出简单函数的"预积分", 将非负可测函数的积分定义为较小的简单函数的预积分的上确界.

当函数 f 在测度值有限的可测集合 $X \subset \mathbb{R}$ 外恒为 0 时, 勒贝格上和起到同样的作用. 这是因为

$$\overline{L} - \underline{L} < \delta \cdot m(X),$$

这里 δ 表示 Y 的目径. 另一方面, 一些函数, 如 $f(x) = \mathrm{e}^{-x^2}$, 其积分值有限, 但它任意的勒贝格上和都等于 ∞.

为了得到满意的勒贝格上和, 将通常的"勒贝格上和与下和夹层法"拓展为"分割法", 并且允许出现双无限分割点集 $Y = \{y_i : 0 < \cdots < y_{i-1} < y_i < \cdots : i \in \mathbb{Z}\}$, 这里当 $i \to -\infty$ 时, $y_i \to 0$, 而当 $i \to \infty$ 时, $y_i \to \infty$. 则

$$\lim_{Y \text{的目径} \to 0} \inf \overline{L}(f, Y) \to \int f.$$

参看习题 29.

6　意大利测度理论

在第 5 章中，我们从黎曼积分的角度发展了截面法. 这里我们将截面法进一步拓展到勒贝格积分的情形. 集合 $E \subset \mathbb{R}^2$ 关于 x 轴上的点 x 的**截面**是指集合

$$E_x = \{y \in \mathbb{R} : (x, y) \in E\}.$$

类似地，函数 $f: E \to \mathbb{R}$ 关于 x 点的**截面**是函数 $f_x: y \in E_x \to f(x, y) \in \mathbb{R}$.

注　在本节中，为了区分积分变量，我们使用 $\mathrm{d}x$ 和 $\mathrm{d}y$ 这两个记号.

> **卡瓦列里原理 27**　设 $E \subset \mathbb{R}^2$ 是可测集，则 E 几乎所有的截面 E_x 都是可测集，相应地，函数 $x \mapsto m_1 E_x$ 是可测函数，其勒贝格积分

$$m_2 E = \int m_1 E_x \, \mathrm{d}x.$$

为了证明卡瓦列里原理，需要考虑在博尔扎诺-魏尔斯特拉斯定理中使用的对折图形技巧. 称形如 $\dfrac{k}{2^n}$ 的数为**二进制数**，其中 $k, n \in \mathbb{Z}$. 称竖直直线 $x = \dfrac{k}{2^n}$ 和水平直线 $y = \dfrac{l}{2^n}$ 是二进制直线，称以 $\left(\dfrac{k}{2^n}, \dfrac{l}{2^n}\right)$ 和 $\left(\dfrac{k+1}{2^n}, \dfrac{l+1}{2^n}\right)$ 为顶点的正方形是二进制正方形.

> **引理 28**　平面中的开集是可数多个互不相交的开的二进制正方形以及零集的并集.

证明　设 $U \subset \mathbb{R}^2$ 是开集. 将包含于 U 的边长为 1 的开的二进制正方形保留，将剩余的正方形排斥在外. 将排斥在外的正方形均对折为四个相等的正方形，将包含于 U 的小正方形的内部保留，将其他的正方形排除在外. 类似进行下去，对折被排斥的正方形：将包含于 U 的小正方形的内部保留，将其他的正方形排除在外. 则 U 最终可以表示为可数多个被保留的互不相交的、开的二进制正方形，以及在构造过程的每一步中被舍弃的点集的并集. 参看图 127.

U 中被舍弃的点位于水平的或者竖直的二进制直线上，由于这样的直线有可数多条，每一个都是零集，因此被舍弃的点构成零集. □

卡瓦列里原理的证明情形 1：E 是矩形 $R = (a, b) \times (c, d)$. 则

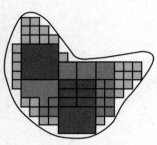

图 127　开集是可数多个二进制正方形的并集

$m_1 R_x = (d-c) \cdot \chi_{(a,b)}(x)$，而等式

$$(7) \qquad m_2 E = (b-a) \cdot (d-c) = \int m_1 E_x \, dx$$

显然成立.

情形 2：E 是零集 Z. 存在 Z 的一列开矩形覆盖 $\{R_{in}\}$，使得 $U_n = \bigcup_{i=1}^{\infty} R_{in}$ 满足

$$U_1 \supset U_2 \supset \cdots \supset Z, m_2 U_n \leqslant \sum_{i=1}^{\infty} |R_{in}| < \frac{1}{n}.$$

定义 $f(x) = m_1^*(Z_x)$ 以及 $f_n(x) = \sum_{i=1}^{\infty} m_1((R_{in})_x)$. 由于 $Z_x \subset \bigcup_i (R_{in})_x$，则有 $0 \leqslant f(x) \leqslant f_n(x)$ 以及

$$\mathfrak{A}f \subset \bigcap_{n=1}^{\infty} \mathfrak{A}f_n.$$

我们下面证明 f 是可测函数. 由于 $x \mapsto m_1((R_{in})_x)$ 是以 x 为自变量、定义完善的可测函数，则 f_n 也是以 x 为自变量的可测函数，f_n 的下方图形 $\mathfrak{A}f_n$ 具有测度：

$$m_2(\mathfrak{A}f_n) = \int f_n(x) \, dx = \int \sum_{i=1}^{\infty} m_1((R_{in})_x) \, dx$$

$$= \sum_{i=1}^{\infty} \int m_1((R_{in})_x) \, dx = \sum_{i=1}^{\infty} |R_{in}| < \frac{1}{n}.$$

（这里使用了情形 1 的结果以及勒贝格单调收敛定理.）故 $\mathfrak{A}f$ 是零集，从而是可测集. 因此 f 是可测函数，它的积分是 0. 由推论 26，$f(x) = 0$ 几乎处处成立. 故 Z 的几乎所有的截面都是零集，因此卡瓦列里原理对于零集成立.

情形 3：E 是开集 U. 由引理 28，$U = Z \amalg (\amalg S_i)$，其中 Z 是零集，S_i 是开矩形. 令 $S = \amalg S_i$，由情形 1、情形 2 以及测度的可数可加性，

$$m_2 U = \sum_{i=1}^{\infty} m_2 S_i = \sum_{i=1}^{\infty} \int m_1((S_i)_x) \, dx = \int \sum_{i=1}^{\infty} m_1((S_i)_x) \, dx$$

$$= \int m_1 S_x \, dx = \int (m_1 S_x + m_1 Z_x) \, dx = \int m_1 U_x \, dx.$$

因此卡瓦列里原理对于开集成立.

情形 4：E 是有界可测集. 由测度的正则性，存在一列有界开集 U_n 单调递减收敛于一个 G_δ-型集合 G，并且 $G = E \amalg Z$，其中 Z 是零集. 则 $E_x \amalg Z_x = G_x$，因此等式 $m_1 E_x = m_1 G_x$ 几乎处处成立. 进而，$G_x = \bigcap_{n=1}^{\infty} (U_n)_x$，由情形 3，

$$m_2 U_n = \int m_1((U_n)_x) \, dx.$$

由测度的下连续性和勒贝格控制收敛定理,

$$m_2 E = m_2 G = \lim_{n \to \infty} m_2 U_n = \lim_{n \to \infty} \int m_1((U_n)_x) \, dx$$

$$= \int \lim_{n \to \infty} m_1((U_n)_x) \, dx$$

$$= \int m_1 G_x \, dx = \int (m_1 E_x + m_1 Z_x) \, dx = \int m_1 E_x \, dx,$$

从而当 E 是有界可测集时,卡瓦列里原理成立.

情形 5:E 是无界可测集. 将 E 分割为有界、可测的"片"(考虑 E 与单位的二进制正方形的交集), 对于每一"片"都使用情形 4 的结论, 从而完成证明. □

对于三维或者更高维的空间,卡瓦列里原理依然成立. 若 $E \subset \mathbb{R}^3$,E 关于 x-轴上点 x 的截面

$$E_x = \{(y,z) \in \mathbb{R}^2 : (x,y,z) \in E\}.$$

三维空间的卡瓦列里原理 29 若 $E \subset \mathbb{R}^3$ 是可测集,则对几乎所有的 x,E 关于 x 的截面 E_x 是可测集, 函数 $x \mapsto m_2 E_x$ 为可测函数, 其积分为

$$m_3 E = \int m_2 E_x \, dx.$$

在三维或者更高维空间中证明卡瓦列里原理, 其方法和二维情形是相同的. 也可参看第 5 章的附录 B.

作为卡瓦列里原理在三维空间中的推论, 我们有富比尼积分定理和托内利积分定理. 按照常规, 我们将 $\mathbb{R}^2$ 上的函数 f 的积分写成**重积分**的形式:

$$\int f = \iint f(x,y) \, dx \, dy.$$

我们也经常将上述积分写成**累次积分**的形式:

$$\int \left[\int f_x(y) \, dy \right] dx = \int \left[\int f(x,y) \, dy \right] dx.$$

富比尼-托内利(Fubini-Tonelli)定理 30 设 $f: \mathbb{R}^2 \to [0, \infty)$ 是可测函数, 则对几乎所有的 x, 截面函数 $f_x(y)$ 是以 y 为自变量的可测函数, 且函数 $x \mapsto \int f_x(y) \, dy$ 是可测函数. 进而, 重积分等于累次积分, 即

$$\iint f(x,y)\,\mathrm{d}x\mathrm{d}y = \int\left[\int f(x,y)\,\mathrm{d}y\right]\mathrm{d}x.$$

证明　直接观察可以看出，下方图形的截面等于截面函数的下方图形（参看图 128），即

$$(8)\qquad\qquad (\mathfrak{A}f)_x = \mathfrak{A}f_x.$$

由上式可知，$m_2((\mathfrak{A}f)_x) = m_2(\mathfrak{A}f_x) = \int f(x,y)\,\mathrm{d}y$. 由卡瓦列里原理，

$$\iint f(x,y)\,\mathrm{d}x\mathrm{d}y = m_3(\mathfrak{A}f) = \int[m_2((\mathfrak{A}f)_x)]\,\mathrm{d}x$$

$$= \int\left[\int f(x,y)\,\mathrm{d}y\right]\mathrm{d}x. \qquad \square$$

推论 31　设 $f:\mathbb{R}^2\to[0,\infty)$ 是可测函数，则积分值与累次积分的次序无关，即

$$\int\left[\int f(x,y)\,\mathrm{d}y\right]\mathrm{d}x = \iint f(x,y)\,\mathrm{d}x\mathrm{d}y = \int\left[\int f(x,y)\,\mathrm{d}x\right]\mathrm{d}y.$$

（特别地，若上述三个积分值中，有一个是有限值，则其余 2 个积分值也有限，并且三者相等.）

证明　"x" 与 "y" 仅仅是记号上的区别. 与微分形式的积分不同，平面或者三维空间中的方向在勒贝格积分中不起作用，故对于 x-截面和 y-截面可以同样使用富比尼-托内利定理，因此两个累次积分和重积分相等. $\qquad \square$

当函数 f 不再是非负函数，我们必须要谨慎，避免出现 $\infty-\infty$ 的情形.

定理 32　设 $f:\mathbb{R}^2\to\mathbb{R}$ 是可积函数（f 的重积分存在且有限），则累次积分存在且和重积分相等.

证明　将 f 分解为正部和负部，$f=f_+-f_-$，分别对 f_+ 和 f_- 使用富比尼-托内利定理. 由于积分值有限，减法运算合理，因此结论成立. $\qquad \square$

通过习题 35 可以看出，如果忽略重积分值有限这个条件，将会出现意外情形.

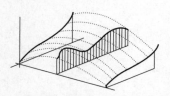

图 128　下方图形的截面

7　维塔利覆盖和稠密点

在欧几里得空间中，有界闭集的任意开覆盖存在有限子覆盖. 这个结论在分析学中占据重要地位. 本节将给出另一个覆盖定理，这个定理强调的是子覆盖中的集合不相交性，而不是有限性. 这个

结论将在对勒贝格积分求导时使用.

定义 设 $\mathfrak{B}$ 是度量空间 M 的子集合 A 的覆盖. 若对于任意的 $p \in A$ 以及任意的 $r > 0$, 存在 $V \in \mathfrak{B}$, 使得 $p \in V \subset M_r p$, 其中 V 不局限于单点集 $\{p\}$, 则称 $\mathfrak{B}$ 是维塔利覆盖. 由于维塔利覆盖包含具有任意小直径的集合, 我们也称维塔利覆盖 $\mathfrak{B}$ 是**精细覆盖**.

例如, 设 $A = [a, b]$, $M = \mathbb{R}$, $\mathfrak{B}$ 是由闭区间 $[\alpha, \beta]$ 组成的, 其中 $\alpha \leqslant \beta$ 且 α, $\beta \in \mathbb{Q}$. 则 $\mathfrak{B}$ 是 $[a, b]$ 的维塔利覆盖.

维塔利覆盖引理 33 给定 $A \subset \mathbb{R}^n$ 的闭球覆盖, 则存在不相交的高效子覆盖.

精确地说, 假设 $A \subset \mathbb{R}^n$ 是有界集合, $\mathfrak{B}$ 是 A 的维塔利覆盖, 其中 $\mathfrak{B}$ 中的每一个 V 都是闭球. 则给定 $\varepsilon > 0$, 存在 A 的可列子覆盖 $\{V_k\} \subset \mathfrak{B}$ 使得

（a） V_k 互不相交.

（b） $mU \leqslant m^* A + \varepsilon$, 其中 $U = \coprod_{k=1}^{\infty} V_k$.

（c） $A \backslash U$ 是零集.

条件（b）意味着 $\{V_k\}$ 是**高效覆盖**——被覆盖的多余点构成一个 ε-集合. 此外, 给定 $\varepsilon > 0$, 存在足够大的自然数 N 使得除去一个 ε-集合外, $U_N = V_1 \coprod \cdots \coprod V_N$ 包含 A, 因此称集合 U_N **基本覆盖** A. 毕竟在除去一个零集外, A 包含于 $U = \bigcup U_N$. 参看附录 C.

A 是有界集合这一前提条件不是必要的. $\mathfrak{B}$ 中的集合 V 是闭球在某种程度上也可以削弱. 在证明维塔利引理之后, 我们将讨论这些改进.

维塔利引理的证明 给定 $\varepsilon > 0$, 存在有界开集 $W \supset A$ 使得 $mW \leqslant m^* A + \varepsilon$. 定义

$$\mathfrak{B}_1 = \{V \in \mathfrak{B} : V \subset W\}, \qquad d_1 = \sup\{\operatorname{diam} V : V \in \mathfrak{B}_1\},$$

则 $\mathfrak{B}_1$ 也是 A 的维塔利覆盖. 由于 W 是有界集合, $d_1 < \infty$. 选取满足 $\operatorname{diam} V_1 \geqslant \dfrac{d_1}{2}$ 的 $V_1 \in \mathfrak{B}_1$, 定义

$$\mathfrak{B}_2 = \{V \in \mathfrak{B}_1 : V \cap V_1 = \varnothing\}, \qquad d_2 = \sup\{\operatorname{diam} V : V \in \mathfrak{B}_2\}.$$

选取满足 $\operatorname{diam} V_2 \geqslant \dfrac{d_2}{2}$ 的 $V_2 \in \mathfrak{B}_2$. 一般地,

$$\mathfrak{B}_k = \{V_{k-1} \in \mathfrak{B} : V \cap U_{k-1} = \varnothing\},$$

$$d_2 = \sup\{\operatorname{diam} V : V \in \mathfrak{B}_k\},$$

$$V_k \in \mathfrak{B}_k, \text{且 } \operatorname{diam} V_k \geqslant \frac{d_k}{2},$$

其中，$U_{k-1} = V_1 \amalg \cdots \amalg V_{k-1}$. 也就是说，在 $\mathfrak{B}$ 中和 U_{k-1} 不相交的集合 V 中，V_k 大致具有最大的直径. 根据构造过程可以知道，这些 V_k 是互不相交的球. 由于 $V_k \subset W$，$m(\amalg V_k) \le mW \le m^* A + \varepsilon$，因此（a）和（b）成立. 下面证明（c）.

假如在构造过程的某一步中，出现 $\mathfrak{B}_k = \varnothing$ 的情形，则 A 被有限多个 V_k 覆盖，则（c）是平凡的情形. 我们因此假设 V_1，V_2，$\cdots$ 构成无限序列. 由测度的可加性，$m(\amalg V_k) = \sum mV_k$. 由于这些 V_k 都是 W 的子集，$\sum mV_k$ 是收敛级数，因此当 $k \to \infty$ 时，$\mathrm{diam}\, V_k \to 0$，即

$$(9) \qquad \lim_{k \to \infty} d_k = 0.$$

对于任意的 $N \in \mathbb{N}$，有如下结论成立：

$$(10) \qquad \bigcup_{k=N}^{\infty} 5V_k \supset A \setminus U_{N-1},$$

其中，$5V_k$ 表示将 V_k 这个球的半径扩大 5 倍，而球心保持不变.（扩大后的球并不一定属于 $\mathfrak{B}$.）下面证明结论（10）.

任取 $a \in A \setminus U_{N-1}$. 由于 U_{N-1} 是紧集以及 $\mathfrak{B}_1$ 是维塔利覆盖，存在球 $B \in \mathfrak{B}_1$ 使得 $a \in B$ 以及 $B \cap U_{N-1} = \varnothing$. 也就是说，$B \in \mathfrak{B}_N$. 假如（10）不成立，则对于任意的 $k \ge N$，

$$a \notin 5V_k.$$

因此，$B \not\subset 5V_N$. 通过图 129 可以看出，由于选取的 V_N 大致具有最大的直径，$5V_N$ 不能包含 B. 由此可以知道 V_N 和 B 不相交，因此 $B \in \mathfrak{B}_{N+1}$. 对于所有的 $k > N$，重复上述过程，则有 $B \in \mathfrak{B}_k$.

集合 B 可以被选为下一个的 V_k，$k > N$，但是从来没有被选中. 因此被选取的 V_k，其直径至少等于 B 的直径的一半. 但是（9）告诉我们，当 $k \to \infty$ 时，前者的直径趋于 0，而后者的直径是固定的，这是一个矛盾. 因此（10）成立.

容易从（10）推导（c）. 事实上，给定 $\delta > 0$，选取足够大的 N 使得

$$\sum_{k=N}^{\infty} mV_k < \frac{\delta}{5^n},$$

其中，$n = \dim \mathbb{R}^n$. 由于 $\sum mV_k$ 是收敛级数，这样的 N 必然存在. 由（10）以及 n 维测度的缩放律：$m(tE) = t^n mE$，有

$$m^*(A \setminus U_{N-1}) \le \sum_{k=N}^{\infty} m(5V_k) = 5^n \sum_{k=N}^{\infty} mV_k < \delta.$$

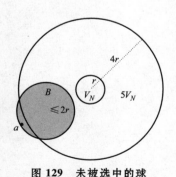

图 129　未被选中的球

由 δ 的任意性, $A\backslash U=\bigcap (A\backslash U_k)$ 是零集. $\square$

注 在第 2 章中, 为了从列紧推导覆盖紧, 我们使用了约化覆盖这一类似技巧. 从形式上看, 需要借助于覆盖的勒贝格数给出证明, 但直观的来看, 给定列紧集 K 的开覆盖 $\mathfrak{A}$, 按照如下方式构造子覆盖: 首先选取 $U_1 \in \mathfrak{A}$ 使得 U_1 包含 K 的尽可能多的点, 然后选取 $U_2 \in \mathfrak{A}$ 使得 U_2 包含 $K\backslash U_1$ 的尽可能多的点, 以此类推. 假如对于有限多的 U_n, 其并集不能覆盖 K, 则选取 $x_n \in K\backslash (U_1 \bigcup \cdots \bigcup U_{n-1})$, 则可以证明 $\{x_n\}$ 在 K 中不存在收敛子列. (由于出现矛盾, 存在自然数 n 使得 $U_1, \cdots, U_n$ 能够覆盖 K.) 简而言之, 给定覆盖, 我们首先选取最大的集合.

去除 "A 有界" 这个条件并不会带来实质性困难. 将无界集合 A 表示为 $A=\bigcup A_i$, 其中每个 A_i 都是有界集合. 给定 A 的维塔利覆盖 $\mathfrak{V}$ 以及 $\varepsilon>0$, 我们构造 A_i 的 $\dfrac{\varepsilon}{2^i}$-有效子覆盖 $\{V_{ik}: k \in \mathbb{N}\}$, 则 $\{V_{ik}: i, k \in \mathbb{N}\}$ 是 A 的 ε-有效子覆盖. 进一步的讨论需要考虑集合 $V \in \mathfrak{V}$ 的形态. 参看习题 45.

作为维塔利覆盖引理的推论, 我们验证李特尔伍德三条原理中的第一条 (参看附录 D):

可测集中几乎所有的点都是内点.

假设 $E \subset \mathbb{R}^n$ 是可测集. 对于 $x \in \mathbb{R}^n$, 定义 E 在 x 处的**密度**如下:

$$\delta(x,E) = \lim_{B \searrow x} \frac{m(E \bigcap B)}{mB},$$

其中假设极限值存在, m 是 $\mathbb{R}^n$ 上的勒贝格测度, B 是一列单调递减最终收敛于单点集 $\{x\}$ 的球. 容易看出 $0 \leqslant \delta \leqslant 1$. 若 $\delta(x, E) = 1$, 则称 x 是 E 的**稠密点**, 称比值 $\dfrac{m(E \bigcap B)}{mB}$ 为 E 在 B 中的**相对测度**或者**浓度**. 若 $\delta(x,E)$ 存在, 则对于任意的 $\varepsilon>0$, 存在 $r>0$, 若 B 是半径小于 r 的包含 x 的球, 则 E 在 B 中的浓度与 δ 相差不超过 ε. 假如这些球都是以 x 为球心, 则称 δ 是 E 在 x 的**平衡密度**.

勒贝格稠密定理 34 E 中几乎所有的点 x 都是 E 的稠密点.

容易看出, E 的内点是稠密点. 然而, 有一些集合, 如无理数集合、有正测度的康托尔集等, 都不含有内点, 但是它们包含无限多个稠密点.

设 E_1 是 E 的稠密点集合. 类似于拓扑内点的情形, 容易证明

$(E_1)_1 = E_1$. 因此 E_1 可以看作 E 的"测度意义下的内部". 首先记住这样一个病态的事实: 开集的边界, 其测度可能会大于 0, 例如, 康托尔集是它的补集的边界, 而康托尔集及其补集的测度可能会同时为正值. 甚至 $\mathbb{R}^2$ 中的约当曲线的二维勒贝格测度也大于 0 (参看习题 46), 因此与拓扑意义下的内部相比, 测度意义下的内部与其说是推广, 不如说是一种类比.

勒贝格稠密定理的一个推论是: 可测集不是"四处发散的"——$\mathbb{R}$ 中的可测集不可能和每个区间 (a, b) 相交, 且交集的测度恰好等于 $c(b-a)$, 其中 $c \in (0, 1)$ 为常数. 事实上, 一个可测集或者是"聚集"的, 或者说是"成块"的. 参看习题 42. 此外, 考察 E 的补集 E^c, 可以看出, 对于几乎所有的 $x \in E^c$, 有 $\delta(E, x) = 0$. 因此, E 中几乎所有的点都是 E 的稠密点, 而 E^c 中几乎所有的点都不是 E 的稠密点.

勒贝格稠密定理的证明   不失一般性, 假设 $E \subset \mathbb{R}^n$ 是有界集合. 选取 $a \in [0, 1)$, 考虑集合

$$E_a = \{x \in E : \delta(x, E) < a\},$$

其中, δ 表示当球 $B \searrow x$ 时, E 在 B 中的相对测度的下极限. 我们将证明 E_a 的外测度为 0.

根据假设, 对于 $x \in E_a$, 存在任意小的球, 使得 E 在这些球中的相对测度小于 a. 这些球构成了 E_a 的维塔利覆盖, 由维塔利覆盖引理, 可以选取子覆盖 V_1, V_2, $\cdots$ 使得这些 V_k 是互不相交, 且覆盖了 E_a 的几乎所有点, 并且在如下的意义下, 基本上给出了 E_a 的外测度, 即

$$\sum_k mV_k < m^*(E_a) + \varepsilon.$$

(虽然可以证明 E_a 是可测集, 但在维塔利覆盖引理中, 预先并没有这个要求.) 我们得到

$$m^*(E_a) = \sum_k m^*(E_a \bigcap V_k) < a \sum_k mV_k \leqslant a(m^*(E_a) + \varepsilon),$$

于是 $m^*(E_a) \leqslant \dfrac{a\varepsilon}{1-a}$. 由 $\varepsilon > 0$ 的任意性, $m^*(E_a) = 0$. 因此当 $a \nearrow 1$ 时, E_a 是单调递增的零集. 令 $a = 1 - \dfrac{1}{l}$, $l = 1$, 2, $\cdots$, 则这些 E_a 的并集仍是零集, 记作 Z. 若 $x \in E \backslash Z$, 则 x 满足: 当 $B \searrow x$ 时, 对于任

意的 $a<1$，E 在 B 中的相对测度的下极限都大于或者等于 a. 由于 E 在 B 中的相对测度不超过 1，因此 E 在 B 中的相对测度的极限存在且等于 1. 因此 $E\backslash Z \subset E_1$，即 E 中几乎所有的点都是稠密点. □

8　勒贝格微积分基本定理

本节将 f 在 E 上的积分记作 $\int_E f(x)\,dm$. 当空间是一维时，将积分记为 $\int_E f(t)\,dt$. 若 $E=(\alpha,\beta)$ 时，则将积分记为 $\int_\alpha^\beta f(t)\,dt$.

定义　可积函数 $f:\mathbb{R}^n \to \mathbb{R}$ 在具有正测度的可测集 $E \subset \mathbb{R}^n$ 上的**均值**是

$$(\text{ave.})\int_E f(x)\,dm = \frac{1}{mE}\int_E f(x)\,dm.$$

定理 35　设 $f:\mathbb{R}^n \to \mathbb{R}$ 是勒贝格可积函数，则对于几乎所有的 $p\in\mathbb{R}^n$，

$$\lim_{B \searrow p}(\text{ave.})\int_E f(x)\,dm = f(p),$$

这里 $B \searrow p$ 表示 B 是包含 p 点的球，且单调递减收敛于 p 点.

证明　情形 1：$f=\chi_E$，其中 E 是可测集. f 在 B 上的均值是 E 在 B 上的相对测度. 由勒贝格稠密定理，对于几乎所有的 $p\in\mathbb{R}^n$，E 在 B 中的相对测度收敛于 $\chi_E(p)$.

情形 2：f 是非负可积函数. 固定 $\alpha>0$，考虑集合

$$A = \left\{ p\in\mathbb{R}^n : \limsup_{B \searrow p}\left| (\text{ave.})\int_B f(x)\,dm - f(p) \right| > \alpha \right\}.$$

下面只需证明对于任意的 $\alpha>0$，$A=A(\alpha)$ 是零集. 给定 $\varepsilon>0$，首先证明 $m^*A<\varepsilon$. 我们在第 5 节中已经证明，对于任意的 $\varepsilon>0$，存在勒贝格下和函数 $\phi = \sum_{i=1} y_{i-1}\chi_{X_i}$ 使得 $0\le\phi\le f$，且

$$(11) \qquad \int_{\mathbb{R}^n} g(x)\,dm < \frac{\alpha\varepsilon}{4},$$

其中，$g=f-\phi$.

由积分的线性性质以及情形 1，对于几乎所有的 p，当 B 逐渐缩小为 p 点时，ϕ 在 B 上均值收敛于 $\phi(p)$. 因此 A 与 A' 仅相差一个零集，其中

$$A' = \left\{ p \in \mathbb{R}^n : \limsup_{B \searrow p} \left| (\text{ave.}) \int_B g(x) \, dm - g(p) \right| > \alpha \right\}.$$

为了挨除绝对值记号，记

$$A'_1 = \left\{ p \in A' : g(p) > \frac{\alpha}{2} \right\},$$

$$A'_2 = \left\{ p \in A' : \limsup_{B \searrow p} (\text{ave.}) \int_B g(x) \, dm > \frac{\alpha}{2} \right\},$$

注意到 $A' \subset A'_1 \bigcup A'_2$，则

$$\frac{\alpha}{2} \cdot mA' \leqslant \int_{A'_1} g(x) \, dm \leqslant \int_{\mathbb{R}^n} g(x) \, dm < \frac{\alpha \varepsilon}{4},$$

因此有 $mA' \leqslant \dfrac{\varepsilon}{2}$.

具有性质 $(\text{ave.}) \displaystyle\int_B g(x) \, dm > \dfrac{\alpha}{2}$ 的球 B 构成了 A'_2 的维塔利覆盖. 根据维塔利覆盖引理，存在可数多个互不相交的球 $\{B_i\}$ 能够有效覆盖 A'_2. 于是

$$\frac{\alpha}{2} \cdot m^* A'_2 \leqslant \sum_i \frac{\alpha}{2} \cdot mB_i \leqslant \sum_i (\text{ave.})$$

$$\int_{B_i} g(x) \, dm \cdot mB_i \leqslant \int_{\mathbb{R}^n} g(x) \, dm < \frac{\alpha \varepsilon}{4}.$$

两边同时除以 $\dfrac{\alpha}{2}$，则 $m^* A'_2 < \dfrac{\varepsilon}{2}$，因此 A 是零集，从而完成情形 2 的证明.

情形 3：f 是 $\mathbb{R}^n$ 上的普通可积函数. 将 f 表示为 $f_+ - f_-$，其中 $f_\pm \geqslant 0$，将情形 2 分别应用于 f_+ 和 f_- 即可完成证明.

推论 36 设 $f : [a, b] \to \mathbb{R}$ 是勒贝格可积函数，称

$$F(x) = \int_a^x f(t) \, dt$$

为 f 的**不定积分**，则对于几乎所有的 $x \in [a, b]$，$F'(x)$ 存在且等于 $f(x)$.

证明 当空间是一维时，球即为区间，由定理 35，当 $h \searrow 0$ 时，对于几乎所有的 $x \in [a, b]$，

$$\frac{F(x + h) - F(x)}{h} = (\text{ave.}) \int_{[x, x+h]} f(t) \, dt \to f(x).$$

同理可以证明 $[x - h, x]$ 的情形. $\qquad\qquad\qquad\qquad\qquad \square$

推论 36 并没有刻画出不定积分的特性. 仅仅知道函数 G 几乎处处可导, 且导函数是可积函数 f, 我们并不能推导出 G 和 f 的不定积分仅相差一个常数. 幽灵阶梯函数 H 即是一个反例. H 的导函数几乎处处存在, $H'(x)$ 和可积函数 $f(x) = 0$ 几乎处处相等, 但是 H 和 0 函数的不定积分仅相差不止一个常数, 消失的部分恰好体现了连续性的微妙结构.

定义 称函数 $G : [a, b] \to \mathbb{R}$ 是**绝对连续函数**, 假如对任意的 $\varepsilon > 0$, 存在 $\delta > 0$, 对于 $[a, b]$ 中任意不相交的区间 $(\alpha_1, \beta_1), \cdots, (\alpha_n, \beta_n)$, 有

$$\sum_{k=1}^{n} (\beta_k - \alpha_k) < \delta \Rightarrow \sum_{k=1}^{n} |G(\beta_k) - G(\alpha_k)| < \varepsilon.$$

由于 δ 不依赖于 n 的选取, 因此若 G 是绝对连续函数, $\{(\alpha_k, \beta_k)\}$ 是 $[a, b]$ 中一列不相交的区间, 则

$$\sum_{k=1}^{\infty} (\beta_k - \alpha_k) < \delta \Rightarrow \sum_{k=1}^{\infty} |G(\beta_k) - G(\alpha_k)| < \varepsilon.$$

定理 37 设 $f : [a, b] \to \mathbb{R}$ 是可积函数.

(a) f 的不定积分 F 是绝对连续函数.

(b) 对于几乎所有的 x, $F'(x)$ 存在且等于 $f(x)$.

(c) 若 G 是绝对连续函数, 且 $G'(x) = f(x)$ 几乎处处成立, 则 G 和 F 仅相差一个常数.

我们将在下一节中看到, 在 (c) 中要求 "$G'(x)$ 存在" 是多余的要求. 由定理 37 可以给出不定积分的刻画.

勒贝格的主定理 38 任意不定积分都是绝对连续函数, 反之, 任意绝对连续函数几乎处处可导, 且和它的导函数的不定积分仅相差一个常数.

定理 37 的证明

(a) 情形 1: 设 f 是可测集合 E 的特征函数 χ_E. 对于任意区间 $(\alpha, \beta) \subset [a, b]$, 有

$$F(\beta) - F(\alpha) = \int_{\alpha}^{\beta} \chi_E(t) \, dt = m(E \bigcap (\alpha, \beta)).$$

因此, 给定 $\varepsilon > 0$, 选取 $\delta = \varepsilon$, 直接验证表明, 若 $\{(\alpha_k, \beta_k)\}$ 是 $[a, b]$ 中不相交的区间且满足 $\sum_{k} (\beta_k - \alpha_k) < \delta$, 则

$$\sum_k \left(F(\beta_k) - F(\alpha_k) \right) = \sum_k m\left(E \bigcap (\alpha_k, \beta_k) \right) < \varepsilon.$$

情形 2：$f \geqslant 0$. 给定 $\varepsilon > 0$，如同勒贝格微积分基本定理（定理 35）的证明，选取简单函数 $0 \leqslant \phi \leqslant f$ 使得 $\int_a^b g(t)\,\mathrm{d}t < \dfrac{\varepsilon}{2}$，其中 $g = f - \phi$. 由积分的线性性质，并且将情形 1 应用于 ϕ 的不定积分 Φ，可知存在 $\delta > 0$，使得若 $\sum_k (\beta_k - \alpha_k) < \delta$，则 $\sum_k \left(\Phi(\beta_k) - \Phi(\alpha_k) \right) < \dfrac{\varepsilon}{2}$. 因此，

$$\sum_k \left(F(\beta_k) - F(\alpha_k) \right) = \sum_k \int_{\alpha_k}^{\beta_k} g(t)\,\mathrm{d}t + \sum_k \left(\Phi(\beta_k) - \Phi(\alpha_k) \right)$$

$$\leqslant \int_a^b g(t)\,\mathrm{d}t + \frac{\varepsilon}{2} < \varepsilon.$$

情形 3：一般的可积函数 f. 将 f 表示为 $f_+ - f_-$，其中 $f_\pm \geqslant 0$. 若 $(\alpha, \beta) \subset [a, b]$，则

$$|F(\beta) - F(\alpha)| = \left| \int_\alpha^\beta f(t)\,\mathrm{d}t \right| \leqslant \int_\alpha^\beta |f(t)|\,\mathrm{d}t = \int_\alpha^\beta f_+(t)\,\mathrm{d}t + \int_\alpha^\beta f_-(t)\,\mathrm{d}t,$$

由情形 2 可以知道情形 3 成立.

（b）恰好为推论 36：不定积分的导函数等于被积函数.

（c）G 是绝对连续函数且 $G'(x) = f(x)$ 几乎处处成立. 容易证明绝对连续函数的和函数与差函数还是绝对连续函数. 因此 $H = F - G$ 是绝对连续函数且满足 $H'(x) = 0$ 几乎处处成立，我们下面将证明 H 是常函数.

固定 $x^* \in [a, b]$. 给定 $\varepsilon > 0$，只需要证明

$$|H(x^*) - H(a)| < \varepsilon.$$

由于 H 是绝对连续函数，存在 $\delta > 0$，若 $(\alpha_k, \beta_k) \subset [a, b]$ 是不相交的区间，$k = 1, 2, \cdots$，则

$$\sum_k (\beta_k - \alpha_k) < \delta \quad \Rightarrow \quad \sum_k |H(\beta_k) - H(\alpha_k)| < \frac{\varepsilon}{2}.$$

固定上述 δ，令

$$X = \{ x \in [a, x^*] : H'(x) \text{ 存在且 } H'(x) = 0 \}.$$

每一个 $x \in X$ 都属于一个充分小的区间 $[x, x+h]$ 且满足

$$\left| \frac{H(x+h) - H(x)}{h} \right| < \frac{\varepsilon}{2(b-a)}.$$

这些区间构成了 X 的维塔利覆盖. 由维塔利覆盖引理, 存在一列互不相交的区间 $\{[x_k, x_k+h_k]\}$, 能够覆盖 X 的几乎所有的点. 由于 $[a,x^*] \setminus X$ 是零集, $\sum_{k=1}^{\infty} h_k = x^* - a$, 因此存在自然数 N 满足:

$$\sum_{k=1}^{N} h_k > x^* - a - \delta.$$

由于 N 是固定的自然数, 我们可以对下标进行重排, 使得 $x_1 < x_2 < \cdots < x_N$. 于是得到 $[a,x^*]$ 的如下分割:

$$a \leqslant x_1 < x_1+h_1 \leqslant \cdots \leqslant x_N < x_N+h_N \leqslant x^*.$$

相应地, 计算 $H(x^*) - H(a)$ 如下:

$$\begin{aligned}
H(x^*) - H(a) = {} & H(x^*) - H(x_N+h_N) + H(x_N+h_N) - H(x_N) + \\
& H(x_N) - H(x_{N-1}+h_{N-1}) + H(x_{N-1}+h_{N-1}) - H(x_{N-1}) + \cdots + \\
& H(x_2) - H(x_1+h_1) + H(x_1+h_1) - H(x_1) + H(x_1) - H(a).
\end{aligned}$$

由于区间 $(a,x_1), (x_1+h_1,x_2), \cdots, (x_N+h_N,x^*)$ 的全长度小于 δ, 由 H 的绝对连续性, 上式右端第一列的绝对值之和不超过 $\frac{\varepsilon}{2}$. 由于第 2 列的第 k 项的绝对值为

$$\left| H(x_k+h_k) - H(x_k) \right| < \frac{\varepsilon h_k}{2(b-a)},$$

第 2 列各项绝对值之和小于 $\frac{\varepsilon}{2}$. 因此 $\left| H(x^*) - H(a) \right| < \frac{\varepsilon}{2} + \frac{\varepsilon}{2} = \varepsilon$, H 是常函数, 证明完成. □

9　勒贝格最终定理

勒贝格的奠基性的著作 《Leçons sur l' Intégration》 中的最终定理非常简洁且令人惊讶.

定理 39　单调函数几乎处处可导.

请注意, 该定理并没有要求单调函数的连续性. 考虑到单调函数 $f:[a,b] \to \mathbb{R}$ 仅有可数多个跳跃间断点, 不要求连续性是合乎逻辑的. 但应当明确, 单调函数的间断点集合在 $[a,b]$ 中有可能稠密.

我们在下文中假定 f 是不减函数, 事实上, 对于不增的函数, 则研究 $-f$ 即可.

勒贝格为了证明定理 39, 充分使用了他为了建立新的积分理论

而发展的理论体系. 相比之下，下文给出的证明更加直接和几何直观. 下文的证明依赖于维塔利覆盖引理和概率论中的切比雪夫（che-byshev）不等式.

给定函数 $f: [a,b] \to \mathbb{R}$. 称

$$s = \frac{f(b) - f(a)}{b - a}$$

为 f 在区间 $[a,b]$ 上的**斜率**.

切比雪夫引理 40 假设函数 $f: [a,b] \to \mathbb{R}$ 是单调不减函数，且在区间 $I = [a,b]$ 上的斜率为 s. 若 I 包含可列多个不相交子区间 I_k，且 f 在 I_k 的斜率均大于或者等于 S，其中 $S > s$. 则

$$\sum_k |I_k| \leqslant \frac{s}{S} |I|.$$

证明 记 $I_k = [a_k, b_k]$. 由于 f 单调不减，

$$f(b) - f(a) \geqslant \sum_k (f(b_k) - f(a_k)) \geqslant \sum_k S(b_k - a_k).$$

因此，$s|I| \geqslant S \sum |I_k|$，引理成立. □

注 若斜率集中在三个子区间上，如图 130 所示，则是一个极端的例子.

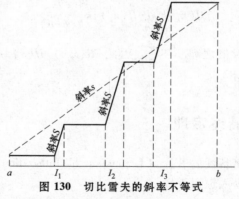

图 130 切比雪夫的斜率不等式

勒贝格最终定理的证明 我们将不仅证明 $f'(x)$ 几乎处处存在，还将证明导函数 $f'(x)$ 是可测函数，并且

$$(12) \qquad \int_a^b f'(x)\,\mathrm{d}x \leqslant f(b) - f(a).$$

为了证明可导性，我们引入斜率的上、下极限，并称之为导数. 若 $h > 0$，称 $[x, x+h]$ 为 x 的右区间，称 $\dfrac{f(x+h) - f(x)}{h}$ 为 x 处的**右斜率**. 当 $h \to$

0 时，右斜率的上极限称为 f 在 x 的**右最大导数**，记为 $D^{右\max}f(x)$，称右斜率的下极限为 f 在 x 的**右最小导数**，记为 $D^{右\min}f(x)$. x 点左侧情形可类似给出定义. 可将 $D^{右\max}f(x)$ 看作 x 右侧的最陡峭处的斜率，而 $D^{右\min}f(x)$ 为 x 右侧的最平缓处的斜率. 参看图 131.

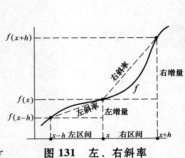

图 131　左、右斜率

对于任意的 $x \in [a, b]$，上述导数都存在，但有可能取值为 ∞.

上面定义了四种导数. 首先证明对于几乎所有的 x，$D^{左\min}f(x) = D^{右\max}f(x)$. 为此，固定 $s < S$，考察集合

$$E = E_{sS} = \{x \in [a, b] : D^{左\min}f(x) < s < S < D^{右\max}f(x)\}.$$

则有

（13）
$$m^*E = 0.$$

事实上，$\forall x \in E$，存在充分小的左区间 $[x-h, x]$，在该区间上 f 的斜率小于 s. 这些左区间构成了 E 的维塔利覆盖 $\mathfrak{L}$. （应该注意，x 不是上述 $\mathfrak{L}$-区间的中心，而是区间的端点. 此外，我们预先并不知道 E 是否可测. 幸运的是，维塔利引理允许这种情形出现.）给定 $\varepsilon > 0$，由维塔利覆盖引理，存在可列多个不相交的左区间 $L_i \in \mathfrak{L}$，在模去零集的意义下，这些 L_i 能够覆盖 E，即构成 ε-高效覆盖. 也就是说，记

$$L = \coprod_i L_i{}_\circ,$$

其中，$L_i{}_\circ$ 表示 L_i 的内部，则 $E \backslash L$ 是零集，且 $mL \leqslant m^*E + \varepsilon$.

对于任意的 $y \in L \cap E$，存在充分小的右区间 $[y, y+t] \subset L$，在该区间上 f 的斜率大于 S. （这里要求 L 是开集，这是有益的.）这些右区间构成了 $L \cap E$ 的维塔利覆盖 $\mathfrak{R}$. 由维塔利覆盖引理，存在可列多个互不相交区间 $R_j \in \mathfrak{R}$，在模去零集的意义下，构成 E 的覆盖. 由于 $L \cap E$ 和 E 至多相差一个零集，$R = \coprod_j R_j$ 能够覆盖模去零集后的 E. 由切比雪夫引理，

$$m^*E \leqslant mR = \sum_i \sum_{R_j \subset L_i} |R_j| \leqslant \sum_i \frac{s}{S}|L_i| \leqslant \frac{s}{S}(m^*E + \varepsilon).$$

上述不等式对于任意的 $\varepsilon > 0$ 都成立，当 $\varepsilon = 0$ 时不等式也成立，因此 $m^*E = 0$，即（13）成立. 因此

$$\{x : D^{左\min}f(x) < D^{右\max}f(x)\} = \bigcup_{\{(s,S) \in \mathbb{Q} \times \mathbb{Q} : s < S\}} E_{sS}$$

是零集. 对称地，$\{x : D^{左\min}f(x) > D^{右\max}f(x)\}$ 是零集，因此 $D^{左\min}f(x) = D^{右\max}f(x)$ 几乎处处成立. 对于另外两个导数，同理可以证明相同的等式

也是几乎处处成立. 参看习题 49.

到目前为止已经证明对于几乎所有的 $x \in [a, b]$，f 在 x 处的导数存在，虽然取值可能为 ∞. 我们不希望出现斜率为 ∞ 的情形，这也是不等式 (12) 的一个目标——勒贝格可积函数是几乎处处有限的.

为了证明 (12)，需要巧妙的使用滑动割线法这种技巧. 首先，通过补充定义 $f(x) = f(a)$ $(x < a)$ 以及 $f(x) = f(b)$ $(x > b)$，将函数 f 从 $[a, b]$ 延拓伸到 $\mathbb{R}$ 上. 用 $g_n(x)$ 表示从 $(x, f(x))$ 到 $\left(x + \dfrac{1}{n}, f\left(x + \dfrac{1}{n}\right)\right)$ 的割线的斜率，即

$$g_n(x) = \frac{f(x + 1/n) - f(x)}{1/n} = n(f(x + 1/n) - f(x)).$$

参看图 132. 由于 f 几乎处处连续，因此 f 是可测函数，进而 g_n 也是可测函数. 对于几乎所有的 x，当 $n \to \infty$ 时，$g_n(x)$ 收敛于 $f'(x)$. 因此 f' 是可测函数且 f' 显然是非负函数. 由法图引理，

$$\int_a^b f'(x)\,\mathrm{d}x = \int_a^b \liminf_{n \to \infty} g_n(x)\,\mathrm{d}x \leqslant \liminf_{n \to \infty} \int_a^b g_n(x)\,\mathrm{d}x.$$

而 g_n 的积分为

$$\int_a^b g_n(x)\,\mathrm{d}x = n\int_b^{b + \frac{1}{n}} f(x)\,\mathrm{d}x - n\int_a^{a + \frac{1}{n}} f(x)\,\mathrm{d}x.$$

由于当 $x > b$ 时 $f(x) = f(b)$，右式中第一个积分值为 $f(b)$. 又由于 f 是单调不减函数，右式中第二个积分大于或者等于 $f(a)$. 因此

$$\int_a^b g_n(x)\,\mathrm{d}x \leqslant f(b) - f(a),$$

从而证明了 (12). 如同前文所述，由于 f' 的勒贝格积分值有限，$f'(x)$ 几乎处处有限，因此 f 几乎处处可导且导数值有限.

推论 41 李普希兹函数几乎处处可导.

证明 假设 $f: [a, b] \to \mathbb{R}$ 是李普希兹函数，L 为李普希兹常数. 则对于任意的 $x, y \in [a, b]$，

$$|f(y) - f(x)| \leqslant L|y - x|.$$

函数 $g(x) = f(x) + Lx$ 是单调不减函数，因此 g'，进而 $f' = g' - L$ 几乎处处存在. □

注 对于李普希兹函数 $f: \mathbb{R}^n \to \mathbb{R}$，推论 41 依然成立，此即拉德马赫定理，但证明难度较大.

定义 给定函数 $f: [a, b] \to \mathbb{R}$，称 $\displaystyle\sum_{k=1}^n |\Delta_k f|$ 为函数 f 关于分割

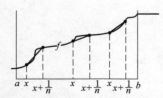

图 132 $g_n(x)$ 是 x 的右侧割线的斜率

X: $a = x_0 < \cdots < x_n = b$ 的**变差**, 其中 $\Delta_k f = f(x_k) - f(x_{k-1})$. 称 $[a,b]$ 所有分割对应的变差的上确界为 f 的**全变差**. 若 f 的全变差是有限的, 则称 f 是**有界变差函数**.

定理 42　有界变差函数几乎处处可导.

证明　在相差一个常数的意义下, 有界变差函数 $f(x)$ 可以表示为 $f(x) = P(x) - N(x)$, 其中

$$P(x) = \sup\Big\{ \sum_k \Delta_k f : a = x_0 < \cdots < x_n = x, \ \Delta_k f \geqslant 0 \Big\},$$

$$N(x) = -\inf\Big\{ \sum_k \Delta_k f : a = x_0 < \cdots < x_n = x, \ \Delta_k f < 0 \Big\}.$$

参看习题 52. 由于 P, N 是单调不减函数, 因此对几乎所有的 x, $f'(x) = P'(x) - N'(x)$ 存在且有限. □

定理 43　绝对连续函数是有界变差函数.

证明　假设 $F : [a,b] \to \mathbb{R}$ 是绝对连续函数. 选取 $\varepsilon = 1$, 则存在 $\delta > 0$ 使得若 $\{(\alpha_k, \beta_k)\}$ 是 $[a,b]$ 中互不相交的开区间, 则

$$\sum_k (\beta_k - \alpha_k) < \delta \quad \Rightarrow \quad \sum_k |F(\beta_k) - F(\alpha_k)| < 1.$$

固定 $[a,b]$ 上的一个分割 D, 使得 $[a,b]$ 能够分割为 N 个长度不超过 δ 的子区间. 则对于 $[a,b]$ 的任意分割 X, 有 $\sum_k |\Delta_k f| < N$ 成立. 事实上, 随着分割的加细, $\sum_k |\Delta_k f|$ 单调增加, 因此不妨设 X 包含 D. 于是

$$\sum_X |\Delta_k F| = \sum_{X_1} |\Delta_k F| + \cdots + \sum_{X_N} |\Delta_k F|,$$

其中 X_j 表示位于 D 的第 j 个子区间中的 X 的所有子区间. 由于 X_j 中的子区间的全长度小于 δ, F 在 X_j 上的全变差小于 1, 因此 F 的全变差小于 N. □

推论 44　绝对连续函数是几乎处处可导函数.

证明　绝对连续函数是有界变差函数, 因此是几乎处处可导函数. □

如第 8 节所述, 定理 37 加上推论 44 称为勒贝格最终定理, 即: **不定积分是绝对连续函数; 任意绝对连续函数都几乎处处可导, 且是导函数的不定积分.**

附录 A: 平移与不可测集合

固定 $t \in \mathbb{R}$, 称映射 $x \mapsto x + t$ 为 **t-平移**. t-平移是 $\mathbb{R} \to \mathbb{R}$ 的同胚映

射. 将单位圆周看作 $\mathbb{R}$ 模 $\mathbb{Z}$ ，即将 x 与 $x+n$ 看作同一个元，其中 $n \in \mathbb{Z}$. 等价地，你可以选取单位闭区间 $[0,1]$ ，并将 1 和 0 视为同一个元素. 则 t-平移变成了以 $2\pi t$ 为旋转角的旋转，记为 R_t : $C \to C$. 若 t 是有理数，则旋转变换具有周期性，即存在自然数 $n \geqslant 1$ ， R 的 n 次**复合** $R^n = R \circ R \circ \cdots \circ R$ 是 $C \to C$ 的恒同映射. 事实上，满足条件的最小的 n 是 t 的分母，其中 $t = \dfrac{m}{n}$ 为既约分数. 另一方面，若 t 是无理数，则 $R = R_t$ 不具有周期性；每一个**轨道** $O(x) = \{R^k(x) : k \in \mathbb{Z}\}$ 是可列集合，且在 C 中稠密.

定理 45　设 t 是无理数， $R = R_t$ ， $P \subset C$. 若 R 的每一个轨道中有且仅有一个点在 P 中，则 P 是不可测集合.

证明　R 有不可数多个轨道，这些轨道构成互不相交的集合，且将集合 C 分解为： $C = \coprod_{n \in \mathbb{Z}} R^n(P)$. 平移保持外测度、可测性和测度不变，旋转也具有同样的性质. P 是可测集吗？不是！这是因为，假如 P 是可测集，且测度大于 0，则有

$$m(C) = \sum_{n=-\infty}^{\infty} m(R^n P) = \infty,$$

这是不可能的. 因此，若 P 是可测集，则 $m(C) = \sum_{n=-\infty}^{\infty} m(R^n P) = 0$ ，这与 $m[0,1) = 1$ 产生矛盾.

但是，这样的 P 存在吗？选择公理告诉我们，给定一簇非空的互不相交的集合 $\{A_\alpha\}_{\alpha \in \Gamma}$ ，一定存在集合 A ，使得对于任意的 α ， $A \cap A_\alpha$ 是单点集. 因此，假如你承认选择公理，则将选择公理应用到 R-轨道簇中，从而得到不可测集合的例子. 假如你不承认选择公理，我也无可奈何！　□

为了深入研究 P 的"病态"性质，我们讨论平移性质.

定理 46　设 $E \subset \mathbb{R}$ 是具有正测度的可测集，则存在 $\delta > 0$ 使得，对任意 $t \in (-\delta, \delta)$ ， E 的 t-平移与 E 的交集非空.

引理 47　设 $F \subset (a, b)$ 是可测集，且与它的 t-平移不相交，则
$$2mF \leqslant (b-a) + |t|.$$

证明　集合 F 和它的 t-平移具有相同的测度，因此若它们不相交，则它们的测度之和为 $2mF$ ，故对于任意包含它们的区间，其区

间长度大于或者等于 $2mF$. 若 $t>0$, 则 $(a,b+t)$ 包含 F 及其 t-平移, 而如果 $t<0$, 则 $(a+t,b)$ 包含 F 及其 t-平移. 无论哪一种情形, 区间的长度都是 $(b-a)+|t|$. □

定理 46 的证明 由勒贝格稠密定理 (定理 34), E 有大量的稠密点, 因此我们可以找到区间 (a,b), 使得 E 在 (a,b) 中的相对测度大于 $\frac{1}{2}$. 记 $F=E\bigcap(a,b)$, 则 $mF>\frac{b-a}{2}$. 由引理 47, 若 $|t|<2mF-(b-a)$, 则 F 的 t-平移与 F 相交, 因此 E 的 t-平移与 E 相交, 这就是我们要证明的结论. □

下面回到定理 45 讨论的不可测集合 P. R 的每一个轨道中仅有一个点在 P 中, 其中 R 表示旋转无理数 t 得到的变换. 令

$$A = \bigcup_{k\in\mathbb{Z}} R^{2k}P, \quad B = \bigcup_{k\in\mathbb{Z}} R^{2k+1}P.$$

则 A, B 不相交, 它们的并集是单位圆周, 且通过 R 作用, 二者可以交换位置. 由于 R 保持外测度, $m^*A=m^*B$.

复合变换 $R^2=R\circ R$ 是以无理数 $2t$ 为旋转角的变换, 给定 $\varepsilon>0$. 由于 0 在 R^2 下的轨道是稠密集合, 存在充分大的自然数 k,

$$|R^{2k}(0)-(-t)|<\varepsilon.$$

由于 R^{2k} 是 R^2 的 k 次复合, 因此 $|R^{2k+1}(0)|<\varepsilon$, 故 R^{2k+1} 是旋转角小于 ε 的旋转. R 的奇次幂可以互换 A, B, 因此 R 的奇次幂可以分别将 A 和 B 平移, 平移后的像与自身不相等. 由定理 46, A, B 不包含具有正测度的子集, 它们内部的测度为 0.

由等式 $mC=m_*A+m^*B$ 可知, $m^*B=1$. 因此我们得到了不可测集合的极端例子:

定理 48 单位圆周, 或者等价的 $[0,1)$, 可以分解为两个不相交的不可测集合的并集, 每一个不可测子集的内部测度都为 0, 而外测度是 1.

附录 B: 巴拿赫-塔斯基悖论

假如上面附录中的例子还不能使你感到足够的困惑, 这里还有一个更 "病态" 的例子. 你可以在斯坦维甘 (Stan Wagon) 的著作, 《巴拿赫-塔斯基悖论》 (*The Banach-Tarski Paradox*) 中读到这个例子. 该书还讨论了很多其他的悖论.

三维的固体球可以分解为 5 个互不相交的集合 A_1，…，A_5，这些 A_i 经过刚体运动可以得到互不相交的集合 A_i'。则 A_i' 的并集构成两个不相交的单位球。在构造过程中，"空间的维数大于 2" 和 "选择公理" 起到重要的作用。这些 A_i 都是不可测集合。

你可以从炼金术士的角度考虑这个问题。一个半径为一寸的黄金球可以分解为 5 个不相交的部分，将每一部分经过刚体运动，然后可以重新装配成为 2 个半径为一寸的黄金球。重复这个过程，将会使你变得非常富裕。

附录 C：黎曼积分与下方图形面积

勒贝格积分是下方图形的测度，这种几何描述方式同样也适应于黎曼积分。

定理 49 函数 $f:[a,b]\to[0,M]$ 是黎曼可积函数当且仅当它的下方图形的闭包和内部的勒贝格测度相等。等价地，它的下方图形的边界是勒贝格零集。

证明 假设 f 是黎曼可积函数。给定 $\varepsilon>0$，$[a,b]$ 存在合适的分割，使得上和 $U=\sum M_i\Delta x_i$ 和下和 $L=\sum m_i\Delta x_i$ 相差不超过 ε。其中，$\Delta x_i=x_i-x_{i-1}$，而 m_i 和 M_i 分别表示 $f(x)$ 在 $[x_{i-1},x_i]$ 上的下确界和上确界。其几何含义是，f 的图像被形如 $R_i=X_i\times Y_i$ 的矩形覆盖，其中 $X_i=[x_{i-1},x_i]$，$Y_i=[m_i,M_i]$。则 $(x_{i-1},x_i)\times(0,m_i)$ 是互不相交、包含于下方图形内部的开矩形，其全面积为 L，而闭矩形 $[x_{i-1},x_i]\times[0,M_i]$ 构成了下方图形闭包的覆盖，其全面积为 U。由于 $U-L<\varepsilon$，由 $\varepsilon>0$ 的任意性，f 的下方图形的内部和闭包的测度相等。

另一方面，假设 f 的下方图形 $\mathfrak{A}f$ 的内部和闭包的测度相等。给定 $\varepsilon>0$，由二维勒贝格测度的正则性，存在包含于 $\mathfrak{A}f$ 的内部中的紧集 K，以及包含 $\mathfrak{A}f$ 的闭包的开集 V，使得

$$m(V\backslash K)<\varepsilon.$$

对于 $x\in[a,b]$，令 $k(x)=\max\{y:(x,y)\in K\}$。假如这样的 y 不存在，约定 $k(x)=0$。则集合

$$K(x)=\{(x,t):0<t\leq k(x)\}\subset(\mathfrak{A}f)^\circ,$$

这里 $(\mathfrak{A}f)^\circ$ 表示 f 的下方图形 $\mathfrak{A}f$ 的内部。事实上，若这个结论不成

立，则存在收敛于 $K(x)$ 中的某一点 (x, t) 的序列 (x_n, y_n)，这里 (x_n, y_n) 不属于 $\mathfrak{A}f$. 此外，(x_n, y_n) 上方的点 $(x_n, y_n + (k(x) - t))$ 也不属于 $\mathfrak{A}f$. 又因为 $(x_n, y_n + (k(x) - t))$ 收敛于 $(x, k(x))$，这与 $(x, k(x)) \in K \subset (\mathfrak{A}f)^{\circ}$ 产生矛盾. 由于 $K(x) \subset (\mathfrak{A}f)^{\circ}$，存在 $\delta = \delta(x) > 0$，使得条状图形 $(x-\delta, x+\delta) \times (0, k(x) + \delta) \subset (\mathfrak{A}f)^{\circ}$. 由于这些条状图形构成紧集 K 的开覆盖，因此存在能够覆盖 K 的有限多个条状图形. 所选取的条状图形约化为面积之和不超过下和 L 的矩形，其中 $mK \leqslant L$. 参看图 133.

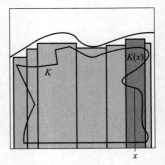

图 133　覆盖 K 的长条

　　类似地，开集 V 包含能够覆盖下方图形 $\mathfrak{A}f$ 闭包的条状图形，它们可以约化为面积之和大于或者等于上和 U 的矩形，其中 $U \leqslant mV$. 因此 $U - L < \varepsilon$，f 是黎曼可积函数. □

推论 50　若 f 是黎曼可积函数，则 f 是勒贝格可积函数，且两个积分值相等.

　　证明　由于

$$(\mathfrak{A}f)^{\circ} \subset \mathfrak{A}f \subset \overline{\mathfrak{A}f},$$

以及 f 是黎曼可积函数，$\mathfrak{A}f$ 的内部和闭包的勒贝格测度相等，因此 $\mathfrak{A}f$ 是勒贝格可测集合，且三者的测度值相等. 由于 f 的勒贝格积分等于 $m(\mathfrak{A}f)$，结论成立. □

附录 D：李特尔伍德的三项原理

　　下文选自李特尔伍德（Littlewood）关于复分析的著作——《函数论教程》（Lectures on the Theory of Functions），在该书中，李特尔伍德试图使得勒贝格理论不再神秘. 下面内容的普及也归功于罗伊登（Royden）的经典教材——《实分析》.

　　实分析所要求的知识范围并不是我们所想象的那么烦琐，大体上可使用如下三项原理表述：每一个可测集合基本上是区间的有限并；每一个 L^{λ} 类函数基本上是连续函数；收敛的函数列基本上是一致收敛的. 实变函数理论中大部分的结果都是这三条原理非常直观的应用. 如果你能够熟练掌握这三条原理，则可以应对实变函数理论的大多数问题. 若其中一条原理可以径直解决一个十分真实的问题，自然要问这个"基本上"是否就是"近乎相等",而实际上对于一个问题来说,使用一条原理一般是可以解决的⊖.

李特尔伍德的第一条原理体现了测度的正则性. 给定 $\varepsilon > 0$,$[a,b]$ 中的可测集 S 包含一个被有限多个区间覆盖的紧集,这些区间的并集与 S 相差一个测度小于 ε 的可测集. 在上述意义下,S **基本上**是有限多个区间的并集. 我非常欣赏李特尔伍德使用的"基本上"这一措辞,意味着除去"ε-集合",而不是"几乎处处",即除去"零集".

李特尔伍德的第二条原理是针对"L^λ-类函数"而言,虽然针对"可测函数"可能更为恰当些. 他的意思是,给定可测函数和 $\varepsilon > 0$,则可以从定义域中抛弃一个 ε-集合,使得函数变成连续函数. 这就是鲁津(Lusin)定理:可测函数**基本上**是连续函数.

李特尔伍德的第三条原理关注了一列几乎处处收敛的可测函数. 在除去 ε-集合后,则函数列是一致收敛的,这就是叶果罗夫(Egoroff)定理:几乎处处收敛意味着**基本上**一致收敛.

鲁津定理和叶果罗夫定理的证明分别在习题 54 和习题 57 给出概述.

附录 E:圆

当球 $B \searrow x$ 时,集合 E 在球 B 中的相对测度的极限若存在,则称为 E 在 x 点的密度. 假如使用方体或者椭球替代球,会出现什么现象呢?对结论会有影响吗?答案是:在"某种程度上"会影响计算结果.

我们称 x 的邻域 U 为 K-**准圆**,假如存在球 B,B' 使得 $B \subset U \subset B'$,并且 $\mathrm{diam}B' \leqslant K \cdot \mathrm{diam}B$. 显然,球是 1-准圆,而正方形是 $\sqrt{2}$-准圆.

不难证明,若 x 关于球是稠密点,则当邻域收缩到单点集 $\{x\}$ 时,x 关于 K-准圆邻域也构成稠密点,其中 K 为常数. 参看习题 45. 当我们考虑的邻域不是准圆邻域,则关于稠密点的分析变得异常复杂. 参看福尔克纳(Falconer)的著作:《分形集几何》.

⊖ 选自:李特尔伍德,函数论教程,1994 年,牛津大学出版社.

附录 F：点钱

黎曼和勒贝格走进一个房间，发现桌子上铺满了大量的美元硬币．（太好了！）上面有多少钱呢？

黎曼是通过逐个对硬币的面值相加得到答案．当他相继拿起一分钱、五分钱、四分之一元、一角钱、一分钱等，他依次进行清点：1分、6分、31分、41分、42分等．最终的数字是黎曼的答案．

与黎曼的办法不同，勒贝格首先根据硬币的面值对硬币进行分类（根据函数值分割取值数轴，再求原像）；然后他清点每一堆硬币数目（使用计数测度），将"面值 v 乘以具有面值 v 的硬币的数量"，最后进行相加．这就是勒贝格的答案．

他们二人的计算结果自然是一致的，不同的是他们计算的方法．

现在想象是你走进了这个房间，发现这个铺满硬币的桌子．你将使用哪一种方法计算这些硬币的总额呢？是使用黎曼的方法还是勒贝格的方法？这归结为如下问题：哪一种积分理论是"更好"的？附带的要求，仅给你 60s 时间的思考时间，你该怎么回答？

参考读物

关于抽象分析和拓扑的教材很多，下面列举部分我比较欣赏而又"不太抽象"的教材．为方便读者，此处先给出中文，再给出英文．

1. 肯尼斯·福尔克纳（Kenneth Falconer），《分形集几何》．在该书上你可以读到挂和（Kakeya）问题：最少需要多大的面积，使得通过连续移动，把一米长的剑在一个平面内旋转 360 度？福尔克纳后来还写了 2 本关于分形的著作．

2. 托马斯·霍金斯（Thomas Hawkins），《勒贝格积分理论》．在该书中，你可以看到上个世纪初围绕勒贝格积分和分析的大量历史，甚至可以发现许多经典的用语都是不准确的．例如，康托尔集本应该叫史密斯（Smith）集，维塔利有很多想法，但却记在了勒贝格身上，等等，霍金斯的著作是真正的佳作．

3. 约翰·米尔诺（John Milnor），《微分观点下的拓扑》．米尔诺是二十世纪写作最清晰的数学作家和思想家之一，该书是他最基本著作，仅有 76 页.

4. 詹姆士·芒克勒斯（James Munkres），《拓扑，第一教程》. 该书是研究生一年级教材，里面的内容和你正在学习的部分内容一致.

5. 罗伯特·德瓦尼（Robert Devaney），《混沌共变系统导论》. 这本书是学习数学动力学的入门书，是第一流的教材.

1. Kenneth Falconer, *The Geometry of Eractal Sets*.

Here you should read about the Kakeya problem: how much area is needed to reverse the position of a unit needle in the plane by a continuous motion? Falconer also has a couple of later books on fractals that are good.

2. Thomas Hawkins, *Lebesgue's Theory of Integration*.

You will learn a great deal about the history of Lebesgue integration and analysis around the turn of the last century from this book, including the fact that many standard attributions are incorrect. For instance, the Cantor set should be called the Smith set; Vitali had many of the ideas credited solely to Lebesgue, etc. Hawkins' book is a real gem.

3. John Milnor, *Topology from the Differentiable Viewpoint*.

Milnor is one of the clearest mathematics writers and thinkers of the twentieth century. This is his most elementary book, and it is only seventy six pages long.

4. James Munkres, *Topology, a First Course*.

This is a first year graduate text that deals with some of the same material you have been studying.

5. Robert Devaney, *An Introduction to Chaotic Dynamical Systems*.

This is the book you should read to begin studying mathematical dynamics. It is first rate.

这些书有一个共同的特点——在书中使用了大量的图形表达数学思想. 而对于没有这种特征的教材，应该谨慎使用.

参考书目

1. Ralph Boas, *A Primer of Real Functions*, The Mathematical As-

sociation of America, Washington DC, 1981.

2. Andrew Bruckner, *Differentiation of Real Functions*, Lecture Notes in Mathematics, Springer-Verlag, New York, 1978.

3. Johh Burkill, *The Lebesgue Integral*, Cambridge University Press, London, 1958.

4. Paul Cohen, *Set Theory and the Continuum Hypothesis*, Benjamin, New York, 1966.

5. Robert Devaney, *An Introduction to Chaotic Dynamical Systems*, Benjamin Cummings, Menlo Park, CA, 1986.

6. Jean Dieudonné, *Foundations of Analysis*, Academic Press, New York, 1960.

7. Kenneth Falconer, *The Geometry of Fractal Sets*, Cambridge University Press, London, 1985.

8. Russel Gordon, *The Integrals of Lebesgue*, *Denjoy*, *Perron*, *and Henstock*, The American Mathematical Society, Providence, RI, 1994.

9. Fernando Gouvéa, *p-adic Numbers*, Springer-Verlag, Berlin, 1997.

10. Thomas Hawkins, *Lebesgue's Theory of Integration*, Chelsea, New York, 1975.

11. George Lakoff, *Where Mathematical Comes From*, Basic Books, New York, 2000.

12. Edmund Landou, *Foundations of Analysis*, Chelsea, New York, 1951.

13. Henri Lebesgue, *Leçon sur l'intégration et la recherche des fonctions primitives*, Gauthiers-Villars, Paris, 1904.

14. John Littlewood, *Lectures on the Theory of Functions*, Oxford University Press, Oxford, 1944.

15. Ib Madsen and Jørgen Tornehave, *From Calculus to Cohomology*, Cambridge University Press, Cambridge, 1997.

16. Jerrold Marsden and Alan Weinstein, *Calculus* Ⅲ, Springer-Verlag, New York, 1998.

17. Robert Mcleod, *The Generalized Riemann Integral*, The Mathematical Association of America, Washington DC, 1980.

18. John Milnor, *Topology from the Differentiable Viewpoint*, Princeton University Press, Princeton, 1997.

19. Edwin Moise, *Geometric Topology in Dimensions of 2 and 3*,

Springer-Verlag, New York, 1977.

20. James Munkres, *Topology, a First Course*, Prentice-Hall, Englewood Cliffs, NJ, 1975.

21. Murray Protter and Charles Morrey, *A First Course in Real Analysis*, Springer-Verlag, New York, 1991.

22. Dale Rolfsen, *Knots and Links*, Publish or Perish, Berkeley, 1976.

23. Halsey Royden, *Real Analysis*, Prentice-Hall, Eaglewood Cliffs, NJ, 1988.

24. Walter Rudin, *Principles of Mathematical Analysis*, McGraw-Hill, New York, 1976.

25. James Stewart, *Calculus with Early Transcendentals*, Brooks Cole, New York, 1999.

26. Arnoud van Rooij and Wilhemus Schikhof, *A Second Course on Real Functions*, Cambridge University Press, London, 1982.

练习

1. 设 $t \in \mathbb{R}$ 为固定的实数. 证明集合 $A \subset \mathbb{R}$ 的一维外测度和它的平移 $t + A = \{t + a : a \in A\}$ 的外测度相等. 对于二维情形, 相应的结果是什么呢?

2. 给定 $t \geq 0$ 以及集合 $A \subset \mathbb{R}$, 证明 $m^*(tA) = t \cdot m^* A$, 其中 $tA = \{ta : a \in A\}$ 是集合 A 的 t-伸缩. 在平面上叙述相应的结论.

3. 在一维情形下, 定理 2 的简短证明如下:

(a) 若 $I = [a, b]$ 被有限多个开区间 $I_j = (a_j, b_j)$ 覆盖 ($1 \leq j \leq k$), 且任意一个开区间都不包含 I, 证明存在 $c \in I$ 使得 $[a, c]$ 和 $[c, b]$ 被少于 k 个的上述开区间覆盖.

(b) 利用 (a) 以及对 k 使用归纳法证明 $|I| \leq m^* I$.

4. (a) 在一维外测度的定义中, 假如把覆盖中的开区间 I_k 变为闭区间, 证明外测度的值并不改变.

(b) 为什么中间三分康托尔集的外测度等于 0?

(c) 在一维外测度的定义中, 假如不再要求覆盖中的区间 I_k 为开区间或者闭区间, 外测度的值并不改变.

(d) 二维的外测度怎么样? 特别地, 假如我们要求矩形为正方形, 会发生什么现象?

5. 类似于区间和矩形，给出 n-空间中 n-框 R 的定义.

（a）如何自然地定义 R 的体积？

（b）如何自然地定义 $A \subset \mathbb{R}^n$ 的外测度？

（c）验证你给出的外测度定义满足外测度公理.

（d）证明框的外测度等于其体积.

6. 在平面中与坐标轴平行的直线，其二维测度为 0，这是因为它是一个点（一维的零集）与 $\mathbb{R}$ 的笛卡儿积.

（a）不和坐标轴平行的直线，其二维的外测度是多少？

（b）在多维空间中，会有什么类似的结果呢？

7. 证明 $\mathbb{R}$ 或者 $\mathbb{R}^n$ 中的闭集是 G_δ-集合. 由此能够立刻推导出开集是 F_δ-集合吗？为什么？

8. 集合 $A \subset \mathbb{R}$ 或者 $A \subset \mathbb{R}^n$ 的**包**是指包含 A 的最小的可测集，这里"最小"是指，若 E 是包含 A 的任意可测集，则 $H \setminus E$ 是零集. A 的**核**是 A 包含的最大（可类似定义）的可测集.

（a）证明 A 的包存在，可以选取为 G_δ-集合. 在相差零集的意义下，包是唯一的.

（b）证明 A 的核存在，可以选取为 F_σ-集合. 在相差零集的意义下，核是唯一的.

（c）证明若 A 是可测集合，当且仅当它的包与核仅相差一个零集.

（d）若 H 是 A 的包，证明 H^c 是 A^c 的核.

9. 在无界的条件下，完成定理 11 和定理 14 的证明. ［提示：如何将无界集合分解为可列多个不相交的有界集合的并.］

10. 证明内测度具有平移不变性. 对于伸缩变换，内测度具有什么性质呢？

11. 可数多个 F_σ-集合的交集称为 $F_{\sigma\delta}$-集合. 构造一个既不是 F_σ-集合，也不是 G_δ-集合的 $F_{\sigma\delta}$-集合.

12. 对于无界集合，为什么定理 13 不再成立？

13. 按照如下方式将定理 14 推广到 $\mathbb{R}^n$ 上. 若 $A \subset \mathbb{R}^k$，$B \subset \mathbb{R}^l$ 都是可测集，则 $A \times B$ 是 $\mathbb{R}^k \times \mathbb{R}^l$ 中的可测集，并且

$$m_{k+1}(A \times B) = m_k A \cdot m_l B$$

［提示：将引理 28 推广到 n-维空间，然后模仿定理 14 的证明.］

*14. 将附录 C 给出的黎曼可积函数下方图形的集合特性推广为

多元被积函数情形.

15. 可测集合和不可测集合的笛卡儿积类似于奇数和偶数的乘法.

（a）哪一个定理断言可测集的笛卡儿积是可测集？（奇数乘以奇数得到奇数.）

（b）不可测集合的笛卡儿积是不可测集吗？（偶数乘以偶数得到偶数.）

（c）不可测集合与测度大于 0 的可测集的笛卡儿积总是不可测集吗？（偶数乘以奇数得到偶数.）

（d）零集是特例. 在这个不太完美的类比中，零集与数 0 对应.（任意数乘以 0 还是 0.）

16. 有界集合 $A \subset \mathbb{R}$ 的**外（约当）容量**是指 A 的有限开区间覆盖全长度的下确界，即

$$J^* A = \inf \left\{ \sum_{k=1}^n |I_k| : I_k \text{ 是开区间}, \text{且 } A \subset \bigcup_{k=1}^n I_k, n \in \mathbb{N} \right\}.$$

用框替代区间，可类似地定义二维或者 n-维有界集合的外容量.

（a）证明外容量满足

（i）$J^* \varnothing = 0$.

（ii）若 $A \subset B$，则 $J^* A \leqslant J^* B$.

（iii）若 $A = \bigcup_{k=1}^n A_k$，则 $J^* A \leqslant \sum_{k=1}^n J^* A_k$.

（b）称（iii）为**次有限可加性**. 在 $[a, b]$ 中构造集合 A，使得 $A = \bigcup_{k=1}^\infty A_k$，且对于任意的 k，$J^* A_k = 0$，但 $J^* A = 1$ 这意味着 J^* 不满足次可数可加性，因此外容量不是外测度.

（c）显然有 $m^* A \leqslant J^* A$，此外，若 A 是紧集，$mA = J^* A$. 这是为什么？逆命题是否成立？

（d）在定义中，要求覆盖 A 的区间是开区间. 证明"开集"是不相关的要求.

17. 证明

$$J^* A = J^* \overline{A} = m\overline{A},$$

其中，$\overline{A}$ 表示 A 的闭包.

18. 设 A，B 是紧集. 证明

$$J^* (A \cup B) + J^* (A \cap B) = J^* A + J^* B.$$

[提示：对于勒贝格测度，这个式子成立吗？使用习题 17.]

19. 设集合 A 是区间 I 的子集. 称

$$J_* A = |I| - J^* (I \backslash A)$$

为 A 的**内约当容量**.

（a）证明 $J_* A = m(A^\circ)$，其中 A° 表示 A 的内点集合.

（b）若一个集合的外容量和内容量相等，则称这个集合**具有容量**. 利用定理 49 证明有界函数是黎曼可积函数，当且仅当它的下方图形具有容量.

20. 证明 $E \subset \mathbb{R}$ 的可测性与下面的条件（a），（b），（c）之一等价.

（a）E 彻底地分隔 $\mathbb{R}$ 中任意的可测集合.

（b）E 彻底地分隔 $\mathbb{R}$ 中任意的开区间.

（c）E 彻底地分隔 $\mathbb{R}$ 中任意的闭区间.

（d）将（a），（b），（c）推广到平面和 $\mathbb{R}^n$ 上.

21. 证明命题 22.

22. 通过如下方式推广命题 23：证明原像可测性等价于

（a）任意 G_δ-集合的原像是可测集.

（b）任意 F_σ-集合的原像是可测集.

23. 设 $S \subset \mathbb{R}$. 若 $m^* S > 0$，证明 S 包含不可测子集. [提示：定理 48.]

24. 考虑幽灵滑雪斜坡同胚 $h : [0, 1] \to [0, 2]$，h 将标准的康托尔集 C 映为测度为 1 的胖康托尔集 F.

（a）C 包含不可测集吗？

（b）F 包含不可测集吗？

（c）h^{-1} 是可测函数吗？

（d）若 $E \subset [0, 1]$ 是可测集，它在 h^{-1} 下的原像一定是可测集吗？

25. 设函数 $f : M \to \mathbb{R}$. 假如

$$\lim_{k \to \infty} x_k = x \Longrightarrow \limsup_{k \to \infty} f(x_k) \leq f(x),$$

则称 f 是**上半连续**函数，（M 可以为任意的度量空间.）等价地，$\limsup\limits_{y \to x} f(y) \leq f(x)$.

（a）画出一个上半连续但不连续的函数的图形.

（b）证明函数的上半连续等价于对于任意的射线 $(-\infty, a)$，$f^{\mathrm{pre}}(-\infty, a)$ 是开集.

（c）类似地定义**下半连续**函数. 注意到下半连续函数的相反数是上半连续函数, 通过反推, 借助于 liminf 给出下半连续函数的定义.

26. 给定紧集 $K \subset \mathbb{R} \times [0, \infty)$, 定义

$$g(x) = \begin{cases} \max\{y : (x, y) \in K\} & \text{若 } K \bigcap (x \times \mathbb{R}) \neq \varnothing, \\ 0 & \text{若 } K \bigcap (x \times \mathbb{R}) = \varnothing. \end{cases}$$

证明 g 是上半连续函数.

27. 去除 "f 是有界函数" 以及 "定义在紧区间" 这两个多余的假设, 完成定理 24 的证明.

*28. 称可测的特征函数的非负线性组合为**简单函数**. 即

$$\phi(x) = \sum_{i=1}^{n} c_i \chi_{E_i}(x),$$

其中, $E_1, \cdots, E_n$ 是可测集合, $c_1, \cdots, c_n$ 是非负常数. 称 $\sum_{i=1}^{n} c_i \chi_{E_i}$ 是 ϕ 的**表达式**. 如果 E_i 是不相交的集合, c_i 是互不相同的正数, 则称 ϕ 的表达式为**典则**的.

（a）证明简单函数的典则表达式存在且唯一.

（b）若简单函数的表达式 $\phi = \sum_{i=1}^{n} c_i \chi_{E_i}$ 是典则的, 则容易看出 ϕ 的积分 (下方图形的测度) 等于 $\sum_{i=1}^{n} c_i m E_i$, 证明对于简单函数的任意表达式, 这个结论都成立.

（c）设 ϕ, φ 为简单函数, 通过结论（b）证明 $\int (\phi + \varphi) = \int \phi + \int \varphi$.

（d）设 $f, g : \mathbb{R} \to [0, \infty)$ 是可测函数. 证明存在简单函数列 $\phi_n \nearrow f$ 以及 $\varphi_n \nearrow g$ $(n \to \infty.)$

（e）结合（c）和（d）验证勒贝格积分满足线性性质.

29. 假设 $f : \mathbb{R} \to [0, \infty)$ 是可积函数.

（a）证明 y-轴上存在一列双侧无限分割 Y_n (参看第 5 节), 使得勒贝格上和有限, 且当 $n \to \infty$ 时, 勒贝格上和收敛于 $\int f$.

（b）给出可积函数 $f : \mathbb{R} \to [0, \infty)$ 的例子, 使得当双无限分割的目径趋于 0 时, 勒贝格上和并不收敛于积分值. ("目径" 指的是区间长度 $|y_i - y_{i-1}|$ 的上确界. （a）和（b）的区别在于极限和下极限.)

***（c）是否在正半 y-轴上存在双无限分割的目径概念, 使得

当目径趋于 0 时，勒贝格上和收敛于积分值？

30. 构造可测函数列 $f_n:[0,1]\to[0,1]$，使得当 $n\to\infty$ 时，$\int f_n \to 0$，但是对 $\forall x\in[0,1]$，$f_n(x)$ 不收敛.

31. 函数 $f:\mathbb{R}\to\mathbb{R}$ 的**全下方图**是指集合 $\{(x,y):y<f(x)\}$. 使用下方图像证明函数 f 的全下方图是可测集合当且仅当 f 的正部和负部是可测函数.

*32. (a) 假设当 $n\to\infty$ 时，$A_n\nearrow A$，但是并不要求 A_n 是可测集. 证明当 $n\to\infty$ 时，$m^*A_n\to m^*A$. （这是外测度的上测度连续性.）［提示：由正则性，存在 G_δ-集合 $G_n\supset A_n$ 使得 $mG_n=m^*A_n$. 你能确保 G_n 是单调递增的集合列吗？假如是，那么，$G=\bigcup G_n$ 有何性质？］

(b) 内测度具有上测度连续性吗？（给出证明或者举出反例.）

(c) 内测度和外测度是否具有下测度连续性？

**33. 证明两个（未必可测）集合的笛卡儿积的外测度等于它们各自外测度的乘积.［提示：首先假设 A 是未必可测的集合，B 是紧集. 证明 $A\times B$ 的外测度等于 $m^*A\cdot m^*B$. 进而，对于任意的 $x\in A$，在 $A\times B$ 的开矩形覆盖中，存在有限的开矩形覆盖 $x\times B$.］

34. 对于可测的特征函数 $f=\chi_F$ 和 $g=\chi_G$，直接验证积分的线性性质.

35. 考虑函数 $f:\mathbb{R}^2\to\mathbb{R}$，

$$f(x,y)=\begin{cases} \dfrac{1}{y^2} & \text{若 } 0<x<y<1, \\[2mm] -\dfrac{1}{x^2} & \text{若 } 0<y<x<1, \\[2mm] 0 & \text{其他.} \end{cases}$$

(a) 证明累次积分存在且有限（求出其值），但重积分不存在.

(b) 解释（a）为什么和推论 31 并不矛盾？

36. 在（A）与（B）中选做一题，不需要全做.

(A) (a) 叙述并证明四维的卡瓦列里原理.

　　(b) 给出三重积分的富比尼-托内利定理，并使用（a）给出证明.

(B) (a) 叙述 $n+1$ 维的卡瓦列里原理.

　　(b) 叙述多重积分的富比尼-托内利定理，并使用（a）给出证明.

能让你的答案很简短吗？

*37. 这里是一个脑筋急转弯问题：是否存在黎曼积分收敛但是勒贝格积分发散的函数？推论 50 告诉我们这是不可能的. 但是，考虑广义积分 $\int_0^1 f(x)\,dx$，其中，

$$f(x) = \begin{cases} \dfrac{\pi}{x}\sin\dfrac{\pi}{x} & \text{若 } x \neq 0, \\ 0 & \text{若 } x = 0, \end{cases}$$

则积分值存在且有限，而它的勒贝格积分值是无限的.

［提示：由分部积分法，

$$\int_a^1 \frac{\pi}{x}\sin\frac{\pi}{x}\,dx = x\cos\frac{\pi}{x}\,\Big|_a^1 - \int_a^1 \cos\frac{\pi}{x}\,dx.$$

当 $a \to 0^+$ 时，为什么上式收敛？为了证明 f 的勒贝格积分发散，考虑区间 $\left[\dfrac{1}{k+1}, \dfrac{1}{k}\right]$. 在这个区间上，$\dfrac{\pi}{x}$ 的正弦值恒正或者恒负，而余弦值在区间的两个端点上分别为 1 和 -1. 再次使用分部积分法，并且注意到相应的调和级数发散.］

38. 当茹瓦（A. Denjoy）的积分理论比勒贝格积分理论适用范围更宽. 该理论由汉斯托克（Henstock）和克兹维尔（Kurzweil）重新给出，并在麦克劳德（R. Mcleod）的书《推广的黎曼积分》中有描述. 当茹瓦积分的定义看似非常简单. 给定函数 $f:[a,b] \to \mathbb{R}$. f 的当茹瓦积分**若存在，则为实数 I 使得对任意的 $\varepsilon > 0$，存在函数 $\delta:[a,b] \to (0,\infty)$，对于任意的满足 $\Delta x_k < \delta(t_k)$ $(k = 1, \cdots, n)$ 的黎曼和，恒有

$$\left| \sum_{k=1}^n f(t_k)\Delta x_k - I \right| < \varepsilon$$

成立.（麦克劳德称函数 δ 为**量规**，称中间点 t_k 为**标签**.）

（a）证明若量规函数 $\delta(t)$ 为连续函数，则当茹瓦积分就是黎曼积分.

（b）证明函数

$$f(x) = \begin{cases} \dfrac{1}{\sqrt{x}} & \text{若 } 0 < x \leqslant 1, \\ 100 & \text{若 } x = 0 \end{cases}$$

的当茹瓦积分值为 2. ［提示：构造量规函数 $\delta(t)$ 使得 $\delta(0) > 0$，且

$$\lim_{t \to 0^+} \delta(t) = 0.\big]$$

（c）将（b）进行推广，使得能够涵盖 $[a,b]$ 上所有的广义黎曼可积函数.

（d）由（c）和习题 37 证明存在当茹瓦可积但勒贝格不可积的函数.

（e）阅读麦克劳德的书，证明

　　（i）任意非负的当茹瓦可积函数是勒贝格可积的，且积分值相等.

　　（ii）任意勒贝格可积函数必是当茹瓦可积函数，且积分值相等.

由此推测，勒贝格可积和当茹瓦可积的差异类似于绝对收敛级数和条件收敛级数的差异：若 f 是勒贝格可积，则 $|f|$ 勒贝格可积. 但对于当茹瓦积分，则没有这条性质.

39. 设 T：$\mathbb{R}^2 \to \mathbb{R}^2$ 是旋转变换，$E \subset \mathbb{R}^2$ 是可测集. 通过验证如下内容证明 $m(TE) = mE$.

（a）圆盘的平面测度仅依赖于圆盘的半径.

（b）矩形 R 可以表示为可数多个互不相交的圆盘和零集的并集.

（c）圆盘在 T 的作用下的像仍是圆盘，且半径不变；零集的像还是零集.

（d）由（a）~（c）证明 TR 是可测集，且 $m(TR) = |R|$.

（e）由（d）证明 TE 是可测集，且 $m(TE) = mE$. ［提示：正则性.］

（f）推广到 $\mathbb{R}^n$.

结合平移变换，则可以知道勒贝格测度在空间中的刚体运动下保持不变.

40. 若 T：$\mathbb{R}^n \to \mathbb{R}^n$ 是一般线性变换，使用习题 39 以及第 5 章附录 D 给出的 T 的极坐标形式，证明若 $E \subset \mathbb{R}^n$ 是可测集，则 $m(TE) = |\det T| mE$.

41. 可测集 E 在 x 点处的**平衡密度**是指 E 在 B 中的相对测度的极限（假设极限存在），其中 B 是以 x 为中心且单调递减收敛于 x 的球. 用 $\delta_{\text{balanced}}(x, E)$ 表示平衡密度. 若 $\delta_{\text{balanced}}(x, E) = 1$，称 x 为**平衡稠密点**.

（a）由勒贝格稠密定理可以推知，E 中几乎所有的点都是平衡稠密点，这是为什么？

（b）给定 $\alpha \in [0, 1]$，构造可测集 $E \subset \mathbb{R}$，使得存在 $x \in E$，δ_{balanced}

$(x,E)=\alpha.$

（c）给定 $\alpha\in[0,1]$，构造可测集 $E\subset\mathbb{R}$，使得存在 $x\in E$，$\delta(x,E)=\alpha.$

**（d）是否存在一个集合，对于任意的 $\alpha\in[0,1]$，上述两种类型的稠密点都存在？

42. 假设集合 $P\subset\mathbb{R}$ 满足：对于任意的区间 $(a,b)\subset\mathbb{R}$，

$$\frac{m(P\bigcap(a,b))}{b-a}=\frac{1}{2}.$$

（a）证明 P 是不可测集合. ［提示：一个简短笑话.］

（b）这里出现 $\frac{1}{2}$ 有什么玄妙？

**43. 假设 E 在 $\mathbb{R}$ 中任一点，而不仅仅是在几乎所有的点，存在（不平衡）密度，证明在相差一个零集的意义下，$E=\mathbb{R}$ 或者 $E=\varnothing$.（这是 $\mathbb{R}$ 在测度意义下的连通性. 在证明中需要利用 $\mathbb{R}$ 的拓扑连通性.）对于 $\mathbb{R}^n$ 结论是否也成立？

44. 证明在 $\mathbb{R}$ 中具有正测度的集合一定包含具有正测度的康托尔集. 在 $\mathbb{R}^n$ 中结论是否也成立？

*45. 如同附录 E 所示，称 $U\subset\mathbb{R}^2$ 是 K-准圆，假如存在球 B，B' 使得 $B\subset U\subset B'$ 且 $\mathrm{diam}B'\leqslant K\,\mathrm{diam}\,B$.

（a）证明在平面上，正方形和等边三角形是（一致的）准圆.（存在一个共同的 K.）

（b）等腰三角形是否有上述性质？

（c）用一致准圆替代圆盘，构造 $A\subset\mathbb{R}^2$ 的维塔利覆盖 $\mathfrak{A}$，叙述维塔利覆盖引理.

（d）证明（c）.

（e）推广到 $\mathbb{R}^n$ 上.

（f）考虑可测集合 $V\subset\mathbb{R}^n$ 的 K-准圆的替代定义：

$$\frac{\mathrm{diam}(V)^n}{mV}\leqslant K.$$

两种定义之间有什么关系？对于第二种意义下的一致准圆覆盖，维塔利覆盖引理是否还成立？

［提示：回顾维塔利覆盖引理的证明过程.］

*46. 在 $\mathbb{R}^2$ 中构造平面测度大于 0 的约当曲线（与圆周 $\{(x,y):x^2+y^2=1\}$ 同胚）. ［提示：在平面上给定康托尔集，存在包含康托尔集的约当曲线吗？在平面中，存在具有正的平面测度的康托尔

集吗？]

47.［思考］密度似乎是一阶概念. E 在 x 点处的密度为 1 意味着, E 在包含 x 的球 B 中的相对测度, 当 $B \searrow x$ 时, 极限为 1. 也就是说,

$$\frac{m(B) - m(E \bigcap B)}{m(B)} \to 0.$$

但它收敛于 0 的速度是多少呢? 假如

$$\frac{m(B) - m(E \bigcap B)}{m(B)^2} \to 0,$$

我们称 x 是 **二阶稠密点**. E 的内点是二阶稠密点. 在可测集中, 二阶稠密点是普遍存在的还是稀缺的? 平衡稠密点呢?

48. 设 $E \subset \mathbb{R}^n$ 是可测集, $x \in \partial E$, 即 x 是 E 的边界点.（即 x 同时位于 E 的闭包和 E^c 的闭包中.）

（a）若密度 $\delta = \delta(x, E)$ 存在, 是否一定有 $0 < \delta < 1$? 给出证明或者举出反例.

（b）若 $\delta = \delta(x, E)$ 存在且 $0 < \delta < 1$, 则 $x \in \partial E$. 这是否成立? 给出证明或者举出反例.

（c）对于平衡密度, 上述结论是否成立?

49. 选取一对异于"右最大"和"左最小"的导数. 若 f 是单调函数, 证明这些导数几乎处处相等.

50. 构造单调函数 $f: [0, 1] \to \mathbb{R}$, 使得它的间断点恰好为 $\mathbb{Q} \bigcap [0, 1]$, 或者证明这样的函数不存在.

*51. 构造严格单调函数, 其导函数几乎处处为 0.

52. 在第 9 节中, 将函数 $f: [a, b] \to \mathbb{R}$ 的 **全变差** 定义为和式 $\sum_{i=1}^{n} |\Delta_i f|$ 的上确界, 其中分割 P 将区间 $[a, b]$ 划分为子区间 $[x_{i-1}, x_i]$, $\Delta_i f = f(x_i) - f(x_{i-1})$. 假设 f 的全变差是有限的（即 f 是有界变差函数）, 定义

$$T_a^x = \sup_P \Big\{ \sum_k |\Delta_i f| \Big\},$$

$$P_a^x = \sup_P \Big\{ \sum_k \Delta_i f : \Delta_i f \geqslant 0 \Big\},$$

$$N_a^x = -\inf_P \Big\{ \sum_k \Delta_i f : \Delta_i f \leqslant 0 \Big\},$$

其中 P 取遍 $[a, x]$ 的所有分割. 证明:

（a）f 是有界函数.

（b）T_a^x，P_a^x，N_a^x 是以 x 为自变量的单调不减函数.

（c）$T_a^x = P_a^x + N_a^x$.

（d）$f(x) = f(a) + P_a^x - N_a^x$.

53. 设 $f:[a,b] \to \mathbb{R}$ 是有界变差函数. **巴拿赫指标是指函数
$$y \to N_y = \#f^{\mathrm{pre}}(y).$$

（a）证明对于几乎所有的 y，$N_y < \infty$.

（b）证明 $y \to N_y$ 是可测函数.

（c）证明
$$T_a^b = \int_c^d N_y \, \mathrm{d}y,$$

其中，$c \leqslant \min f$，$\max f \leqslant d$.

*54. 称可测函数列 $f_n:[a,b] \to \mathbb{R}$ 在 $n \to \infty$ 时**基本一致收敛**于 f，若 $\forall\, \varepsilon > 0$，存在 ε-集合 $S \subset [a,b]$（即 $mS < \varepsilon$），使得当 $n \to \infty$ 时，$f_n(x)$ 在 S^c 上一致收敛于 $f(x)$.

（a）与基本一致收敛相对应的是**几乎一致收敛**的概念，即在零集的补集上一致收敛.

（b）**叶果罗夫定理**告诉我们，$[a,b]$ 上几乎处处收敛的函数列基本上一致收敛. 可以按照如下步骤证明.

（i）设可测函数列 $f_n:[a,b] \to \mathbb{R}$ 几乎处处收敛于函数 f，令
$$X(k,l) = \left\{ x \in [a,b] : \forall\, n \geqslant k,\ |f_n(x) - f(x)| < \frac{1}{l} \right\}.$$
对于任意给定的 l，证明 $\bigcup_k X(k,l)$ 等于 $[a,b]$ 模去一个零集.

（ii）给定 $\varepsilon > 0$，证明存在 $k_1 < k_2 < \cdots$，使得对于 $X_l = X(k_l, l)$，有 $m(X_l^c) < \dfrac{\varepsilon}{2^l}$.

（iii）令 $X = \bigcap_l X_l$，证明 $m(X^c) < \varepsilon$，且在 X 上 f_n 一致收敛于 f.（在证明中应避免重复使用 ε 这个记号）

（c）对于定义在欧氏空间中的有界可测子集上的函数，上面的证明依然成立，难道不是吗？

（d）当函数的定义域为无界区域，如 $\mathbb{R}$，则叶果罗夫定理不成立. 这是为什么？

*55. 证明基本一致收敛具有传递性. 即假设 f_n 在 $n \to \infty$ 时基本上一致收敛于 f，对于给定的 n，存在函数列 $f_{n,k}$ 基本一致收敛于 f_n，

其中 $k \to \infty$. （这里的函数均是 $[a,b]$ 上的可测函数.）

（a）证明存在序列 $k(n) \to \infty$ $(n \to \infty)$，使得 $f_{n,k(n)}$ 在 $n \to \infty$ 时基本一致收敛于 f. 使用记号表示如下：

$$\operatorname*{nulim}_{n \to \infty} \operatorname*{nulim}_{n \to \infty} f_{nk} = f \Rightarrow \operatorname*{nulim}_{n \to \infty} f_{n,k(n)} = f.$$

（b）在（a）中，把基本上一致收敛替换为几乎处处收敛，结论依然成立，为什么？[提示：答案仅一个词.]

（c）用 $\mathbb{R}$ 替换 $[a,b]$，结论（a）是否还成立？

（d）用 $\mathbb{R}$ 替换 $[a,b]$，结论（b）是否还成立？

56. 考虑连续函数

$$f_{n,k}(x) = (\cos(\pi n! x))^k,$$

其中，k, $n \in \mathbb{N}$，$x \in \mathbb{R}$.

（a）证明对于任意的，$x \in \mathbb{R}$,

$$\lim_{n \to \infty} \lim_{k \to \infty} f_{n,k}(x) = \chi_{\mathbb{Q}}(x),$$

其中 $\chi_{\mathbb{Q}}(x)$ 表示有理数集合的特征函数.

（b）利用第 3 章的习题 23 证明不存在处处收敛的函数列 $f_{n,k(n)}$ $(n \to \infty)$.

（c）结论（b）告诉我们，在习题 55 中，处处收敛不能替代几乎处处收敛，也不能替换基本上一致收敛.

*57. **鲁津定理**告诉我们，可测函数 $f:[a,b] \to \mathbb{R}$ 是**基本一致连续函数**，即任给 $\varepsilon > 0$，存在 ε-集合 $S \subset [a,b]$，使得函数 f 在 S^c 上的限制是一致连续函数. 按照如下步骤证明鲁津定理.

（a）证明开区间的特征函数基本上是连续函数列的一致极限.

（b）利用（a）证明，可测集的特征函数基本上是连续函数列的一致极限. [提示：测度的正则性以及习题 55.]

（c）利用（b）证明，对于简单函数，上述结论也成立.

（d）在（c）的基础上，使用叶果罗夫定理、习题 28 和习题 55 证明非负可测函数具有上述性质，即非负可测函数基本上是一列连续函数的一致极限.

（e）给定可测函数 $f:[a,b] \to \mathbb{R}$ 以及 $\varepsilon > 0$，在（d）的基础上，证明存在一列连续函数 $f_n:[a,b] \to \mathbb{R}$ 以及开的 ε-集合 $U \subset [a,b]$，使得当 $n \to \infty$ 时，f_n 在 U^c 上一致收敛于 f.

（f）结论（e）意味着 f 基本一致连续，为什么？

58. 在习题 57 中的推理过程中，你在什么地方（假如有）从根本上使用了一维空间的特性？给出解释.

59. 设 $f: \mathbb{R} \to \mathbb{R}$ 是可测函数.

（a）给出例子说明鲁津定理的结论是错误的.

（b）给出**基本连续**的定义，证明 f 是基本连续函数.

（c）将结论推广到 $\mathbb{R}^n$ 上.

*60. 设 $E \subset \mathbb{R}$ 为可测集，且测度大于 0.

（a）证明斯坦豪斯定理：对于所有足够小的 t，E 与它的 t-平移相交.［提示：稠密点.］

（b）在多维空间中叙述并证明相应的结果.

（c）证明：尽管标准康托尔集的测度为 0，当 $|t| \leqslant 1$ 时，康托尔集合与它的 t-平移相交.